钢铁企业安全生产管理

（第2版）

那宝魁　编著

北　京
冶 金 工 业 出 版 社
2013

内 容 简 介

本书共10章，分别为概论，对《职业健康安全管理体系　要求》的解读，危险源辨识、风险评价和控制措施，我国的职业健康安全法律法规和标准，方针、目标和方案管理，建立文件化的管理体系，安全生产运行控制，应急准备和响应，安全生产的绩效测量和监视，内部审核和管理评审。书后有GB/T 28001—2011《职业健康安全管理体系　要求》、AQ 2002—2004《炼铁安全规程》、AQ 2001—2004《炼钢安全规程》、AQ 2003—2004《轧钢安全规程》4个附录。

本书可供钢铁企业从事安全生产管理的领导、管理人员、技术人员和审核人员学习参考。

图书在版编目(CIP)数据

钢铁企业安全生产管理/那宝魁编著.—2版.—北京：冶金工业出版社，2013.6
ISBN 978-7-5024-6276-5

Ⅰ.①钢…　Ⅱ.①那…　Ⅲ.①钢铁企业—安全生产—生产管理　Ⅳ.①TF089

中国版本图书馆CIP数据核字（2013）第109662号

出 版 人　谭学余
地　　址　北京北河沿大街嵩祝院北巷39号，邮编100009
电　　话　(010)64027926　电子信箱　yjcbs@cnmip.com.cn
责任编辑　李培禄　李　臻　美术编辑　李　新　版式设计　葛新霞
责任校对　石　静　责任印制　张祺鑫
ISBN 978-7-5024-6276-5
冶金工业出版社出版发行；各地新华书店经销；三河市双峰印刷装订有限公司印刷
2008年6月第1版，2013年6月第2版，2013年6月第1次印刷
787mm×1092mm　1/16；23.5印张；509千字；359页
65.00元

冶金工业出版社投稿电话：(010)64027932　投稿信箱：tougao@cnmip.com.cn
冶金工业出版社发行部　电话：(010)64044283　传真：(010)64027893
冶金书店　地址：北京东四西大街46号(100010)　电话：(010)65289081(兼传真)
（本书如有印装质量问题，本社发行部负责退换）

第 2 版前言

《钢铁企业安全生产管理》一书是 2008 年出版的，当时执行的是 GB/T 28001—2001《职业健康安全管理体系　规范》。2011 年，我国国家质量监督检验检疫总局等同采用 BS OHSAS18001:2007《职业健康安全管理体系　要求》，发布了 GB/T 28001—2011《职业健康安全管理体系　要求》，2012 年 2 月 1 日实施。

虽然新版的职业健康安全标准与上一版相比，没有原则性的修改，但是也有一些变化，例如：对术语和定义进行了调整和变动，改变了 PDCA 模式的介绍方式，更加强调“健康”的重要性，更加强调对变更的管理，为了增强与环境管理体系标准的相容性，增加了“合规性评价”的内容。

本书结合钢铁企业安全管理的实际对新版标准的条文进行了解读，按 GB/T 28001—2011《职业健康安全管理体系　要求》和《企业安全生产标准化基本规范》对原书进行了适当的修订，进一步针对长流程和一贯制的钢铁企业生产过程和安全专业特点，介绍钢铁企业的危险源点与风险评价的内容和方法，以及相应的控制措施和应急预案，并结合钢铁行业各生产过程安全生产技术规程相关规定的要求，阐述了各生产过程安全生产要点；另外对设备检修、外包过程、特种设备和特殊工种等管理过程的安全也进行了表述。

近年来，钢铁企业为了生存和发展，在管理创新方面进行了较多的探索，特别是技术创新和转型升级取得了明显成效。但是，钢铁企业安全生产事故频发，与发达国家相比，我国安全生产的差距比较大，百万吨钢死亡率分别是美国的 20 倍、日本的 80 倍，钢铁行业已经被列入安全生产的高危行业，而且目前全行业已进入微利时期，特别是企业聘用大量协议员工，给安全生产的组织带来很大的挑战，安全形势不容乐观。本书修订和再版的目的就是试图为钢铁企业职业健康安全管理体系的运行、保持、改进和提高职业健康安全管理体系运行的有效性，改善企业的职业健康安全绩效提供一些新的参考。

邢宝魁

2013 年 3 月

第1版前言

一个时期以来，一些企业，包括钢铁企业片面地追求“效益最大化”，忽视了环境保护和安全生产。2006年全国冶金行业发生279起生产安全事故，死亡244人，其中重大事故9起，死亡37人，与2005年相比分别上升28.6%和48.0%。

企业片面追求“效益最大化”，以为只有效益是企业最大的、甚至是唯一的责任，其他的都可有可无。其实企业的责任是多方面的，包括为顾客提供增值的产品，为员工创造安全的工作条件，为社会保护良好的环境以及为所有者提供投资回报等。

安全生产是实现上述各项责任的基础。但是，近年来，有些钢铁企业只注意快速发展和“效益最大化”，安全生产成为被遗忘的角落。所以国家安全生产监督管理总局的领导认为，在冶金行业存在安全隐患，政府、企业存在安全监管“真空区”，必须进行综合治理。

综合治理首先应当从领导开始，树立安全生产意识，重视安全生产工作。安全生产要以人为本，以适用的法律法规为准则，安全第一，预防为主，全员参与和持续改进。安全管理是一项系统工程，企业的安全管理必须建立安全分析、安全评价、安全决策、安全控制和安全改进等完整的安全管理体系。特别是钢铁企业，多数是由焦化、烧结、炼铁、炼钢、连铸、热轧、冷轧等系统所组成，必须运用系统的方法，建立起包括职业健康和安全在内的管理体系，而不仅仅是一般概念的“监管”。

建立安全管理体系首先必须从危险源辨识和风险评价开始，找出可能导致事故发生的重大危险与危害因素。这不仅是安全管理人员的工作，更需要全员参与。只有全员参与才能弄清这些因素的分布、危害或伤害的方式、途径和范围，导致事故的原因和防止事故的方法及措施。这是安全管理的基础，但是有些企业（特别是一些民营企业）对此心中无数，所以存在安全隐患。

策划安全管理方针和目标是建立安全管理体系的前提。有些企业在绩效考核中有安全指标，有些企业没有安全指标，更不用说安全方针和目标。建立安全方针和目标是企业遵守安全法律法规的表现，是企业实践以人为本的经营理念，是实现安全生产的宗旨。先进的企业提出“三个零，一个一”的方针目标，即“废品为零,人身事故为零,设备故障为零,产品质量一流”。在员工中具有鲜明的导向作用。

安全管理体系需要建立必要的管理制度,例如安全生产责任制度,安全生产措施计划制度,安全生产教育制度,安全生产检查制度,事件、事故调查、报告和处理制度,安全监察制度,“三同时”制度等。现在,有些企业有制度不执行,有些企业根本就没有这些制度。特别是在遇到紧急情况时,没有应急准备和响应制度(或预案),缺乏处理突发安全事故的能力。

安全管理体系更需要有必要的技术措施,用于预防事故、避免和减少事故损失、改善作业环境以及作业现场的安全管理等。包括对企业所有作业场所、工艺过程、机电设备、危险物料、作业程序、劳动组织和人员能力等进行控制,以从根源上消除或降低职业健康安全风险。特别是对机械伤害、物体打击、车辆伤害、高处坠落、起重伤害、煤气中毒和高温灼伤等钢铁企业出现最多的伤亡事故,必须采取必要的技术措施。首先从工艺设备本质安全化做起,依次为采取技术措施、安全装置、检测装置、报警系统等。安全技术措施必须与工艺技术装备水平相适应,以实现经济效益和安全生产的统一。

对安全绩效的检查和评价是安全管理体系的重要组成部分,这种检查除应包括法律法规规定的查思想、查管理、查隐患、查整改和查事故外,还应包括主动检查、被动检查、定性检查、定量检查、预防性指标、事后性指标等。对安全绩效的检查和评价用于评价:安全方针目标是否得到贯彻实施,安全信息是否得到交流与沟通,对员工和相关方的培训是否已经落实,危险和危害是否得到控制,发生的事件或事故是否得到处理并吸取了教训等。按 GB/T 28001 标准建立的职业健康安全管理体系还必须进行内部审核和管理评审。

安全管理是一个系统工程,它与其他系统工程一样,也是“人—机—环境”系统。实现安全生产必须从人、机、环境三个方面进行综合治理。而建立安全管理体系是实现综合治理的有效途径,特别是 GB/T 28001—2001《职业健康安全管理体系　规范》为我们建立安全管理体系提供了准则。认真贯彻实施该规范有助于“消除或减少因组织活动而使员工和其他相关方可能面临的职业健康安全风险”,有助于钢铁企业坚持科学发展观,把企业做大、做强、做好,从而实现可持续发展。

现在企业在完成质量管理体系认证后,又在进行环境和安全管理体系的建立和整合。但是不少企业的安全管理多为经验管理或事后处理,缺乏科学的、规范的和预防为主的管理。安全管理人员的能力和素质也存在一定的问题。另外也缺少适合的教材和参考书。有些书理论性很强,现场的工作人员难以理解。

有些书针对性较差，缺乏与钢铁企业安全生产的联系。我花了一些时间，看了一些书籍，积累了一些资料，也到企业做了一些调查，编写了这本《钢铁企业安全生产管理》。这是我的学习笔记和资料汇编，出版发行供钢铁企业安全生产工作者学习参考。

在编写这本书的过程中得到了一些钢铁企业的支持和帮助，这些企业提供了有益的资料和案例；原冶金工业部副部长、钢铁工业协会会长吴溪淳同志为本书写序给予鼓励；国家安全生产管理总局监管司、政策法规司和煤炭工业出版社的有关领导同意在本书附录中录用3个安全规程，在此一并表示感谢。

邢宝魁

2008年5月

第1版序

当前，我国钢铁企业正在按照党的十七大提出的深入贯彻落实科学发展观，继续解放思想，坚持改革开放，推动科学发展，促进社会和谐，为夺取全面建设小康社会新胜利的目标而努力做出新贡献。

以人为本是科学发展观的核心。坚持以人为本，就是要做到发展为了人民，发展依靠人民，发展成果由人民共享。坚持以人为本，就是要促进人的全面发展。企业员工的健康和安全是人全面发展的基础，关系到众多家庭的幸福。对人的责任和对环境的责任，是企业社会责任的重要方面，为职工创造更好的劳动、生活和发展条件，是企业价值的充分体现，也是创造和谐企业的必然要求。因此，我们必须把搞好企业安全生产，维护好企业员工的健康和合法权益，当作贯彻落实以人为本的科学发展观，实现企业科学发展，和谐发展，提高企业竞争力，以优异业绩回报社会的头等大事认真对待。安全第一，预防为主，全员参与，持续改进，应当成为从企业领导到所有员工的共识和坚定不移的原则。

钢铁联合生产企业至今很难做到连续几年工亡事故为零。钢铁生产企业连续作业，流程长、环节多，冶炼和热加工轧制系统的高温环境，能源动力系统的易燃、易爆、有毒等介质的广泛应用，等等，都说明钢铁生产企业的安全工作比其他工业企业更为错综复杂，建立科学的、严密的、更加有效的安全管理体系尤为重要而艰巨。更何况近五年来，我国钢铁工业生产规模以每年增加6000万吨的速度在迅速扩大，新企业多，新工人多，安全生产的基础工作亟待加强，我们对此要有足够的和清醒的认识。

那宝魁同志在我国钢铁工业发展由大向强转变的关键时期，不顾年迈，不辞劳苦，认认真真、踏踏实实地收集有关资料，潜心研究，从理论到实际运作，从国际经验到结合我国实际情况和法律法规，系统地、全面地论述了我国钢铁企业安全生产管理问题，回答了建立安全管理体系必须明确的基本概念、基本内容和按照有关法律法规搞好安全生产管理制度建设的具体要求和工作方法，写成了一部很有指导意义和实用价值的参考书。我深信，这本书一定会受到钢铁企业领导干部、技术人员和行政管理人员及广大员工的欢迎。

关爱生命是人类社会进步的表现，更是现代文明的表现。让我们永远不放弃追求人身事故为零的目标，为使我国钢铁工业在安全生产方面赶上和超过国际先进水平而努力。

吴寅亨

2008年5月

目　　录

第一章　概　　论

第一节　事故致因理论

安全是“免除了不可接受的损害风险的状态”。当风险达到不可接受的程度时，就出现了不安全状态。“造成死亡、疾病、伤害、损坏或其他损失的意外情况”就是事故。

关于事故致因的理论有以下几种。

一、多米诺骨牌因果连锁论

多米诺骨牌因果连锁论是美国安全工程师海因里希在1931年出版的《工业事故预防》中首次提出的理论。该理论主要认为，事故的发生是一系列因果的连锁反应结果导致的。即伤亡起因于事故，事故起因于人的不安全行为或物的不安全状态，人的不安全行为来源于人的缺点，而人的缺点来源于人的天性和所处的环境等像多米诺骨牌一样的连锁关系。虽然限制人的不安全行为和消除物的不安全状态，可以防止事故的发生，但是，导致发生事故的根本原因并没有消除。海因里希认为，人的缺点是导致事故的主要原因，把安全事故的责任归因于工人，强调遗传的作用，具有很大的时代的局限性。

二、现代事故因果连锁论

现代事故因果连锁论认为，导致伤害（包括伤害和损害与损失）的原因是事故，导致事故的原因是人的不安全行为或物的不安全状态，这是直接原因；导致人的不安全行为或物的不安全状态的原因是个人原因和工作条件，这是基本原因；导致个人原因和工作条件的是管理的缺陷或失误。管理缺陷或失误是事故因果连锁中最重要的原因。该理论认为，如果企业的管理能够充分发挥作用，可以控制导致事故的基本原因，采取对策，预防事故和伤害，比把安全事故的责任只归因于工人的理论前进了一大步。

三、轨迹交叉事故致因理论

轨迹交叉事故致因理论认为，虽然事故起因于人的不安全行为或物的不安全状态，但这只是表面现象，人的不安全行为的实质是管理上的缺陷，而物的不安全状态的实质是设计和制造上的缺陷，两者轨迹交叉导致事故的发生。人的不安全行为和物的不安全状态也是互为因果关系的。为了防止事故的发生，一要规范人的行为和约束物的运行条件，防止互相影响与转化；二要防止两者同时发生（轨迹交叉）。

四、能量意外释放理论

能量在生产中是不可缺少的，并且受到人的约束或控制；如果能量失去约束或控制，意外地释放，将会导致事故和伤及生命财产。也就是说，事故是不正常的、意外的能量释放。如果这种不正常的、意外释放的能量超过人体所承受的能力，将会使人受到伤害。为了防止事故的发生，就必须约束或控制能量的不正常或意外的释放，就必须防止人与不正常或意外的能量释放接触。具体办法有限制、防止、缓解、隔离、屏蔽或替代等措施。

第二节　事故致因模型

一、简单模型

日本劳动省提出了一种简单的事故致因模型，如图 1－1 所示。该模型表明了事故是人与物相接触的结果。但这种接触根源在于管理缺陷。由于管理上存在缺陷才使得起因物成为加害物，才能使人在具有不安全行为的情况下与加害物接触，产生事故。为了避免事故的发生，加强管理是根本性的措施。

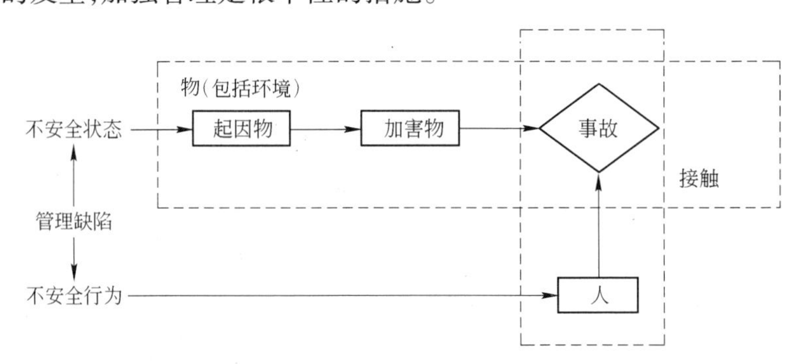

图 1－1　日本劳动省事故致因模型

二、复杂模型

美国职业安全卫生管理局提出一种比较复杂的事故致因模型，如图 1－2 所示。该模型表明事故的直接原因是物质能量的意外释放或者遇到有危害性的物质，间接原因是人的不安全行为和物的不安全状态。基本的原因是管理缺陷，包括方针、目标和策划等。

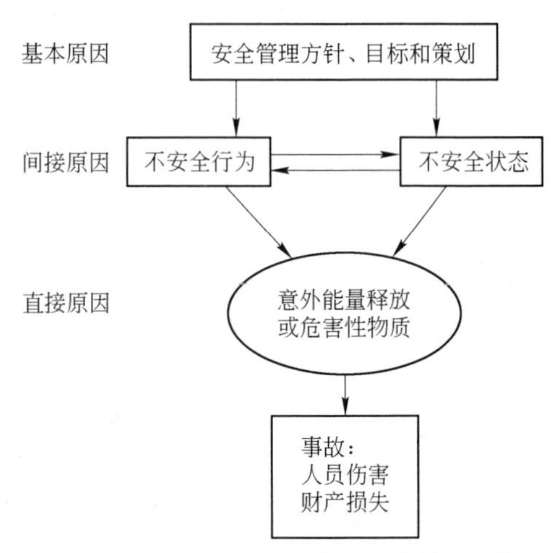

图 1－2　美国职业安全卫生管理局事故致因模型

三、"海恩法则"

德国人帕布斯 · 海恩认为，每一起严重事故的背后，必然有 29 次轻微事故和 300 起未遂先兆以及1000起事故隐患。人们将这一观点称为“海恩法则”。“海恩法则”强调事故的发生是隐患、先兆和轻微事故或事件积累的结果，即使技术先进和管理严格，在实际操作中，也无法取代员工的素质和干部的责任心。

对某些企业来说，事故是新的，但问题是老的；不是不知道，而是不重视；不是没信息，而是不监测；不是没措施，而是不落实；不是没管理，而是不坚持。关键在于对隐患、先兆和轻微事故或事件没有进行监测分析，提高意识和进行防范。出现安全事故的根本原因在于员工素质低和干部责任心不强。

工业发达国家的钢铁企业，尽管生产车间和设备配置了消除、预防、隔离和防护等安全装置，但是员工上班见面都还对呼“安全”，在操作前进行“危险预知”活动，在危险源处有监测仪表和可视化标识，在车间内外行走也用手指确认前后左右安全。干部头戴安全帽，胳膊有安全袖标，车间内部通道也有红绿灯。每周有一次安全日，厂区升挂安全旗，员工和干部都佩戴安全胸标。即使是参观者也必须戴安全帽、眼镜和耳塞，看起来是形式，其实是表现了企业文化、员工的素质和干部的责任心。

我国有相当一部分钢铁企业已经完成了GB/T 28001职业健康安全管理体系认证，但是其中有的企业只是完成了管理体系文件化，在安全生产管理中不重视安全生产责任制、安全生产教育和安全生产检查等，没有把安全生产作为企业文化的重要组成部分。在煤气作业区煤气报警仪器失效，检修过程缺乏防止泄漏和倒灌的措施，氧气呼吸器压力不足，消防灭火器材过期，乙炔瓶和氧气瓶在一起操作，对铁罐、钢包或铸型的水分缺乏监测等现象，这些隐患和先兆在某些钢铁企业经常存在，对轻微事故没有引起重视，必然存在重大事故风险。为了实现“安全第一，预防为主”的方针，企业必须对轻微事故、未遂先兆和事故隐患进行监测、分析和控制，将风险降到可容许程度，防止重大事故的发生。

第三节　安全系统工程

一、基本概念

从上述事故致因理论和模型可以看出，安全是一个系统工程，它包含人、机和环境以及三者之间的相互关系对安全的影响。安全系统工程能够运用系统分析的思想和方法，来预测事故发生的可能性与规律，评价事故的危害程度，提出相应的安全措施，达到控制事故、实现安全生产的目的。

安全系统工程的研究对象是涉及安全的人、物和环境；安全系统工程的研究方法有系统安全分析、系统安全评价、安全决策和事故控制等。

二、系统安全分析

系统安全分析是安全系统工程的重要组成部分，主要是为了辨识系统中存在的危险因素，以便在系统运行过程中对其进行控制。系统安全分析的方法很多，有几十种，常用的方法有初步危害分析(也叫安全检查表法)、危险与可操作性研究、故障类型与影响分析、事件树分析和故障树分析等。初步危害分析是利用安全检查表,根据经验和技术判断、辨识危险源或危害的存在时间和空间,再分析出可能出现事故的条件和后果,提出防止发生事故的措施和方法。

危险与可操作性研究是用规范的和系统的检查方法,检查工艺过程或装备的意图,评价偏离意图带来的危险和后果。

故障类型与影响分析是通过故障原因来分析系统故障结果,是一种定性的、以逻辑推理为主的分析,有助于了解系统中各相关元素对故障的影响。

事件树分析从初始事件开始,从原因到结果,按顺序分析事故的发生过程中各环节事件成功与失败两种情况,预测系统可能出现的后果。

故障树分析是一种表示从故障后果来分析原因的逻辑关系的方法,通过故障树的定性和定量分析,可以找出故障的原因,为预防故障提供对策。

三、系统安全评价

系统安全评价是对系统存在的危险以及危险发展到事故的可能性和严重程度作出定性的或定量的评估的方法。开展系统安全评价可以预防和减少事故的发生。系统安全评价的方法很多,例如按评价阶段可分为事先评价、中间评价、事后评价、跟踪评价;按评价性质可分为固有危险评价、安全状况评价、现实危险评价;按评价内容可分为设计评价、安全管理评价、生产设备安全可靠性评价、行为安全性评价、作业环境评价、重大危险/危害因素危险性评价;按评价对象可分为劳动安全评价、劳动卫生评价;按评价方法可分为定性评价、定量评价和综合评价等。安全评价的程序如图 1-3 所示,其主要内容包括:

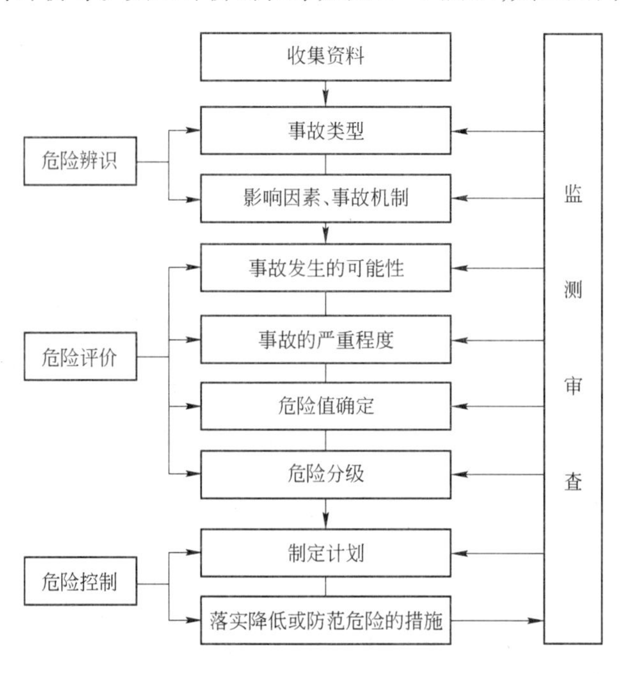

图 1-3　安全评价程序

(1)收集资料,包括明确评价的对象、范围和依据,了解同类设备、工艺和过程的生产和事故情况以及相关的自然和社会环境资料。

(2)危险或危害因素辨识和分析,分析可能发生的事故的类型、原因和后果。

(3)选择评价方法,对可能发生的事故进行定性和(或)定量的评价,确定风险级别和控制重点。

(4)提出降低或消除风险的对策和措施,包括对高于标准规定的风险如何采用控制措施,低于标准规定的风险如何采用监测措施。

四、安全预测

为了制定安全计划,应对未来的安全状况和发展趋势作出科学的判断。安全预测就是以过去为基础,借助惯性原则、类推原则、相关原则和概率原则,预测未来。安全预测包括对事故趋势的预测和事故发生可能性的预测等。预测的方法有:回归法、平滑法、灰色系统法、卡尔曼滤波器法等。

事故趋势预测是以过去的事故资料为基础,分析事故发生的原因和变化的趋势,建立一个能够充分描述这种趋势的数学模型,用该模型对事故趋势进行预测。事故预测的结果可以作为制定安全目标和安全对策的依据。

事故发生可能性预测,即对事故发生概率进行预测,一般采用事件树和故障树分析方法进行,也可以采用监视和测量事故征兆和卡尔曼滤波器预测等方法预测事故发生的可能性。

五、"软硬兼施"

目前,安全生产已经成为我国钢铁企业的一个薄弱环节,为了扭转这种局面必须"软硬兼施",也就是说应从安全生产的科学管理和生产设施的本质安全两个方面去抓。

我国一直提倡"安全第一,预防为主"的方针,但是有些企业只是把它当成一个"口号",虽然也制订了安全生产责任制、教育制度、检查制度、事故报告、调查和处理制度、安全措施计划制度等,但是如果企业领导没有树立"以人为本"的理念,只追求"效益最大化",没有采取科学的管理方法和本质安全的设施,安全风险依然存在。

目前,不少钢铁企业在贯彻实施 GB/T 28001,建立了安全生产和职业健康的方针目标,对危险源进行了辨识和评价,针对目标建立了管理方案,对危险因素和危害因素建立了控制措施,并有应急准备和响应预案;但是许多企业并没有把它作为现代化安全生产的管理模式,只是在管理部门和文件化层次上忙活,基层的安全隐患、事件或事故依然频发。有的虽然没有造成人员伤亡,但材料、设备和设施损失很大。关键在于安全管理没有落实到基层岗位。既没有做到危险预知,也没有实施安全标准化作业。设备检修过程,特别是对外包作业,风险更大。2012 年上半年的死亡事故多是煤气中毒引起的,但是从钢铁行业总体来看,主要的危险因素仍然是机械伤害和物体打击、车辆伤害、高处坠落、起重伤害和高温灼烫。如果在操作岗位上没有把机械、电气、起重、运输、装卸、中毒、窒息、防火、防爆、灼烧等危险因素和危害因素的防控措施落实到危险预知和标准化作业中去,就很难实现安全生产。安全生产管理的重点应是作业前的危险预知和作业中的标准化作业。

另外,生产技术和设备的本质安全也非常重要。从工厂设计开始就应采用消除、预防、减弱、隔离、连锁、加强防护、合理布置、机械化、自动化等措施,防止人为失误、控制失误后果、防止能量释放和故障传递。在新建、改建和扩建过程中应落实资源投入和进入管理程序,在执行"三同时"过程中不应走过场。本质安全技术和设备,包括主体设备的安全、辅助设施的安全、供电供水的安全、防火防爆的技术、降低劳动环境危害的措施以及用机械化和自动化的无人操作技术等应作为安全措施计划的重点。工业发达的国家和设备先进的企业安全事故比较少,有的企业提出"三个零,一个一"(废品为零、人身事故为零、设备事故为零,质量第一)的目标,并以手势相互打招呼。"事故为零"的关键不仅是安全意识强,也在于工艺设备的本质安全水平高。例如遥控天车、封闭修磨和机械手作业等,对员工无伤害。

第四节　安全管理

一、安全管理的基本概念

安全管理是企业管理的一部分,是指导和控制企业关于安全的相互协调的活动,包括制定安全方针和安全目标以及安全策划、安全控制、安全监测和安全改进。安全管理是对人的不安全行为和物的不安全状态的管理,是对生产过程中可能遇到的危险或危害的控制。事故致因理论是指导安全管理的基本理论,安全管理就是通过对事故致因因素的控制,防止事故的发生。

二、安全管理的基本内容

海因里希认为,事故的主要原因是人的不安全行为和物的不安全状态。人的不安全行为来源于认识、技能和身体上的缺陷,而物的不安全状态来源于设计、制造和维护上的缺陷。为了控制事故,安全管理的主要内容应是对员工进行教育培训(Education)、对设备进行工程管理(Engineering)、对行为进行强制规范(Enforcement),即所谓的3E原则。

安全管理与其他管理相比,虽然有其特殊性,但是也具有与其他管理相同的共性。安全管理的基本模式仍然是过程方法和PDCA循环。

为了策划,必须首先进行调查研究,了解本企业的危险源(或危害因素)和法律法规要求,收集资料进行分析,对过去发生过的事故、目前遇到的问题和将来可能发生的危险进行辨识和评价,建立本企业的方针、目标和指标,并策划达到目标和指标的措施,形成一套完整的安全管理方案。

实施策划是实现安全目标和指标的关键。为了实现安全生产,预防事故,必须对人进行管理,不仅把安全责任落实到人,而且进行必要的教育培训,使所有与生产有关的人员都具有必要的安全意识和能力,杜绝或减少不安全行为。为了实现安全生产,预防事故,还必须对物进行管理,包括用管理和技术两种手段,使生产工艺和生产装备运行安全。实现操作有规程,维护有规范,信息有沟通,控制有措施,应急有准备。

监视和测量是衡量实施效果、考核安全绩效和坚持持续改进的必要过程,包括主动的、被动的、定期的、不定期的、定性的、定量的监视和测量,以及查思想、查制度、查设备、查教育、查操作、查行为、查劳保用品、查伤亡事故等。

持续改进是安全管理永恒的主题。对监视和测量的结果,针对安全方针、目标和指标进行分析,找出薄弱的环节和改进的空间,采用管理的或技术的手段进行改进,不断提高安全绩效。

三、安全管理的重点

为了实现"安全生产,事故为零",以下几个方面的工作非常重要:

(1)辨识与评价企业的危险源,制定有针对性的目标和指标。

钢铁企业的生产过程存在很多危险源,例如炼铁过程煤气泄漏造成的一氧化碳中毒、喷煤设施可能发生的爆炸、铁水和炉渣遇水的爆炸;出铁时开堵铁口操作失误,出铁沟的修补以及出渣出铁时的渣铁飞溅灼烫;炼钢过程的高温钢水炉渣喷溅或遇水也能引起爆炸;轧钢过程也存在易燃易爆气体火灾和爆炸、机械伤害、起重伤害、高处坠落伤害等。

钢铁企业应按过程、设备和岗位对危险源进行辨识和评价,对重要的危险源应规定安全生产的目标和指标。"事故为零"应是所有钢铁企业追求的目标,并按过程、设备和岗位分解安全生产指标,与经济效益、质量水平和节能减排一样纳入业绩考核项目中。

(2)落实安全生产责任制、安全生产教育和安全生产检查制度。

安全生产责任制、安全生产教育和安全生产检查制度是国家法规的要求,是按照职业健康安全方针、目标和"管生产的同时必须管安全"原则,各级负责人员、各职能部门及其工作人员和各岗位生产工人应执行的制度。安全生产责任制的核心是实现安全生产的"五同时",就是在计划、布置、检查、总结、评比生产的同时,计划、布置、检查、总结、评比安全工作。三级安全教育是安全生产教育的基本形式和方法,包括入厂安全教育、车间安全教育和岗位安全教育。其中岗位安全教育更重要,包括特种设备和特殊作业人员的专业安全教育,教育的重点应是生产过程和设备的危险源,安全装置、防护设施和安全作业规程以及应当遵守的劳动纪律。

检查本单位的安全生产工作,及时消除生产安全事故隐患是企业领导的重要职责之一。安全生产检查包括定期和不定期安全检查、专业性安全检查和季节性安全检查以及班前班后经常性安全检查等。目前,在相当多的钢铁企业安全生产检查中的缺陷是领导不亲自参加,部门检查形式化。

(3)对灼烫、爆炸、火灾和中毒等危险源事先预知和控制。

钢铁企业应在辨识和评价冶炼伤害、机械伤害、电气伤害、爆炸火灾、中毒窒息、起重伤害、运输伤害以及职业病等危险源后,采取消除或降低职业健康安全风险的措施和对员工进行预知沟通，使安全生产得到有效控制。现在有些企业的《安全操作规程》只是在设备操作或检修程序中，与生产过程有所脱节。在交接班时也很少进行危险预知活动。没有把危险源预知作为时刻警惕的作业活动，甚至对劳动保护用品和危险因素的监测工具也缺乏规范使用。安全生产控制应包括对物的安全管理和对人的安全管理。对人的安全管理的关键是标准化作业，作业标准尽可能做到可视化。

(4)对主要生产设备配置安全消除、预防、隔离和防护装置。

我国钢铁企业的生产设备逐步实现现代化，现代化的装备不仅应对产品的产量和质量起作用，也应对安全生产提供保证。目前，全行业非常重视生产设备的节能减排，但是很少关注安全生产。自动化和信息化正在融合，但多数企业在信息化体系中没有安全生产管理模块。对主要生产设备配置安全消除、预防、隔离和防护装置是属于“本质安全”。“本质安全”主要取决于原有设备、设施的安全化程度、生产过程中人的安全操作和设备、设施的管理与检修。其中，原有设备、设施的安全化程度起决定性作用，其安全化程度是“三同时”所要求达到的目标。

(5)对紧急情况、事件和事故有应急准备、预案和处理制度。

通过安全生产管理可以预防事故和降低风险，但是达不到绝对安全。万一发生事故，应当采取应急准备和响应措施。事故应急管理是控制或排除事故、减少损失的重要措施。钢铁企业应警惕高炉垮塌事故，钢水、铁水爆炸事故，煤气火灾、爆炸事故，煤粉爆炸事故，煤气、硫化氢、氰化氢中毒事故和氧气火灾事故等。应急预案应按事故严重性和影响范围进行分级响应。预案包括应急求援、疏散撤离、紧急救护和处理事故。目前多数钢铁企业都有安全事故应急预案，是否有效，缺乏评审和演习。

第二章　对《职业健康安全管理体系　要求》的解读

职业健康安全管理体系(OHSMS)是20世纪80年代后期在欧洲兴起的安全生产管理模式。最初是1996年英国颁布了BS8800《职业安全卫生管理体系　指南》标准。后来,美国、澳大利亚、日本、挪威等国的一些组织也陆续制定了关于职业健康安全管理体系的规范性文件,1999年英国标准协会(BSI)、挪威船级社(DNV)等13个组织共同提出职业健康安全管理评价系列(OHSAS)标准,即OHSAS 18001《职业健康安全管理体系—规范》和OHSAS 18002《职业健康安全管理体系—OHSAS 18001实施指南》。2001年我国国家质检总局发布了国家标准GB/T 28001—2001《职业健康安全管理体系　规范》,该标准包括OHSAS 18001:1999所有的技术内容,适用于任何组织建立职业健康安全管理体系并寻求外部机构认证。为了对GB/T 28001—2001《职业健康安全管理体系　规范》中的具体要求提供相应的实施指南,在2002年我国国家质量监督检验检疫总局又发布了国家标准GB/T 28002—2002《职业健康安全管理体系　指南》,该标准覆盖了OHSAS 18002《职业健康安全管理体系—OHSAS 18001实施指南》的所有技术内容,同时也考虑了国际上有关职业健康安全管理体系现有文献的技术内容,包括BS8800:1996《职业安全卫生管理体系　指南》标准。

GB/T 28000《职业健康安全管理体系》是一个系列标准,包括GB/T 28001—2001《职业健康安全管理体系　规范》和GB/T 28002—2002《职业健康安全管理体系　指南》,类似于GB/T 19001《质量管理体系 要求》和GB/T 19004《质量管理体系　业绩改进指南》以及GB/T 24001中要求与附录A本标准使用指南的关系。自从发布以来在全国普遍实施,并开展了职业健康安全管理体系的认证。钢铁企业在这一时期也积极采用该标准建立职业健康安全管理体系,多数组织在取得认证的过程中将质量管理体系、环境管理体系和职业健康安全管理体系进行整合,取得了管理工作的创新发展。其他行业也在进行管理体系的整合。

为了适应这一发展形势的需要,我国国家质量监督检验检疫总局对GB/T 28001—2001《职业健康安全管理体系　规范》进行了修订,于2011年12月30日发布,2012年2月1日实施GB/T 28001—2011《职业健康安全管理体系　要求》。这个标准是从英文版的BS OHSAS 18001:2007《职业健康安全管理体系　要求》翻译的,并等同采用BS OHSAS 18001:2007《职业健康安全管理体系　要求》。

第一节　GB/T 28001—2011的主要变化

(1)更加强调"健康"的重要性。

该标准的名称是"职业健康安全管理体系　要求",健康在先,标志这个标准更强调

“职业健康”的重要性。强调“健康”的重要性体现了“以人为本”的管理理念。“坚持以人为本”，是中国共产党十六届三中全会《决定》提出的一个新要求，是中国共产党人坚持全心全意为人民服务的党的根本宗旨的体现。“以人为本”不仅是发展依靠人民，发展也为了人民。以人为本的管理活动主要是依靠激发和调动人的主动性、积极性和创造性来展开。健康是人的基本权利，是生活质量和工作环境的最佳状态。为了激发和调动人的主动性、积极性和创造性，给员工创造职业健康安全的工作环境十分重要。为了落实“健康的重要性”，不仅要辨识、评价和控制“危险因素”，更应辨识、评价和控制“危害因素”。

(2)改变 PDCA 模式介绍方式。

对 PDCA(策划—实施—检查—改进)模式仅在引言中作全面介绍，在各主要条款的开头不再予以介绍。在 GB/T 28001—2001《职业健康安全管理体系　规范》中不仅对职业健康安全管理体系模式用 PDCA 来描述过程方法，而且对职业健康安全方针、策划、实施和运行、检查和纠正措施以及管理评审也用 PDCA 来描述过程方法，不仅与质量管理体系和环境管理体系的表述不一致，而且将审核和绩效测量的反馈作为每个子过程的输入，有些过于形式化。修订后在标准的引言中对职业健康安全管理体系运行模式用过程方法和 PDCA 方法进行描述。PDCA 方法可以应用于所有过程，使这两种方式兼容，也有助于 GB/T 28001 同 GB/T 24001 和 GB/T 19001 兼容。

(3)对术语和定义进行调整和变动。

在 GB/T 28001—2001《职业健康安全管理体系　规范》的定义和术语的基础上，又增加了 9 个术语(可接受风险、纠正措施、文件、健康损害、职业健康安全方针、工作场所、预防措施、程序和记录)和修改了 13 个术语的定义(审核、持续改进、危险源、事件、相关方、不符合、职业健康安全、职业健康安全管理体系、职业健康安全目标、职业健康安全绩效、组织、风险和风险评价)。将原有的“可接受风险”改为“可容许风险”；将原有的“事故”和“事件”合并到“事件”中；将“危险源”的定义不再涉及“财产损失”、“工作环境破坏”。

(4)将原标准中的 4. 3. 3 和 4. 3. 4 合并。

为了与环境管理体系兼容和整合，将原标准中的 4. 3. 3“目标”和 4. 3. 4“职业健康安全管理方案”合并为 4. 3. 3“目标和管理方案”。但是 GB/T 24001—2004 的 4. 3. 3 为“目标、指标和方案”，修订后的 GB/T 28001—2011《职业健康安全管理体系　要求》的 4. 3. 3 为“目标和方案”，没有涉及指标。

(5)针对策划对控制措施的层级提出新要求。

在 4. 3. 1“危险源辨识、风险评价和控制措施的确定”中针对策划对控制措施的层级提出新要求：“在确定控制措施或考虑变更现有控制措施时，应按如下顺序考虑降低风险：

1)消除；

2)替代；

3)工程控制措施；

4）标志、警告和（或）管理控制措施；

5）个体防护装备。”

（6）更加明确强调变更管理。

在4.3.1“危险源辨识、风险评价和控制措施的确定”中提出危险源辨识、风险评价的程序应考虑“组织及其活动的变更、材料的变更或计划的变更。”

在4.4.6“运行控制”中也提到“组织应确定那些与已辨识的、需实施必要控制措施的危险源相关的运行和活动，以管理职业健康安全风险。这应包括变更管理。”

（7）增加了4.5.2“合规性评价”。

为了与环境管理体系兼容和整合，在标准中增加4.5.2“合规性评价”。遵守适用的法律法规也是管理职业健康安全管理体系的要求，所以对“合规性评价”是必要的。

（8）对参与和协商提出了新要求。

将原标准中的4.4.3“协商与沟通”修订为4.4.3.1“沟通”和4.3.3.1“参与和协商”，规定了工作人员和承包方以及其他相关方的参与和协商的新要求，这也是了解和满足其他要求的信息来源。

（9）对于事件调查提出了新要求。

原标准中，将事件定义为“导致或可能导致事故的情况”；事故定义为“造成死亡、疾病、伤害、损坏和其他损失的以外情况”。而新标准将事件定义为“发生或可能发生与工作相关的健康损害或人身伤害（无论严重程度），或者死亡的情况”。也就是说事故是一种发生人身伤害、健康损害或死亡的事件。未发生人身伤害、健康损害或死亡的事件通常称为“未遂事件”。

将原标准中的4.5.2“事故、事件、不符合、纠正和预防措施”，修订为4.5.3“事件调查、不符合、纠正措施和预防措施”，并分为4.5.3.1“事件调查”和4.5.3.2“不符合、纠正措施和预防措施”两部分，不仅将事故纳入事件范围，而且对事件调查也提出了新要求。

修订后的标准也无意包含合同中所有必要的条款，使用者对本标准的应用自负其责。使用者符合本标准的规定，虽然有助于组织遵守适用的法律法规，但并不免除其所应承担的法律义务。

第二节　对引言的解读

引言

目前，由于有关法律法规更趋严格，促进良好职业健康安全实践的经济政策和其他措施也日益强化，相关方越来越关注职业健康安全问题，因此，各类组织越来越重视依照其职业健康安全方针和目标控制职业健康安全风险，以实现并证实其良好职业健康安全绩效。

解读：

随着科技进步和经济发展，职业健康安全管理日益受到多方的重视，政府的法律法规也更加趋于严格。《国务院关于进一步加强安全生产工作的决定》指出:“适应全面建设小康社会的要求和完善社会主义市场经济体制的新形势,坚持“安全第一,预防为主”的基本方针,进一步强化政府对安全生产工作的领导,大力推进安全生产各项工作,落实生产经营单位安全生产主体责任,加强安全生产监督管理;大力推进安全生产监管体制、安全生产法制和执法队伍三项建设,建立安全生产长效机制,实施科技兴安战略,积极采用先进的安全管理方法和安全生产技术,努力实现全国安全生产状况的根本好转。”《中华人民共和国安全生产法》也规定:“生产经营单位必须遵守本法和其他有关安全生产的法律、法规,加强安全生产管理,建立、健全安全生产责任制度,完善安全生产条件,确保安全生产。”国务院审议通过并发布实施了《安全生产“十二五”规划》,明确了“十二五”时期安全生产工作的奋斗目标、主要任务、重点工程和保障措施。国家安全生产监督管理总局就“十二五”时期重点行业的安全生产、安全文化建设、安全教育培训、安全科技、应急管理、组织安全保障能力、监管监察能力建设等,制定和编制了 12 部专项规划。《安全生产法》的修订工作取得积极进展,修订后的《危险化学品安全管理条例》、《职业病防治法》已经发布施行。安全生产监督管理总局制定出台了《危险化学品重大危险源监督管理暂行规定》等 34 个部门规章和规范性文件。

钢铁企业为了适应经济发展的新形势和法律法规的新要求,也在积极开展安全生产管理,例如宝钢按照“安全第一,预防为主”的方针,结合公司的实际情况,确定了安全生产管理制度和标准;实行目标责任制、岗位责任制,在计划、实施、检查、改进的规范化管理过程中,通过安全评价,确定组织安全卫生水平。在发现事故隐患和潜在职业危害时,及时提出改善措施,以安全标准化作业等各种形式实行职工群众参与和监督等,实现了良好的职业健康安全绩效。

虽然许多组织为评价其职业健康安全绩效而推行职业健康安全“评审”或“审核”,但仅靠“评审”或“审核”本身可能仍不足以为组织提供保证,使组织确信其职业健康安全绩效不但现在而且将来都能一直持续满足法律法规和方针要求。若要使得“评审”或“审核”行之有效,组织就必须将其纳入整合于组织中的结构化管理体系内实施。

解读:

虽然有些组织对其职业健康安全管理的绩效采用不同的方式进行评价,包括采用“评审”或“审核”的方式,但是仍然难以保证和证实管理有效、绩效真实和持续改进。要使“评审”或“审核”行之有效,必须在组织内部建立起来适于结构化和系统化的管理体系。结构化就是按 PDCA 模式进行策划、实施、检查和改进;系统化就是通过对全员、全过程和全方位的管理使之管理过程优化和绩效最佳化。采用这种模式的质量、环境和职业健康安全管理体系是比较容易整合的。

本标准旨在为组织规定有效的职业健康安全管理体系所应具备的要素。这些要素可与其他管理体系要求相结合,并帮助组织实现其职业健康安全目标与经济目标。与其他标准一样,本标准无意被用于产生非关税贸易壁垒,或者增加或改变组织的法律义务。

解读：

本标准的目的在于为组织提供建立和实施有效的职业健康安全管理体系的要求，包括要素及其控制，这些要素可以与质量管理、环境管理等体系的要求相结合和整合。职业健康安全管理水平提高了，工作环境改善了，会激发员工的积极性和创造性，促进生产任务的完成和经济效益的提高，有助于组织实现方针目标，包括经济目标和管理目标。这个标准与质量管理和环境管理等标准一样，有助于进出口贸易过程相关方的了解和信任，也有助于组织提高遵守法律法规的自觉性、主动性和完整性；但是并不希望它成为非关税的贸易壁垒，也不增加、改变或替代组织遵守法律法规的义务。

本标准规定了对职业健康安全管理体系的要求，旨在使组织在制定和实施其方针和目标时能够考虑到法律法规要求和职业健康安全风险信息。本标准适用于任何类型和规模的组织，并与不同的地理、文化和社会条件相适应。图1给出了本标准所用的方法基础。体系的成功依赖于组织各层次和职能的承诺，特别是最高管理者的承诺。这种体系使组织能够制定其职业健康安全方针，建立实现方针承诺的目标和过程，为改进体系业绩并证实其符合本标准的要求而采取必要的措施。本标准的总目的在于支持和促进与社会经济需求相协调的良好职业健康安全实践。需注意的是，许多要求可同时或重复涉及。

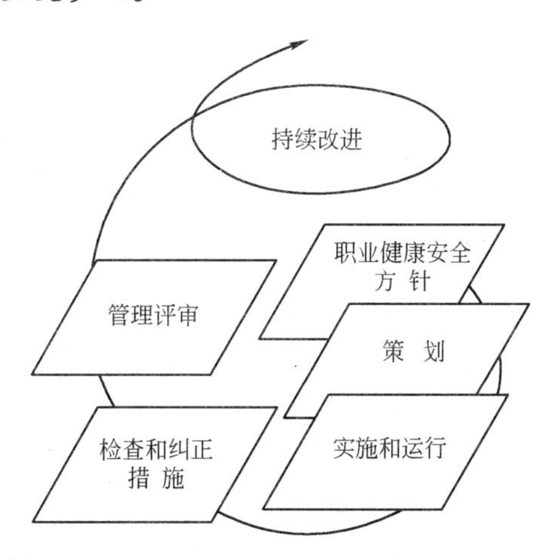

图1 职业健康安全管理体系运行模式

注：本标准基于被称为“策划—实施—检查—改进（PDCA）”的方法论。关于PDCA的含义，简要说明如下：

a）策划：建立所需的目标和过程，以实现组织的职业健康安全方针所期望的结果。

b）实施：对过程予以实施。

c）检查：根据职业健康安全方针、目标、法律法规和其他要求，对过程进行监测和测量，并报告结果。

d）改进：采取措施以持续改进职业健康安全管理绩效。

许多组织通过由过程组成的体系以及过程之间的相互作用对其运行进行管理，这种方式称为“过程方法”。GB/T 19001提倡使用过程方法。由于PDCA可用于所有的过程，因此这两种方法可以看作是兼容的。

解读：

GB/T 28001规定了对职业健康安全管理体系的要求，目的在于让组织在制定和实施其方针和目标时,能够考虑到适用的法律法规要求和职业健康安全风险信息,使组织的方针目标的制定和实施符合适用的法律法规要求和切合组织实际。

该标准适用于各种类型和规模的组织,也适应于不同的地理、文化和社会条件。大中小企业或事业单位,生产不同产品和提供不同服务的组织,不论是国有还是民营,不论是东南西北,还是不同国家或不同地区,不同的语言和文化,不同的社会和体制均可以采用该标准建立和实施职业健康安全管理体系。

图 1 是职业健康安全管理体系的运行模式,可以看出职业健康安全管理体系是基于过程方法和 PDCA 方法建立和运行的。该体系是针对全员、全过程和全方位的管理体系,它的成功依赖于组织各层次和职能的承诺和运行。采用这个体系使组织能够策划制定其职业健康安全方针,建立实现方针承诺的目标和过程,实施、监测和改进体系业绩。为了证实其符合 GB/T 28001 要求,应采取一些必要的措施。

GB/T 28001 的总目的在于支持和促进组织与社会经济需求相协调的良好职业健康安全实践,有利于建立和谐社会和和谐文化。职业健康和安全生产对构建和谐社会具有基础性、普遍性和可持续性作用。

但是需注意的是,许多要求可同时或重复涉及。例如对制定职业健康安全方针和目标的要求,在策划、实施、检查和改进各过程同时或重复涉及。又如法规和其他要求在策划、实施、检查和改进各过程也同时或重复涉及。

本标准着重在以下几方面加以改进:

a)改善对 GB/T 24001 和 GB/T 19001 的兼容性;

b)寻求机会对其他职业健康安全管理体系标准(如 ILO - OSH:2001)兼容;

c)反映职业健康安全实践的发展;

d)基于应用经验对前版标准所述要求进一步加以澄清。

解读:

对 GB/T 28001—2011《职业健康安全管理体系　要求》本标准着重在以下几方面加以改进,不仅实施贯彻 GB/T 28001—2011《职业健康安全管理体系　要求》标准,而且超过其要求,提高职业健康安全管理绩效:

(1)改善对 GB/T 24001 和 GB/T 19001 的兼容性。

目前有很多组织将 GB/T 28001 与 GB/T 24001 和 GB/T 19001 整合,这三个标准有很多要求具有兼容性,但仍然存在不同。GB/T 28001—2011 与 GB/T 28001—2001 对比有了很大的改善,因为它与 GB/T 24001 和 GB/T 19001 的兼容性增多了。例如将目标和管理方案的要求合并了,更适合于对管理方案的理解和制定。又如在检查中增加了合规性评价,强化了职业健康安全管理体系遵守适用的法律法规的要求和评价。

(2)寻求机会对其他职业健康安全管理体系标准如 ILO - OSH:2001 兼容。

ILO - OSH:2001《职业安全健康管理体系导则》是国际劳工组织制定的关于建立、实施和改善职业安全健康管理体系导则,该导则适用于两个层次:国家级和组织级。对国家级,导则要求建立与国家法律、法规相适应的国家职业健康安全管理体系框架。对组织级，导则鼓励组织将职业安全与健康管理体系与组织的整体管理方针、目标和管理相融合或整合。导则要求建立预防和健康促进方案、为所有参加者免费提供培训，强调组织的安全与健康要求应纳入采购与租借规范，激励组织应用适宜的职业健康安全管理体系原则、模式和方法，提高职业健康安全管理绩效。

(3)反映职业健康安全实践的发展。

GB/T 28001 是对组织的职业健康安全管理体系的基本要求，如果组织在贯彻实施 GB/T 28001 过程中，结合组织实际探索和实践有效的职业健康安全管理，提高了职业健康安全管理绩效，也是对 GB/T 28001 标准的改进。例如宝钢安全管理体制是以安全生产系统为对象，以国家现行的法规、标准和集团(公司)的管理制度为依据，运用现代系统分析方法，以安全卫生计划、"纵向到底、横向到边"、群防群治、综合治理为保证的体制。宝钢建立了"FPBTC"安全管理模式。F 指一流目标，即事故为零；P 指两根支柱，即生产线自主安全管理和安全质量生产一体化管理；B 指三个基础，即安全标准化作业、作业长为中心的班组建设和设备点检定修；T 指四全管理，即全员、全面、全过程和全方位管理；C 指五项对策，即综合安全管理、安全检查、危险源评价与检测、安全信息网络和现代化管理方法。鞍钢的安全生产管理模式为 0123。0 是以事故为零的目标，1 是一把手负责制为核心的安全责任制为保证，2 是以标准化作业和标准化班组建设为基础，3 是以全员教育、全面管理、全方位和全线预防为对策。职业健康安全实践的发展会对 GB/T 28001 有所改进。

(4)基于应用经验对前版标准所述要求进一步澄清。

GB/T 28001—2001 标准已经应用 10 年了，通过贯彻实施积累了经验，也对标准规定的条款进行了深入的理解，但是标准的要求也有需要进一步澄清的问题。例如 GB/T 28001—2011 标准中的 4.3.1"危险源辨识、风险评价和控制措施的确定"，是经过 GB/T 28001—2001 标准应用过程所积累的经验，进一步澄清了危险源辨识、风险评价和控制措施的确定中应采取的方法和变更管理(动态管理)。前版标准中也规定了协商和沟通，但是对参与和协商内容规定的不具体；前版标准中也规定了对事故、事件和不符合的处理和调查，根据法律法规要求，对事件调查进行了进一步澄清和补充。

本标准与非认证性指南标准如 GB/T 28002—2011 之间的重要区别在于：规定了组织的职业健康安全管理体系要求，并可用于组织职业健康安全管理体系的认证、注册和(或)自我声明；GB/T 28002—2011 作为非认证性指南标准旨在为组织建立、实施或改进职业健康安全管理体系提供帮助。职业健康安全管理涉及多方面内容，其中有些还具有战略与竞争意义。通过证实本标准已得到成功实施，组织可使相关方确信本组织已建立了适宜的职业健康安全管理体系。

解读：

GB/T 28001 和 GB/T 28002 之间的关系如同 GB/T 19001 和 GB/T 19004 的关系。GB/T 28001 是职业健康安全管理体系的要求，而 GB/T 28002 是职业健康安全管理体系的指南。GB/T 28001 是"教科书"，而 GB/T 28002 是参考书。GB/T 28001 可用于组织

职业健康安全管理体系的认证、注册和(或)自我声明;但 GB/T 28002 只能为建立、实施和改进职业健康安全管理体系提供指南和帮助。通过 GB/T 28001 认证后可以向相关方证实组织的职业健康安全管理体系已经成功建立和有效运行,特别是方针和目标具有战略意义和显示竞争能力,会赢得相关方的信任。GB/T 28002 能够帮助组织在建立、实施和改进职业健康安全管理体系时提供实施指南,把职业健康安全管理体系提高到一个新水平。

有关更广泛的职业健康安全管理体系问题的通用指南,可参阅 GB/T 28002—2011。任何对其他标准的引用仅限于提供信息。

解读:

有关更广泛和更深刻的职业健康安全管理体系问题的通用指南,可参阅 GB/T 28002—2011。在 GB/T 28001—2011 标准中引用了 GB/T 19001—2008、GB/T 24001—2004、GB/T 18002—2011 等标准,只是提供相关的信息,并没有要求贯彻执行这些标准。

本标准包含了可进行客观审核的要求,但并未超越职业健康安全方针的承诺(有关遵守适用法律法规要求和组织应遵守的其他要求、防止人身伤害和健康损害以及持续改进的承诺)而提出绝对的职业健康安全绩效要求。因此,开展相似运行的两个组织,尽管其职业健康安全绩效不同,但都可能符合本标准要求。

解读:

GB/T 28001 提出的是对职业健康安全管理体系的基本要求,包括进行客观(主要是第三方)的审核要求。这些要求是通用的。适用于不同类型、规模和性质的组织,要求制定符合适用的法律法规和其他要求的方针和目标,建立、实施和改进防止伤害和健康损害的管理体系,虽然对职业健康安全绩效要求进行监测和测量,并对合规性绩效评价,但是并没有对职业健康安全绩效提出要求。不同的组织职业健康安全绩效可能不同,但也有可能符合 GB/T 28001 标准要求。简单地比喻,GB/T 28001 标准只用于衡量合格不合格,而不是评价卓越不卓越。

尽管本标准的要素可与其他管理体系要素进行协调或整合,但并不包括其他管理体系特定的要求(如质量、环境、安全保卫或财务等管理体系要求)。组织可通过现有管理体系建立符合本标准要求的职业健康安全管理体系。但需指出的是,各种管理体系要素的应用可能因预期目的和所涉及相关方的不同而各异。

解读:

GB/T 28001 职业健康安全管理体系可以和 GB/T 19001 质量管理体系与 GB/T 24001 环境管理体系等其他管理体系整合,但是各管理体系的特定要素是不同的,例如质量管理体系的特定要素是质量要素,环境管理体系的特定要素是环境因素,职业健康安全管理体系的特定要素是危险源(包括危险因素和危害因素),因此要在现有的管理体系中融合职业健康安全要素，必须考虑各管理体系的特定要素运行和控制的目的和相关方的要求并进行适当的修改。整合的重点应是管理职责、资源管理、审核和评审以及文件化过程，对特定要素应有针对性和有效性的策划、实施、检查和改进。

职业健康安全管理体系的详尽和复杂水平以及形成文件的程度和所投入资源等，取决于多方面因素，例如：体系的范围，组织的规模及其活动、产品和服务的性质，组织的文化等。中小型企业尤为如此。

解读：

职业健康安全管理体系的详细及复杂程度，文件化的范围及所投入资源等，取决于多方面因素，包括：体系的范围、组织的规模及其活动、产品和服务性质、组织的文化等。

大型企业，特别是钢铁联合企业，产品品种繁多，生产流程复杂，不仅有生产过程（焦化、烧结、炼铁、炼钢、连铸和轧钢等），还有辅助流程（煤气、氧气、蒸汽、机械、电气和运输等），特定要素比较复杂，危险因素和危害因素比较多，因此职业健康安全管理体系的文件化范围比较宽，所投入资源（包括人力、设备和工作环境）也比较多。而中小型企业相对比较简单。

第三节 对适用范围的解读

1 范围

本标准规定了对职业健康安全管理体系的要求，旨在使组织能够控制其职业健康安全风险，并改进其职业健康安全绩效。它既不规定具体的职业健康安全绩效准则，也不提供详细的管理体系设计规范。

本标准适用于任何有下列愿望的组织：

a）建立职业健康安全管理体系，以消除或尽可能降低可能暴露于与组织活动相关的职业健康安全危险源中的员工和其他相关方所面临的风险；

b）实施、保持和持续改进职业健康安全管理体系；

c）确保组织自身符合其所阐明的职业健康安全方针；

d）通过下列方式来证实符合本标准：

1）做出自我评价和自我声明；

2）寻求与组织有利益关系的一方（如顾客等）对其符合性的确认；

3）寻求组织外部一方对其自我声明的确认；

4）寻求外部组织对其职业健康安全管理体系的认证。

本标准中的所有要求旨在被纳入到任何职业健康安全管理体系中。其应用程度取决于组织的职业健康安全方针、活动性质、运行的风险与复杂性等因素。

本标准旨在针对职业健康安全，而非诸如员工健身或健康计划、产品安全、财产损失或环境影响等其他方面的健康和安全。

解读:

“范围”是指本标准的适用范围。

首先应理解该标准的性质和目的。

该标准的性质是对组织的职业健康安全管理体系规定必须执行的要求。但是既没有提供职业健康安全管理体系详细的设计规范,也没有规定职业健康安全绩效的考核准则。也就是说规定了职业健康安全管理体系的内容要求,但没有规定职业健康安全管理体系如何设计;规定如何改进职业健康安全绩效,但是没有规定考核职业健康安全绩效的标准;只评价职业健康安全管理体系,而不衡量绩效水平。

该标准的目的在于控制组织的职业健康安全风险,改进组织的职业健康安全绩效。

其次应理解该标准适用于什么样的组织。该标准主要适用于下列组织:

(1)希望建立职业健康安全管理体系,以此来消除或降低在组织活动中存在的、对员工或相关方有危害或伤害的危险源风险的组织;

(2)希望建立、实施、保持和持续改进职业健康安全管理体系的组织;

(3)希望能够符合和实现职业健康安全方针的组织;

(4)通过做出自我评价或声明(第一方)、相关方(第二方)确认或通过职业健康安全管理体系认证(第三方)等方式来证实符合本标准要求的组织。

该标准中所规定的所有要求全部应纳入到组织的职业健康安全管理体系中,但是,由于组织的职业健康安全方针、活动性质、运行风险与复杂程度不同,应用的程度可能不一样。钢铁联合企业包括焦化、烧结、炼铁、炼钢和轧钢以及煤气、氧气和蒸汽等生产过程,员工和相关方具有对安全有危害或健康有伤害的风险比较多,因此对该标准的要求应用程度就比较高;而对于一些中小企业,例如只有加工没有冶炼的企业,对该标准的要求应用程度就比较低。不仅风险控制范围小,监测和测量的对象、应急准备和响应的预案也比较少。

正如 GB/T 19001 是质量管理体系的标准,是对质量管理体系的要求,而不是对产品质量的要求一样,GB/T 28001 也是对职业健康安全管理体系的要求,不是对产品安全的要求,当然也不是对员工健身或健康计划、财产损失或环境影响等其他方面的要求。

生产活动和工作环境的高温、粉尘、毒物或噪声对员工健康有影响是属于职业健康安全应控制的内容,但是对生产活动和工作环境外的体育锻炼、健身计划和健康活动与该标准无关。至于因经营风险和治安问题造成的财产损失以及因环境污染造成的员工或相关方的危害或伤害,也不属于该标准管理的范围。

总之,该标准的应用范围是为建立、实施、保持和改进职业健康安全管理体系,并希望进行自我评价或声明以及向相关方或认证机构证实符合要求的组织提供规范性的要求。

第四节　对规范性引用文件的解读

2　规范性引用文件

下列文件对于本标准的应用是必不可少的。凡是注日期的引用文件，仅注日期的版本适用于本标准。凡是不注日期的引用文件，其最新版本（包括所有的修改单）适用于本标准。

GB/T 19000—2008　质量管理体系　基础和术语（ISO 9000:2005,IDT）

GB/T 24001—2004　环境管理体系　要求及使用指南（ISO 14001:2004,IDT）

GB/T 28002—2011　职业健康安全管理体系　实施指南（OHSAS 18002:2008, Occupational health and safety management systems – guidelines for the implementation of OHSAS 18001:2007,IDT）

解读：

为了建立、实施、保持和改进职业健康安全管理体系和接受审核、评审或认证，需要了解相关的文件，因此在该标准中进行引用。但是如果被引用的文件有注日期的，应以有效期内的为适用版本；如果不注日期，应以最新版本为适用版本。

第五节　对术语和定义的解读

3　术语和定义

下列术语和定义适用于本标准。

解读：

术语和定义也许有各种各样的，但是本标准适用于下列的术语和定义。

3.1　可接受的风险　acceptable rick

根据组织法律义务和职业健康安全方针（3.16）已降至组织可容许程度的风险。

解读：

该术语的定义与 GB/T 28001—2001 版本中可容许风险 tolerable rick 术语的定义“根据组织的法律义务和职业健康安全方针，已降至可容许程度的风险”是相似的。GB/T 28001—2001 版本的定义是将“可接受程度的风险”叫做“可容许风险”，而 GB/T 28001—2011 版本的定义是将“可容许程度的风险”叫做“可接受的风险”。可容许才能可接受，是先容许后才接受，不是先接受后才容许。例如钢坯表面修磨，噪声和粉尘很大，对现场操作的员工危害很大，这种风险程度是不可容许的，所以是不可接受的；但是，将修磨过程封闭起来，用可视探头在操作室监视自动控制修磨的位置和程度，这时的噪声封闭降低和粉尘收集去除，降至可容许的程度，这种风险是可接受的。

3.2 审核 audit

为获得“审核证据”并对其进行客观的评价，以确定满足“审核准则”的程度所进行的系统的、独立的并形成文件的过程。

[GB/T 19000—2008,3.9.1]

注1:“独立的”不意味必须来自组织外部。很多情况下，特别是在小型组织，独立性可以通过摆脱与被审核活动之间无责任关系来证实。

注2:有关“审核证据”和“审核准则”的进一步指南见 GB/T 19011—2003。

解读：

该术语的定义与 GB/T 19000—2008《质量管理体系 基础和术语》中“审核”的定义是一致的，即为获得“审核证据”并对其进行客观的评价，以确定满足“审核准则”的程度所进行的系统的、独立的并形成文件的过程。“审核证据”和“审核准则”加引号是因为这是两个术语在 GB/T 19000—2008《质量管理体系 基础和术语》中是有定义的。“审核证据”的定义为“与审核准则有关并能够证实的记录、事实陈述或其他信息”，而“审核准则”的定义为“一组方针、程序或要求”。一般来说，审核的准则是 GB/T 28001、适用的法律法规、方针目标和控制程序等。

审核是一个系统的和独立的过程，主要是获取审核证据和客观评价管理体系是否满足审核准则的要求。审核是系统的，主要是指审核过程应是完整的过程；审核是独立的，主要是指由与被审核活动无责任关系的人员来审核。审核有内审（第一方审核）和外审（第二方和第三方审核）。不论是内审或外审，都是寻求证据来评价符合审核准则的活动。

审核应有文件化的程序，规定审核目的、审核范围、审核准则、审核计划、审核程序、审核证据的获取和评价、审核记录和审核报告以及跟踪活动等。

3.3 持续改进 continual improvement

为了实现对整体职业健康安全绩效(3.15)的改进，根据组织(3.17)的职业健康安全方针(3.16)，不断对职业健康安全管理体系(3.13)进行强化的过程。

注1:该过程不必同时发生于活动的所有方面。

注2:改编自 GB/T 24001—2004,3.2。

解读：

在 GB/T 19000 中将持续改进定义为“增强满足要求的能力的循环活动”，在 GB/T 24001 中将持续改进定义为“不断对环境管理体系进行强化的过程，目的是根据组织的环境方针，实现对整体环境绩效的改进。”在注中也说：“该过程不必同时发生于活动的所有方面。”

持续改进的主要含义有两个：一是持续不断，二是强化提高。对管理体系来说就是根据方针持续不断地强化过程和提高绩效。虽然不必同时发生于活动的所有方面，但是正如 GB/T 19000 中质量管理原则的持续改进一样，应是组织的永恒目标。职业健康管理体系与质量、环境、能源、财务和安全保卫等管理体系一样，应根据方针持续不断地强化过程和提高绩效。

QC 小组活动应是持续改进的最好的方式。

3.4　纠正措施　corrective action

为消除已发现的不符合(3.11)或其他不期望情况的原因所采取的措施。

注1:一个不符合可以有若干个原因。

注2:采取纠正措施是为了防止再发生,而采取预防措施(3.18)是为了防止发生。

[GB/T 19000—2008,3.6.5]

解读:

该术语的定义与 GB/T 19000—2008 的 3.6.5 是一样的。纠正措施是改进措施之一,它是针对已经发现的不符合或其他不期望的情况发生的原因分析所采取的措施。也就是说,所采取的措施一定要针对原因分析,采取防止再发生的措施。不符合发生的原因可能有若干个,所以应针对所有原因采取的防止再发生的措施。如果采取了纠正措施后仍然发生同样的不符合或其他不期望的情况,说明纠正措施的针对性和有效性比较差。

纠正措施与预防措施不同,纠正措施是针对已经发生的不符合或其他不期望的情况,分析原因所采取的措施,防止再发生;而预防措施是针对潜在的不符合或其他不期望的情况,分析原因所采取的措施,防止发生。

3.5　文件　document

信息及其承载媒体。

注:媒体可以是纸,计算机磁盘、光盘或其他电子媒体,照片或标准样品,或它们的组合。

[GB/T 24001—2004,3.4]

解读:

信息与信息承载的媒体在一起就叫做“文件”。文件不仅有书面的媒体,也有存在于计算机磁盘、光盘或其他的电子媒体。照片和图纸也是文件存在的形式。标准样品是实物标准,也承载产品特性的标准信息。因此对文件的控制,不仅对书面文件进行编制、审核、批准、发放、修改或作废,也应对电子媒体文件进行同样的控制。在职业健康安全管理体系中文件包括职业健康安全管理的国家标准、适用的法律法规、管理手册、程序文件、图纸、看板、照片、作业文件和记录。这些文件可以是以纸张为载体,也可以是存在于电子媒体中。例如可视化的 OA 系统的信息。

3.6　危险源　hazard

可能导致人身伤害和(或)健康损害(3.8)的根源、状态或行为或其组合。

解读:

可能表示显在的或潜在的、能够对人的身体造成伤害(包括伤与亡)和(或)对人的身体健康有损害(包括身体与精神的不良状态)的客观存在和(或)存在的状态和(或)行为。例如钢铁企业生产中产生的煤气,是导致燃烧爆炸引起人员伤亡或中毒的根源,但是管道破裂是煤气泄漏导致人员伤亡或中毒的状态。人体伤害或健康损害起因于事件,事件起因于物的不安全状态或人的不安全行为。

为了区别人身伤害和健康损害不同的特点和效果,有时将具有突发性和瞬间作用、导致人身伤害的因素叫做“危险因素”,将在一定时间范围内具有积累作用、导致健康损害的因素叫做“危害因素”。因此可以说危险源包括“危险因素”和“危害因素”。

3.7 危险源辨识 hazard identification

识别危险源(3.6)的存在并确定其特性的过程。

解读:

危险源辨识是一个识别过程,识别危险源的存在及其特性。在企业的生产过程中存在各种各样的危险源,为了易于辨识,人们根据能量意外释放理论,首先识别可能发生意外释放的能量或危险物质(存在),其次是识别可能导致能量或危险物质约束或限制措施失效的因素(特性)。

3.8 健康损害 ill health

可确认的、由工作活动和(或)工作相关状况引起或加重的身体或精神的不良状态。

解读:

健康损害是由工作(包括活动和状况)引发的或加重的身体或精神的不良状态,但是这些状态必须经过确认是由工作引起的。例如钢坯研磨的粉尘会引起尘肺,轧管噪声会引起耳鸣或烦躁,这些都是健康损害,但是必须经过确认确实是由工作活动和状况引起或加重的。

3.9 事件 incident

发生或可能发生与工作相关的健康损害(3.8)或人身伤害(无论严重程度),或者死亡的情况。

注1:事故是一种发生人身伤害、健康损害或死亡的事件。

注2:未发生人身伤害、健康损害或死亡的事件通常称为“未遂事件”,在英文中也可称为“near - miss”、“near - hit”、“close call”或“dangerous occurrence”。

注3:紧急情况(参见4.4.7)是一种特殊类型的事件。

解读:

“事件”包括发生或可能发生与工作有关的健康损害和人身伤害或死亡的情况,包括紧急情况。也就是说因工作而发生的或可能发生的轻伤、重伤、死亡以及引起身体或精神的不良状态,都属于“事件”。

与GB/T 28001—2001不同,将“事故”也作为“事件”的一种。

紧急情况有时会发生或可能发生健康损害和人身伤害或死亡的后果,也有时没有造成健康损害和人身伤害或死亡的后果,但它也是一种特殊类型的“事件”,因为它发生健康损害和人身伤害或死亡的可能性比较大。

3.10　相关方　interested party

工作场所(3.23)内外与组织(3.17)职业健康安全绩效(3.15)有关或受其影响的个人或团体。

解读:

质量管理体系的相关方是“与组织的业绩或成就有利益的个人或团体”。环境管理体系的相关方是“关注组织的环境绩效或受其环境绩效影响的个人或团体”。职业健康安全管理体系的相关方是与职业健康安全绩效有关或受其影响的个人或团体,即包括在工作场所内的(员工和工会),也包括工作场所外的(家属、医院和地方政府)。

3.11　不符合　nonconformity

未满足要求。

[GB/T 19000—2008,3.6.2;GB/T 24001—2004,3.15]

注:不符合可以是对下述要求的任何偏离:

a)有关的工作标准、惯例、程序、法律法规要求等;

b)职业健康安全管理体系(3.13)要求。

解读:

不符合就是偏离要求,没有满足要求。这个定义与质量管理体系和环境管理体系中的术语定义是一样的。但是职业健康安全管理体系的不符合指的是不符合或偏离与职业健康安全有关的法律法规要求、管理体系要求、工作标准、常规惯例、工作程序、操作规程等。

3.12　职业健康安全(OH&S)　occupational health and safety(OH&S)

影响或可能影响工作场所(3.23)内的员工或其他人员(包括临时工和承包方员工)、访问者或其他人员的健康安全的条件和因素。

注:组织须遵守关于工作场所附近或暴露于工作场所活动的人员的健康安全方面的法律法规要求。

解读:

职业健康安全是指对工作场所内所有人员的健康和安全有影响的健康安全的条件和因素。有影响的条件有生产条件和贮存条件;有影响的因素有高温、粉尘、毒物、噪声和辐射等。所有这些条件和因素都必须符合国家和地方法律法规的要求。

3.13　职业健康安全管理体系　OH&S management system

组织(3.17)管理体系的一部分,用于制定和实施组织的职业健康安全方针(3.16)并管理其职业健康安全风险(3.21)。

注1:管理体系是用于制定方针和目标并实现这些目标的一组相互关联的要素。

注2:管理体系包括组织结构、策划活动(例如:风险评价、目标建立等)、职责、惯例、程序(3.19)、过程和资源。

注3:改编自 GB/T 24001—2004,3.8。

解读:

职业健康安全管理体系是组织管理体系的一部分。它主要是制定和实施职业健康安全方针、目标和控制危险源的风险,改进和提高组织的职业健康安全绩效。

在 GB/T 24001—2004 中对 3.8 环境管理体系术语的定义为“组织管理体系的一部分,用来制定和实施其环境方针,并管理其环境因素”。

注 1:管理体系是用来建立方针和目标,并进而实现这些目标的一系列相互关联的要素的集合。

注 2:管理体系包括组织结构、策划活动、职责、惯例、程序、过程和资源。

将“环境管理体系”术语的定义做了修改,来定义“职业健康安全管理体系”术语,其实是一样的,只是管理的对象不同而已。其他要求是相同的,例如职业健康安全管理体系也包括组织结构和职责权限、资源配置和管理、过程和活动策划、控制程序和惯例等来实现职业健康安全方针和目标。

3.14 职业健康安全目标 OH&S objective

组织(3.17)自我设定的在职业健康安全绩效(3.15)方面要达到的职业健康安全目的。

注 1:只要可行,目标就宜量化。

注 2:4.3.3 要求职业健康安全目标符合职业健康安全方针(3.16)。

解读:

职业健康安全目标与质量目标和环境目标一样,是组织自我设定的,是在方针指引下职业健康安全绩效追求的目的。如果可行应量化或可测量。

目标管理是在方针指引下,以目标为导向,在员工的积极参与下,自上而下地制定目标,并在工作中实行自我控制,自下而上地保证目标实现的一种管理办法。

3.15 职业健康安全绩效 OH&S performance

组织(3.17)对其职业健康安全风险(3.21)进行管理所取得的可测量的结果。

注 1:职业健康安全绩效测量包括测量组织控制措施的有效性。

注 2:在职业健康安全管理体系(3.13)背景下,结果也可根据组织(3.17)的职业健康安全方针(3.16)、职业健康安全目标(3.14)和其他职业健康安全绩效要求测量出来。

解读:

职业健康安全绩效是职业健康安全管理的结果,是对职业健康安全风险进行控制的结果。在测量职业健康安全管理体系的绩效时,应以职业健康安全方针、目标和要求为依据,尽可能进行量化或可测量性的测量,以证实满足要求的控制措施的符合性和有效性。

3.16 职业健康安全方针 OH&S policy

最高管理者就组织(3.17)的职业健康安全绩效(3.15)正式表述的总体意图和方向。

注 1:职业健康安全方针为采取措施和设定职业健康安全目标(3.14)提供框架。

注 2:改编自 GB/T 24001—2004,3.11。

解读:

在 GB/T 24001—2004 中对 3.11"环境方针"术语定义为:"由最高管理者就组织的环境绩效正式表述是总体意图和方向。

注:环境方针为采取措施,以及建立环境目标提供了一个框架。"

一般,方针是指最高管理者对组织绩效发展的总体战略意图和方向。职业健康安全方针与其他管理体系的方针是一致的,它是职业健康安全绩效发展的总体战略意图和方向。例如"以人为本,安全第一,健康劳动,事故为零"的方针就反映了组织最高管理者在职业健康安全绩效方面的发展意图和追求方向。

3.17 组织 organization

具有自身职能和行政管理的公司、集团公司、商行、企事业单位、政府机构、社团或其结合体,或上述单位中具有自身职能和行政管理的一部分,无论其是否具有法人资格,公营或私营。

注:对于拥有一个以上运行单位的组织,可以把一个运行单位视为一个组织。

[GB/T 24001—2004,3.16]

解读:

在 GB/T 24001—2004 中对 3.16"组织"术语定义为:"具有自身职能和行政管理的公司、集团公司、商行、企事业单位、政府机构、社团或其结合体,或上述单位中具有自身职能和行政管理的一部分,无论其是否具有法人资格,公营或私营。

注:对于拥有一个以上运行单位的组织,可以把一个运行单位视为一个组织。"

职业健康安全管理体系对"组织"的定义是一致的。凡是具有自身职能和行政管理的单位全部称为"组织"。不仅包括公司、集团公司,也包括集团公司事业部,不仅包括企业,也包括事业单位、政府机构、社会团体和行业协会,不论是否具有法人资格,不论是国有还是民营,只要具有自身职能和行政管理,就是"组织"。

3.18 预防措施 preventive action

为消除潜在不符合(3.11)或其他不期望潜在情况的原因所采取的措施。

注1:一个潜在不符合可以有若干个原因。

注2:采取预防措施是为了防止发生,而采取纠正措施(3.4)是为了防止再发生。

[GB/T 19000—2008,3.6.4]

解读:

该术语的定义与 GB/T 19000—2008 的 3.6.4 是一样的。预防措施是改进措施之一,它是针对潜在的不符合或其他不期望的情况可能发生的原因分析所采取的措施。也就是说,所采取的措施一定要针对可能发生的原因分析,采取防止发生的措施。潜在的不符合发生的原因也可能有若干个,所以应是针对所有原因采取的防止发生的措施。

预防措施与纠正措施不同,预防措施是针对潜在的不符合或其他不期望的情况,分析原因所采取的措施,防止发生;而纠正措施是针对已经发生的不符合或其他不期望的情况,分析原因所采取的措施,防止再发生。

3.19　程序　procedure

为进行某项活动或过程所规定的途径。

注1:程序可以形成文件,也可以不形成文件。

注2:当程序形成文件时,通常称为"书面程序"或"形成文件程序"。含有程序的文件(3.5)可称为"程序文件"。

[GB/T 19000—2008,3.6.5]

解读:

该术语的定义与GB/T 19000—2008的3.6.5是一样的。"程序"就是过程或活动的途径和顺序。例如加热、轧制、精整和包装就是钢材加工过程的程序,而粗轧、中轧和精轧是轧制过程的活动程序。

有些过程的程序需要形成文件,包括书面的或电子媒体的程序文件;有些活动也需要形成文件,例如作业指导书或操作规程。

在GB/T 28001—2011《职业健康安全管理体系　要求》中提出"组织应建立、实施并保持程序"的,一般应有"程序文件",以规范程序途径和顺序。

3.20　记录　record

阐明所取得的结果或提供所从事活动的证据的文件(3.5)。

[GB/T 24001—2004,3.20]

解读:

该术语的定义与GB/T 24001—2004的3.20"记录"定义相同和与GB/T 19000—2008的3.7.6"记录"定义相似。

记录是文件的一种,它主要是记载过程或活动的结果,为过程或活动符合要求提供证据。记录也有书面的和电子媒体的。

3.21　风险　risk

发生危险事件或有害暴露的可能性,与随之引发的人身伤害或健康损害(3.8)的严重性的组合。

解读:

风险是某危险源发生危险事件的可能性和引发的人身伤害或健康损害后果。风险的主要特性是发生的可能性和后果的严重性。两者如果有一个不存在,就没有风险。可能性大,但后果不严重,风险就小;可能性不大,但万一发生,后果严重,这种风险也值得重视;可能性大,后果也严重的风险应是控制的重点。

3.22　风险评价　risk assessment

对危险源导致的风险(3.21)进行评估、对现有控制措施的充分性加以考虑以及风险是否可以接受予以确定的过程。

解读：

风险评价是一种评估活动或过程，评估风险发生的可能性、后果以及现有的控制措施消除、降低或减轻风险发生的可能性和后果，使之达到可以接受的程度。评价内容有三个：

（1）危险源导致的风险；

（2）控制措施的充分性；

（3）风险是否可以接受。

> **3.23 工作场所 workplace**
>
> **在组织控制下实施工作相关活动的任何物理地点。**
>
> 注：在考虑工作场所的构成时，组织（3.17）宜考虑对如下人员的职业健康安全影响，例如：差旅或运输中（如驾驶、乘机、乘船或乘火车等）、在客户或顾客处所工作或在家工作人员。

解读：

工作场所是指对有关人员有职业健康安全影响的区域。

对钢铁企业来说，区域主要包括产品生产场所、服务提供场所、储运场所、维修场所，有关人员包括员工、临时工、外包过程的员工及相关方及来访者等。

第六节 对职业健康安全管理体系要求的解读

> **4 职业健康安全管理体系要求**
>
> **4.1 总要求**
>
> **组织应根据本标准的要求建立、实施、保持和持续改进职业健康安全管理体系，确定如何满足这些要求，并形成文件。**
>
> **组织应界定其职业健康安全管理体系范围，并形成文件。**

解读：

希望建立和实施职业健康安全管理体系的组织，必须根据GB/T 28001—2011《职业健康安全管理体系 要求》建立和实施，并保持和持续改进职业健康安全管理体系。总的要求是必须形成文件，界定职业健康安全管理体系范围和规定如何满足这些要求。

职业健康安全管理体系与质量管理体系不同，虽然要求形成文件，但是没有规定编写管理手册。但是，如果有管理手册和程序文件会有利于界定职业健康安全管理体系范围和规定如何满足职业健康安全管理体系要求。

职业健康安全管理体系范围主要是应覆盖组织内对职业健康安全绩效有影响的单位、过程和活动，保证职业健康安全体系的完整性和系统性。在确定职业健康安全管理体系范围时，组织应非常认真和谨慎，不要将对员工和相关方的健康和安全有影响的过程或活动排除，以免影响组织的职业健康安全绩效。

职业健康安全管理体系的文件应规定如何策划、实施、检查和改进GB/T 28001—2011《职业健康安全管理体系 要求》的内容。为了满足标准提出的总要求，组织应：确定职业健康安全管理体系所需要的过程（例如策划、实施、检查和改进过程）；确定这些过程的顺序和相互作用；确定判断的准则（标准）和方法（程序或规程），保证各过程的运行正常和控制有效；确保落实职责和获得必要的资源和信息，以支持这些过程的运行和监控；适当的时候进行监测和测量，并分析这些过程的运行是否符合和有效；采取必要的措施保证实现策划的目标和绩效，并对这些过程进行持续改进。

职业健康安全管理体系的文件应符合适用的法律法规要求，特别是应体现以学习实践科学发展观为动力，以人为本，坚持“安全第一，预防为主，综合治理”的方针。

职业健康安全管理体系的文件应与组织的实际相结合，保证职业健康安全管理体系的真实性和客观性，强化职业健康安全管理，改进和提高职业健康安全绩效。

4.2 职业健康安全方针

最高管理者应确定和批准本组织的职业健康安全方针，并确保职业健康安全方针在界定的职业健康安全管理体系范围内：

a）适合于组织职业健康安全风险的性质和规模；

b）包括防止人身伤害与健康损害和持续改进职业健康安全管理与职业健康安全绩效的承诺；

c）包括至少遵守与其职业健康安全危险源有关的适用的法律法规要求及组织应遵守的其他要求的承诺；

d）为制定和评审职业健康安全目标提供框架；

e）形成文件、付诸实施，并予以保持；

f）传达到所有在组织控制下的工作人员，旨在使其认识到各自的职业健康安全义务；

g）可为相关方所获取；

h）定期评审，以确保其与组织保持相关和适宜。

解读：

职业健康安全方针是由最高管理者就组织的职业健康安全绩效正式表述的总体意图和方向。职业健康安全方针的制定应考虑和满足以下要求：

（1）职业健康安全方针应坚持“以人为本”的原则，遵守党和国家的“安全第一，预防为主，综合治理”的方针和适用的法律法规要求。

（2）职业健康安全方针应与组织的生产经营实际相结合，内容要有针对性，反映本组织的风险性质、规模、防止人身伤害与健康损害现状和持续改进职业健康安全管理与职业健康安全绩效改进方向。

（3）职业健康安全方针应做到远近结合，既要考虑长远发展规划，也要考虑近期现状，提出具有挑战性的发展方向。职业健康安全方针应按过程方法进行管理，制定有依据，执行有管理，效果有检查，定期评审，以确定其与组织保持相关和适宜，并以PDCA循环进行改进。

（4）职业健康安全方针也应逐级展开，使方针落到实处。上一级的方针是下一级的方针依据，下一级的方针是上一级方针的基础。上下统一协调，成为一个整体。

(5)职业健康安全方针内容应简单,语言应精练,但是也不能成为空洞的口号。

职业健康安全方针应是制定和评审职业健康安全目标的依据,也能够被员工所理解而转化成行动准则。同时也能够在需要时为相关方所获取,得到充分的合作。

4.3 策划

4.3.1 危险源辨识、风险评价和控制措施的确定

组织应建立、实施并保持程序,以便持续进行危险源辨识、风险评价和必要控制措施的确定。

危险源辨识和风险评价的程序应考虑:

a)常规和非常规活动;

b)所有进入工作场所的人员(包括承包方人员和访问者)的活动;

c)人的行为、能力和其他人为因素;

d)已识别的源于工作场所外,能够对工作场所内组织控制下的人员的健康安全产生不利影响的危险源;

e)在工作场所附近,由组织控制下的工作相关活动所产生的危险源;

注1:按环境因素对此类危险源进行评价可能更为合适。

f)由本组织或外界所提供的工作场所的基础设施、设备和材料;

g)组织及其活动、材料的变更,或计划的变更;

h)职业健康安全管理体系的更改包括临时性变更等,及其对运行、过程和活动的影响;

i)任何与风险评价和实施必要控制措施相关的适用法律义务(也可参见3.12的注);

j)对工作区域、过程、装置、机器和(或)设备、操作程序和工作组织的设计,包括其对人的能力的适应性。

组织用于危险源辨识和风险评价的方法应:

a)在范围、性质和时机方面进行界定,以确保其是主动而非被动的;

b)提供风险的确认、风险优先次序的区分和风险文件的形成以及适当时控制措施的运用。

对于变更管理,组织应在变更前识别在组织内、职业健康安全管理体系中或组织活动中与该变更相关的职业健康安全危险源和职业健康安全风险。

组织应确保在确定控制措施时考虑这些评价的结果。

在确定控制措施或考虑变更现有控制措施时,应按如下顺序考虑降低风险:

a)消除;

b)替代;

c)工程控制措施;

d)标志、警告和(或)管理控制措施;

e)个体防护装备。

组织应将危险源辨识、风险评价和控制措施的确定的结果形成文件并及时更新。

在建立、实施和保持职业健康安全管理体系时,组织应确保职业健康安全风险和确定的控制措施能够得到考虑。

注2:关于危险源辨识、风险评价和控制措施的确定的进一步指南参见GB/T 28002—2011。

解读:

危险源辨识、风险评价和控制措施的确定是建立、实施、保持和改进职业健康安全管理体系的基础,因此必须建立、实施和保持危险源辨识、风险评价和控制措施程序。

危险源辨识和风险评价程序应考虑:

(1)包括常规活动和非常规活动:常规活动是指正常生产活动,非常规活动是指临时抢修活动;

(2)所有进入工作场所的人员的活动:包括在作业的员工、承包方(例如耐火材料砌筑或机械设备维修的外包方)人员和参观访问人员的活动;

(3)人的行为、能力和其他人为因素:人的不安全行为、能力不足或素质不高会造成能量或危险物质控制系统故障,从而导致事故发生;

(4)已识别的作业区域内的危险源:在建立职业健康安全管理体系前已经识别的作业区域内的危险源;

(5)在工作场所附近与组织有关的危险源:例如释放的粉尘、污水和噪声等对附近居民健康有损害的危险源;

(6)工作场所所有的基础设施、设备和材料:包括组织和外部提供的设备和材料,例如外包方的设备和材料;

(7)组织及其活动、材料或计划的变更:例如组织重组、工艺变化、产品变更、生产或技改计划的变更;

(8)职业健康安全管理体系的变更:特别是目标或管理方案临时性变更及其对运行、过程和活动的影响;

(9)所有与风险评价和实施必要控制措施相关的适用法律义务:应根据适用的法律法规对危险源进行识别、评价和确定控制措施;

(10)工作区域内所有过程、设备、操作程序和组织设计:把可能发生意外释放的能量或危险物质和导致能量或危险物质约束或限制措施失效的因素,全部包括在内。

危险源辨识和风险评价的方法包括:

(1)在职业健康安全管理体系界定的范围内,根据危险源的性质进行分类,按过去、现在和将来的时态,进行主动的,而非被动的辨识;

(2)对已辨识的危险源提供风险的确认和评价,并按风险程度和控制次序以及形成风险控制文件,适时运用控制措施。

目前多数钢铁企业的危险源辨识一般是以部门、分厂或车间为单位,按GB/T 13816—92《生产过程危险和危害因素分类与代码》或按GB 6441—1986《企业伤亡事故分类》的危险和危害因素分类,采用危险因素或危害因素辨识表对本部门或单位的生产活动和工作场所中具有的危险源进行辨识。

如果危险源有变更，组织应在变更前，识别该变更对职业健康安全危险源和风险的影响，以便确定控制措施。也就是说，组织应确保在确定控制措施时考虑这些评价的结果。

危险源的风险评价方法也有很多，有定性评价方法和定量评价方法，例如安全检查表、危险和可操作性研究（HAZOP）、事件树分析（ETA）、事故树分析（FTA）等。但风险评价表是评价风险最简单的方法，如表2－1所示，是根据定性的判断伤害的可能性和严重程度而对风险进行分级评价。

表2－1　风险评价表

类　别	轻微伤害	伤　害	严重伤害
极不可能	可忽略的风险	可接受的风险	中度风险
不可能	可接受的风险	中度风险	重大风险
可　能	中度风险	重大风险	不可接受的风险

格雷厄姆法是一种常用的半定量方法，用于评价作业条件的危险性或风险值。危险性或风险值表示公式为：

$$D = L \times E \times C$$

式中　D——风险值；

L——发生事故的可能性；

E——暴露于危险环境的频率；

C——发生事故的后果严重程度。

L、E、C这三个因素的评分方法如表2－2～表2－4所示。

表2－2　发生事故的可能性（L）

分数值	发生事故的可能性	分数值	发生事故的可能性
10	完全可能	3	不大可能
6	相当可能	1	极不可能

表2－3　暴露于危险环境的频率（E）

分数值	暴露于危险环境的频率	分数值	暴露于危险环境的频率
10	连续暴露	2	每月暴露一次
6	每天工作时间暴露	1	每年暴露一次或数次
3	每周暴露一次或偶然暴露		

表2－4　发生事故的后果严重程度（C）

分数值	发生事故的后果严重程度	分数值	发生事故的后果严重程度
100	灾难性的，有多人死亡	3	重大，有致残
40	非常严重，数人死亡	1	引人注意，不利于安全健康
15	严重，有伤亡		

一般由具有评价能力的人员组成小组，依据技术、经验和法律法规知识，经过充分讨论，设定 L、E、C 分数值，并计算其乘积，得出危险性或风险值 D。表 2－5 是危险性或风险值 D 的等级划分。

表 2－5　危险性或风险值 D 的等级划分

D 值	风险等级	危险程度
>600	Ⅰ	高度危险，停止作业
300～600	Ⅱ	显著危险，立即整改
100～300	Ⅲ	可能危险，需要注意
<100	Ⅳ	稍有危险，可以接受

确定危险源控制措施时应考虑：

(1)消除：如果可能，应完全消除或消灭危险源或危害因素；

(2)替代：如果不可能完全消除或消灭，应采取更新或淘汰降低风险；

(3)工程控制措施：依靠技术进步措施，改善风险控制水平或将技术措施和管理措施结合起来进行控制；

(4)标志、警告和(或)管理措施：最好采用可视化方式进行控制；

(5)个体防护装备：对生产工作人员进行保护措施和采取必要的安全防护装置。

通过危险源辨识和风险评价，确定了风险等级和危险程度，组织便可以采取不同的控制对策。表 2－6 给出了风险控制的原则，图 2－1 表示的是风险控制措施确定的原则和顺序，可以看出，控制风险的原则和顺序，首先是千方百计消除风险，其次是降低风险，最后是个体防护。

表 2－6　风险控制原则

风险水平	采取的控制措施
可忽略的风险	不需要采用措施
可接受的风险	有效地利用现有措施
中度风险	采取经济合理的措施，降低风险
重大风险	停止生产，立即采取有效措施，降低风险
不可接受的风险	立即停产，尽一切努力，降低风险，否则不能生产

总之，在选择和采用风险控制措施时，应考虑下列问题：

(1)如果可能，应完全消除或消灭危险源或危害因素；

(2)如果不可能完全消除或消灭，应努力降低风险；

(3)在可能的条件下使生产环境适合于人的精神和体能状况；

(4)依靠技术进步措施，改善风险控制水平；

(5)将技术措施和管理措施结合起来进行控制；

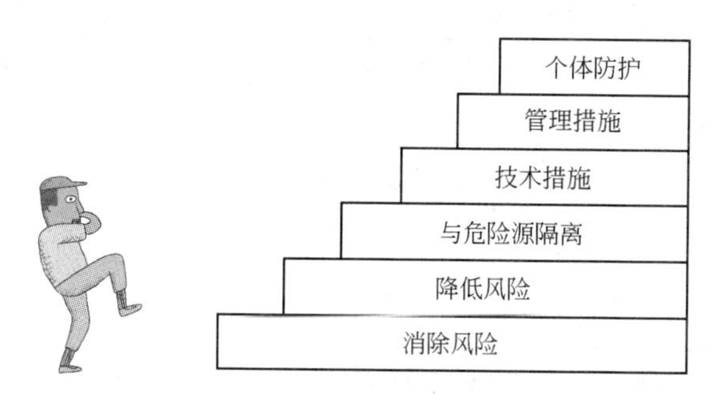

图 2－1　风险控制措施确定原则和顺序

（6）采取必要的安全防护装置或个体防护措施；

（7）应急准备方案；

（8）预防性监测。

4.3.2　法律法规和其他要求

组织应建立、实施并保持程序，以识别和获取适用于本组织的法律法规和其他职业健康安全要求。

在建立、实施和保持职业健康安全管理体系时，组织应确保对适用的法律法规要求和组织应遵守的其他要求得到考虑。

组织应使这方面的信息处于最新状态。

组织应向在其控制下工作的人员和其他有关的相关方传达相关法律法规和其他要求的信息。

解读：

组织应建立、实施和保持识别和获取适用的法律法规和其他要求的程序，规定如何识别、获取、传达和遵守适用的法律法规和其他要求，并保证所识别和获取适用的法律法规和其他要求处于最新状态。图 2－2 是我国职业健康安全的法律法规和标准体系。

我国的法律法规规定了我国国家职业健康安全管理方针是安全第一，预防为主，综合治理。国家职业健康安全管理体制是企业负责，国家监察、地方监管和群众监督。

《中华人民共和国劳动法》规定了用人单位的权利和义务、关于劳动安全卫生设施和“三同时”制度、关于特种作业上岗要求、关于劳动者在安全卫生中的权利和义务；劳动者在劳动过程中必须严格遵守安全操作规程；“劳动者对用人单位管理人员违章指挥、强令冒险作业，有权拒绝执行”，“劳动者对危害生命安全和身体健康的行为，有权提出批评、检举和控告”；对女职工的职业健康，女职工在经期、孕期、产期和哺乳期的保护和未成年工的职业健康也有具体规定。

《中华人民共和国安全生产法》是为了加强安全生产监督管理、防止和减少生产安

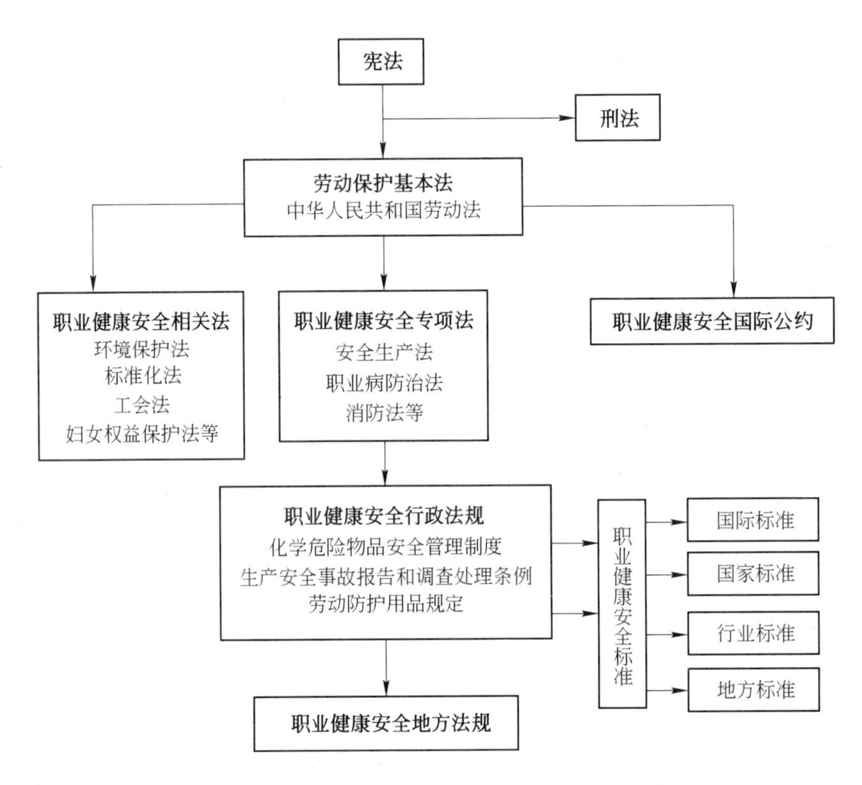

图 2-2　我国职业健康安全法律法规和标准体系

全事故、保障人民群众生命和财产安全、促进经济发展而制定的，对生产经营单位的安全生产保障、从业人员的权利和义务、安全生产的监督管理、生产安全事故的应急救援与调查处理和法律责任做出了明确规定。

《中华人民共和国职业病防治法》强调预防为主，防治结合，分类治理和综合治理。

国家职业健康安全管理制度包括：安全生产责任制、职业健康安全措施计划制度、职业健康安全教育制度、职业健康安全检查制度、伤亡事故职业病统计报告和处理制度、职业健康安全监察制度、“三同时”制度和职业健康安全预报评价制度。

我国的职业健康安全标准根据适用的领域和范围不同，可分为国家标准、行业标准、地方标准和企业标准。国家标准：是在全国范围内统一的技术要求，是我国职业健康安全标准体系的主体。行业标准：是对没有国家标准而又需要在全行业内统一技术要求而制定的标准，是对国家标准的补充。地方标准：对没有国家标准和行业标准而又需要在省、自治区、直辖市范围内统一的工业产品的安全、卫生要求，可以制定地方标准。企业标准：没有国家标准和行业标准的，应当制定企业标准，作为组织生产的依据。

但从职业健康安全标准体系来分，有基础标准、产品标准、方法标准和卫生标准。基础标准是职业健康安全标准体系的基础。

组织应将适用的法律法规和其他要求及时传达给员工和相关方有关人员。

4.3.3 目标和方案

组织应在其内部相关职能和层次建立、实施和保持形成文件的职业健康安全目标。

可行时，目标应可测量。目标应符合职业健康安全方针，包括对防止人身伤害与健康损害、符合适用法律法规要求与组织应遵守的其他要求，以及持续改进的承诺。

在建立和评审目标时，组织应考虑法律法规要求和遵守的其他要求及其职业健康安全风险。组织还应考虑其可选技术方案，财务、运行和经营要求，以及有关的相关方的观点。

组织应建立、实施和保持实现其目标的方案。方案至少应包括：

a）为实现目标而对组织相关职能和层次的职责和权限的指定；

b）实现目标的方法和时间表。

应定期和按计划的时间间隔对方案进行评审，必要时进行调整，以确保目标得以实现。

解读：

为了保证实现组织的职业健康安全方针，标准要求企业应制定职业健康安全目标和方案。在制定职业健康安全目标时，应与方针规定符合，协调一致，并在有关职能和相关层次上建立，尽可能量化和分解。

目标的内容应包括：符合适用法律法规要求与组织应遵守的其他要求，危险源和风险，可选择的技术方案，财务、运行和经营要求，相关方意见等；目标还应包括对防止人身伤害与健康损害的要求，并承诺持续改进且应形成文件。

目标管理起源于美国，但成功的应用却是在日本。方针必须转化为目标，否则方针是空的。只有各相关职能和层次的目标完成了，总体目标才能得以实现，方针才能得以落实。目标与方针是不可分的，所以日本称为“方针目标管理”。但是，方针与目标仍然有所区别，方针侧重于战略或宏观，而目标偏重于战术或微观。两者相互补充，构成了管理体系的重要支柱。目标是依靠打破现状的创造性劳动来完成的，它是期待性的成果。它不是靠现在所具有的显在的能力完成的，而是靠潜在的能力完成的，所以需要学习未知的知识，进行创造性的劳动和采用革新性技术才能完成。

为了实现目标，企业应制订并实施职业健康安全方案。方案是落实目标和指标的措施。方案既可以是管理措施，也可以是技术措施。

方案的内容包括：需控制的风险、控制的目标、控制的方案、资源需求、职责职权、计划进度、验收要求和监督评审部门、评审与更新。

方案和运行控制是两个不同层次的问题。方案是属于目标和指标管理层次的问题，而运行控制是危险源控制层次的问题，两者不应混淆。

4.4 实施和运行

4.4.1 资源、作用、职责、责任和权限

最高管理者应对职业健康安全和职业健康安全管理体系承担最终责任。

最高管理者应通过以下方式证实其承诺：

a)确保为建立、实施、保持和改进职业健康安全管理体系提供必要的资源；

注1:资源包括人力资源和专项技能、组织基础设施、技术和财力资源。

b)明确作用、分配职责和责任、授予权力以提高有效的职业健康安全管理；作用、职责、责任和权限应形成文件和予以沟通。

组织应任命最高管理者中的成员，承担特定的职业健康安全职责，无论他(他们)是否还负有其他方面的职责，应明确界定如下作用和权限：

a)确保按本标准建立、实施和保持职业健康安全管理体系；

b)确保向最高管理者提交职业健康安全绩效报告，以供评审，并为改进职业健康安全管理体系提供依据。

注2:最高管理者中的被任命者(比如大型组织中的董事会或执委会成员)，在仍然保留责任的同时，可将他们的一些任务委派给下属的管理者代表。

最高管理者中被任命者的身份应对所有在本组织控制下的工作人员公开。

所有承担管理职责的人员，都应证实其对职业健康安全绩效持续改进的承诺。

组织应确保工作场所的人员在其能控制的领域承担职业健康安全方面的责任，包括遵守组织适用的职业健康安全要求。

解读：

最高管理者是组织职业健康安全及其管理体系的最高负责人，并承担最终责任。最高管理者应承诺：

(1)建立、实施和保持职业健康安全管理体系；

(2)为职业健康安全管理体系提供必要的资源；

(3)明确各层次和职能的作用、责任、职责和权限；

(4)任命最高管理者中的成员，承担特定的职业健康安全职责；

(5)对职业健康安全管理体系及其绩效进行评审。

最高管理者任命最高管理者中的成员(比如大型组织中的董事会或执委会成员)，承担特定的职业健康安全职责，说明组织领导层对建立、实施和保持职业健康安全管理体系具有领导意识和责任。

承担特定的职业健康安全职责的管理者，无论是否负有其他方面的职责，在职业健康安全管理体系中负有如下作用和权限：

(1)建立、实施、保持和改进职业健康安全管理体系；

(2)向最高管理者提交职业健康安全绩效报告，以便最高管理者进行管理评审，并为改进职业健康安全管理体系提供依据；

(3)在仍然保留责任的同时，可将其一些任务委派给下属的管理者代表。

最高管理者中被任命者其身份应对所有在本组织控制下工作人员公开。

另外，所有承担管理职责的人员，都应证实其对职业健康安全绩效持续改进的承诺。工作场所的人员在其工作的领域也承担职业健康安全方面的责任，包括遵守组织适用的职业健康安全要求。

最高管理者应规定职责权限的人员包括：

(1)承担特定的职业健康安全职责的领导或管理者代表；

(2)各层次和职能的管理者；

(3)过程操作人员和工人；

(4)负责职业健康安全的培训人员；

(5)对职业健康安全有重大影响的设备负责人；

(6)组织内应有职业健康安全资格的员工；

(7)参与职业健康安全协商讨论的员工等。

《中华人民共和国安全生产法》也规定了安全生产责任制,其中第五条规定:生产经营单位的主要负责人应对本单位安全生产工作全面负责。对于企业制的企业,按照企业法的规定,有限责任企业(包括国有独资企业)和股份有限企业的董事长是企业的法定代表人,经理负责“主持企业的生产经营管理工作”。因此,有限责任企业和股份有限企业的主要负责人应当是企业董事长和经理(总经理、首席执行官或其他实际履行经理职责的企业负责人)。对于非企业制的企业,主要负责人为企业的厂长、经理、矿长等企业行政“一把手”。

按照该法第十七条和第十八条的规定,生产经营单位主要负责人对本单位安全生产工作所负的职责包括:保证本单位安全生产所需的资金投入;建立健全本单位安全生产责任制,组织制定本单位的安全生产规章制度和操作规程;督促、检查本单位的安全生产工作,及时消除生产安全事故隐患;组织制定并实施本单位的安全事故应争救援预案;及时、如实报告生产安全事故等。生产经营单位的主要负责人应当依法履行自己在安全生产方面的职责,做好本单位的安全生产工作。安全生产责任制是指将不同的安全生产责任分解落实到生产经营单位的主要负责人或者正职、负责人或者副职,职能管理机构负责人,班组长以及每位岗位工人身上。只有明确安全责任,分工负责,才能形成比较完整有效的安全管理体系,激发职工的安全责任感,严格执行安全生产法律、法规和标准,防患于未然,防止和减少事故,为安全生产创造良好的安全环境。

安全生产责任制的核心是实现安全生产的“五同时”,就是在计划、布置、检查、总结、评比生产的同时,计划、布置、检查、总结、评比安全工作。其内容大体分为两个方面,一是各级人员的安全生产责任制,即各类人员(包括最高管理者、管理者代表、部门领导和一般员工)的安全生产责任制;二是各分部门的安全生产责任制,即各职能部门(包括生产制造、质量技术、安全环保、采购供应、财务经营等部门)的安全生产责任制。认真贯彻实施《中华人民共和国安全生产法》的安全生产责任制,对满足职业健康安全管理体系要求具有重要作用。

钢铁企业一般生产组织体系也是安全生产组织体制。生产组织体系主要由管理部门和生产现场所组成。管理部门包括生产、技术、设备、物资、安全等科(或处)室;生产现场包括生产分厂、车间、工段和班组等。其主要任务是组织和指挥生产,同时也负责安全和职业健康。

钢铁企业的组织机构是在总经理(或厂长)领导下,按照经营决策、专业管理、现场管理和自主管理等四个层次,以标准化作业为基础进行全方位的管理。各级领导和职能部门在各自的工作范围内履行安全生产职能。在保证生产的同时,保证安全。也就是说,职业健康安全管理一般是由公司集中管理,实行各级领导责任制。职能管理部门作为职业健康安全管理的一部分,结合本部门的业务,负责相应的职业健康安全管理工作。安全科(或处)作为总公司的职业健康安全专业管理机构,负责长期规划、年度安全技术措施计划,并负责制订年、季、月安全计划,经主管经理批准后各单位执行;另外也负责组织各种安全检查;在生产钢材发现潜在的安全隐患时,有权下令停止作业,并立即上报,加以解决。安全科(或处)还负责安全教育,提高员工的安全意识和防范事故预防能力。有的企业安全部门还推行目标管理,系统工程、标准化作业等现代的安全管理方法,采用先进的安全技术和设施,预测和预防事故发生;参加新建、改建和扩建以及重大检修工程的初步设计和方案审查以及"三同时"验收;组织对危险源的监测,组织研究并督促检查职业健康技术措施的实施;负责特种设备管理和特殊工种管理。有的企业成立公司级安全生产管理委员会或领导小组,安全科(或处)负责组织和参加委员会或领导小组会议,负责召开定期的行政例会,提出安全生产的建议和要求;制定和检查预防安全事故的计划和措施;与保安部门合作制定和检查易燃、易爆和要害部位的预防措施;组织重大事故或事件的调查、分析、统计和处理。多数企业的厂内运输安全、防火、防汛、防台、防震等由保安部门管理。

各分厂、车间、工段和班组在总公司安全生产委员会的领导下,贯彻实施安全方针、目标和指标,遵守国家安全生产的法律法规和制订相应的安全生产管理制度,发挥工会和共青团的作用,实现安全生产。

4.4.2 能力、培训和意识

组织应确保在其控制下完成对职业健康安全有影响的任何人员都具有相应的能力,该能力应依据适当的教育、培训或经历。组织应保存相关的记录。

组织应确定与职业健康安全风险及职业健康安全管理体系相关的培训需求。组织应提供培训或采取其他措施来满足这些需求,评价培训或采取的措施的有效性,并保存相关的记录。

组织应当建立、实施并保持程序,使在本组织控制下工作的人员意识到:

a)他们的工作活动和行为的实际或潜在的职业健康安全后果,以及改进个人表现的职业健康安全益处;

b)他们在实现符合职业健康安全方针、程序和职业健康安全管理体系要求,包括应急准备和响应要求(参见4.4.7)方面的作用、职责和重要性;

c)偏离规定程序的潜在后果。

培训程序应当考虑不同层次的:

a)职责、能力、语言技能和文化程度;

b)风险。

解读:

危险源的表现形式不同,但从事件本质来说,都属于能量的意外释放或有害物质的泄漏。能量与有害物质是风险产生的根源。但是,在生产过程中,能量和有害物质在受控条件下流动和转换是安全的,而当能量失控或有害物质意外泄漏时,就会形成事件。能量或有害物质失控,都是由于人的不安全行为或物的不安全状态造成的。

在安全工作中涉及人的因素问题时,有"不安全行为"和"人的失误"。不安全行为一般指明显违反安全操作规程的行为,这种行为往往直接导致事故发生。人的失误是指人的行为的结果偏离了预定的标准。人的不安全行为、人的失误可能直接破坏对危险源的控制,造成能量或危险物质的意外释放;也可能造成物的不安全因素问题,物的不安全因素问题进而导致事故。对可能产生重大职业健康安全影响岗位和员工的能力做出规定,并进行相应的培训是实现安全生产的关键。因此职业健康安全管理体系要求,组织应确保在其控制下完成对职业健康安全有影响的任何人员都具有相应的能力,该能力基于适当的教育、培训或经历。组织应保存相关的记录。

安全生产培训是职工教育的重要组成部分,是提高员工安全生产能力、技术素质和意识以及防范生产事故的重要途径。

对各级领导干部也应进行必要的培训。对各级领导干部的培训内容主要有:适用的法律法规、安全生产责任制、安全生产管理和工作方法及事故预防措施等。一般采取研修班或学习班形式进行。

安全生产培训的主要对象是新工人、外来人员、外协人员、特殊工种、关键岗位、车间主任、工段长、班组长和安全员。对新工人的培训主要是进行三级安全教育(公司级或厂级、车间级和班组级),三级教育应规定总授课时间,培训后应考试,合格后才能领取劳动保护用品,在岗位师傅或班组长的指导下上岗操作。三级教育完成后应保存培训记录并归档。

外来人员和外协人员主要是外包方人员,应制订外包人员安全培训教材,主要内容应包括:易燃、易爆、有毒有害气体区域安全注意事项,施工或检修项目周围环境状况,生产过程危险源和设备安全状况,设备维修安全管理制度或三方联络挂牌制度,临时用电制度,现场动火制度,高处作业制度,劳保用品使用制度,安全道路通畅制度,厂内设备、开关、阀门、仪表等不得擅自触动制度,禁烟区和危险区等预知制度等。有的企业在对外包方培训后有记录和确认卡,教育者和受教育者负责人签字和分别保存。

对特殊工种人员的培训主要是国家或地方政府的规定,必须具备特殊工种作业人员的条件,经行政劳动管理部门指定的培训和考核合格后才能上岗作业。对特殊工种的作业人员必须按规定期限进行复查。钢铁企业的特殊工种一般包括机动车辆驾驶、电工作业、起重机械司机、起重吊钩指挥作业、锅炉司炉工、金属焊接(切割)作业、电梯驾驶、登高架设和危险化学品保管等。

关键岗位主要指主要生产过程的关键岗位,例如焦炉操作工、化产品操作工、烧结球团工、高炉炉前工和煤气操作工、炼钢工、轧钢工、包装工等,对这些工人主要培训安全生产操作规程和应急处理预案。

车间主任、工段长、班组长和安全员培训的内容有劳动保护基础知识、安全生产责任制、安全生产管理和工作方法、事故预防措施、安全技术知识、现场急救知识。一般采用轮训的方式进行。

另外，企业还应当进行经常性的培训（例如班前、班后安全教育、安全日活动、复岗和换岗培训和安全知识竞赛等）。如遇有违章违纪情况也应抓住机会进行教育。安全生产自主管理活动也是安全生产培训的一种很好的形式。

所有的培训都应当采取适当方式对培训的有效性进行评价。

4.4.3 沟通、参与和协商

4.4.3.1 沟通

针对职业健康安全危险源和职业健康安全管理体系，组织应建立、实施和保持程序，用于：

a）在组织内不同层次和职能进行内部沟通；

b）与进入工作场所的承包方和其他访问者进行沟通；

c）接收、记录和回应来自外部相关方的相互沟通。

解读：

组织应建立、实施和保持沟通（内部沟通和外部沟通）程序。

内部沟通是指在组织内部各部门和各层次之间的沟通，包括方针、目标、职责的沟通和传达；危险源的辨识、风险评价和风险控制；适用的法律法规和其他要求以及其他需要沟通的职业健康安全信息。

外部沟通是与进入工作场所的承包方和其他访问者沟通，包括向相关方宣传组织的安全方针、目标；危险源的辨识、风险评价和风险控制的要求；与相关方沟通有关的法律法规的要求等。

组织应规定接收、记录和回应处理来自外部的对事件或投诉的处理意见的通告和反馈等。

沟通方式有很多，组织可根据本组织的实际情况和信息的性质，采用会议、书面（联络单、意见本、调查表、小报、刊物或宣传栏等）、电子媒体（网页、邮件、录像）等方式定期或不定期地进行沟通。

有的企业在内部每次班前对危险源进行"预知沟通"或对外部相关方进行"安全交底"，这也是沟通的重要形式和方法。

4.4.3.2 参与和协商

组织应建立、实施并保持程序，用于：

a）工作人员：

1）适当参与危险源辨识、风险评价和控制措施的确定；

2）适当参与事件调查；

3）参与职业健康安全方针和目标的制定和评审；

4)对影响他们职业健康安全的任何变更进行协商;

5)对职业健康安全事务发表意见。

应告知工作人员关于他们的参与安排,包括谁是他们的职业健康安全事务代表。

b)与承包方就影响他们的职业健康安全的变更进行协商。

适当时,组织应确保与相关的外部相关方就有关职业健康安全事务进行协商。

解读:

组织应建立、实施和保持参与和协商程序。

与组织内部员工应参与协商的事项有:参与安全方针目标和程序的制订与评审;参与危险源的辨识和风险评价;参与改进职业健康安全环境的状况和安全事故的调查、分析和处理;员工及其代表有权利和义务反映员工所关心的职业健康安全问题。

对钢铁企业来说,对职业健康安全具有作用的生产性附属设施的设置,包括饮水、洗浴、更衣、消毒、休息和食品加热等,应与员工进行协商,如何进行劳动防护应让他们参与。

与组织外部相关方应协商的事项有:影响他们的职业健康安全的变更问题;适当时,与相关方就有关的职业健康安全事务进行协商。特别是耐火材料砌筑和设备维修的承包方,不仅应通知他们现场的危险源,更应参与和协商防止事件或事故的发生。

4.4.4 文件

职业健康安全管理体系文件应包括:

a)职业健康安全方针和目标;

b)对职业健康安全管理体系覆盖范围的描述;

c)对职业健康安全管理体系的主要要素及其相互作用的描述,以及相关文件的查询途径;

d)本标准所要求的文件,包括记录;

e)组织为确保对涉及其职业健康安全风险管理过程进行有效策划、运行和控制所需的文件,包括记录。

注:重要的是文件要与组织的复杂程度、相关的危险源和风险相匹配,按有效性和效率的要求使文件数量尽可能少。

解读:

职业健康安全应形成文件化的管理体系。职业健康安全管理体系文件包括:

(1)职业健康安全方针和目标。职业健康安全方针和目标可以是单独的文件,也可以纳入整合的管理体系的方针和目标中。

(2)对职业健康安全管理体系覆盖范围的描述。对职业健康安全管理体系覆盖范围的描述也可以是单独的文件,也可以在管理手册中描述(该标准没有要求编制管理手册,但是编制管理手册对描述职业健康安全管理体系覆盖的范围比较合适)。

(3)对职业健康安全管理体系的主要要素及其相互作用的描述,以及相关文件的查询途径。对职业健康安全管理体系的主要要素及其相互作用的描述,以及相关文件的查询途径的文件也以管理手册形式描述比较好。

(4)本标准所要求的文件,包括记录。

(5)组织为确保对涉及其职业健康安全风险管理过程进行策划、运行和控制所需的文件,包括记录。

本标准所要求的文件和为确保对涉及其职业健康安全风险管理过程进行策划、运行和控制所需的文件包括:

(1)满足体系要求和界定范围(最好是管理手册);

(2)职业健康安全方针、目标和方案(可以单独或纳入管理手册);

(3)危险源辨识、风险评价和控制措施(程序文件);

(4)识别和获取法律法规及其他要求(程序文件);

(5)作用、职责、责任和权限(程序文件);

(6)能力、培训和意识(程序文件);

(7)沟通、参与和协商(程序文件);

(8)运行控制(程序文件和作业文件);

(9)应急准备和响应(程序文件);

(10)绩效测量和监视(程序文件和作业文件);

(11)合规性评价(程序文件);

(12)事件调查(程序文件);

(13)不符合、纠正措施和预防措施(程序文件);

(14)内部审核(程序文件);

(15)文件控制(程序文件);

(16)记录控制(程序文件)。

4.4.5 文件控制

应对本标准和职业健康安全管理体系所要求的文件进行控制。记录是一种特殊类型的文件,应根据4.5.4的要求进行控制。

组织应建立、实施并保持程序,以规定:

a)在文件发布前进行审批,确保其充分性和适宜性;

b)必要时对文件进行评审和更新,并重新审批;

c)确保对文件的更改和现行修订状态做出标识;

d)确保在使用处能得到适用文件的有关版本;

e)确保文件字迹清楚,易于识别;

f)确保对策划和运行职业健康安全管理体系所需的外来文件做出标识,并对其发放予以控制;

g)防止对过期文件的非预期使用,若须保留,则应做出适当的标识。

解读：

职业健康安全管理体系对文件控制的要求与质量管理体系是相似的，对文件的起草、审批、发放、评审、修改、作废和销毁的全部过程进行控制。

文件的起草应针对本标准有文件化要求的过程程序，审批应确认文件的符合性和适宜性。符合性主要是符合本标准的要求，适宜性主要是适合组织的实际情况。将审批的文件应发放给使用处，在使用处所得到的文件必须是适用的和有效的。为了保证文件的适用和有效，文件应确保文件字迹清楚，并加以标识。如果是修改的，也应对修改状态（包括版本和修改编号）进行标识；如果是失效的（过期的或作废的）更应进行标识，以免误用失效的文件。

下面是某个钢铁公司的文件编号。

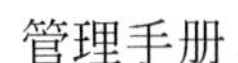

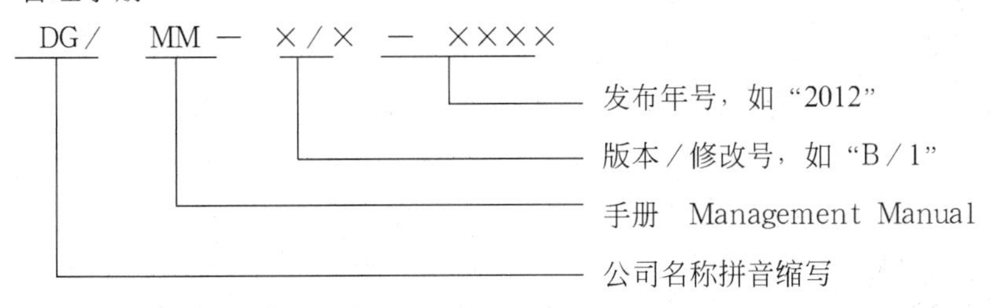

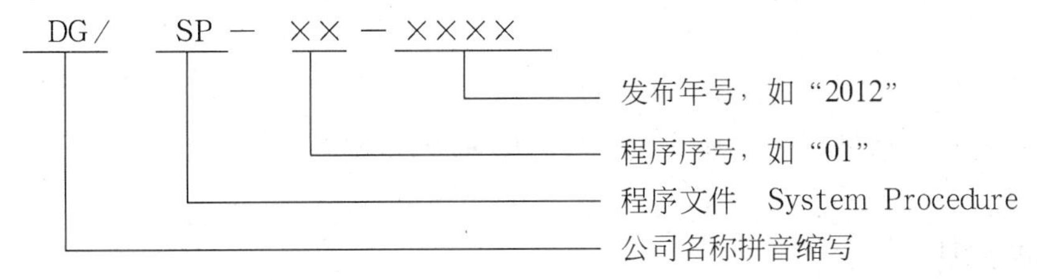

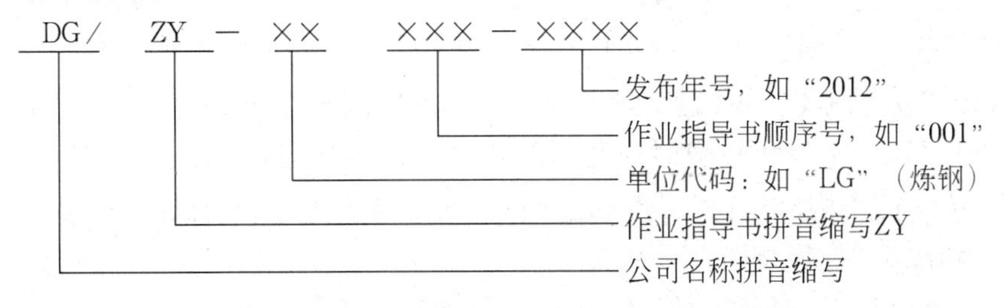

文件控制也包括职业健康安全管理体系需要的外来文件，包括适用的法律法规和其他要求的文件。适用的外来文件也应进行标识和控制发放，以免误用失效的文件。

4.4.6 运行控制

组织应确定那些与已辨识的、需实施必要控制措施的危险源相关的运行和活动，

以管理职业健康安全风险。这些也应包括变更管理(参见4.3.1)。

对于这些运行和活动,组织应实施和保持:

a)适合组织及其活动的运行控制措施,组织应把这些运行措施纳入其总体的职业健康安全管理体系之中;

b)与采购的货物、设备和服务相关的控制措施;

c)与进入工作场所的承包方和访问者相关的控制措施;

d)形成文件的程序,以避免因其缺乏而可能偏离职业健康安全方针和目标;

e)规定的运行准则,以避免因其缺乏而可能偏离职业健康安全方针和目标。

解读:

运行控制是PDCA过程中D的主要过程,是组织对危险源进行控制的关键过程。对运行控制应有形成文件的程序。必要时,应形成作业指导书或安全操作规程。

运行控制对象是组织所辨识的和应当控制的过程,包括产品生产和服务提供的过程、设计和开发过程、采购过程(包括货物、设备和服务)、储运过程、机械和动力过程、设备维护和检修过程、特种设备和特殊工种、外包过程和参观访问等。

运行控制的内容是规定对与危险源有关过程的运行控制程序和运行准则,避免偏离职业健康安全方针和目标的要求。

有的组织将运行控制程序包括在上述过程的质量、环境和能源管理控制程序中,也有的组织单独针对上述过程规定,例如《安全操作规程》(包括防止人身伤害和健康损害)。

运行控制也应针对过程或活动变更、材料的变更或计划的变更进行变更管理,是在危险源的辨识、风险的评价和控制措施变更后,也必须在运行控制中变更管理,有的称之为"动态控制"。

控制的过程主要有:

(1)产品生产和服务提供的过程应针对已经辨识和评价的危险源,防止风险作出操作性的运行控制。包括防止人为失误、控制失误后果、防止故障传递和防止能量释放。

(2)设计和开发过程应对设计手段使生产设备或生产系统本身具有安全性,即使在误操作或发生故障的情况下也不会造成事故的功能,包括误操作不会导致事故发生或自动阻止误操作,设备、工艺发生故障时还能暂时正常工作或自动转变安全状态。

(3)采购过程(包括货物、设备和服务的采购)应对合格供方选择条件和采购文件中包括有对防止人身伤害和健康损害的要求。

储运过程也应加强管理,分类存放、安全运输、排除隐患和认真监测。

(4)机械和动力过程应针对机械伤害、电气伤害、燃烧爆炸和高空坠落等危险源进行识别和控制,防止对人身的伤害和对健康的损害。

(5)设备维护和检修过程应以设备点检定修制为依据,针对检修中的危险源采取对策,以与检修安全有关的法规为准绳,以检修安全计划为中心,以安全组织为保证的管理体系。

(6)特种设备应强化安全管理,建立技术档案,接受安全监察。

(7)特殊工种应进行安全技术培训,接受安全技术考核,必须持证上岗和加强对身体检查和健康监护工作。

(8)外包过程应实施安全认定,进行资格审核,明确管理职责,不能以包代管。

(9)对参观访问者进行适当的安全注意事项的沟通,并在现场进行引导,防止事故发生。

对运行控制来说,最重要的是对职业健康安全管理体系覆盖的过程和活动规定文件化的控制程序或作业指导书,规定操作程序、方法和准则,进行培训和教育,并在运行过程中进行监测,规范员工的作业行为。

另外,生产设备的设计、制造、安装和运行应符合安全要求;对设备进行点检、维护和检修,使设备处于完好状态;安全合理地布置作业现场(5S 管理);安全点检作业现场物的因素(包括原辅材料、半成品、成品、设备和工具等)。从根本上消除或降低职业健康安全风险,实现“本质安全”。

4.4.7　应急准备和响应

组织应建立、实施并保持程序,用于:

a)识别潜在的紧急情况;

b)对此紧急情况作出响应。

组织应对实际的紧急情况作出响应,防止和减少相关的职业健康安全不良后果。

组织在策划应急响应时,应考虑有关相关方的需求,如应急服务机构、相邻组织或居民。

可行时,组织也应定期测试其响应紧急情况的程序,并让有关的相关方适当参与其中。

组织应定期评审其应急准备和响应程序,必要时对其进行修订,特别是在定期测试和紧急情况发生后(参见 4.5.3)。

解读:

应急就是应对潜在的紧急情况,立即采取某些超出正常运行程序的行动,以便避免或减少相关的职业健康安全不良后果。为此,组织应建立、实施并保持应急准备和响应程序。该程序包括:平时有准备,届时有响应。

应急准备和响应程序应包括:

(1)预防:对紧急情况进行识别,策划为预防、控制和消除紧急情况的危害所采取的行动;

(2)准备:紧急情况发生之前采取的准备行动,包括对人力、物资和工具等资源的确认和准备;

(3)响应:紧急情况发生前、发生期间和发生后立即采取的行动,包括建立现场内外合理有效的应急组织和策划应急行动计划;

(4)恢复:制定事故后的现场清理、整理和恢复措施,使生产恢复到正常状态或得到进一步的改善。

应急准备和响应程序应与相关方、消防机构、医疗救护或相邻社区进行沟通或协商。对应急准备和响应程序应进行定期测试或演习，必要时进行评审和修改。

4.5 检查

4.5.1 绩效测量和监视

组织应建立、实施并保持程序，对职业健康安全绩效进行例行绩效测量和监视。程序应规定：

a) 适合组织需要的定性和定量测量；

b) 对组织职业健康安全目标满足程度的监视；

c) 对控制措施有效性（既针对健康，也针对安全）的监视；

d) 主动性绩效测量，即监视是否符合职业健康安全方案、控制措施和运行准则；

e) 被动性绩效测量，即监视健康损害、事件（包括事故、"未遂事故"等）和其他不良职业健康安全绩效的历史证据；

f) 对监视和测量的数据和结果的记录，以便于其后续的纠正措施和预防措施的分析。

如果绩效测量和监视需要设备，适当时，组织应建立并保持程序，对此类设备进行校准和维护。应保存校准和维护活动及其结果的记录。

解读：

组织应建立、实施和保持职业健康安全绩效的测量和监视程序。在程序中应规定：适合于本组织需要的定性和定量检查；主动性的检查和被动性的检查。所谓主动性的检查即检查是否符合职业健康安全方案、运行准则和适用的法规要求；所谓被动性的检查即监视健康损害、事件（包括事故、"未遂事故"等）和其他不良职业健康安全绩效的历史证据。所有的检查都应当有记录，以充分的检查数据和结果，来证实组织满足职业健康安全方针、目标和方案的程度，以便于采用纠正措施和预防措施，进行改进。

钢铁企业应监测的危害因素主要有粉尘、毒物、噪声和高温。

粉尘是根据 GBZ 2.1—2007《工作场所有害因素职业接触限值　第1部分　化学因素》的规定进行监测和判断。

毒物应根据 GBZ 2.1—2007《工作场所有害因素职业接触限值　第1部分　化学因素》规定的工作场所空气中化学物质容许浓度进行监测和判断。

噪声应根据 GBZ 2.2—2007《工作场所有害因素职业接触限值　第2部分　物理因素》的规定进行监测和判断。

高温应根据 GBZ 2.2—2007《工作场所有害因素职业接触限值　第2部分　物理因素》的规定进行监测和判断。

如果组织配备有用于职业健康安全绩效测量和监视的设备和装置，例如一氧化碳报警器、噪声检测仪、血压计、温度计、湿度计等，应建立并保持校准和维护程序，对此类设备进行校准和维护，并保存校准和维护活动及其结果的记录。

4.5.2　合规性评价

4.5.2.1　为了履行遵守法律法规要求的承诺[参见4.2c)],组织应建立、实施并保持程序,以定期评价对适用法律法规的遵守情况(参见4.3.2)。

组织应保存定期评价结果的记录。

注:对不同法律法规要求的定期评价的频次可以有所不同。

4.5.2.2　组织应评价对应遵守的其他要求的遵守情况(参见4.3.2)。这可以和4.5.2.1中所要求的评价一起进行,也可另外制定程序,分别进行评价。

组织应保存定期评价结果的记录。

注:对于不同的、组织应遵守的其他要求,定期评价频次可以有所不同。

解读:

为了与环境管理体系兼容和整合,在该标准中增加4.5.2"合规性评价"。

遵守适用的法律法规是管理职业健康安全管理体系的要求,所以对"合规性评价"是必要的。为此,组织应建立、实施并保持程序,以定期评价对适用法律法规和其他要求的遵守情况。组织应保存对上述定期评价结果的记录。组织可以一起进行,也可以分别评价遵守适用法律法规情况和对其他要求的遵守情况。

组织应针对方针、目标、指标和方案的制定、危险源辨识与风险评价、安全生产责任制、安全生产教育、危险化学品控制(包括采购、储运和使用)、劳动环境(高温、粉尘、酸雾、噪声和辐射等)控制、劳保用品管理、设备维修的安全管理、相关方管理、应急预案的制定与实施、危险源的监测、安全检查、事件和事故调查、分析、报告和处理以及新建、改建和扩建项目的管理等是否遵守适用的法律法规进行评价。

合规性评价主要应针对适用的法律法规,例如《中华人民共和国安全生产法》、《中华人民共和国劳动法》、《中华人民共和国职业病防治法》、《中华人民共和国消防法》、《中华人民共和国工会法》、《厂内机动车辆安全管理规定》、《化学危险品安全管理条例》、《特种设备安全监察条例》、《特种设备作业人员监督管理办法》、《生产安全事故报告和调查处理条例》、《企业职工伤亡事故报告和处理规定》、《劳动防护用品监督管理规定》、《建设项目(工程)劳动安全卫生预评价管理办法》和《建设项目(工程)劳动安全卫生设施和技术措施验收办法》等。

合规性评价也应针对适用的国家标准,例如GBZ 2.1—2007《工作场所有害因素职业接触限值　第1部分　化学因素》和GBZ 2.2—2007《工作场所有害因素职业接触限值　第2部分　物理因素》。

其他要求主要是来自相关方、邻近社区或员工的要求等。

对参加评价的人员的资格和能力、评价的时间间隔也应有所规定。

合规性评价的结果应是管理评审的输入。

4.5.3　事件调查、不符合、纠正措施和预防措施

4.5.3.1　事件调查

组织应建立、实施并保持程序,记录、调查和分析事件,以便:

a)确定内在的、可能导致或有助于事件发生的职业健康安全缺陷和其他因素;

b)识别对采取纠正措施的需求;

c)识别采取预防措施的可能性;

d)识别持续改进的可能性;

e)沟通调查结果。

调查应及时开展。

对任何已识别的纠正措施的需求或预防措施的机会,应依据4.5.3.2相关要求进行处理。

事件调查的结果应形成文件并予以保持。

解读:

组织建立、实施并保持程序,对内在的、可能导致或有助于事件发生的职业健康安全缺陷和其他因素,包括工伤事故,应及时报告、认真调查和严肃处理。

该标准提出的事件包括3种:

(1)造成健康损害(职业病)或人身伤害(伤亡事故)的情况;

(2)虽然是没有造成健康损害(职业病)或人身伤害(伤亡事故),但是有造成上述损害和伤害可能的情况;

(3)超出正常状态,存在潜在危害的紧急情况。

在处理安全生产事故时,首先应严格依法认定、适度从严的原则;而且应从实际出发,适应我国当前安全管理的体制机制,对事件(或事故)认定范围不应进行调整;应有利于保护事件中伤亡人员的合法权益,维护社会稳定;另外,应进一步加强安全生产监管职责的落实,保证和促进安全生产形势。

企业发生事故后,应立即启动相关应急预案,积极开展应急活动,并按规定及时向上级单位、政府有关部门报告,并妥善保护事故现场及有关证据。

企业发生事故后,应按规定成立事故调查组,调查事故发生的时间、经过、原因、人员伤亡情况及直接经济损失等,并应根据有关证据和信息,分析事故的直接、间接原因和事故责任,编制事故调查报告。

从调查中找出原因,应采取有效措施(包括纠正措施、预防措施或持续改进),防止类似事故重复发生。为此组织应确定有关的职责和权限,规定如何立即处理和调查。如果出现事件,应采取措施减小因事件而产生的影响,应按4.5.3.2的规定,及时采取纠正和预防措施,并予以完成,同时组织有关人员确认所采取的纠正和预防措施的有效性。

为了规范生产安全事故的报告和调查处理,落实生产安全事故责任追究制度,防止和减少生产安全事故,我国国务院根据《中华人民共和国安全生产法》和有关法律,制定《生产安全事故报告和调查处理条例》,组织也应予以遵守。

《生产安全事故报告和调查处理条例》规定报告事故内容包括:

(1)事故发生单位概况;

(2)事故发生的时间、地点以及事故现场情况；

(3)事故的简要经过；

(4)事故已经造成或者可能造成的伤亡人数和直接经济损失；

(5)已经采取的措施；

(6)其他应当报告的情况。

事件调查的结果应形成文件并予以保存。

《生产安全事故报告和调查处理条例》还规定，对重大事故、较大事故和一般事故的处理，负责事故调查的人民政府应当自收到事故调查报告之日起15日内做出批复；特别重大事故，30日内做出批复，特殊情况下，批复时间可以适当延长，但延长的时间最长不超过30日。事故发生单位应按照负责事故调查的人民政府的批复，对本单位负有事故责任的人员进行处理。

4.5.3.2 不符合、纠正措施和预防措施

组织应建立、实施并保持程序，以处理实际和潜在的不符合，并采取纠正措施和预防措施。程序应明确下述要求：

a)识别和纠正不符合，采取措施以减轻其职业健康安全后果；

b)调查不符合，确定其原因，并采取措施以避免其再度发生；

c)评价预防不符合的措施需求，并采取适当措施，以避免不符合的发生；

d)记录和沟通所采取的纠正措施和预防措施的结果；

e)评审所采取的纠正措施和预防措施的有效性。

如果在纠正措施或预防措施中识别出新的或变化的危险源，或者对新的变化的控制措施的需求，则程序应要求对拟定的措施在其实施前进行风险评价。

为消除实际和潜在不符合的原因而采取的任何纠正或预防措施，应与问题的严重性相适应，并与面临的职业健康安全风险相匹配。

对因纠正措施和预防措施而引起的任何必要变化，组织应确保其体现在职业健康安全管理体系文件中。

解读：

不符合是指偏离要求，例如偏离法律法规要求或偏离职业健康安全管理体系的要求。组织应建立、实施并保持处理实际和潜在的不符合，并采取纠正措施和预防措施的程序。在该程序中应明确规定：

(1)识别和纠正不符合，采取措施以减轻其职业健康安全后果；

(2)调查不符合，确定其原因，采取纠正措施以避免其再度发生；

(3)评价是否需要采取适当的预防措施，以避免不符合的发生；

(4)记录和沟通所采取的纠正措施和预防措施的结果；

(5)评审所采取的纠正措施和预防措施的有效性。

如果在采取纠正措施或预防措施过程中，发现危险源发生了变化，或者发现了新的危险源，应进行风险评价和采取控制措施。

防止和控制事故的方法和程序主要有：

(1)消除机械设备、加工方法、材料或厂房结构中的危险源；

(2)采用防护手段控制风险，例如压力容器安全阀、传动轴安全罩、吊车吊钩极限装置等；

(3)为了有效地避免事故的发生，设计和使用安全装置，并控制安全装置的可靠性；

(4)严格规定使用个人防护用具；

(5)加强安全教育培训，提高员工的安全技能，减少人为失误。

为消除实际和潜在的不符合原因而采取的任何纠正措施或预防措施，应与问题的严重性和面临的职业健康安全风险相适应、相匹配。组织应认真落实纠正措施和预防措施，在实施这些措施后，如果需要对程序进行更改，也必须及时予以评审，并按文件控制程序进行管理。

4.5.4 记录控制

组织应建立并保持必要的记录，用于证实符合职业健康安全管理体系要求和本标准要求，以及所实现的结果。

组织应建立、实施并保持程序，用于记录的标识、贮存、保护、检索、保留和处置。

记录应保持字迹清楚，标识明确，并可追溯。

解读：

为了证实符合职业健康安全管理体系要求和本标准要求，以及所实现的结果，组织应建立并保持记录控制程序。记录控制程序主要规定记录的标识、贮存、保护、检索、保留和处置所需的控制。记录应保持字迹清楚、标识明确，易于识别、检索和可追溯。

4.5.5 内部审核

组织应确保按照计划的时间间隔对职业健康安全管理体系进行内部审核。目的是：

a)确定职业健康安全管理体系是否：

1)符合组织对职业健康安全管理的策划安排，包括本标准的要求；

2)得到了正确的实施和保持；

3)有效满足组织的方针和目标。

b)向管理者报告审核结果的信息。

组织应基于组织活动的风险评价结果和以前的审核结果，策划、制定、实施和保持审核方案。

应建立、实施和保持审核程序，以明确：

a)关于策划和实施审核、报告审核结果和保存相关记录的职责、能力和要求；

b)审核准则、范围、频次和方法的确定。

审核员的选择和审核的实施均应确保审核过程的客观性和公正性。

解读：

组织应建立、实施和保持内部审核程序，确保按照计划的时间间隔对职业健康安全管理体系进行内部审核。

内部审核的目的是：确定职业健康安全管理体系是否符合组织对职业健康安全管理的策划安排，包括本标准的要求，并得到了正确的实施和保持；是否有效满足组织的方针和目标要求，并向管理者报告审核结果的信息。

内部审核的程序是：根据组织活动的风险评价结果和以前的审核结果，来策划、制定、实施和保持审核方案。审核方案包括策划和实施审核以及报告审核结果和保存相关记录。

每次审核都应当有明确的审核目的、审核范围、审核活动和过程、审核准则（即审核依据）以及审核的方法。

对审核员应有能力要求，以确保审核过程的客观性和公正性。审核员应具备以下能力：

(1)熟悉职业健康安全管理体系文件和适用的法律法规和其他要求；

(2)掌握审核程序、方法和技术，包括文件审核和现场审核；

(3)应用审核程序策划与组织审核，编制审核计划和检查表；

(4)将重点和焦点放在重要环节（策划、实施、检查和改进）上；

(5)通过各种方法收集信息和证据，包括观察、对话、查阅文件和记录等；

(6)确认审核证据完整性和适宜性，包括记录；

(7)评价审核的风险性和影响程度；

(8)以及时和应变的方式进行审核，遇有异常也应应变；

(9)能记录审核计划中规定的活动，在检查表中的记录应具体；

(10)简明扼要清楚地编写审核报告，包括对绩效的评价和改进的意见。

4.6 管理评审

最高管理者应按计划的时间间隔，对组织的职业健康安全管理体系进行评审，以确保其具有持续的适宜性、充分性和有效性。评审应包括评价改进的可能性和对职业健康安全管理体系进行修改的需求，包括对职业健康安全方针和职业健康安全目标的修改需求。应保存管理评审记录。

管理评审的输入应包括：

a)内部审核和合规性评价的结果；

b)参与和协商的结果（参见4.4.3）；

c)来自外部相关方的相关沟通信息，包括投诉；

d)组织的职业健康安全绩效；

e)目标的实现程度；

f)事件调查、纠正措施和预防措施的状况；

g)以前管理评审的后续措施；

h)客观环境的变化,包括与职业健康安全有关的法律法规和其他要求的发展;

i)改进建议。

管理评审的输出应符合组织持续改进的承诺,并应包括与如下方面可能的更改有关的任何决策和措施:

a)职业健康安全绩效;

b)职业健康安全方针和目标;

c)资源;

d)其他职业健康安全管理体系要素。

管理评审的相关输出应可用于沟通和协商(参见4.4.3)。

解读:

管理评审是最高管理者的工作,应按计划的时间间隔,对组织的职业健康安全管理体系进行评审,以确保其具有持续的适宜性、充分性和有效性。

管理评审的输入应包括:

(1)内部审核和合规性评价的结果如何,也应包括外部审核的结果,有助于为最高管理者对职业健康安全管理体系的评审提供信息。

(2)与员工参与和协商了哪些事情,结果如何,对最高管理者了解是否全员参与和发挥员工的积极性和创造性具有重要作用。

(3)来自外部相关方的相关沟通信息有什么,包括投诉;对钢铁企业来说主要是与企业职业健康安全风险有关的外包方进行沟通与交流以及监管的情况,防止以包代管。

(4)组织的职业健康安全绩效,对钢铁企业来说主要是对员工健康有损害的危险源(例如高温、粉尘、噪声和毒物等)和对员工身体有伤害的危险源(例如高温灼伤、机械伤害、电气伤害、煤气中毒或爆炸燃烧等)的防护和控制情况。

(5)目标的实现程度,包括方针目标实现的情况,对目标应有量化的检测结果。

(6)如果有事件发生,事件的调查、纠正措施和预防措施的状况,特别是对事故的报告、调查和处理,对存在的不符合采取的纠正措施和对潜在风险采取的预防措施的效果。

(7)以前管理评审的后续措施,主要是上一次管理评审包括对改进的要求是否得到落实。

(8)客观环境的变化,包括法律法规和其他要求的变化,是否得到满足。

(9)为了提高职业健康安全绩效,各单位和部门改进的建议。

管理评审的输出应包括:

(1)如何改进职业健康安全绩效;

(2)是否更改方针和目标;

(3)需要提供什么资源;

(4)对职业健康安全管理体系其他要素的改进。

上述内容均属于组织持续改进的承诺以及有关可能更改的任何决策和措施。

管理评审的相关输出应作为沟通和协商的内容之一。

总之,管理评审是最高管理者在评审(也是诊断)职业健康安全管理体系的适宜性、充分性和有效性,包括评价改进的可能性和修改的需求,也包括对职业健康安全方针和职业健康安全目标的修改需求。应保存管理评审记录。

第三章　危险源辨识、风险评价和控制措施

第一节　概　　述

GB/T 28001—2011《职业健康安全管理体系　要求》的 4. 3. 1 危险源辨识、风险评价和控制措施的确定要求："组织应建立、实施并保持程序，以便持续进行危险源辨识、风险评价和必要控制措施的确定。"

危险源辨识、风险评价和控制是建立职业健康安全管理体系的基础，主要来源于风险管理思想。风险管理是通过危险或危害辨识、风险评价，并以科学、经济、合理的方式消除或降低风险导致的后果，从而以最低的成本获得最大的安全。这也是安全管理的基本原理。图 3－1 是风险管理的基本过程。

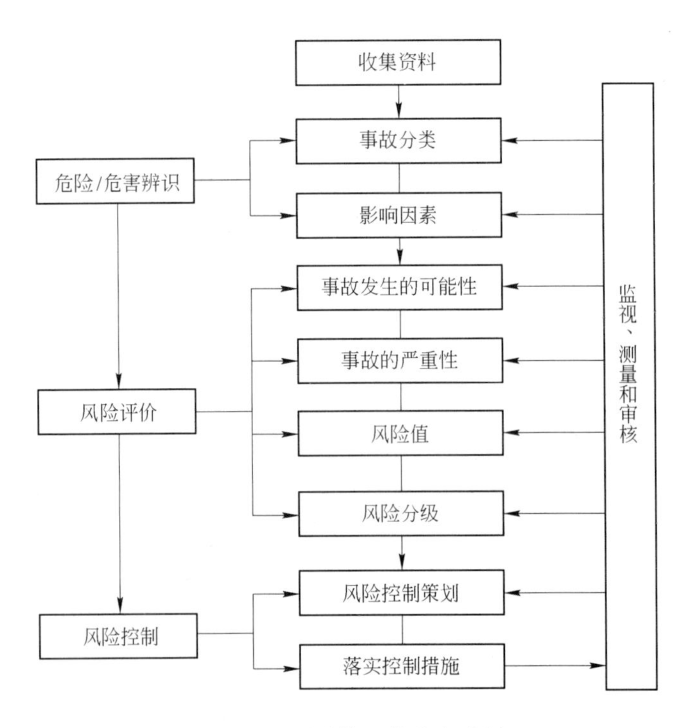

图 3－1　风险管理的基本过程

危险源辨识、风险评价和控制是策划职业健康安全管理体系的主要依据。职业健康安全管理体系过程如图 3－2 所示。管理方针、目标和指标以及管理体系的建立和运行，都以危险源辨识、风险评价和控制为基础。

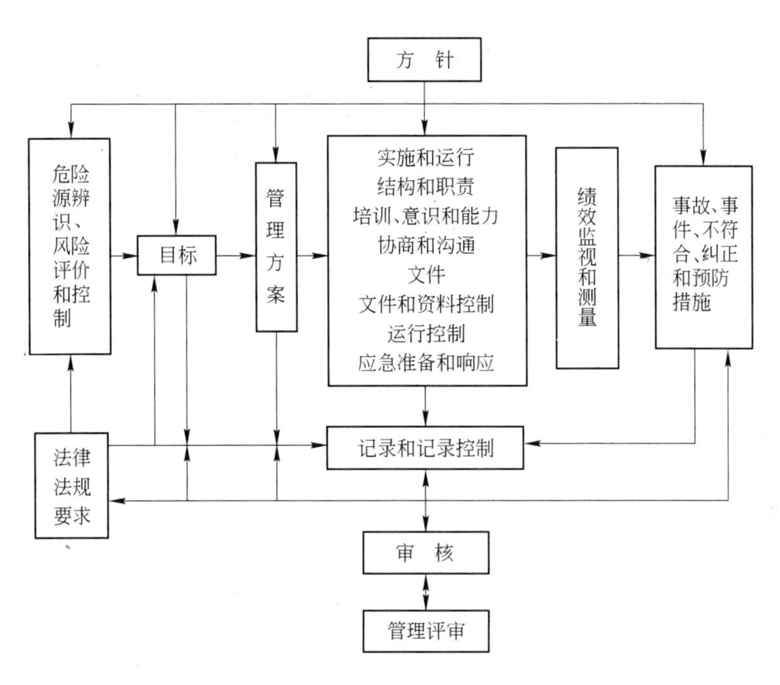

图 3－2 职业健康安全管理体系过程

第二节 危 险 源

一、危险源定义

在《职业健康安全管理体系 要求》中，将危险源（Hazard）定义为“可能导致人身伤害和（或）健康损害的根源、状态、行为或其组合”。“Hazard”这个词也有的翻译成“危险”。其定义也与“危险源”是一样的。与此相对应的，有“危险因素”一词，定义为“能使人造成伤亡，对物造成突发性损坏，或影响人的身体健康导致疾病，对物造成慢性损坏的因素”。为了区别不同作用的特点和效果，将具有突发性和瞬间作用的因素叫做“危险因素”，将在一定时间范围内具有积累作用的因素叫做“危害因素”。因此可以说危险源包括“危险因素”和“危害因素”。《职业健康安全管理体系 要求》中，健康在先，标志这个标准更强调“职业健康”的重要性。强调“健康”的重要性是体现“以人为本”的管理理念。“以人为本”不仅是发展依靠人民，发展也为了人民。健康是人的基本权利，是生活质量和工作环境的最佳状态。为了落实“健康的重要性”，不仅要辨识、评价和控制“危险因素”，而且更应辨识、评价和控制“危害因素”。

二、危险源的分类

在企业的生产过程中存在各种各样的危险源，为了易于辨识，人们把危险源进行了分类。根据能量意外释放理论，把可能发生意外释放的能量或危险物质，叫做第一类危险源，为了防止第一类危险源发生事故必须采取必要的约束或限制；导致能量或危险物质约束或限制措施失效的因素叫做第二类危险源。第一类危险源的存在是第二类危险源出现的前提，是伤亡事故发生的能量主体，决定事故后果的严重性；第二类危险源的出现是第一类危险源发生事故的条件，决定事故发生的可能性。两者互相关联，相互依存。

（一）第一类危险源

第一类危险源主要包括以下几种：

（1）产生、供给能量的装置、设备。产生、供给人们生产、生活活动能量的装置、设备是典型的能量源。例如变电所、供热锅炉等，它们运转时供给或产生很高的能量。

（2）使人体或物体具有较高势能的装置、设备、场所。使人体或物体具有较高势能的装置、设备、场所相当于能量源。例如起重机械、提升机械、高度差较大的场所等，使人体或物体具有较高的势能。

（3）能量载体。能量载体指拥有能量的人或物。例如运动中的车辆、机械的运动部件、带电的导体等，本身具有较大能量。

（4）一旦失控可能产生巨大能量的装置、设备、场所。一些正常情况下按人们的意图进行能量的转换和做功，在意外情况下可能产生巨大能量的装置、设备、场所。例如强烈放热反应的化工装置，充满爆炸性气体的空间等。

（5）一旦失控可能发生能量蓄积或突然释放的装置、设备、场所。正常情况下多余的能量被释放而处于安全状态，一旦失控时发生能量的大量蓄积，其结果可能导致大量能量的意外释放的装置、设备、场所。例如各种压力容器、受压设备，容易发生静电蓄积的装置、场所等。

（6）危险物质。除了干扰人体与外界能量交换的有害物质外，也包括具有化学能的危险物质。具有化学能的危险物质分为可燃烧爆炸危险物质和有毒、有害危险物质两类。前者指能够引起火灾、爆炸的物质，按其物理化学性质分为可燃气体、可燃液体、易燃固体、可燃粉尘、易爆化合物、自燃性物质、忌水性物质和混合危险物质 8 类；后者指直接加害于人体，造成人员中毒、致病、致畸、致癌等的化学物质。

（7）生产、加工、储存危险物质的装置、设备、场所。这些装置、设备、场所在意外情况下可能引起其中的危险物质起火、爆炸或泄漏。例如炸药的生产、加工、储存设施，化工、石油化工生产装置等。

（8）人体一旦与之接触将导致人体能量意外释放的物体。物体的棱角、工件的毛刺、锋利的刃等，一旦运动的人体与之接触，人体的动能意外释放而遭受伤害。

第一类危险源的危险性主要表现为导致事故而造成后果的严重程度方面。第一类危险源危险性的大小主要取决于以下几方面情况：

（1）能量或危险物质的量。第一类危险源导致事故的后果严重程度主要取决于发生事故时意外释放的能量或危险物质的多少。一般地，第一类危险源拥有的能量或危险物质越多,则发生事故时可能意外释放的量也多。当然,有时也会有例外的情况,有些第一类危险源拥有的能量或危险物质只能部分地意外释放。

(2)能量或危险物质意外释放的强度。能量或危险物质意外释放的强度是指事故发生时单位时间内释放的量。在意外释放的能量或危险物质的总量相同的情况下,释放强度越大,能量或危险物质对人员或物体的作用越强烈,造成的后果越严重。

(3)能量的种类和危险物质的危险性质。不同种类的能量造成人员伤害、财物破坏的机理不同,其后果也很不相同。危险物质的危险性主要取决于自身的物理、化学性质。燃烧爆炸性物质的物理、化学性质决定其导致火灾、爆炸事故的难易程度及事故后果的严重程度。工业毒物的危险性主要取决于其自身的毒性大小。

(4)意外释放的能量或危险物质的影响范围。事故发生时意外释放的能量或危险物质的影响范围越大,可能遭受其作用的人或物越多,事故造成的损失越大。例如,有毒有害气体泄漏时可能影响到下风侧的很大范围。

(二)第二类危险源

第二类危险源主要包括以下3种:

(1)物的故障。物的故障是指机械设备、装置、元部件等由于性能低下而不能实现预定功能的现象。从安全功能的角度,物的不安全状态也是物的故障。物的故障可能是固有的,由于设计、制造缺陷造成的;也可能是由于维修、使用不当,或磨损、腐蚀、老化等原因造成的。

(2)人的失误。人的失误是指人的行为结果偏离了被要求的标准,即没有完成规定功能的现象。人的不安全行为也属于人的失误。人的失误会造成能量或危险物质控制系统故障,使屏蔽破坏或失效,从而导致事故发生。

(3)环境因素。环境因素主要指系统运行的环境,包括温度、湿度、照明、粉尘、通风换气、噪声和振动等物理环境,以及企业和社会的软环境。不良的物理环境会引起物的不安全因素问题或人的因素问题。

第二类危险源往往是一些围绕第一类危险源随机发生的现象,它们出现的情况决定事故发生的可能性。第二类危险源出现得越频繁,发生事故的可能性越大。

GB/T 13816—1992《生产过程危险和危险源分类与代码》将危险和危险源分为6类,即物理性,化学性,生物性,心理、生理性,行为性及其他危险和危险源,见表3-1。

GB 6441—1986《企业职工伤亡事故分类》将危险和危险源分为16类,即物体打击、车辆伤害、机械伤害、起重伤害、触电、淹溺、灼烫、火灾、高处坠落、坍塌、放炮、火药爆炸、化学性爆炸、物理性爆炸、中毒和窒息、其他伤害,见表3-2。

另外,也有人研究了重大工业火灾、爆炸、毒物泄漏事故分析模拟技术,提出新的事故类型分类。将事故类型分为:坠落、滚落,摔倒、翻倒,碰撞,飞溅、落下,坍塌、倒塌,被碰撞,轧入,切伤、擦伤,踩伤,淹溺,接触高温、低温物,接触有害物,触电,爆炸,破裂,火灾,道路交通事故,其他交通事故,动作不当,其他。

表 3-1　生产过程危险和危险源分类

序号	分类	危险和危险源
1	物理性	设备、设施缺陷(强度不够、刚度不够、稳定性差、密封不良、应力集中、外形缺陷、外露运动件、制动器缺陷、控制器缺陷、设备设施其他缺陷),防护缺陷(无防护、防护装置和设施缺陷、防护不当、支撑不当、防护距离不够、其他防护缺陷),电危害(带电部位裸露、漏电、雷电、静电、电火花、其他电伤害),噪声危害(机械性噪声、电磁性噪声、流体动力学性噪声、其他噪声),振动危害(机械性振动、电磁性振动、流体力学性振动、其他振动),电磁辐射(电离辐射:X 射线、γ 射线、α 粒子、β 粒子、质子、中子、高能电子束等;非电离辐射:紫外线、激光、射频辐射、超高压电场),运动物危害(固体抛射物、液体飞溅物、反弹物、岩土滑动、堆料垛滑动、气流卷动、冲击地压、其他运动物危害),明火,能造成灼伤的高温物质(高温气体、高温固体、高温液体、其他高温物质),能造成冻伤的低温物质(低温气体、低温固体、低温液体、其他低温物质),粉尘与气溶胶(不包括爆炸性、有毒性粉尘与气溶胶),作业环境不良(作业环境不良、基础下沉、安全过道缺陷、采光照明不良、有害光照、通风不良、缺氧、空气质量不良、给排水不良、涌水、强迫体位、气温过高、气温过低、气压过高、气压过低、高温高湿、自然灾害、其他作业环境不良),信号缺陷(无信号设施、信号选用不当、信号位置不当、信号不清、信号显示不准、其他信号缺陷)、标志缺陷(无标志、标志不清楚、标志不规范、标志选用不当、标志位置缺陷、其他标志缺陷),其他物理性危险和危险源
2	化学性	易燃易爆性物质(易燃易爆性气体、易燃易爆性液体、易燃易爆性固体、易燃易爆性粉尘与气溶胶、其他易燃易爆性物质),自燃性物质,有毒物质(有毒气体、有毒液体、有毒固体、有毒粉尘与气溶胶、其他有毒物质),腐蚀性物质(腐蚀性气体、腐蚀性液体、腐蚀性固体、其他腐蚀性物质),其他化学性危险和危险源
3	生物性	致病微生物(细菌、病毒、其他致病微生物),传染病媒介物,致害动物,致害植物,其他生物性危险和危险源
4	心理、生理性	负荷超限(体力负荷超限、听力负荷超限、视力负荷超限、其他负荷超限),健康状况异常,从事禁忌作业,心理异常(情绪异常、冒险心理、过度紧张、其他心理异常),辨识功能缺陷(感知延迟、辨识错误、其他辨识功能缺陷),其他心理、生理性危险和危险源
5	行为性	指挥错误(指挥失误、违章指挥、其他指挥错误),操作失误(误操作、违章作业、其他操作失误),监护失误,其他错误,其他行为性危险和危险源
6	其他	其他危险和危险源

表 3-2　企业职工伤亡事故分类

序号	事故分类	说　明
1	物体打击	物体在重力或其他外力的作用下产生运动,打击人体造成伤亡事故,不包括因机械设备、车辆起重机械、坍塌等引发的物体打击
2	车辆伤害	企业机动车辆在行驶中引起的人体坠落和物体倒塌、飞落、挤压伤亡事故,不包括起重设备提升、牵引车辆和车辆停驶时发生的事故
3	机械伤害	机械设备运动(静止)部件、工具、加工件直接与人体接触引起的夹击、碰撞、剪切、卷入、绞、碾、割、刺等伤害,不包括车辆、起重机械引起的机械伤害
4	起重伤害	各种起重作业(包括起重机安装、检修、试验)中发生的挤压、坠落、(吊具、吊重)物体打击和触电
5	触电	包括雷击伤亡事故
6	淹溺	包括高空坠落淹溺,不包括矿山、井下透水淹溺
7	灼烫	火焰烧伤、高温物体烫伤、化学灼伤(酸、碱、盐、有机物引起的体内外灼伤)、物理灼伤(光、放射性物质引起的体内外灼伤),不包括电灼伤和火灾引起的烧伤

续表 3-2

序号	事故分类	说　明
8	火灾	
9	高处坠落	在高处作业中发生坠落造成的伤亡事故，不包括触电坠落事故
10	坍塌	物体在外力或重力作用下，超过自身的强度极限或因结构稳定性破坏而造成的事故，如挖沟时的土石塌方、脚手架坍塌、堆置物倒塌等，不适用于矿山冒顶片帮和车辆、起重机械、爆破引起的坍塌
11	放炮	爆破作业中发生的伤亡事故
12	火药爆炸	火药、炸药及其制品在生产、加工、运输、贮存中发生的爆炸事故
13	化学性爆炸	可燃性气体、粉尘等与空气混合形成爆炸性混合物，接触引爆能源时，发生的爆炸事故（包括气体分解、喷雾爆炸）
14	物理性爆炸	包括锅炉爆炸、容器超压爆炸、轮胎爆炸等
15	中毒和窒息	包括中毒、缺氧窒息、中毒性窒息
16	其他伤害	除上述以外的危险源，如摔、扭、挫、擦、刺、割伤和非机动车碰撞、轧伤等（矿山、井下、坑道作业还有冒顶片帮、透水、瓦斯爆炸等危险源）

根据卫生部、原劳动部、总工会颁布的《职业病范围和职业病患者处理办法的规定》，将危险源分为生产性粉尘、毒物、噪声与振动、高温、低温、辐射（电离辐射、非电离辐射）、其他危害 7 类。

三、钢铁企业的危险源

我国钢铁企业从伤亡事故来看，主要的危险源是机械伤害和物体打击，车辆伤害居第三位，高处坠落居第四位，起重伤害居第五位，灼烫居第六位。生产过程的主要危险源中化学因素有一氧化碳、氮氧化物、二氧化硫、硫化氢、氯、苯、铅、汞、锰及其粉尘等；物理因素有高温、低温、高压、低压、噪声和振动、电离辐射（β 射线、γ 射线等）、非电离辐射（紫外线、红外线、射频辐射和激光等）。劳动过程的危险源也包括有精神紧张、劳动强度过大、生产定额不当和劳动者生理状况不适应等；在生产环境中有厂房通风条件差或设备安全装置落后等。

GB/T 28001—2011《职业健康安全管理体系　要求》的 4.3.1 危险源辨识、风险评价和控制措施的确定中规定："组织应建立、实施并保持程序，以持续进行危险源辨识、风险评价和必要控制措施的确定"。

钢铁工业是一个"高危行业"，因此在建立职业健康安全管理体系时，首先应辨识和评价危险源，为控制职业健康安全风险和提高职业健康安全绩效提供信息。

（一）原料过程的危险源

原料过程主要是原料场、原燃料装卸、存储、运输、破碎、筛分和混匀等过程。

原料场对人身伤害的主要因素是各种机械运转和处理故障时所发生的机械伤害，其次是高处坠落和物体打击。电动单梁悬挂桥式起重机中任何一个组件出现缺陷，都有可能引起起重伤害，包括吊钩出现裂纹或断裂，钢丝绳捻距内断丝数超过规定均容易引起坠落伤害。在起吊过程中,如果吊具卸件时与工件不垂直,容易产生压伤或擦伤。起吊过程中由于物件捆扎不牢也会发生重物坠落伤人事件。在高空检查吊车时,如果防护措施不到位,容易发生高空坠落。在操作吊车过程中,由于电器短路、断路,电线裸露,容易发生触电。操作中没有加强监测、方向控制错误,可能与其他物体发生相撞。工人在上下吊车时,可能跌倒、滑倒、绊倒和碰伤。

在原料、燃料供应系统中,皮带是运输设备,在操作人员处理皮带打压料、打滑时,如工人违章操作,皮带可能伤人。在清扫皮带尾轮时,如果不停机可能碾伤工人。如果人工违章操作,在皮带运转中清扫或维修运转设备或从皮带上下方跨越,可能造成碾伤或划伤。在检查皮带过程中,如果防护不好,有可能发生皮带、滚轮碾伤事故。另外,在皮带接头用汽油清洗如遇明火可能发生火灾。在皮带运输过程中,在处理跑偏、打滑、压料、堵漏斗、跑小车、上托轮等作业时有被皮带绞伤的危险。在皮带检查和检修过程中可能涉及高空作业,有可能发生高空坠落事故。在皮带胶接过程中,由于硫化器线路漏电,可能发生触电事故。

在翻车机、接料槽卸料过程中,有受车辆或机具伤害的危险。电葫芦操作中主要是起重伤害。例如电葫芦在起吊过程中,操作人员与起吊物距离较近,容易撞伤。制动器漏电,可能发生触电事故。卷扬机在运行过程中有扬尘,长期接触可能引起操作人员的尘肺病,另外卷扬机运行过程中会产生振动、噪声或机械伤害。在清理矿槽过程中有被风管打伤、滑伤或跌伤的危险。

在检查、清扫、维护抓斗吊车的机电设备或更换及处理钢丝绳、抓斗故障时有发生高处坠落和物体打击的危险。在石灰石和焦炭破碎加工作业过程中有被物料飞出击伤、物体打击、机械伤害和起重伤害等危险。料车是供料的主要设备之一。如果料车运输速度过快,特别在转弯处如果不减速,很容易对转弯或交叉处行人造成撞击。如果料车存在安全隐患,没有及时处理,也有可能撞击行人。如果料车上卸料时供电滑线漏电可能发生触电事故。在运行过程中,如果料车不加盖,可能产生一定浓度的粉尘,对操作工人健康会造成损害。卸料小车在卸料过程中,可能造成扬尘。卸料小车如果没有防护罩或栏杆,可能发生机械伤害。如果卸料小车的外壳接地装置发生故障或者接地电阻过高,电线老化或裸露,可能发生触电伤害。

原料过程对健康有损害的因素是原燃料装卸、运输、破碎、筛分过程中产生的粉尘,其次是破碎、筛分时的噪声。在原燃料中产生的粉尘除游离的二氧化硅外,还有铅、锌、砷、氟等对人体有害的物质。

(二)焦化过程的危险源

焦化生产主要是生产冶金焦供高炉炼铁使用,同时回收焦炉煤气和焦炉煤气中的煤化工产品。焦化过程一般由备煤、炼焦、煤气回收和精制(包括脱氨、脱苯和苯精制)、焦油加工等工序组成。

焦化过程首先对原煤或精煤进行验收和储存,然后将大块和硬块煤进行预粉碎。粉碎有机械选择粉碎和风力选择粉碎。为了保证焦炭的质量,通过配煤试验,确定配煤比。目前有“先粉碎后配合”和“先配合后粉碎”两种流程。配煤后的煤进入储煤塔，从储煤塔放入装煤车，分别送至各个炭化室装炉。煤在炭化室内高温干馏。当炭化室内的焦饼成熟后，由推焦机和拦焦车分别摘下机侧和焦侧的炉门。从炭化室推出来的赤热焦炭（红焦）不能直接使用，必须冷却。熄焦有湿法熄焦和干法熄焦。

焦化生产中配煤工序的运输和储存过程中有运输皮带绞伤和被煤掩埋事故。在备煤过程中移动或转动设备会造成机械伤害事故。推焦机等三相裸线也有可能造成触电事故。推焦和装焦过程中的高温作业，有可能产生被焦炭烫伤的事故。易燃易爆物质引发的火灾爆炸事故是焦化过程的主要人身伤害因素。焦化生产过程中产生的煤气、苯类、吡啶等，容易发生火灾和爆炸，包括气体爆炸、粉尘爆炸和火灾性爆炸。焦化过程存在中毒、灼烧、机械和电气方面的人身伤害因素。

从焦炉推出来的焦炭粒度范围很大，不能直接用于高炉，必须进行整粒。大块的焦炭应经碎焦机进行破碎，然后进行筛分，使焦炭粒度符合标准要求。

焦炉产生的荒煤气含有许多杂质，需要精制才能使用。焦炉煤气精制流程主要包括荒煤气冷却、焦油氨水分离、脱萘、脱硫、脱氨、硫铵生产过程、脱苯过程和粗苯精制过程。

在焦化生产过程中产生的荒煤气在高温作用下裂解形成高温煤焦油，焦油由无数化合物所组成。焦油经过加工（主要是蒸馏）可以制取苯酚、邻甲酚、间对甲酚、二甲酚、工业萘、α－甲基萘、古马隆－茚树脂、精蒽、咔唑、工业菲、吡啶和炭黑等产品。

焦炉煤气中含有7%左右的一氧化碳，泄漏会发生中毒或爆炸危害。焦炉生产过程中的烟尘，其中含有粉尘、一氧化碳、硫化氢、二氧化硫、苯和焦油等，会危害工人的健康，特别是苯并芘（BaP）是致癌物质。在焦油氨水分离、蒸馏、贮槽和放散管等处的硫化氢、氯化氢和氨等泄漏，会造成工人中毒。吡啶蒸气会伤害工人眼睛、皮肤和呼吸道。在苯精制的初馏分中苯类物质会伤及工人的皮肤和呼吸道，而且还是致癌物质。在酚、萘生产过程中，如果发生泄漏，萘会使人中毒，酚会烧伤皮肤。沥青的蒸气、烟雾和粉尘会危及皮肤和眼睛，沥青烟中还含有苯并芘。焦化生产过程中的噪声和高温作业，也对人的身心有伤害。

（三）烧结过程的危险源

烧结矿是高炉炼铁的主要原料。烧结是将铁精矿或粉矿与燃料和溶剂混合，通过燃料燃烧产生高温，将混合料熔化或软化，经过物理化学反应生产出具有一定强度和粒度、化学成分稳定的烧结矿。目前多数企业采用带式烧结机生产烧结矿。

为了保证烧结矿的成分符合要求，必须对不同种类的原料进行配料。为了使烧结料的化学成分均匀，水分合适，易于造球，获得必要的温度和粒度，并具有适宜的透气性，除配好料外，还需进行混合。为了防止高温烧结矿烧损炉箅和未烧结料从炉箅中漏掉，一般在炉箅上先铺底料，铺完底料后采用圆辊布料机布料。布料后对台车上的料层表面进行点燃，并使其燃烧和表层结块。混合料借助点火和抽风，使料层中的炭燃烧产生热量，并使料层发生还原、分解、氧化和脱硫等反应。在反应的同时料层内熔融和冷凝使粉状料转变成多孔的块状烧结矿。最后烧结矿从机尾卸下来，再进行破碎、筛分和冷却。

配料和混料时，如果矿槽内发生堵料、棚料或黏料现象，工人去捅或挖时，容易发生物料喷射，击伤面部或风管脱落伤人；在处理圆盘给料机排料口堵料时也容易造成机械伤害。如果烧不透遇水会造成返矿圆盘“放炮”烫伤等。烧结机突然停电时，点火器炉内火焰窜出容易烧伤作业人员；突然停煤气会使空气进入煤气管道引起爆炸伤人。煤气管道或阀门泄漏煤气会引起煤气中毒事故。在机尾观测孔观察卸料或捅料时容易被含尘热浪烧伤。在机头铲料时，脚踩在轨道上容易被台车轮压伤，进入机头内补炉箅条时容易伤及头部或手。烧结矿单辊破碎机和热矿筛出口堵塞时，用水捅料容易被蒸汽和红料烫伤；热矿筛振动大机械零件振断飞出会击伤人。冷却机的进出口和返矿槽出口堵料或“放炮”也容易造成烫伤。冷振动筛零件也有摔出伤人的现象。抽风除尘过程的抽风机转子失衡，叶片脱落击破机壳飞出伤人。油箱油管漏油容易引起火灾。进入除尘器或烟道内检查或处理故障时有煤气中毒的危险，如果孔门关闭会窒息；如果启动风机，必死无疑。进入电除尘器有被电击伤的危险。上下除尘器外部楼梯时有滑跌和坠落的危险。

健康损害因素主要是粉尘，一般粉尘量占烧结矿产量的3%左右，主要发生在烧结机机尾卸矿、成品矿的热破热筛和冷破冷筛以及各进料点、混料过程和出料口，除尘过程的排放、卸灰和转运过程。毒物的危害主要是烧结点火用的煤气（一氧化碳）和废气中的二氧化硫。如果管道、烟道或闸阀泄漏会引起中毒。高温的危害主要是在烧结机、单辊破碎机、热矿筛、一次返矿、冷却机和成品皮带运输机等高温作业岗位。烧结过程的噪声主要来自各种风机、破碎机、振动筛、卸料点及机电设备的运转撞击，特别是主抽风机室、熔剂、燃料破碎间的噪声可达100dB（A），会伤及人的听力。

（四）炼铁过程的危险源

现在的炼铁是将铁矿石在高炉中还原，炼成生铁。生铁含有一定比例的碳和其他元素，除少部分用于铸件外，大部分用于炼钢。炼铁的主要设备是高炉。从炉顶上部装入铁矿石、焦炭和熔剂。在高炉下部有风口，由风口鼓入由热风炉加热到1200℃左右的热风，使风口前的焦炭燃烧并保持炉内温度，同时产生一氧化碳在炉内上升，逐步和陆续还原铁矿石，其中一部分铁矿石被碳直接还原。还原反应形成的铁又吸收焦炭中的碳，同时铁矿石中的脉石中的氧化物也部分被还原，成为杂质进入铁中，于是使铁的熔点下降，在高炉下部熔融，成为铁水储存在高炉底部。适当时候打开高炉出铁口，将铁水放出。浮在铁水上面的炉渣在适当时候从出渣口或出铁口放出。在高炉内上升的还原气体（高炉煤气）从炉顶排除，高炉煤气含有20%左右的CO，可以作为燃料加以利用。但是高炉煤气中含有大量粉尘，所以在高炉煤气排出的管线中设置除尘和集尘装置，经过除尘后高炉煤气可以回收利用。

炼铁的人身伤害的主要因素是在出铁或发生故障检修作业时，容易发生煤气泄漏，造成一氧化碳中毒。高炉喷吹煤粉的制备和喷吹设施可能发生爆炸。高炉的铁水和炉渣遇水或泄漏的煤气遇明火也会爆炸。高炉出铁时开堵铁口操作失误，出铁沟的修补以及出渣出铁的渣铁飞溅，会造成灼烫。出铁场的起重机、解体机和泥炮等也会形成机械伤害。

炼铁过程的健康损害的主要因素有高温热辐射。铁口的单向辐射热可达 30J/(cm^2 · min)，渣口的单向辐射热可达 20J/(cm^2 · min)。炉前出铁场、碾泥机等处会产生烟尘和粉尘，可能伤及工人呼吸过程，严重的会造成矽肺病。炼铁过程的毒物危害主要是 CO，炉渣中含有微量的 H_2S 和 SO_2。炼铁工序的噪声主要来自高炉鼓风机、蒸汽发电机、喷吹煤粉、煤气放散和机电设备运转，有时会超过 100dB(A)。

(五)炼钢过程的危险源

在高炉炼出来的生铁中，含有 C、Mn、Si、P 和 S 等杂质元素。含有这些元素使得生铁硬度大，但是缺乏良好的金属特性，必须进一步冶炼，以去除其中的杂质元素，然后再根据要求加入适当的合金元素，炼成钢。

炼钢过程分为两个部分：

(1)强化冶炼：加热熔化装入炼钢炉内的炉料(生铁与废钢)，氧化去除杂质，调整温度和成分，脱氧，或在冶炼合金钢时加入合金料。炼钢结束后，将钢水放入钢包中，根据需要进行脱气或精炼。

(2)浇铸钢锭：将炼成的钢水注入钢锭模，使之冷却凝固成钢锭或将钢水连续地浇铸成连铸坯。

炼钢过程的原燃料和钢水钢渣的吊运，设备检修过程中设备与零件的拆卸和安装会形成起重和机械伤害。火灾也是炼钢过程的主要人身伤害因素。火灾事故的原因有三个方面：一是燃油、润滑油、液压油和可燃气体引起的；二是电气设备故障造成的；三是高温钢水炉渣喷溅和泄漏引起的。

高温钢水炉渣喷溅或遇水也能引起爆炸，煤气爆炸、氧气爆炸、超压爆炸和电气爆炸等也是炼钢过程的人身伤害因素。起重伤害和高处坠落也是炼钢过程的事故原因，特别是在设备检修过程中，这类危险更值得注意。

损害健康的因素有粉尘、有毒有害气体和热辐射。粉尘主要来自原料的准备与冶炼和精炼过程，每吨转炉钢产生 35kg 粉尘。有毒有害气体主要是 CO。热辐射主要是铁水、钢水、钢渣的热辐射。

(六)连铸过程的危险源

连铸是将钢水连续铸造成钢坯的浇铸方法。首先将钢水由钢包注入中间包，再由中间包注入水冷的结晶器中，使钢坯的外壳凝固并从结晶器底部拉出，再用夹持辊夹送，在二次冷却区喷水冷却和凝固，再按规定长度切成连铸坯。

钢包的滑动水口也会发生不能自动开浇或钢包铸流失控的危险。中间包也有可能开浇后控制失灵和水口堵塞，造成漏钢事故。浇铸过程的钢包吊运和设备检修时设备吊装，容易产生起重伤害和高处坠落。开浇漏钢和黏结漏钢也有灼伤或火灾的风险。连铸变电所的配电室、控制室、电缆隧道、液压站和计算机房容易发生触电或火灾。连铸过程也会产生一定的烟尘，连铸坯修磨、钢包拆除和修理以及结晶器修复也会产生粉尘。连铸过程的风机和水泵会产生100dB（A）左右的噪声。连铸过程的高温热辐射和结晶器液面控制的同位素射线辐射，对工人健康也有损害。

（七）轧钢过程的危险源

轧钢过程是压力加工过程，在轧辊间改变钢锭或钢坯形状和改善钢的内部质量。轧钢生产包括坯料准备、坯料加热、轧制、切断或卷取，然后经过轧后冷却和矫直就可以包装交付，但是有的产品需要进行热处理（常化或调质）或表面处理（镀锌或涂层）后包装交付。

轧钢的坯料加热过程大量使用煤气，在轧制过程中也采用氧气、氢气、氨气、乙炔等易燃易爆气体，各种油类、酸、碱，以及电气设备和液压设备等，具有火灾和爆炸人身伤害因素存在。在轧钢生产、处理故障和检修过程中存在机械、物体打击、起重伤害、高处坠落和灼伤。行车故障是轧钢的又一人身伤害因素，例如行车主体与厂房立柱之间挤压伤亡事故，行车装置故障、超重、脱钩也会形成危险。

轧钢过程对健康有损害的因素有高温、毒物和噪声。轧钢过程的高温危害主要是加热设备、涂镀层设备、热处理设备和轧件的高温，会引发疾病。毒物危害主要有一氧化碳、氮氧化物、硫化氢、二氧化硫和氯化氢等有毒气体，酸洗过程会产生酸雾，对工人健康有危害。烟尘和粉尘危害，在钢坯修磨、加热、除鳞、轧制、精整和热处理过程中都会遇到烟尘或粉尘。轧钢工序的噪声主要是机械噪声，来自轧机运行、钢材与辊道和冷床之间的摩擦与碰撞、钢材切割、精整和翻动过程。特别是钢管生产过程的噪声热区超过90～100dB（A），冷区超过100～120dB（A）。在金属监测器、测厚仪和探伤时会有射线危害。

钢铁生产过程的灼伤主要来自高温、高热物流、能流，带有腐蚀性物质，带有压力的喷溅或喷射物流。冶炼过程的风险主要是灼伤，它仅次于机械伤害和物体打击，居第三位。伤害主要来自高温铁水、钢水和炉渣喷溅、白云石、石灰、电石、蒸气、热水、热钢件、煤气、氧气等着火灼伤、化学性和电弧灼伤等。伤害多发生在焦化、烧结、炼铁、炼钢、连铸和轧钢工序。控制措施为：加强个体防护（劳动保护用品）、严格标准化作业（安全操作规程）、严防废钢带水和爆炸物（探测）、设备防止老化和破损（检测和探伤）。

第三节　危险源的辨识和评价

一、危险源的辨识

危险源的辨识有很多种方法，常用的有以下几种：

（1）安全检查表，是一种非常有用的危险源辨识的方法，它能够系统地辨识和诊断某一系统的安全状况，是事先拟好的问题清单。

（2）危险和可操作性研究（HAZOP），是以关键词为引导，找出工作系统中工艺过程或状态变化（即偏差），然后再继续分析造成偏差的原因、后果以及可以采取的对策。

(3)事件树分析(Event Tree Analysis,简称 ETA),是一种从左至右、由原因到结果的归纳性逻辑分析方法,属于时序或动态逻辑分析,用于分析事故发展过程和事故预测,以预防危险或预防事故的发生。

(4)故障树分析(Fault Tree Analysis,简称 FTA)是一种从上至下、由结果到原因的演绎性逻辑分析方法,分析事故或重大危险的原因及其组合,以防止危险事故的发生。

目前多数钢铁企业的危险源辨识一般是以部门、分厂或车间为单位,按 GB/T 13816—1992《生产过程危险和危险源分类与代码》或按 GB 6441—1986《企业伤亡事故分类》的危险和危险源分类,采用表 3-3 所示的危险或危险源辨识表对本部门或单位的生产活动和工作场所中具有的危险源进行辨识。

危险源的辨识包括所有进入工作场所人员的活动、工作场所、设施及组织活动,并考虑 3 种时态(现在、过去和未来)和 3 种状态(正常、异常和紧急)。设备的开机、停机、检修等情况属于异常状态;发生火灾、爆炸、洪水等属于紧急状态。

表 3-3 危险或危险源辨识一览表

过程或活动		危险或危险源		状态	时态	事故
		第一类危险源	第二类危险源			
炼铁过程	开铁口	铁水/熔渣	违反操作规程	正常	过去	喷溅灼伤
	喷煤	煤粉	逆止阀失灵	正常	过去	爆炸
	水冲渣	高温熔融炉渣	渣中带铁	正常	现在	爆炸灼伤
	除尘器检修	煤气	防护不当	异常	现在	中毒
炼钢过程	原料或钢水吊运	吊运的原料斗或钢包	吊钩没有挂好	正常	过去	坠落
	转炉出钢	钢包	烘烤不好	正常	过去	爆炸
	变电室	电器设备	绝缘不良	正常	现在	触电
	设备检修	起重机或天车	没戴安全带	异常	现在	坠落
轧钢过程	加热	煤气	管道泄漏	正常	现在	中毒爆炸
	钢坯吊运	天车	门开关连锁保护装置失灵	正常	过去	坠落
	酸洗	酸雾	排气设施能力不足	正常	现在	酸雾伤害
	设备检修	轧机	缺乏专用工具	异常	现在	机械伤害
其他作业	电工检修	电机/电器	没有验明无电状态	异常	过去	触电
	登高检修	5m 高平台	跳板缺陷	异常	现在	坠落
	焊接作业	油库(安装深井泵)	明火操作	异常	现在	爆炸
	氧气生产	管道维修	放散未尽	异常	过去	火灾
	厂内交通	卡车	违反规程	正常	现在	车辆伤害

二、风险评价

危险源的风险评价方法也有很多,有定性评价方法和定量评价方法。

风险评价表是评价风险的最简单的方法(参见表 2-1),是根据定性的判断伤害的可能性和严重程度而对风险进行分级评价。

格雷厄姆法是一种常用的半定量方法，用于评价作业条件的危险性或风险值，详细内容参见第2章第六节。

三、风险控制

通过危险源辨识和风险评价，确定了风险等级和危险程度，我们便可以采取不同的控制对策。表3－4给出了风险控制的原则。

表3－4　风险控制原则

风险等级	风险水平	采取的控制措施
Ⅴ	可忽略的风险	不需要采用措施
Ⅳ	可容许的风险	有效地利用现有措施
Ⅲ	中度风险	采取经济合理的措施降低风险
Ⅱ	重大风险	停止生产，立即采取有效措施降低风险
Ⅰ	不可容许的风险	立即停产，尽一切努力降低风险，否则不能生产

在选择和采取风险控制措施时，应考虑风险等级并考虑下列因素：

(1)如果可能，应完全消除或消灭危险或危险源；

(2)如果不可能完全消除或消灭危险或危险源，应努力降低风险；

(3)在可能的条件下使生产环境适合于人的精神和体能状况；

(4)依靠技术进步措施，改善风险控制水平；

(5)对生产工作人员采取保护措施；

(6)将技术措施和管理措施结合起来进行控制；

(7)采取必要的安全防护装置；

(8)个体防护措施；

(9)应急准备方案；

(10)预防性监测。

对控制风险措施的选择或修改，应在实施前进行评审。评审内容包括：

(1)控制措施是否适用、有效？

(2)是否会产生新的危险源？

(3)是否经济合理、效果最佳？

(4)是否被受影响人所接受？

(5)是否能够在实际中采用？

第四章　我国的职业健康安全法律法规和标准

GB/T 28001—2011《职业健康安全管理体系　要求》提出:“组织应建立、实施并保持程序,以识别和获取适用于本组织的法律法规和其他职业健康安全要求。”

第一节　我国的职业健康安全的法律法规

我国的职业健康安全法律法规按立法主体和法律效力,可分为宪法、职业健康安全法律、国家职业健康安全行政法规、地方职业健康安全行政法规和职业健康安全规章。如图4－1所示,我国已经形成了以《中华人民共和国宪法》为基础,以《中华人民共和国劳动法》等有关法律法规为主体的职业健康安全法律法规体系。

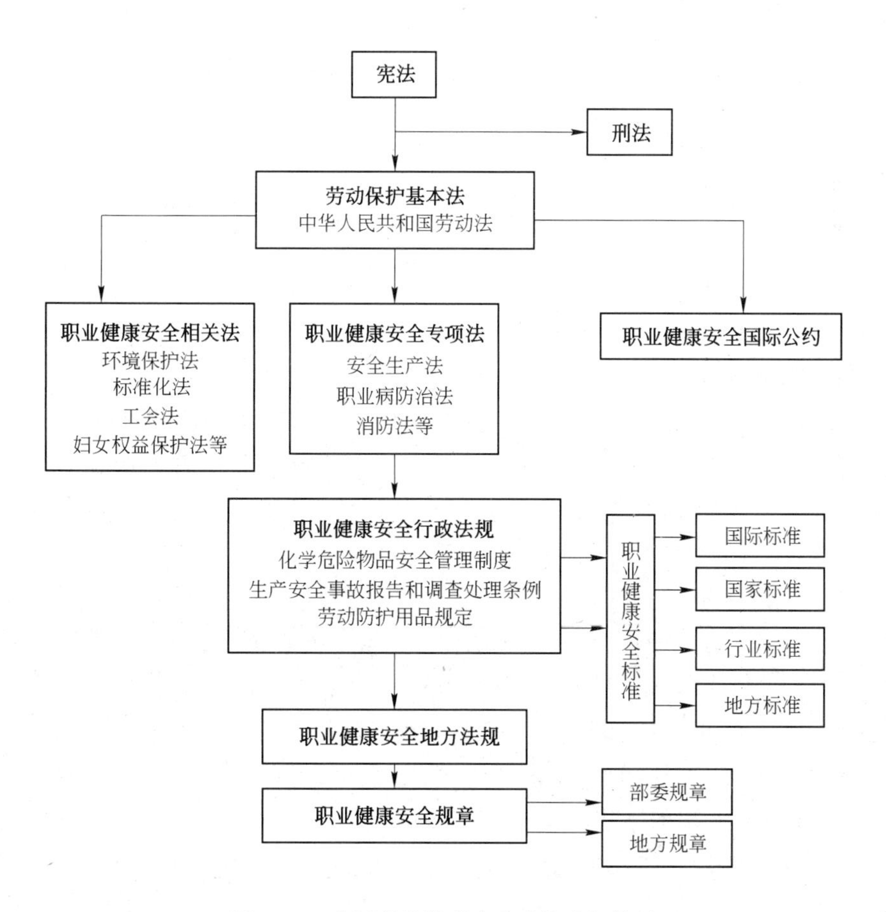

图4－1　我国职业健康安全法律法规体系

一、《中华人民共和国宪法》有关职业健康安全的规定

《中华人民共和国宪法》是我国的根本大法，是我国职业健康安全法的首要形式，在所有法律形式中居于最高地位，具有最高法律效力。所有其他职业健康安全法律形式必须依据宪法确定的基本原则，不得与之相抵触。2004 年 3 月 14 日第十届全国人民代表大会第二次会议通过了《中华人民共和国宪法修正案》。其中：

第四十二条规定："中华人民共和国公民有劳动的权利和义务。国家通过各种途径，创造劳动就业条件，加强劳动保护，改善劳动条件，并在发展生产的基础上，提高劳动报酬和福利待遇。国家对就业前的公民进行必要的劳动就业训练。"

第四十三条规定："中华人民共和国劳动者有休息的权利。国家发展劳动者休息和修养的设施，规定职工的工作时间和休假制度。"

第四十八条规定："国家保护妇女的权利和利益……"

第四十九条规定："母亲和儿童受国家的保护。"

宪法中所有这些规定，是我国职业健康安全立法的法律依据和指导原则。

二、《中华人民共和国刑法》有关职业健康安全的规定

《中华人民共和国刑法》是 1979 年 7 月 1 日第五届全国人民代表大会第二次会议通过的，2006 年 6 月 29 日第十届全国人民代表大会常务委员会第二十二次会议通过了修正案，对违反各项职业健康安全法律法规，情节严重者的刑事责任作出了规定。其中：

第一百三十四条规定："在生产、作业中违反有关安全管理的规定，因而发生重大伤亡事故或者造成其他严重后果的，处三年以下有期徒刑或者拘役；情节特别恶劣的，处三年以上七年以下有期徒刑。

强令他人违章冒险作业，因而发生重大伤亡事故或者造成其他严重后果的，处五年以下有期徒刑或者拘役；情节特别恶劣的，处五年以上有期徒刑。"

第一百三十五条规定："安全生产设施或者安全生产条件不符合国家规定，因而发生重大伤亡事故或者造成其他严重后果的，对直接负责的主管人员和其他直接责任人员，处三年以下有期徒刑或者拘役；情节特别恶劣的，处三年以上七年以下有期徒刑。"

第一百三十六条规定："违反爆炸性、易燃性、放射性、毒害性、腐蚀性物品的管理规定，在生产、储存、运输、使用中发生重大事故，造成严重后果的，处三年以下有期徒刑或者拘役；后果特别严重的，处三年以上七年以下有期徒刑。"

第一百三十九条规定："违反消防管理法规，经消防监督机构通知采取改正措施而拒绝执行，造成严重后果的，对直接责任人员，处三年以下有期徒刑或者拘役；后果特别严重的，处三年以上七年以下有期徒刑。"

第一百三十九条规定："在安全事故发生后，负有报告职责的人员不报或者谎报事故情况，贻误事故抢救，情节严重的，处三年以下有期徒刑或者拘役；情节特别严重的，处三年以上七年以下有期徒刑。"

三、《中华人民共和国劳动法》有关职业健康安全的规定

《中华人民共和国劳动法》是1994年7月5日第八届全国人民代表大会常务委员会第八次会议审议通过的。

劳动法的第六章劳动安全卫生(从第五十二条到第五十七条)对劳动安全和职业卫生作出了具体规定。其中:

第五十二条规定:“用人单位必须建立、健全劳动安全卫生制度,严格执行国家劳动安全卫生规程和标准,对劳动者进行劳动安全卫生教育,防止劳动过程中的事故,减少职业危害。”

第五十三条规定:“劳动安全卫生设施必须符合国家规定的标准。新建、改建、扩建工程的劳动安全卫生设施必须与主体工程同时设计、同时施工、同时投入生产和使用。”

第五十四条规定:“用人单位必须为劳动者提供符合国家规定的劳动安全卫生条件和必要的劳动防护用品,对从事有职业危害作业的劳动者应当定期进行健康检查。”

第五十五条规定:“从事特种作业的劳动者必须经过专门培训并取得特种作业资格。”

第五十六条规定:“劳动者在劳动过程中必须严格遵守安全操作规程。劳动者对用人单位管理人员违章指挥、强令冒险作业,有权拒绝执行;对危害生命安全和身体健康的行为,有权提出批评、检举和控告。”

第五十七条规定:“国家建立伤亡事故和职业病统计报告和处理制度。县级以上各级人民政府劳动行政部门、有关部门和用人单位应当依法对劳动者在劳动过程中发生的伤亡事故和劳动者的职业病状况,进行统计、报告和处理。”

第七章对女职工和未成年工的特殊保护作了具体规定。其中:

第五十八条规定:“国家对女职工和未成年工实行特殊劳动保护。未成年工是指年满十六周岁未满十八周岁的劳动者。”

第五十九条规定:“禁止安排女职工从事矿山井下、国家规定的第四级体力劳动强度的劳动和其他禁忌从事的劳动。”

第六十条规定:“不得安排女职工在经期从事高处、低温、冷水作业和国家规定的第三级体力劳动强度的劳动。”

第六十一条规定:“不得安排女职工在怀孕期间从事国家规定的第三级体力劳动强度的劳动和孕期禁忌从事的劳动。对怀孕七个月以上的女职工,不得安排其延长工作时间和夜班劳动。”

第六十二条规定:“女职工生育享受不少于九十天的产假。”

第六十三条规定:“不得安排女职工在哺乳未满一周岁的婴儿期间从事国家规定的第三级体力劳动强度的劳动和哺乳期禁忌从事的其他劳动,不得安排其延长工作时间和夜班劳动。”

第六十四条规定:“不得安排未成年工从事矿山井下、有毒有害、国家规定的第四级体力劳动强度的劳动和其他禁忌从事的劳动。”

第六十五条规定:“用人单位应当对未成年工定期进行健康检查。”

四、《中华人民共和国劳动合同法》有关职业健康安全的规定

《中华人民共和国劳动合同法》于2007年6月29日第十届全国人民代表大会常务委员会第二十八次会议通过,2008年1月1日起施行。其中:

第四条规定:“用人单位应当依法建立和完善劳动规章制度,保障劳动者享有劳动权利、履行劳动义务。

用人单位在制定、修改或者决定有关劳动报酬、工作时间、休息休假、劳动安全卫生、保险福利、职工培训、劳动纪律以及劳动定额管理等直接涉及劳动者切身利益的规章制度或者重大事项时,应当经职工代表大会或者全体职工讨论,提出方案和意见,与工会或者职工代表平等协商确定。”

第八条规定:“用人单位招用劳动者时,应当如实告知劳动者工作内容、工作条件、工作地点、职业危害、安全生产状况、劳动报酬,以及劳动者要求了解的其他情况;用人单位有权了解劳动者与劳动合同直接相关的基本情况,劳动者应当如实说明。”

第十七条规定:“在劳动合同应当具备的条款中包括:劳动保护、劳动条件和职业危害防护。”

第三十二条规定:“劳动者拒绝用人单位管理人员违章指挥、强令冒险作业的,不视为违反劳动合同。劳动者对危害生命安全和身体健康的劳动条件,有权对用人单位提出批评、检举和控告。”

第三十八条规定:“用人单位以暴力、威胁或者非法限制人身自由的手段强迫劳动者劳动的,或者用人单位违章指挥、强令冒险作业危及劳动者人身安全的,劳动者可以立即解除劳动合同,不需事先告知用人单位。”

第八十八条规定:“用人单位有下列情形之一的,依法给予行政处罚;构成犯罪的,依法追究刑事责任;给劳动者造成损害的,应当承担赔偿责任:

(一)以暴力、威胁或者非法限制人身自由的手段强迫劳动的;

(二)违章指挥或者强令冒险作业危及劳动者人身安全的;

(三)侮辱、体罚、殴打、非法搜查或者拘禁劳动者的;

(四)劳动条件恶劣、环境污染严重,给劳动者身心健康造成严重损害的。”

五、《中华人民共和国安全生产法》有关职业健康安全的规定

《中华人民共和国安全生产法》是第九届全国人民代表大会常务委员会第二十八次会议于2002年6月29日通过的。该项法规明确指出,安全第一、预防为主是党和国家的一贯方针。规定了生产经营单位确保安全生产的基本义务、生产经营单位主要负责人对本单位安全生产的责任、生产经营单位的从业人员在安全生产方面的权利和义务、工会在安全生产方面的基本职责、各级人民政府在安全生产方面的基本职责、安全生产监督管理体制、有关安全生产的标准的制定和执行、加强安全生产的宣传教育、为安全生产提供技术服务的中介机构、生产安全事故责任追究制度、国家鼓励和支持提高安全

生产科学技术水平，以及对在安全生产方面作出显著成绩的单位和个人给予奖励等。其中：

第三条规定："安全生产管理，坚持安全第一、预防为主的方针。"

第四条规定："生产经营单位必须遵守本法和其他有关安全生产的法律、法规，加强安全生产管理，建立、健全安全生产责任制度，完善安全生产条件，确保安全生产。"

第五条规定："生产经营单位的主要负责人对本单位的安全生产工作全面负责。"

第六条规定："生产经营单位的从业人员有依法获得安全生产保障的权利，并应当依法履行安全生产方面的义务。"

第七条规定："工会依法组织职工参加本单位安全生产工作的民主管理和民主监督，维护职工在安全生产方面的合法权益。"

第八条规定："国务院和地方各级人民政府应当加强对安全生产工作的领导，支持、督促各有关部门依法履行安全生产监督管理职责。县级以上人民政府对安全生产监督管理中存在的重大问题应当及时予以协调、解决。"

第十七条规定："生产经营单位的主要负责人对本单位安全生产工作负有下列职责：

（一）建立、健全本单位安全生产责任制；

（二）组织制定本单位安全生产规章制度和操作规程；

（三）保证本单位安全生产投入的有效实施；

（四）督促、检查本单位的安全生产工作，及时消除生产安全事故隐患；

（五）组织制定并实施本单位的生产安全事故应急救援预案；

（六）及时、如实报告生产安全事故。"

第十八条规定："生产经营单位应当具备的安全生产条件所必需的资金投入，由生产经营单位的决策机构、主要负责人或者个人经营的投资人予以保证，并对由于安全生产所必需的资金投入不足导致的后果承担责任。"

第二十条规定："生产经营单位的主要负责人和安全生产管理人员必须具备与本单位所从事的生产经营活动相应的安全生产知识和管理能力。危险物品的生产、经营、储存单位以及矿山、建筑施工单位的主要负责人和安全生产管理人员，应当由有关主管部门对其安全生产知识和管理能力考核合格后方可任职。"

第二十一条规定："生产经营单位应当对从业人员进行安全生产教育和培训，保证从业人员具备必要的安全生产知识，熟悉有关的安全生产规章制度和安全操作规程，掌握本岗位的安全操作技能。未经安全生产教育和培训合格的从业人员，不得上岗作业。"

第二十三条规定："生产经营单位的特种作业人员必须按照国家有关规定经专门的安全作业培训，取得特种作业操作资格证书，方可上岗作业"。

第二十四条规定："生产经营单位新建、改建、扩建工程项目（以下统称建设项目）的安全设施，必须与主体工程同时设计、同时施工、同时投入生产和使用。"

第二十五条规定："矿山建设项目和用于生产、储存危险物品的建设项目，应当分别按照国家有关规定进行安全条件论证和安全评价。”

第二十八条规定:“生产经营单位应当在有较大危险因素的生产经营场所和有关设施、设备上,设置明显的安全警示标志。”

第三十条规定:“生产经营单位使用的涉及生命安全、危险性较大的特种设备,以及危险物品的容器、运输工具,必须按照国家有关规定,由专业生产单位生产,并经取得专业资质的检测、检验机构检测、检验合格,取得安全使用证或者安全标志,方可投入使用。检测、检验机构对检测、检验结果负责。”

第三十一条规定:“国家对严重危及生产安全的工艺、设备实行淘汰制度。”

第三十二条规定:“生产、经营、运输、储存、使用危险物品或者处置废弃危险物品的,由有关主管部门依照有关法律、法规的规定和国家标准或者行业标准审批并实施监督管理。”

第三十三条规定:“生产经营单位对重大危险源应当登记建档,进行定期检测、评估、监控,并制定应急预案,告知从业人员和相关人员在紧急情况下应当采取的应急措施。”

第三十四条规定:“生产、经营、储存、使用危险物品的车间、商店、仓库不得与员工宿舍在同一座建筑物内,并应当与员工宿舍保持安全距离。”

第三十六条规定:“生产经营单位应当教育和督促从业人员严格执行本单位的安全生产规章制度和安全操作规程;并向从业人员如实告知作业场所和工作岗位存在的危险因素、防范措施以及事故应急措施。”

第三十七条规定:“生产经营单位必须为从业人员提供符合国家标准或者行业标准的劳动防护用品,并监督、教育从业人员按照使用规则佩戴、使用。”

第三十八条规定:“生产经营单位的安全生产管理人员应当根据本单位的生产经营特点,对安全生产状况进行经常性检查;对检查中发现的安全问题,应当立即处理;不能处理的,应当及时报告本单位有关负责人。”

第三十九条规定:“生产经营单位应当安排用于配备劳动防护用品、进行安全生产培训的经费。”

第四十六条规定:“从业人员有权对本单位安全生产工作中存在的问题提出批评、检举、控告;有权拒绝违章指挥和强令冒险作业。”

第四十九条规定:“从业人员在作业过程中,应当严格遵守本单位的安全生产规章制度和操作规程,服从管理,正确佩戴和使用劳动防护用品。”

第五十条规定:“从业人员应当接受安全生产教育和培训,掌握本职工作所需的安全生产知识,提高安全生产技能,增强事故预防和应急处理能力。”

第五十二条规定:“工会有权对建设项目的安全设施与主体工程同时设计、同时施工、同时投入生产和使用进行监督,提出意见。”

第五十三条规定:“县级以上地方各级人民政府应当根据本行政区域内的安全生产状况,组织有关部门按照职责分工,对本行政区域内容易发生重大生产安全事故的生产经营单位进行严格检查;发现事故隐患,应当及时处理。”

第七十条规定:“生产经营单位发生生产安全事故后,事故现场有关人员应当立即报告本单位负责人。单位负责人接到事故报告后,应当迅速采取有效措施,组织抢救,防止事故扩大,减少人员伤亡和财产损失,并按照国家有关规定立即如实报告当地负有安全生产监督管理职责的部门,不得隐瞒不报、谎报或者拖延不报,不得故意破坏事故现场、毁灭有关证据。”

第七十四条规定:“生产经营单位发生生产安全事故,经调查确定为责任事故的,除了应当查明事故单位的责任并依法予以追究外,还应当查明对安全生产的有关事项负有审查批准和监督职责的行政部门的责任,对有失职、渎职行为的,追究法律责任。”

六、《中华人民共和国职业病防治法》有关职业健康安全的规定

《中华人民共和国职业病防治法》是2001年10月27日第九届全国人民代表大会常务委员会第二十四次会议通过的。该法规定了关于职业病防治工作的基本方针(预防为主,防治结合)和管理原则(分类管理,综合治理);对职业病的前期预防、劳动过程中的防护和管理、职业病的诊断管理和对职业病人的治疗与保障均作出了明确规定。其中:

第一条规定:“职业病防治法的目的是为了预防、控制和消除职业病危害,防治职业病,保护劳动者健康及其相关权益,促进经济发展……”

第三条规定:“职业病防治工作坚持预防为主、防治结合的方针,实行分类管理、综合治理。”

第四条规定:“劳动者依法享有职业卫生保护的权利。用人单位应当为劳动者创造符合国家职业卫生标准和卫生要求的工作环境和条件,并采取措施保障劳动者获得职业卫生保护。”

第五条规定:“用人单位应当建立、健全职业病防治责任制,加强对职业病防治的管理,提高职业病防治水平,对本单位产生的职业病危害承担责任。”

第六条规定:“用人单位必须依法参加工伤社会保险。”

第八条规定:“国家实行职业卫生监督制度。”

第十三条规定:“产生职业病危害的用人单位的设立除应当符合法律、行政法规规定的设立条件外,其工作场所还应当符合下列职业卫生要求:

(一)职业病危害因素的强度或者浓度符合国家职业卫生标准;

(二)有与职业病危害防护相适应的设施;

(三)生产布局合理,符合有害与无害作业分开的原则;

(四)有配套的更衣间、洗浴间、孕妇休息间等卫生设施;

(五)设备、工具、用具等设施符合保护劳动者生理、心理健康的要求;

(六)法律、行政法规和国务院卫生行政部门关于保护劳动者健康的其他要求。”

第十五条规定:“新建、扩建、改建建设项目和技术改造、技术引进项目(以下统称建设项目)可能产生职业病危害的,建设单位在可行性论证阶段应当向卫生行政部门提交职业病危害预评价报告。职业病危害预评价报告应当对建设项目可能产生的职业病危

害因素及其对工作场所和劳动者健康的影响作出评价,确定危害类别和职业病防护措施。”

第十六条规定:“建设项目的职业病防护设施所需费用应当纳入建设项目工程预算,并与主体工程同时设计,同时施工,同时投入生产和使用。”

本法还规定,用人单位应当采取职业病防治管理措施。用人单位必须采用有效的职业病防护设施,并为劳动者提供个人使用的职业病防护用品;用人单位应当实施由专人负责的职业病危害因素日常监测,并确保监测系统处于正常运行状态。用人单位应定期对工作场所进行职业病危害因素检测、评价。定期向所在地卫生行政部门报告并向劳动者公布。用人单位与劳动者订立劳动合同时,应当将工作过程中可能产生的职业病危害及其后果、职业病防护措施和待遇等如实告知劳动者,并在劳动合同中写明,不得隐瞒或者欺骗。用人单位的负责人应当接受职业卫生培训,遵守职业病防治法律、法规,依法组织本单位的职业病防治工作。

七、《中华人民共和国消防法》有关职业健康安全的规定

《中华人民共和国消防法》原是 1998 年 4 月 29 日第九届全国人民代表大会常务委员会第二次会议通过的。后来在 2008 年 10 月 28 日由中华人民共和国第十一届全国人民代表大会常务委员会第五次会议通过修订,自 2009 年 5 月 1 日起施行。该法对消防工作的基本方针(预防为主、防消结合)、原则(专门机关与群众相结合)、实行防火安全责任制,包括火灾预防、消防组织、灭火救援、法律责任等作出了明确规定。其中:

第二条规定:“消防工作贯彻预防为主、防消结合的方针,按照政府统一领导、部门依法监管、单位全面负责、公民积极参与的原则,实行消防安全责任制,建立健全社会化的消防工作网络。”

第五条规定:“任何单位和个人都有维护消防安全、保护消防设施、预防火灾、报告火警的义务。任何单位和成年人都有参加有组织的灭火工作的义务。”

第九条规定:“建设工程的消防设计、施工必须符合国家工程建设消防技术标准。建设、设计、施工、工程监理等单位依法对建设工程的消防设计、施工质量负责。”

第十六条规定:“机关、团体、企业、事业等单位应当履行下列消防安全职责:

(一)落实消防安全责任制,制定本单位的消防安全制度、消防安全操作规程,制定灭火和应急疏散预案;

(二)按照国家标准、行业标准配置消防设施、器材,设置消防安全标志,并定期组织检验、维修,确保完好有效;

(三)对建筑消防设施每年至少进行一次全面检测,确保完好有效,检测记录应当完整准确,存档备查;

(四)保障疏散通道、安全出口、消防车通道畅通,保证防火防烟分区、防火间距符合消防技术标准;

(五)组织防火检查,及时消除火灾隐患;

(六)组织进行有针对性的消防演练;

（七）法律、法规规定的其他消防安全职责。

单位的主要负责人是本单位的消防安全责任人。”

第十九条规定：“生产、储存、经营易燃易爆危险品的场所不得与居住场所设置在同一建筑物内，并应当与居住场所保持安全距离。”

第二十一条规定：“禁止在具有火灾、爆炸危险的场所吸烟、使用明火。因施工等特殊情况需要使用明火作业的，应当按照规定事先办理审批手续，采取相应的消防安全措施；作业人员应当遵守消防安全规定。

进行电焊、气焊等具有火灾危险作业的人员和自动消防系统的操作人员，必须持证上岗，并遵守消防安全操作规程。”

第二十二条规定：“生产、储存、装卸易燃易爆危险品的工厂、仓库和专用车站、码头的设置，应当符合消防技术标准。易燃易爆气体和液体的充装站、供应站、调压站，应当设置在符合消防安全要求的位置，并符合防火防爆要求。已经设置的生产、储存、装卸易燃易爆危险品的工厂、仓库和专用车站、码头，易燃易爆气体和液体的充装站、供应站、调压站，不再符合前款规定的，地方人民政府应当组织、协调有关部门、单位限期解决，消除安全隐患。”

第二十八条规定：“任何单位、个人不得损坏、挪用或者擅自拆除、停用消防设施、器材，不得埋压、圈占、遮挡消火栓或者占用防火间距，不得占用、堵塞、封闭疏散通道、安全出口、消防车通道。人员密集场所的门窗不得设置影响逃生和灭火救援的障碍物。”

八、《中华人民共和国工会法》有关职业健康安全的规定

2001 年 10 月 27 日第九届全国人民代表大会常务委员会第二十四次会议对《中华人民共和国工会法》进行了修订。新修订的《中华人民共和国工会法》对工会在劳动者职业健康安全方面所应发挥的作用作了详细的规定。其中：

第二十二条规定：“企业、事业单位违反劳动法律、法规规定，有下列侵犯职工劳动权益情形的，工会应当代表职工与企业、事业单位交涉，要求企业、事业单位采取措施予以改正；企业、事业单位应当予以研究处理，并向工会作出答复；企业、事业单位拒不改正的，工会可以请求当地人民政府依法作出处理：

（一）克扣职工工资的；

（二）不提供劳动安全卫生条件的；

（三）随意延长劳动时间的；

（四）侵犯女职工和未成年工特殊权益的；

（五）其他严重侵犯职工劳动权益的。”

第二十三条规定：“工会依照国家规定对新建、扩建企业和技术改造工程中的劳动条件和安全卫生设施与主体工程同时设计、同时施工、同时投产使用进行监督。”

第二十四条规定：“工会发现企业违章指挥、强令工人冒险作业，或者生产过程中发现明显重大事故隐患和职业危害，有权提出解决的建议，企业应当及时研究答复；发现危及职工生命安全的情况时，工会有权向企业建议组织职工撤离危险现场，企业必须及

时作出处理决定。”

第二十五条规定：“工会有权对企业、事业单位侵犯职工合法权益的问题进行调查，有关单位应当予以协助。”

第二十六条规定：“职工因工伤亡事故和其他严重危害职工健康问题的调查处理，必须有工会参加。工会应当向有关部门提出处理意见，并有权要求追究直接负责的主管人员和有关责任人员的责任。对工会提出的意见，应当及时研究，给予答复。”

第三十条规定：“工会协助企业、事业单位、机关办好职工集体福利事业，做好工资、劳动安全卫生和社会保险工作。”

九、《中华人民共和国妇女权益保障法》有关职业健康安全的规定

《中华人民共和国妇女权益保障法》是1992年4月3日第七届全国人民代表大会第五次会议通过的，根据2005年8月28日第十届全国人民代表大会常务委员会第十七次会议《关于修改〈中华人民共和国妇女权益保障法〉的决定》修正的。其中：

第二十六条规定：“任何单位均应根据妇女的特点，依法保护妇女在工作和劳动时的安全和健康，不得安排不适合妇女从事的工作和劳动。妇女在经期、孕期、产期、哺乳期受特殊保护。”

十、《化学危险品安全管理条例》有关职业健康安全的规定

《化学危险品安全管理条例》是国务院2002年3月15日发布实施的，后在2011年2月16日国务院第144次常务会议修订通过，自2011年12月1日起施行。其中：

第三条规定：“本条例所称危险化学品，是指具有毒害、腐蚀、爆炸、燃烧、助燃等性质，对人体、设施、环境具有危害的剧毒化学品和其他化学品。”

第四条规定：“危险化学品安全管理，应当坚持安全第一、预防为主、综合治理的方针，强化和落实企业的主体责任。

生产、储存、使用、经营、运输危险化学品的单位（以下统称危险化学品单位）的主要负责人对本单位的危险化学品安全管理工作全面负责。

危险化学品单位应当具备法律、行政法规规定和国家标准、行业标准要求的安全条件，建立、健全安全管理规章制度和岗位安全责任制度，对从业人员进行安全教育、法制教育和岗位技术培训。从业人员应当接受教育和培训，考核合格后上岗作业；对有资格要求的岗位，应当配备依法取得相应资格的人员。”

第五条规定：“任何单位和个人不得生产、经营、使用国家禁止生产、经营、使用的危险化学品。

国家对危险化学品的使用有限制性规定的，任何单位和个人不得违反限制性规定使用危险化学品。”

第六条规定：“对危险化学品的生产、储存、使用、经营、运输实施安全监督管理的有关部门（以下统称负有危险化学品安全监督管理职责的部门），依照下列规定履行职责：

（一）安全生产监督管理部门负责危险化学品安全监督管理综合工作，组织确定、公

布、调整危险化学品目录，对新建、改建、扩建生产、储存危险化学品（包括使用长输管道输送危险化学品，下同）的建设项目进行安全条件审查，核发危险化学品安全生产许可证、危险化学品安全使用许可证和危险化学品经营许可证，并负责危险化学品登记工作。

（二）公安机关负责危险化学品的公共安全管理，核发剧毒化学品购买许可证、剧毒化学品道路运输通行证，并负责危险化学品运输车辆的道路交通安全管理。

（三）质量监督检验检疫部门负责核发危险化学品及其包装物、容器（不包括储存危险化学品的固定式大型储罐，下同）生产企业的工业产品生产许可证，并依法对其产品质量实施监督，负责对进出口危险化学品及其包装实施检验。

（四）环境保护主管部门负责废弃危险化学品处置的监督管理，组织危险化学品的环境危害性鉴定和环境风险程度评估，确定实施重点环境管理的危险化学品，负责危险化学品环境管理登记和新化学物质环境管理登记；依照职责分工调查相关危险化学品环境污染事故和生态破坏事件，负责危险化学品事故现场的应急环境监测。

（五）交通运输主管部门负责危险化学品道路运输、水路运输的许可以及运输工具的安全管理，对危险化学品水路运输安全实施监督，负责危险化学品道路运输企业、水路运输企业驾驶人员、船员、装卸管理人员、押运人员、申报人员、集装箱装箱现场检查员的资格认定。铁路主管部门负责危险化学品铁路运输的安全管理，负责危险化学品铁路运输承运人、托运人的资质审批及其运输工具的安全管理。民用航空主管部门负责危险化学品航空运输以及航空运输企业及其运输工具的安全管理。”

第十三条规定：“生产、储存危险化学品的单位，应当对其铺设的危险化学品管道设置明显标志，并对危险化学品管道定期检查、检测。

进行可能危及危险化学品管道安全的施工作业，施工单位应当在开工的7日前书面通知管道所属单位，并与管道所属单位共同制定应急预案，采取相应的安全防护措施。管道所属单位应当指派专门人员到现场进行管道安全保护指导。”

第十四条规定：“危险化学品生产企业进行生产前，应当依照《安全生产许可证条例》的规定，取得危险化学品安全生产许可证。

生产列入国家实行生产许可证制度的工业产品目录的危险化学品的企业，应当依照《中华人民共和国工业产品生产许可证管理条例》的规定，取得工业产品生产许可证。

负责颁发危险化学品安全生产许可证、工业产品生产许可证的部门，应当将其颁发许可证的情况及时向同级工业和信息化主管部门、环境保护主管部门和公安机关通报。”

第十五条规定：“危险化学品生产企业应当提供与其生产的危险化学品相符的化学品安全技术说明书，并在危险化学品包装（包括外包装件）上粘贴或者拴挂与包装内危险化学品相符的化学品安全标签。化学品安全技术说明书和化学品安全标签所载明的内容应当符合国家标准的要求。

危险化学品生产企业发现其生产的危险化学品有新的危险特性的，应当立即公告，并及时修订其化学品安全技术说明书和化学品安全标签。”

第十六条规定：“生产实施重点环境管理的危险化学品的企业，应当按照国务院环境保护主管部门的规定,将该危险化学品向环境中释放等相关信息向环境保护主管部门报告。环境保护主管部门可以根据情况采取相应的环境风险控制措施。”

第十七条规定:“危险化学品的包装应当符合法律、行政法规、规章的规定以及国家标准、行业标准的要求。

危险化学品包装物、容器的材质以及危险化学品包装的形式、规格、方法和单件质量(重量),应当与所包装的危险化学品的性质和用途相适应。”

第十八条规定:“生产列入国家实行生产许可证制度的工业产品目录的危险化学品包装物、容器的企业,应当依照《中华人民共和国工业产品生产许可证管理条例》的规定,取得工业产品生产许可证;其生产的危险化学品包装物、容器经国务院质量监督检验检疫部门认定的检验机构检验合格,方可出厂销售。”

十一、《特种设备安全监察条例》有关职业健康安全的规定

《特种设备安全监察条例》是2003年2月19日国务院第68次常委会议通过,自2003年6月1日起施行的,并于2009年1月14日国务院第46次常务会议通过《国务院关于修改〈特种设备安全监察条例〉的决定》,自2009年5月1日起施行。其中规定:

(1)特种设备是指涉及生命安全、危险性较大的锅炉、压力容器(含气瓶,下同)、压力管道、电梯、起重机械、客运索道、大型游乐设施。

(2)特种设备生产、使用单位应当建立健全特种设备安全、节能管理制度和岗位安全、节能责任制度。

(3)国家鼓励特种设备节能技术的研究、开发、示范和推广,促进特种设备节能技术创新和应用。

(4)特种设备生产、使用单位和特种设备检验检测机构,应当保证必要的安全和节能投入。

(5)气瓶充装单位应当向气体使用者提供符合安全技术规范要求的气瓶,对使用者进行气瓶安全使用指导,并按照安全技术规范的要求办理气瓶使用登记,提出气瓶的定期检验要求。

(6)锅炉使用单位应当按照安全技术规范的要求进行锅炉水(介)质处理,并接受特种设备检验检测机构实施的水(介)质处理定期检验。

(7)从事锅炉清洗的单位,应当按照安全技术规范的要求进行锅炉清洗,并接受特种设备检验检测机构实施的锅炉清洗过程监督检验。

(8)特种设备使用单位应当对特种设备作业人员进行特种设备安全、节能教育和培训,保证特种设备作业人员具备必要的特种设备安全、节能知识。

(9)特种设备检验检测机构进行特种设备检验检测,发现严重事故隐患或者能耗严重超标的,应当及时告知特种设备使用单位,并立即向特种设备安全监督管理部门报告。

十二、《特种设备作业人员监督管理办法》有关职业健康安全的规定

《特种设备作业人员监督管理办法》于2004年12月24日国家质量监督检验检疫总

局局务会议审议通过，自2005年7月1日起施行。其中：

第二条规定："锅炉、压力容器（含气瓶）、压力管道、电梯、起重机械、客运索道、大型游乐设施、场（厂）内机动车辆等特种设备的作业人员及其相关管理人员统称特种设备作业人员。从事特种设备作业的人员应当按照本办法的规定，经考核合格取得《特种设备作业人员证》，方可从事相应的作业或者管理工作。"

第十条规定："申请《特种设备作业人员证》的人员应当符合下列条件：

（一）年龄在18周岁以上；

（二）身体健康并满足申请从事的作业种类对身体的特殊要求；

（三）有与申请作业种类相适应的文化程度；

（四）有与申请作业种类相适应的工作经历；

（五）具有相应的安全技术知识与技能；

（六）符合安全技术规范规定的其他要求。

作业人员的具体条件应当按照相关安全技术规范的规定执行。"

第十一条规定："用人单位应当加强作业人员安全教育和培训，保证特种设备作业人员具备必要的特种设备安全作业知识、作业技能和及时进行知识更新。没有培训能力的，可以委托发证部门组织进行培训。"

第二十条规定："用人单位应当加强对特种设备作业现场和作业人员的管理，履行下列义务：

（一）制订特种设备操作规程和有关安全管理制度；

（二）聘用持证作业人员，并建立特种设备作业人员管理档案；

（三）对作业人员进行安全教育和培训；

（四）确保持证上岗和按章操作；

（五）提供必要的安全作业条件；

（六）其他规定的义务。"

第二十一条规定："特种设备作业人员应当遵守以下规定：

（一）作业时随身携带证件，并自觉接受用人单位的安全管理和质量技术监督部门的监督检查；

（二）积极参加特种设备安全教育和安全技术培训；

（三）严格执行特种设备操作规程和有关安全规章制度；

（四）拒绝违章指挥；

（五）发现事故隐患或者不安全因素应当立即向现场管理人员和单位有关负责人报告；

（六）其他有关规定。"

第二十二条规定："《特种设备作业人员证》每2年复审一次。持证人员应当在复审期满3个月前，向发证部门提出复审申请。复审合格的，由发证部门在证书正本上签章。对在2年内无违规、违法等不良记录，并按时参加安全培训的，应当按照有关安全技术规范的规定延长复审期限。

复审不合格的应当重新参加考试。逾期未申请复审或考试不合格的,其《特种设备作业人员证》予以注销。跨地区从业的特种设备作业人员,可以向从业所在地的发证部门申请复审。"

十三、《关于特种作业人员安全技术培训考核工作的意见》有关职业健康安全的规定

2002 年 12 月 18 日国家安全生产监督管理局发布了《关于特种作业人员安全技术培训考核工作的意见》,其中规定:

(1)特种作业是指容易发生人员伤亡事故,对操作者本人、他人及周围设施的安全可能造成重大危害的作业。直接从事特种作业的人员称为特种作业人员。

(2)特种作业人员必须具备以下基本条件:

(一)年龄满 18 周岁;

(二)身体健康,无妨碍从事相应工种作业的疾病和生理缺陷;

(三)初中(含初中)以上文化程度,具备相应工种的安全技术知识,参加国家规定的安全技术理论和实际操作考核并成绩合格;

(四)符合相应工种作业特点需要的其他条件。

(3)特种作业人员必须接受与本工种相适应的、专门的安全技术培训,经安全技术理论考核和实际操作技能考核合格,取得特种作业操作证后,方可上岗作业;未经培训,或培训考核不合格者,不得上岗作业。

(4)特种作业人员安全技术的考核,应当由特种作业人员或用人单位或培训单位向当地负责特种作业人员考核的单位提出申请。考核单位自考核开始之日起,应在 15 日内完成考核,经考核合格的,发给相应的特种作业操作证(含 IC 卡);考核不合格的,允许补考一次。特种作业操作证,由国家局统一制作,各省级安全生产监督管理部门负责签发。

特种作业操作证每 2 年由原考核发证部门复审一次,连续从事本工种 10 年以上的,经用人单位进行知识更新后,复审时间可延长至每 4 年一次。

复审内容包括:

(一)健康检查;

(二)违章作业记录检查;

(三)安全生产新知识和事故案例教育;

(四)本工种安全技术知识考试。

十四、《生产安全事故报告和调查处理条例》有关职业健康安全的规定

《生产安全事故报告和调查处理条例》是 2007 年 3 月 28 日国务院第 172 次常务会议通过, 2007 年 6 月 1 日起施行。其中:

第三条规定:"根据生产安全事故(以下简称事故)造成的人员伤亡或者直接经济损失,事故一般分为以下等级:

（一）特别重大事故，是指造成30人以上死亡，或者100人以上重伤（包括急性工业中毒，下同），或者1亿元以上直接经济损失的事故；

（二）重大事故，是指造成10人以上30人以下死亡，或者50人以上100人以下重伤，或者5000万元以上1亿元以下直接经济损失的事故；

（三）较大事故，是指造成3人以上10人以下死亡，或者10人以上50人以下重伤，或者1000万元以上5000万元以下直接经济损失的事故；

（四）一般事故，是指造成3人以下死亡，或者10人以下重伤，或者1000万元以下直接经济损失的事故。”

第四条规定：“事故报告应当及时、准确、完整，任何单位和个人对事故不得迟报、漏报、谎报或者瞒报。事故调查处理应当坚持实事求是、尊重科学的原则，及时、准确地查清事故经过、事故原因和事故损失，查明事故性质，认定事故责任，总结事故教训，提出整改措施，并对事故责任者依法追究责任。”

第六条规定：“工会依法参加事故调查处理，有权向有关部门提出处理意见。”

第九条规定：“事故发生后，事故现场有关人员应当立即向本单位负责人报告；单位负责人接到报告后，应当于1小时内向事故发生地县级以上人民政府安全生产监督管理部门和负有安全生产监督管理职责的有关部门报告。情况紧急时，事故现场有关人员可以直接向事故发生地县级以上人民政府安全生产监督管理部门和负有安全生产监督管理职责的有关部门报告。”

第十四条规定：“事故发生单位负责人接到事故报告后，应当立即启动事故相应应急预案，或者采取有效措施，组织抢救，防止事故扩大，减少人员伤亡和财产损失。”

第二十九条规定：“事故调查组应当自事故发生之日起60日内提交事故调查报告；特殊情况下，经负责事故调查的人民政府批准，提交事故调查报告的期限可以适当延长，但延长的期限最长不超过60日。”

第三十二条规定：“重大事故、较大事故、一般事故，负责事故调查的人民政府应当自收到事故调查报告之日起15日内做出批复；特别重大事故，30日内做出批复，特殊情况下，批复时间可以适当延长，但延长的时间最长不超过30日。”

第三十三条规定：“事故发生单位应当认真吸取事故教训，落实防范和整改措施，防止事故再次发生。防范和整改措施的落实情况应当接受工会和职工的监督。安全生产监督管理部门和负有安全生产监督管理职责的有关部门应当对事故发生单位落实防范和整改措施的情况进行监督检查。”

第三十四条规定：“事故处理的情况由负责事故调查的人民政府或者其授权的有关部门、机构向社会公布，依法应当保密的除外。”

十五、《劳动防护用品监督管理规定》有关职业健康安全的规定

《劳动防护用品监督管理规定》由国家安全生产监督管理总局发布，自2005年9月1日起施行。其中：

第三条规定：“所称劳动防护用品，是指由生产经营单位为从业人员配备的，使其在

劳动过程中免遭或者减轻事故伤害及职业危害的个人防护装备。”

第四条规定:“劳动防护用品分为特种劳动防护用品和一般劳动防护用品。

特种劳动防护用品目录由国家安全生产监督管理总局确定并公布;未列入目录的劳动防护用品为一般劳动防护用品。”

第八条规定:“生产劳动防护用品的企业应当按其产品所依据的国家标准或者行业标准进行生产和自检,出具产品合格证,并对产品的安全防护性能负责。”

第十四条规定:“生产经营单位应当按照《劳动防护用品选用规则》(GB 11651)和国家颁发的劳动防护用品配备标准以及有关规定,为从业人员配备劳动防护用品。”

第十五条规定:“生产经营单位应当安排用于配备劳动防护用品的专项经费。

生产经营单位不得以货币或者其他物品替代应当按规定配备的劳动防护用品。”

第十六条规定:“生产经营单位为从业人员提供的劳动防护用品,必须符合国家标准或者行业标准,不得超过使用期限。

生产经营单位应当督促、教育从业人员正确佩戴和使用劳动防护用品。”

第十七条规定:“生产经营单位应当建立健全劳动防护用品的采购、验收、保管、发放、使用、报废等管理制度。”

第十八条规定:“生产经营单位不得采购和使用无安全标志的特种劳动防护用品;购买的特种劳动防护用品须经本单位的安全生产技术部门或者管理人员检查验收。”

第十九条规定:“从业人员在作业过程中,必须按照安全生产规章制度和劳动防护用品使用规则,正确佩戴和使用劳动防护用品;未按规定佩戴和使用劳动防护用品的,不得上岗作业。”

第二十一条规定:“安全生产监督管理部门对有下列行为之一的生产经营单位,应当依法查处:

(一)不配发劳动防护用品的;

(二)不按有关规定或者标准配发劳动防护用品的;

(三)配发无安全标志的特种劳动防护用品的;

(四)配发不合格的劳动防护用品的;

(五)配发超过使用期限的劳动防护用品的;

(六)劳动防护用品管理混乱,由此对从业人员造成事故伤害及职业危害的;

(七)生产或者经营假冒伪劣劳动防护用品和无安全标志的特种劳动防护用品的;

(八)其他违反劳动防护用品管理有关法律、法规、规章、标准的行为。”

十六、《企业安全生产标准化基本规范》有关职业健康安全的规定

《企业安全生产标准化基本规范》是国家安全生产监督管理总局发布的安全生产行业标准,标准编号为 AQ/T 9006—2010,自 2010 年 6 月 1 日起实施。该规范适用于工矿企业开展安全生产标准化工作以及对标准化工作的咨询、服务和评审;其他企业和生产经营单位可参照执行。该规范的核心要求包括目标、组织机构和职责、安全生产投入、法律法规与安全管理制度、教育培训、生产设备设施、作业安全、隐患排查和治理、重大危

险源监控、职业健康、应急救援、事故报告、调查和处理以及绩效评定和持续改进等。其中一般要求和核心要求的主要内容是：

4　一般要求

4.1　原则

企业开展安全生产标准化工作，遵循“安全第一、预防为主、综合治理”的方针，以隐患排查治理为基础，提高安全生产水平，减少事故发生，保障人身安全健康，保证生产经营活动的顺利进行。

4.2　建立和保持

企业安全生产标准化工作采用“策划、实施、检查、改进”动态循环的模式，依据本标准的要求，结合自身特点，建立并保持安全生产标准化系统；通过自我检查、自我纠正和自我完善，建立安全绩效持续改进的安全生产长效机制。

4.3　评定和监督

企业安全生产标准化工作实行企业自主评定、外部评审的方式。

企业应当根据本标准和有关评分细则，对本企业开展安全生产标准化工作的情况进行评定；自主评定后申请外部评审定级。安全生产标准化评审分为一级、二级、三级，一级为最高。安全生产监督管理部门对评审定级进行监督管理。

5　核心要求

5.1　目标

企业根据自身安全生产实际，制定总体和年度安全生产目标。

5.2　组织机构和职责

企业应按规定设置安全生产管理机构，配备安全生产管理人员。

企业主要负责人应按照安全生产法律法规赋予的职责，全面负责安全生产工作，并履行安全生产义务。企业应建立安全生产责任制，明确各级单位、部门和人员的安全生产职责。

5.3　安全生产投入

企业应建立安全生产投入保障制度，完善和改进安全生产条件，按规定提取安全费用，专项用于安全生产，并建立安全费用台账。

5.4　法律法规与安全管理制度

企业应建立识别和获取适用的安全生产法律法规、标准规范的制度，明确主管部门，确定获取的渠道、方式，及时识别和获取适用的安全生产法律法规、标准规范。

企业应建立健全安全生产规章制度，并发放到相关工作岗位，规范从业人员的生产作业行为。

5.5　教育培训

企业应确定安全教育培训主管部门，按规定及岗位需要，定期识别安全教育培训需求，制定、实施安全教育培训计划，提供相应的资源保证。应做好安全教育培训记录，建立安全教育培训档案，实施分级管理，并对培训效果进行评估和改进。

5.6　生产设备设施

企业建设项目的所有设备设施应符合有关法律法规、标准规范要求；安全设备设施应与建设项目主体工程同时设计、同时施工、同时投入生产和使用。

企业应对生产设备设施进行规范化管理，保证其安全运行。

设备的设计、制造、安装、使用、检测、维修、改造、拆除和报废，应符合有关法律法规、标准规范的要求。

5.7 作业安全

企业应加强生产现场安全管理和生产过程的控制。对生产过程及物料、设备设施、器材、通道、作业环境等存在的隐患，应进行分析和控制。对动火作业、受限空间内作业、临时用电作业、高处作业等危险性较高的作业活动实施作业许可管理，严格履行审批手续。作业许可证应包含危害因素分析和安全措施等内容。

5.8 隐患排查和治理

企业应组织事故隐患排查工作，对隐患进行分析评估，确定隐患等级，登记建档，及时采取有效的治理措施。

5.9 重大危险源监控

企业应依据有关标准对本单位的危险设施或场所进行重大危险源辨识与安全评估。

5.10 职业健康

企业应按照法律法规、标准规范的要求，为从业人员提供符合职业健康要求的工作环境和条件，配备与职业健康保护相适应的设施、工具。

企业应定期对作业场所职业危害进行检测，在检测点设置标识牌予以告知，并将检测结果存入职业健康档案。

5.11 应急救援

企业应按规定建立安全生产应急管理机构或指定专人负责安全生产应急管理工作。

5.12 事故报告、调查和处理

企业发生事故后，应按规定及时向上级单位、政府有关部门报告，并妥善保护事故现场及有关证据。必要时向相关单位和人员通报。

5.13 绩效评定和持续改进

企业应每年至少一次对本单位安全生产标准化的实施情况进行评定，验证各项安全生产制度措施的适宜性、充分性和有效性，检查安全生产工作目标、指标的完成情况。

企业应根据安全生产标准化的评定结果和安全生产预警指数系统所反映的趋势，对安全生产目标、指标、规章制度、操作规程等进行修改完善，持续改进，不断提高安全绩效。

第二节 我国的职业健康安全管理制度

自1963年国务院《关于加强企业生产中安全工作的几项规定》中规定了安全生产责任制、安全技术措施计划、安全生产教育、安全生产的定期检查与伤亡事故的调查和处理等制度以来，我国陆续充实和完善了职业健康安全管理制度。其中包括：安全生产责任制、职业健康安全教育制度、职业健康安全措施计划制度、职业健康安全检查制度、伤亡事故职业病统计报告和处理制度、职业健康安全监察制度、“三同时”制度、职业健康安全(劳动安全卫生)预评价制度和劳动防护用品管理制度等。

一、安全生产责任制

安全生产责任制是生产经营单位各项安全生产规章制度的核心,是生产经营单位行政岗位责任制度和经济责任制度的重要组成部分,也是最基本的职业健康安全管理制度。安全生产责任制是按照职业健康安全方针、目标和“管生产的同时必须管安全”的原则,将各级负责人员、各职能部门及其工作人员和各岗位生产工人在职业健康安全方面应负的责任加以明确规定的一种制度。

生产经营单位安全生产责任制的核心是实现安全生产的“五同时”,就是在计划、布置、检查、总结、评比生产的同时,计划、布置、检查、总结、评比安全工作。其内容大体分为两个方面:一是各级人员的安全生产责任制,即各类人员(包括最高管理者、管理者代表、部门领导和一般员工)的安全生产责任制;二是各分部门的安全生产责任制,即各职能部门(包括生产制造、质量技术、安全环保、财务经营等部门)的安全生产责任制。

依照《中华人民共和国安全生产法》第五条的规定,生产经营单位的主要负责人应对本单位安全生产工作全面负责。生产经营单位的主要负责人,对企业而言,不同组织形式的企业有所不同。对于公司制的企业,按照公司法的规定,有限责任公司(包括国有独资公司)和股份有限公司的董事长是公司的法定代表人,经理负责“主持公司的生产经营管理工作”。因此,有限责任公司和股份有限公司的主要负责人应当是公司董事长和经理(总经理、首席执行官或其他实际履行经理职责的企业负责人)。对于非公司制的企业,主要负责人为企业的厂长、经理、矿长等企业行政“一把手”。如全民所有制工业企业法规定:“企业实行厂长(经理)负责制”,“厂长是企业的法定代表人”,对企业“负有全面责任”。

安全生产工作是企业管理工作中的重要内容,涉及企业生产经营活动的各个方面,必须要由企业“一把手”挂帅领导,统筹协调,负全面责任。生产经营单位可以安排副职负责人协助主要负责人分管安全生产工作,但不能因此减轻或免除主要负责人对本单位安全生产工作所负的全面责任。生产经营单位的安全生产不仅关系到本单位的职工人身安全和财产安全,还可能影响社会公共安全。生产经营单位主要负责人对安全生产全面负责,不仅是对本单位的责任,也是对社会应负的责任。按照该法第十七条和第十八条的规定,生产经营单位主要负责人对本单位安全生产工作所负的职责包括:保证本单位安全生产所需的资金投入;建立健全本单位安全生产责任制,组织制定本单位的安全生产规章制度和操作规程;督促、检查本单位的安全生产工作,及时消除生产安全事故隐患;组织制定并实施本单位的安全事故应急救援预案;及时、如实报告生产安全事故等。生产经营单位的主要负责人应当依法履行自己在安全生产方面的职责,做好本单位的安全生产工作。

安全生产责任制是“安全第一、预防为主”方针的具体体现,是生产经营单位最基本的安全管理制度。安全生产责任制是指将不同的安全生产责任分解落实到生产经营单位的主要负责人或者正职、负责人或者副职,职能管理机构负责人,班组长以及每个岗位工人身上。只有明确安全责任,分工负责,才能形成比较完整有效的安全管理体系,激发职工的安全责任感,严格执行安全生产法律、法规和标准,防患于未然,防止和减少事故,为安全生产创造良好的安全环境。

二、职业健康安全教育制度

《中华人民共和国安全生产法》第十一条规定:"各级人民政府及其有关部门应当采取多种形式,加强对安全生产的法律、法规和安全生产知识的宣传,提高职工的安全生产意识。"

安全生产工作事关国家和人民群众的生命财产安全。做好安全生产工作,必须要有广大职工群众积极主动的参与。各级人民政府应当采取多种形式,利用各种传播媒体,大力开展对安全生产法律、法规的宣传,使有关安全生产的法律、法规的规定为广大职工群众所掌握,将有关安全生产的法律规定变成广大群众的自觉行动,同时又能充分发挥职工群众的民主监督作用,对政府及其有关部门在安全生产工作方面依法行政的情况,对本单位贯彻执行安全生产法律、法规的情况进行群众监督,保证有关安全生产的法律、法规真正得到有效的贯彻落实。同时,政府及有关部门要针对不同行业生产经营活动的特点,对包括生产经营单位负责人在内的全体职工进行有关安全生产知识的宣传教育,使各级管理人员和职工群众掌握本职工作所需要的安全生产知识,做到管理人员不违章指挥,作业人员不违章作业,人人增强安全生产意识,加强自我保护,尽可能防止和减少生产安全事故。

《中华人民共和国劳动法》明确规定:生产经营单位要"对劳动者进行劳动安全卫生教育"。生产经营单位的安全教育工作是贯彻生产经营单位方针,实现安全生产、文明生产、提高员工安全意识和安全素质、防止产生不安全行为、减少人为失误的重要途径。其重要性首先在于提高生产经营单位管理者及员工做好职业安全的责任感和自觉性,帮助其正确认识和学习职业健康安全法律、法规、基本知识。其次,是能够普及和提高员工的安全技术知识,增强安全操作技能,从而保护自己和他人的安全与健康,促进生产力的发展。

《生产经营单位安全培训规定》要求生产经营单位负责本单位从业人员的安全培训工作。生产经营单位应当进行安全培训的从业人员包括主要负责人、安全生产管理人员、特种作业人员和其他从业人员。生产经营单位从业人员应当接受安全培训,熟悉有关安全生产规章制度和安全操作规程,具备必要的安全生产知识,掌握本岗位的安全操作技能,增强预防事故、控制职业危害和应急处理的能力。未经安全生产培训合格的从业人员,不得上岗作业。生产经营单位主要负责人和安全生产管理人员应当接受安全培训,具备与所从事的生产经营活动相适应的安全生产知识和管理能力。

生产经营单位主要负责人安全培训内容应当包括:(1)国家安全生产方针、政策和有关安全生产的法律、法规、规章及标准;(2)安全生产管理基本知识、安全生产技术、安全生产专业知识；(3)重大危险源管理、重大事故防范、应急管理和救援组织以及事故调查处理的有关规定；(4)职业危害及其预防措施；(5)国内外先进的安全生产管理经验；(6)典型事故和应急救援案例分析；(7)其他需要培训的内容。

生产经营单位主要负责人和安全生产管理人员初次安全培训时间不得少于32学时。每年再培训时间不得少于12学时。

加工、制造业等生产单位的其他从业人员，在上岗前必须经过厂(矿)、车间(工段、区、队)、班组三级安全培训教育。生产经营单位可以根据工作性质对其他从业人员进行安全培训，保证其具备本岗位安全操作、应急处置等知识和技能。生产经营单位新上岗的从业人员，岗前培训时间不得少于24学时。

厂(矿)级岗前安全培训内容应当包括：(1)本单位安全生产情况及安全生产基本知识；(2)本单位安全生产规章制度和劳动纪律；(3)从业人员安全生产权利和义务；(4)有关事故案例等。

车间(工段、区、队)级岗前安全培训内容应当包括：(1)工作环境及危险因素；(2)所从事工种可能遭受的职业伤害和伤亡事故；(3)所从事工种的安全职责、操作技能及强制性标准；(4)自救互救、急救方法、疏散和现场紧急情况的处理；(5)安全设备设施、个人防护用品的使用和维护；(6)本车间(工段、区、队)安全生产状况及规章制度；(7)预防事故和职业危害的措施及应注意的安全事项；(8)有关事故案例；(9)其他需要培训的内容。

班组级岗前安全培训内容应当包括：(1)岗位安全操作规程；(2)岗位之间工作衔接配合的安全与职业卫生事项；(3)有关事故案例；(4)其他需要培训的内容。

从业人员在本生产经营单位内调整工作岗位或离岗一年以上重新上岗时，应当重新接受车间(工段、区、队)和班组级的安全培训。

生产经营单位的特种作业人员，必须按照国家有关法律、法规的规定接受专门的安全培训，经考核合格，取得特种作业操作资格证书后，方可上岗作业。

钢铁企业应加强安全教育，提高安全意识。安全教育的主要形式有以下几种：

(1)三级安全教育。三级安全教育是目前钢铁企业坚持的基本安全教育形式和方法，包括入厂安全教育、车间安全教育和岗位安全教育。

入厂安全教育是指对新入厂的工人(包括实习和参观人员)进行的安全教育。主要内容有企业的生产特点和安全形势，主要危险源，基本的安全知识和典型的安全事故，使新入厂的工人对安全有个初步的了解和认识，树立安全意识。这部分教育也可以扩大到来访者、顾客和供方。在可能的情况下，企业应有一个相对固定的教材或录像。

车间安全教育是指对新到车间的工人进行的安全教育。主要内容有车间的生产特点和安全形势，车间的主要危险源，基本的安全知识和典型的安全事故，使新到车间的工人对安全有进一步的了解和认识，尽快参与安全生产。

岗位安全教育是对新入岗或在岗的工人进行的安全教育。主要内容有岗位生产过程和设备的特点和危险源，安全装置、防护设施和安全作业规程以及应当遵守的劳动纪律，为了防止发生事故应当采取的预防措施和万一出现事故时应当做出的应急准备和响应。在岗位安全教育中，事故案例教育是非常重要的内容。

(2)特种作业人员的专业安全教育。特种作业人员是从业人员中的一部分，但是，它又不同于一般的从业人员。特种作业人员所从事的岗位，一般危险性都较大。特种作业人员的工作好坏直接关系着生产经营单位的安全生产，对生产经营单位的安全生产起着举足轻重的作用。因此，《安全生产法》第二十三条规定，生产经营单位的特种作业人员必须按照国家有关规定经专门的安全作业培训，取得特种操作资格证书，方可上岗作业。这里讲的专门培训，是指由有关主管部门组织的专门针对特种作业人员的培训，不论在内容上，还是在时间上，都不同于普通从业人员的安全培训，具有较强的针对性，以保证特种作业人员达到规定的要求。特种作业人员的考核由有关主管部门负责组织，对考核合格的，颁发特种操作资格证书。未经专门安全培训并取得特种操作资格证书，上岗作业的，将依法给予行政处罚。

钢铁企业的特种作业主要有电工、锅炉工、压力容器（例如氧气、煤气、压缩空气储罐）操作工、起重设备（例如天车、铲车、吊车、卷扬机等）操作工、爆破工（主要在矿山）、金属焊接（气割）工、机动车辆（包括汽车、卡车、火车等）司机、高空作业（主要是维修工人）等。这部分人员的安全培训一般是由上级主管部门或行政授权部门进行，培训的内容和时间按国家或行业颁发的《安全技术考核标准》或有关规定进行。培训后持证上岗。

(3)经常性的安全教育。钢铁企业经常性的安全教育形式和方法有班前、班后会议的安全教育，以及安全日（周、月）活动、安全会议、安全检查、事故分析、安全通报、安全标语、安全漫画、安全展览或安全演示等。

(4)安全技能教育。目前，多数钢铁企业的安全教育或培训内容偏重于（知道）安全知识，还没有或很少涉及（掌握）安全技能和（自觉）安全态度。只把安全操作规程中的要点教给操作者，并以通过书面考试方式判断是否完成了安全教育是远远不够的。应当让操作者明白操作规则，掌握安全技能和应急响应能力。在工业发达国家，钢铁企业非常重视安全技能教育，不仅有成熟的安全教育教材，还有安全教育设施、场所和教师。在我国钢铁企业设备不断更新和自动化程度不断提高的情况下，让操作者掌握整个生产系统的过程和活动，了解整个过程的危险源和风险，让操作者亲自参与设备的安装、调试和检修，对提高操作者辨识和控制能力具有很大的作用。

(5)安全系统教育。安全生产是与企业全员相关的事情，从最高管理者、管理者代表、各职能机构、各分厂或车间领导到普通员工，各有不同的作用和责任。安全教育应覆盖所有层次和人员，并针对不同对象进行不同内容和方式的教育，形成一个完整的系统。另外企业还应当把安全教育也当成一个过程进行系统的管理。这个过程的输入，不仅仅是一般的培训计划，而应当是企业对员工安全素质和能力的要求；这个过程的输出，也不仅仅是书面考试合格率，而应当是企业员工的安全意识和行为。为了做好安全教育，除了有组织机构分工负责外，一定要有足够的人、财、物资源，也应当有考核准则和方法，并与员工的安全行为和企业的安全绩效挂钩，并在发现不足时有持续改进的动力。

三、职业健康安全措施计划制度

职业健康安全措施计划制度是职业健康安全管理制度的一个重要组成部分，是企业有计划地改善劳动条件和安全卫生设施，防止工伤事故和职业病的重要措施之一。这种制度对企业加强劳动保护，改善劳动条件，保障职工的安全和健康，促进企业生产经营的发展都起着积极作用。

职业健康安全措施计划编制的主要内容包括：(1)单位或工作场所；(2)措施名称；(3)措施内容和目的；(4)经费预算及其来源；(5)负责设计、施工的单位或负责人；(6)开工日期及竣工日期；(7)措施执行情况及其效果。

职业健康安全措施计划的范围应包括：改善劳动条件、防止伤亡事故、预防职业病和职业中毒等内容，具体有以下几种：

(1)安全技术措施，即预防劳动者在劳动过程中发生工伤事故的各项措施，包括防护装置、保险装置、信号装置、防爆炸设施等措施。

(2)职业健康措施，即预防职业病和改善职业健康环境的必要措施，包括防尘、防毒、防噪声、通风、照明、取暖、降温等措施。

(3)辅助用室及设施，即以保证生产过程安全卫生为目的所必需的用室及一切措施，包括更衣室、沐浴室、消毒室、妇女卫生室、厕所等。

(4)职业健康安全宣传教育措施，即为宣传普及职业健康安全法律、法规、基本知识所需要的措施，其主要内容包括：职业健康安全教材、图书、资料，职业健康安全展览和训练班等。

编制职业健康安全措施计划的主要依据有以下几方面：(1)国家发布的有关职业健康安全的政策、法规和标准；(2)在职业健康安全检查中发现而尚未解决的问题；(3)造成伤亡事故和职业病的主要原因和所应采取的措施；(4)生产发展需要所应采取的安全技术和工业卫生技术措施；(5)安全技术革新项目和职工提出的合理化建议。

编制计划时，生产经营单位领导应根据本企业的情况，分别向车间提出具体要求，进行布置。车间领导要会同有关单位和人员制定出本车间的具体措施计划，经群众讨论，送安技部门审查汇总，技术部门编制，计划部门综合后，由生产经营单位领导召开各管理、生产部门等负责人参加的会议，确定措施项目，明确设计、施工负责人，规定完成日期，经领导批准后，报请上级部门核定。根据上级核定的结果，与生产计划同时下达各车间贯彻执行。

四、职业健康安全检查制度

职业健康安全检查制度是清除隐患、防止事故、改善劳动条件的重要手段，是企业职业健康安全管理工作的一项重要内容。通过职业健康安全检查可以发现企业及生产过程中的危险因素，以便有计划地采取措施，保证安全生产。

安全生产检查的内容，主要是查思想、查管理、查隐患、查整改和查事故处理。查思想主要是检查生产经营单位领导和职工对安全生产工作的认识；查管理是检查生产经营单位是否建立安全生产管理体系并正常工作;查隐患是检查生产作业现场是否符合安全生产、文明生产的要求;查整改是检查生产经营单位对过去提出的问题的整改情况;查事故处理主要是检查生产经营单位对伤亡事故是否及时报告、认真调查、严肃处理。安全生产检查时要深入车间、班组,检查生产过程中的劳动条件、生产设备以及相应的安全健康设施和工人的操作行为是否符合安全生产的要求。为保证检查的效果,必须成立一个适应安全生产检查工作需要的检查组,配备适当的力量。安全生产检查的组织形式,可根据检查的目的和内容来确定。

五、伤亡事故与职业病统计报告和处理制度

伤亡事故与职业病统计报告和处理制度是我国职业健康安全的一项重要制度。《生产安全事故报告和调查处理条例》的第三条规定,根据生产安全事故造成的人员伤亡或者直接经济损失,事故一般分为以下等级:

(1)特别重大事故,是指造成30人以上死亡,或者100人以上重伤(包括急性工业中毒,下同),或者1亿元以上直接经济损失的事故;

(2)重大事故,是指造成10人以上30人以下死亡,或者50人以上100人以下重伤,或者5000万元以上1亿元以下直接经济损失的事故;

(3)较大事故,是指造成3人以上10人以下死亡,或者10人以上50人以下重伤,或者1000万元以上5000万元以下直接经济损失的事故;

(4)一般事故,是指造成3人以下死亡,或者10人以下重伤,或者1000万元以下直接经济损失的事故。

事故报告应当及时、准确、完整,任何单位和个人对事故不得迟报、漏报、谎报或者瞒报。事故调查处理应当坚持实事求是、尊重科学的原则,及时、准确地查清事故经过、事故原因和事故损失,查明事故性质,认定事故责任,总结事故教训,提出整改措施,并对事故责任者依法追究责任。任何单位和个人不得阻挠和干涉对事故的报告和依法调查处理。事故发生后,事故现场有关人员应当立即向本单位负责人报告;单位负责人接到报告后,应当于1h内向事故发生地县级以上人民政府安全生产监督管理部门和负有安全生产监督管理职责的有关部门报告。情况紧急时,事故现场有关人员可以直接向事故发生地县级以上人民政府安全生产监督管理部门和负有安全生产监督管理职责的有关部门报告。报告事故应当包括下列内容:

(1)事故发生单位概况;

(2)事故发生的时间、地点以及事故现场情况;

(3)事故的简要经过;

(4)事故已经造成或者可能造成的伤亡人数(包括下落不明的人数)和初步估计的直接经济损失;

(5)已经采取的措施;

(6)其他应当报告的情况。

特别重大事故由国务院或者国务院授权有关部门组织事故调查组进行调查。重大

事故、较大事故、一般事故分别由事故发生地省级人民政府、设区的市级人民政府、县级人民政府负责调查。省级人民政府、设区的市级人民政府、县级人民政府可以直接组织事故调查组进行调查,也可以授权或者委托有关部门组织事故调查组进行调查。未造成人员伤亡的一般事故,县级人民政府也可以委托事故发生单位组织事故调查组进行调查。

事故调查组履行下列职责:

(1)查明事故发生的经过、原因、人员伤亡情况及直接经济损失;

(2)认定事故的性质和事故责任;

(3)提出对事故责任者的处理建议;

(4)总结事故教训,提出防范和整改措施;

(5)提交事故调查报告。

事故调查报告应当包括下列内容:

(1)事故发生单位概况;

(2)事故发生经过和事故救援情况;

(3)事故造成的人员伤亡和直接经济损失;

(4)事故发生的原因和事故性质;

(5)事故责任的认定以及对事故责任者的处理建议;

(6)事故防范和整改措施。

重大事故、较大事故、一般事故,负责事故调查的人民政府应当自收到事故调查报告之日起15日内做出批复;特别重大事故,30日内做出批复,特殊情况下,批复时间可以适当延长,但延长的时间最长不超过30日。有关机关应当按照人民政府的批复,依照法律、行政法规规定的权限和程序,对事故发生单位和有关人员进行行政处罚,对负有事故责任的国家工作人员进行处分。事故发生单位应当按照负责事故调查的人民政府的批复,对本单位负有事故责任的人员进行处理。负有事故责任的人员涉嫌犯罪的,依法追究刑事责任。

职业病报告必须是国家现行职业病范围内所列举的病种,卫生部曾于1988年修订颁发了《职业病报告办法》,规定了职业病报告的具体办法。根据此规定,地方各级卫生行政部门指定相应的职业病防治机构或卫生防疫机构负责职业病报告工作。职业病报告实行以地方为主,逐级上报的办法。一切企业、事业单位发生的职业病,都应报告当地卫生监督机构,由卫生监督机构统一汇总上报。

有关职业病的处理,是政策性很强的一项工作,涉及职业病防治及妥善安置职业病患者、患者的劳保福利待遇、劳动能力鉴定及职业康复等工作,目前可按卫生部、劳动部、财政部、全国总工会1987年11月发布的《职业病范围和职业病患者处理办法的规定》执行。

根据此规定,职工被确诊患有职业病后,其所在单位应根据职业病诊断机构的意见,安排其医疗或疗养。在医治或疗养后被确认不宜继续从事原有害作业或工作的,应自确认之日起两个月内将其调离原工作岗位,另行安排工作;对于因工作需要暂不能调离的生产、工作的技术骨干，调离期限最长不得超过半年。患有职业病的职工变动工作单位时，其职业病待遇应由原单位负责或两个单位协调处理，双方商妥后方可办理调转手续，并将其健康档案、职业病诊断证明及职业病处理情况等材料全部移交新单位。调出、调入单位都应将情况报告所在地的劳动卫生职业病防治机构备案。职工到新单位后，新发生的职业病不论与现工作有无关系，其职业病待遇由新单位负责。

2001 年 10 月 27 日第九届全国人民代表大会常务委员会第二十四次会议通过《中华人民共和国职业病防治法》，2011 年 12 月 31 日第十一届全国人民代表大会常务委员会第二十四次会议通过了《关于修改〈中华人民共和国职业病防治法〉的决定》。该法主要内容包括：关于职业病防治工作的基本方针和基本管理原则的规定、职业病的前期预防、劳动过程中的防护与管理、职业病的诊断管理、对职业病病人的治疗与保障等。此外，该法根据所设定的制度、措施，按照不同违法行为的不同性质、危害后果，规定了相应的法律责任，加大了对违法行为的处罚力度；突出了责令停止产生职业危害的作业、停建、停产直至关闭的处罚；对造成职业危害事故的，依法追究刑事责任。同时，该法还对卫生行政部门及其职业卫生监督执法人员的执法活动做了规范，并明确了相应的法律责任。

六、职业健康安全监察制度

职业健康安全监察制度是指国家法律、法规授权的行政部门，代表政府对企业的生产过程实施职业健康安全监察，以政府的名义，运用国家权力对生产单位在履行职业健康安全和执行职业健康安全政策、法律、法规和标准的情况依法进行监督、检举和惩戒制度。我国的职业健康安全监察起始于 20 世纪 80 年代初，1983 年，国务院批转《关于加强安全生产和劳动安全监察工作的报告》的通知中明确提出实行国家劳动安全监察制度。

职业健康安全具有特殊的法律地位。执行机构设在行政部门，设置原则、管理体制、职责、权限、监察人员任免均由国家法律、法规所确定。职业健康安全机构与被监察对象没有上下级关系，只有行政执法机构和法人之间的法律关系。职业健康安全机构在法律授权范围内可以采取包括强制手段在内的多种监督检查形式和方法来执行监察任务。

职业健康安全机构的监察活动是以国家整体利益出发，依据法律、法规对政府和法律负责，既不受行业部门或其他部门的限制，也不受生产经营单位的约束。

职业健康安全具有专属性。执法主体是县级和县级以上法律、法规授权的行政部门，而不是其他的国家机关和群众团体。职业健康安全还具有强制性。职业健康安全机构对违反职业健康安全、法规、标准的行为，有权采取行政措施，并具有一定的强制特点。这是因为它是以国家的法律、法规为后盾的，任何单位或个人必须服从，以保证法律的实施，维护法律的尊严。

七、“三同时”制度

“三同时”制度，是指凡是我国境内新建、改建、扩建的基本建设项目（工程）、技术改建项目(工程)和引进的建设项目,其职业安全卫生设施必须符合国家规定的标准,必须与主体工程同时设计、同时施工、同时投入生产和使用。对此《中华人民共和国劳动法》第五十三条做了明确的规定。

职业安全卫生设施,主要指安全技术方面的设施、职业健康的设施、生产辅助性设施。《中华人民共和国劳动法》、《中华人民共和国矿山安全法》、《尘肺病防治条例》、国务院《关于加强防尘防毒工作的决定》及原劳动部颁发的《建设项目(工程)劳动安全卫生监察规定》,对"三同时"制度做了具体规定。

新建、改建、扩建工程的初步设计要经过行业主管部门、安全生产管理行政部门、卫生部门和工会的审查,同意后方可进行施工;工程项目完成后,必须经过主管部门,安全生产管理行政部门、卫生部门和工会的竣工验收,方可投产和使用。

"三同时"制度具体包括以下内容:

(1)建设项目在进行可行性研究论证时,必须进行职业健康安全的论证,明确项目可能对职工造成危害的防范措施,并将论证结果载入可行性论证文件。

(2)设计单位在编制建设项目的初步设计文件时,应当同时编制《劳动安全卫生专篇》,职业健康安全的设计,必须符合国家标准或者行业标准。

(3)施工单位必须按照审查批准的设计文件进行施工,不得擅自更改职业健康安全设施的设计,并对施工质量负责。

(4)建设项目的竣工验收必须按照国家有关建设项目职业健康安全验收规定进行。不符合职业健康安全规程和行业技术规范的,不得验收和投产使用。

(5)建设项目验收合格,正式投入运行后,不得将职业健康安全设施闲置不用,生产设施和职业健康安全设施必须同时使用。

八、职业健康安全(劳动安全卫生)预评价制度

1996年原劳动部发布了第3号令《建设项目(工程)劳动安全卫生监察规定》,1998年原劳动部发布了第10号令《建设项目(工程)劳动安全卫生预评价管理办法》和第11号令《建设项目劳动安全卫生预评价单位资格认可与管理规则》,从而正式提出开展"建设项目劳动安全卫生预评价"工作。

1999年国经贸安全[1999]500号《关于建设项目(工程)劳动安全卫生预评价单位进行资格认可的通知》从政策上将此项工作引向更深的层次。

预评价制度是根据建设项目可行性研究报告的内容,运用科学的评价方法,依据国家法律、法规及行业标准,分析、预测该建设项目存在的危险、有害因素的种类和危险、危害程度,提出科学、合理和可行的职业安全卫生技术措施和管理对策,作为该建设项目初步设计中劳动安全卫生设计和建设项目劳动安全卫生管理的主要依据,供国家安全生产综合管理部门进行监察时作为参考。预评价实际上就是在建设项目前期,应用安全评价的原理和方法对系统(工程、项目)的危险性、危害性进行预测性评价。

《建设项目(工程)劳动安全卫生预评价管理办法》规定下列建设项目必须进行劳动安全卫生预评价:

(1)属于《国家计划委员会、国家基本建设委员会、财政部关于基本建设项目和大中型划分标准的规定》中规定的大中型建设项目；

(2)属于《建筑设计防火规范》(GBJ16)中规定的火灾危险性生产类别为甲类的建设项目；

(3)属于劳动部颁布的《爆炸危险场所安全规定》中规定的爆炸危险场所等级为特别危险场所和高度危险场所的建设项目；

(4)大量生产或使用《职业性接触毒物危害程度分级》(GB 5044)规定的Ⅰ级、Ⅱ级危害程度的职业性接触毒物的建设项目；

(5)大量生产或使用石棉粉料或含有10%以上的游离二氧化硅粉料的建设项目；

(6)其他由安全生产监督管理行政部门确认的危险、危害因素大的建设项目。

九、劳动防护用品管理制度

劳动防护用品是指劳动者在劳动过程中为免遭或者减轻事故伤害或者职业危害所配备的防护装置。使用劳动防护用品，是保障从业人员人身安全与健康的重要措施，也是保障生产经营单位安全生产的基础。劳动防护用品的种类很多，有自救器、防护罩、安全帽等。目前，我国由于生产经营单位没有配备必要的劳动防护用品，或者从业人员不会使用劳动防护用品导致的事故很多。很多私营小企业“要钱，不要命”，安全不投入，根本不给从业人员配备劳动防护用品。为此，《安全生产法》第三十七条规定，生产经营单位必须为从业人员提供符合国家标准或者行业标准的劳动防护用品，并监督、教育从业人员按照使用规则佩戴、使用。

生产经营单位必须为从业人员免费提供符合国家标准或者行业标准的劳动防护用品，不得提供不符合标准的劳动防护用品，不得以货币或者其他物品替代应当配备的劳动防护用品。劳动防护用品都有使用期限，超过使用期限的劳动防护用品，生产经营单位必须及时更新。生产经营单位应当建立健全劳动防护用品的购买、验收、保管、发放、更新、报废等管理制度，应当按照劳动防护用品的使用要求，在使用前对其防护性能进行必要的检查。生产经营单位要尽可能到固定的生产厂家购买劳动防护用品，以保证质量的可靠。劳动防护用品购买回来后，生产经营单位要组织验收。生产经营单位要加强劳动防护用品的教育和培训，监督、教育从业人员按照劳动防护用品的使用规则和防护要求正确佩戴、使用劳动防护用品，对不佩戴、不使用的从业人员要给予必要的处分。

第三节　我国的职业健康安全标准体系

为在一定的范围内获得最佳秩序，对活动或其结果规定共同的和重复使用的规则、导则或特性的文件称为标准。该文件经协商一致制定并经一个公认机构的批准。标准应以科学、技术和经验的综合成果为基础，以促进最佳社会效益为目的。

职业健康安全标准是关于为了消除、限制或预防劳动过程中的危险和危害，保护职工安全和健康，保障设备和生产正常运行而制定的统一规定。

一、职业健康安全标准分类

我国的职业健康安全标准根据适用的领域和范围不同，可分为国家标准、行业标准、地方标准和企业标准。

（1）国家标准：国家标准是在全国范围内统一的技术要求，是我国职业健康安全标准体系的主体。

（2）行业标准：行业标准是对没有国家标准而又需要在全行业内统一技术要求而制定的标准，是对国家标准的补充。

（3）地方标准：对没有国家标准和行业标准而又需要在省、自治区、直辖市范围内统一的工业产品的安全、卫生要求，可以制定地方标准。

（4）企业标准：没有国家标准和行业标准的，应当制定企业标准，作为组织生产的依据。

二、职业健康安全标准体系

职业健康安全标准体系包括基础标准、产品标准、方法标准和卫生标准。

（1）基础标准：基础标准是职业健康安全标准体系的基础，例如《安全色》、《安全标志》、《企业职工伤亡事故分类》、《有毒作业分级》、《灭火报警设备图形符号》等。

（2）产品标准：产品标准是为了保证产品的适宜性和可靠性，对产品必须达到的主要特性参数、技术质量指标以及使用维护等作出规定要求的标准，例如《安全帽》、《绝缘皮鞋》、《护耳器—耳塞》、《焊接护目镜和面罩》等。

（3）方法标准：方法标准是以设计、实验、统计、计算和操作等方法为对象的标准，一般称为规范，例如《安全带试验方法》、《工业企业设计卫生标准》、《工业企业噪声控制设计规范》等。

（4）卫生标准：卫生标准是规定作业场所中接触有毒有害物质不应超过的限值的标准，例如《生活饮用水卫生标准》、《作业场所局部振动卫生标准》、《车间空气中砂轮磨尘卫生标准》等。

第五章　方针、目标和方案管理

GB/T 28001—2011《职业健康安全管理体系　要求》提出:“最高管理者应确定和批准本组织的职业健康安全方针,并确保职业健康安全方针在界定的职业健康安全管理体系范围内:

a)适合于组织职业健康安全风险的性质和规模;

b)包括防止人身伤害与健康损害和持续改进职业健康安全管理与职业健康安全绩效的承诺;

c)包括至少遵守与其职业健康安全危险源有关的适用的法律法规要求及组织应遵守的其他要求的承诺;

d)为制定和评审职业健康安全目标提供框架;

e)形成文件、付诸实施,并予以保持;

f)传达到所有在组织控制下工作人员,旨在使其认识到各自的职业健康安全义务;

g)可为相关方所获取;

h)定期评审,以确保其与组织保持相关和适宜。”

第一节　职业健康安全方针

职业健康安全方针是企业总的职业健康安全意图和职业健康安全方向,在方针的制定过程应当依据以下原则:

(1)职业健康安全方针应遵守党和国家的一贯方针“安全第一、预防为主”,特别是坚持“以人为本”和持续改进的原则。

(2)职业健康安全方针应与企业的生产经营实际相结合,内容要有针对性,能够反映本企业的风险性质、规模、现状与改进方向。

(3)职业健康安全方针应做到远近结合,既要考虑长远发展规划,也要考虑近期现状,提出具有挑战性的发展方向。

(4)职业健康安全方针应按过程进行管理,制定有依据,执行有管理,效果有检查,并以 PDCA 循环进行改进。

(5)职业健康安全方针也应逐级展开,使方针落到实处。上一级的方针是下一级方针的依据,下一级的方针是上一级方针的基础。上下统一协调,成为一个整体。

(6)职业健康安全方针内容应简单,语言应精练,但是也不能成为空洞的口号。有影响力和感染力的方针都是简明扼要的。职业健康安全方针能够成为制定安全目标的依据,也能够被员工所理解而转化成行动准则。同时也能够在需要时为相关方所获取,得到充分的合作。

(7)职业健康安全方针应以 PDCA 循环进行管理。职业健康安全方针的管理既然是一个过程,就必须按过程方法和 PDCA 循环进行控制。

P 是过程的策划阶段,各级的职业健康安全方针均应进行策划。企业总的职业健康安全方针应以经营理念和风险现状为输入,而各部门和单位的职业健康安全方针应以总方针和本部门或单位的现状为输入,制定职业健康安全方针。在各部门和单位职业健康安全方针制定的过程中,应当及时与公司归口部门进行沟通,得到评审和协调,并形成文件。

D 是过程的实施阶段,各部门和单位应当按策划进行贯彻落实。在实施阶段应注意控制和协调职责和资源,如有可能应编制必要的程序或规程,保证实施过程的要求性和有效性。

C 是过程的检验阶段,各部门和单位应及时对方针的完成情况进行检查和评审,并编制定量或定性的检查和评审体系,及时发现问题,及时解决,保证方针的实现。方针的评审可以通过管理评审进行。

A 是过程的处置和改进阶段。通过检查和评价,如果存在问题,应及时采取措施进行改进,并对改进效果进行跟踪验证。如果在检查评价中发现某些改进具有普遍意义,可能将其纳入体系成为一种标准化的程序,巩固改进成果,提高管理水平。

宝钢坚持"以人为本、安全发展"和"安全第一、事故为零、违章为零"的理念和方针,深入开展以岗位达标、专业达标和企业达标为主要内容的安全生产标准化建设和安全自主型员工队伍建设。

第二节　职业健康安全目标和方案

GB/T 28001—2011《职业健康安全管理体系　要求》提出:"组织应在其内部相关职能和层次建立、实施和保持形成文件的职业健康安全目标。

可行时,目标应可测量。目标应符合职业健康安全方针,包括对防止人身伤害与健康损害,符合适用法律法规要求与组织应遵守的其他要求,以及持续改进的承诺。

在建立和评审目标时,组织应考虑法律法规要求和遵守的其他要求及其职业健康安全风险。组织还应考虑其可选技术方案,财务、运行和经营要求,以及有关的相关方的观点。

组织应建立、实施和保持实现其目标的方案。方案至少应包括:

a)为实现目标而对组织相关职能和层次的职责和权限的指定;

b)实现目标的方法和时间表。

应定期和按计划的时间间隔对方案进行评审,必要时进行调整,以确保目标得以实现。"

职业健康安全目标通常建立在组织的职业健康安全方针基础上,对组织的各相关职能和层次分别规定量化的职业健康安全目标。目标既要符合法规和其他要求,又要结合本组织的危险源和风险实际。目标的制定应当能够有可选择的技术方案和措施作为保障，同时在财力、物力和人力上能够办得到，即技术可行，经济合理，并能够充分反映员工和相关方的意见。职业健康安全目标也必须反映遵守法律法规和持续改进的承诺。

目标管理起源于美国，但成功的应用却是在日本。企业的方针必须转化为目标，否则方针是空的。只有各相关职能和层次的安全目标完成了，企业的总体目标才能得以实现，方针才能得以落实。目标与方针是不可分的，所以日本称之为“方针目标管理”。但是，方针与目标仍然有所区别，方针侧重于战略或宏观，而目标偏重于战术或微观。方针目标管理是自上而下的管理，而小组活动是自下而上的活动，两者相互补充，构成了职业健康安全管理的重要支柱。

宝钢制定了安全责任者与安全员配置到位率、安全责任者与安全管理者持证率、员工三级安全教育率、安全生产规程生效率、已辨识的重大危险源知晓率及特种工种持证上岗率等“六个100%”的安全目标。

一、实行目标管理具有重要的意义

首先，目标管理有利于发挥员工的积极性和创造性，解决职业健康安全管理中的问题。目标管理使员工能够清楚地了解本企业、本部门或单位的方针、目标和自己应当完成的工作，目标明确，任务具体，有利于各负其责，各尽其职，各尽所能，各有所为。其次，目标管理有利于上下目标的衔接和左右关系的协调，减少相互推诿扯皮现象，提高职业健康安全管理体系运行的有效性和效率。另外，目标管理有利于全员参与，“千斤重担人人挑，各人身上有指标”。全员参与目标管理，以安全目标为方向，以持续改进为手段，可以提高员工的能力和意识，有利于企业队伍整体素质的提高和先进的企业文化的建设。目标管理也有利于经济责任制的贯彻实施，使考核内容与细则更全面、更具体。

二、实行目标管理是过程管理

过程管理必须遵从过程方法原则和PDCA循环的方法。过程方法要求明确输入和输出，规定职责职权和资源支持，规定管理方法和检验方法，并根据检查结果进行处置和改进。目标管理过程的输入就是方针，从方针要求出发，制定目标，目标就是方针的具体化、指标化或可测量化。目标的输出就是满足方针的要求，完成规定的具体指标或任务。在过程的适当阶段进行检查，对目标过程进行评价，以便及时发现问题，及时解决问题，防止偏离目标。当一个阶段（一般以年度目标为一个阶段）完成后，应进行总结，巩固成果，形成制度，以便在新的基础上制定新的目标。

二、实现目标管理的职责权限

方针目标管理必须有明确的职责与权限的分工，不然就会流于形式。首先应从最高管理者做起，因为方针管理是最高管理者实行领导的主要内容和方式。最高管理者不仅应组织制定和发布方针，而且应亲自检查方针目标进展和完成情况。实际上就是最高管理者对各部门和单位贯彻实施方针目标管理情况的检查。有的企业规定一年进行一次，有的企业规定一年进行两次。检查的主要形式是会议形式，必要时进行现场视察。有的企业总经理亲自听取各部门和单位一把手用数字投影仪进行汇报,并插话进行提问,遇有问题,提出措施,如遇困难,及时解决,如有矛盾,现场协调。这种检查对各部门和单位的工作是一个很大的推进。不仅使领导及时了解了基层,也使基层及时与领导进行沟通,包括横向比较和协调,对后进的部门和单位也是一个触动。

方针目标管理中大量的工作是在职能部门和基层单位。目前我国钢铁企业的各职能部门和基层单位都有目标,但是多数企业没有归口管理。部门与部门、单位与单位之间是平行关系,很难进行归口和协调,即所谓条条和块块之间的关系,缺乏有效的协调和管理。特别是我国企业中副总经理多,几乎每位副总主管一个部门,职能部门之间更难实现互相协调。日本采用建立横向管理工作委员会的形式,类似于我国的安全生产领导小组。我们也有类似的形式,关键是如何管理到位。

各部门和单位的方针目标管理是基础,是最基本的管理,也是最薄弱的管理。为了使方针目标管理落到实处,各部门和单位的管理非常重要。各部门和单位的管理就是对本部门和单位的安全目标进行持续改进的过程。如图 5-1 所示,为了达到安全目标,必须对现在的管理进行改进,实现安全目标的过程就是 PDCA 循环的过程,即通过改进达到新的目标,不是等待或任意就可以达到的。

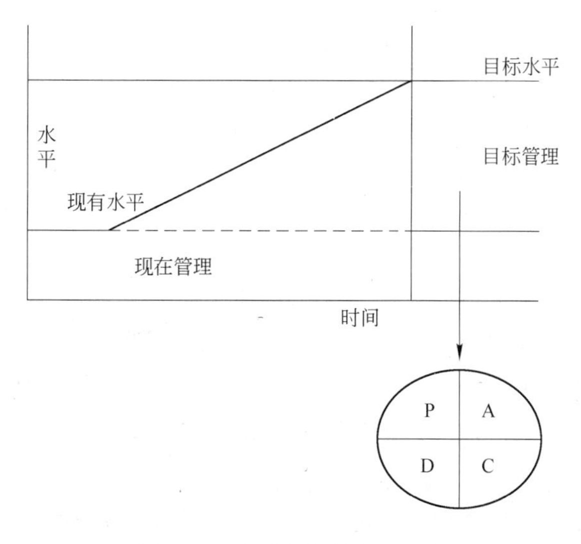

图 5-1　安全目标的管理过程

四、目标的展开和分解的问题

目标的展开是将安全目标分解为子目标后再将它分配到基层去,在展开和分解时应当注意由谁来展开和分解,应当采用什么样的过程和需要什么样的资源,规定具体进度和验收方式,其实也是一个 PDCA 循环。成功的展开要求形成一个基本的架构,不仅能够保证安全目标的展开和分解,而且能够对目标的实现过程进行控制。

首先是如何展开的问题,目标的展开是将目标转换成可操作的指标和方案。即目标应当展开或分解成若干指标,再把指标落实到项目上,各项目有的可能一个单位或部门就可以完成,有的则需要跨部门来完成。

目标的展开和分解应当分层次进行,如图 5 - 2 所示,公司的目标可以展开和分解到各职能部门和二级单位,然后再由各职能部门和二级单位向下展开和分解。如何进行展开和分解是很有讲究的。日本采用了一种叫"传球"(catch ball)的方法。

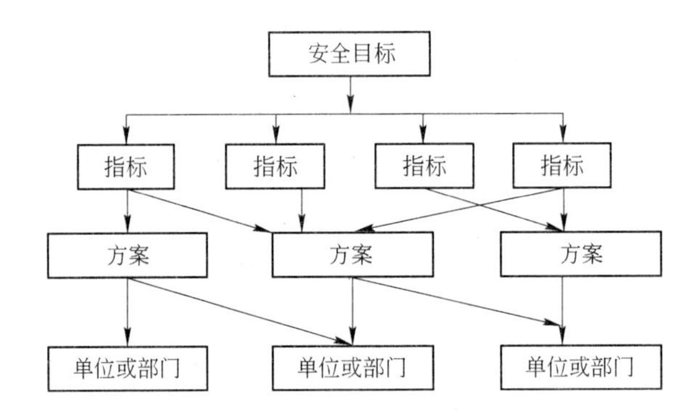

图 5 - 2 目标的展开和分解

"传球"是展开和分解过程一种很好的沟通方式。例如上级和下级、部门与部门、单位和单位之间充分交换意见。将安全目标展开和分解的意见上下左右充分传递和交换,不仅有利于上下之间的理解和左右之间的沟通,树立整体观念和协作精神,而且也便于了解为实现安全目标包括有哪些过程或项目,有哪些部门或单位参加,本部门或单位参与哪些过程项目,如何完成和协作。

目标必须是可测量的或量化的,以便能够向各有关方面显示追求的和实现的目标程度。可测量的或量化的也有利于评价和考核各层次的业绩,例如千人伤亡率、千人死亡率或万吨钢死亡率等。展开和分解的目标还应当有相应的措施(方案),包括人力、财力和物力资源以及有关过程与活动。对目标的实现情况应进行评审,确认已经达到的水平与设定目标的差距,以便采取措施实现追求的目标。表 5 - 1 是方针目标进展情况评审表的实例之一,可供参考。采用这种评审表对目标的实现过程及其效果进行检查有利于达到预期目标。在目标值的选择上可以用安全目标、业绩目标和改进目标等。这种评审可以由方针目标归口管理部门组织进行,但不能代替管理评审中最高管理者对方针目标的评审。日本的"社长诊断"相当于 GB/T 28001 中提到的管理评审,但是"社长诊断"的范围比管理评审宽,而且更深入。

表 5 - 1 目标进展情况评审表

单　位	现状值	目标值	方　案	评　审　要　点				评审人员
				计划	资源	实施	效果	

第三节　方　　案

方案是实现目标的管理措施。方案包括规定组织内各有关职能和层次实现目标和指标的职责以及实现目标和指标的方法和时间表。具体来说,方案的内容有:

(1)控制的危险源及其风险;

(2)控制所应达到的目标;

(3)控制风险的具体方案;

(4)控制所需的资源;

(5)管理职责和分工;

(6)方案的进度;

(7)验收要求或评审单位。

当控制的对象由于组织的过程、活动、产品或服务发生变化而受到影响时,应及时进行评审或修订。

方案是对实现目标的策划,具有一定的挑战性,不是只靠运行控制程序能够解决的,必须采用一些必要的技术措施或管理手段。在方案实现后,可能成为(或补充)一个或多个管理程序的内容。

一、方案的主要内容和范围

方案的主要内容包括:

(1)职业健康安全的目标或指标;

(2)负责单位或工作场所;

(3)措施名称或内容;

(4)时间和进度要求;

(5)资源(特别是经费预算)需求;

(6)执行情况检查及问题处理;

(7)验收准则和验收情况。

方案的范围应包括:防止安全事故、改善劳动条件、预防职业病和职业中毒等。具体可有以下几种:

(1)安全技术措施:安全技术措施主要是通过改善生产工艺和改进生产设备来实现安全目标或指标的。有预防事故的安全技术措施(包括根除和限制危险因素、隔离和屏蔽、故障-安全设计、减少故障与失误以及警告等)和避免与减少事故损失的安全技术措施(包括隔离、个体防护、接受微小损失、避难与救援等)。

(2)职业卫生措施:指预防职业病和职业中毒措施,包括防尘、防毒、防噪声、通风、照明、取暖、降温等。

(3)辅助性措施:包括保障安全技术、职业卫生环境所必需的房屋设施,例如更衣室、洗浴室、消毒室、妇女卫生室、厕所等。

二、方案的编制依据和编制方法

（一）方案的编制依据

编制方案的主要依据有以下几个方面：

（1）适用的法律法规；

（2）方针、目标和指标；

（3）在职业健康安全初始评审中发现而没有解决的问题；

（4）造成伤亡事故或职业病的主要原因和所应采取的措施；

（5）生产经营发展需要应采取的安全技术和职业卫生及其措施；

（6）群众性持续改进建议。

（二）方案的编制方法

方案的编制方法有两种，一种是自上而下，即由组织的领导或归口部门下达目标，责成有关单位制定方案报公司领导或归口部门审查批准；另一种是由组织的归口部门制定方案，交由有关单位讨论，然后再由领导或归口部门批准实施。目前多为前一种方法。

三、方案的实例

某钢铁公司提出的安全目标是：人身事故为零；安全指标是：煤气中毒伤亡为零。

在过去的生产中曾经发生过煤气中毒伤亡事故。例如2010年11月20日该公司的冷轧厂在检修1号酸再生炉时，2号酸再生炉发生了故障放散煤气，由于煤气隔绝不好，导致残余煤气进入1号酸再生炉内。在炉内的操作人员也没有带一氧化碳监测器，没有煤气进入的报警信息，致使在1号酸再生炉内作业的10人全部中毒。

为了避免类似事故发生，该公司提出“煤气中毒伤亡为零”的目标。根据这一目标要求，遵循《工业企业煤气安全规程》、《轧钢安全规程》的规定，决定编制方案。负责单位为冷轧厂，工作场所是酸再生炉，措施名称为一氧化碳中毒防治措施，内容有建立监护制度和配置检测设施。时间要求在2011年6月完成并有进度要求。提出了增加一氧化碳报警器和氧气呼吸器等资源（特别是经费预算）需求，并对执行情况进行检查，发现问题及时处理，并制定了验收准则和验收程序。

表5－2给出了该实例的方案表。

在上述方案中主要采取了以下措施：

（1）修改《煤气设备检修规程》，增加“检修氮气、二氧化碳和其他窒息性介质浓度较大的设备、容器、管道等，必须严格执行隔绝、放散、置换、通风、检测和有专人监护，还必须测定氧含量合格（体积比达到20.9%左右），并经现场三方确认后，方可开工作业；如需进入设备内部检查和检修，要一人工作，两人在外监护，并每两小时检测一次空气氧含量；检修时应对窒息性介质的阀门严格看管、挂牌、设专人监护；在氮气或窒息性气体浓度大的环境内作业必须戴氧气呼吸器,并有两人监护;进入煤气检修现场作业人员,不得少于两人,并携带一氧化碳检测报警仪,备有氧气呼吸器;对煤气设备停役检修,应由生产方做好停运设备的煤气来源和其他一切与停运设备相关的气源的切断工作,使其与系统可靠切断,并对残余煤气进行置换,作好通风和检测一氧化碳与氧气浓度,待符合要求并经三方确认后方可作业,其检测时间不得早于进入设备前半小时,在检修中应随时检测”等内容。

表 5-2　方案表

<table>
<tr><td>部　门</td><td colspan="3">某钢铁公司冷轧厂</td><td>编　号</td><td>11-01</td></tr>
<tr><td>目　标</td><td colspan="2">措　施</td><td>职　责</td><td>进　度</td><td>资金需求</td></tr>
<tr><td>人身事故为零</td><td colspan="2" rowspan="3">(1)修改《煤气设备检修规程》;
(2)对从事煤气设备检修人员,进行教育和培训,并要求持证上岗;
(3)增加氧气呼吸器和一氧化碳检测报警仪</td><td rowspan="3">设备处</td><td rowspan="3">2011 年 6 月</td><td rowspan="3">10 万元</td></tr>
<tr><td>指　标</td></tr>
<tr><td>煤气中毒伤亡为零</td></tr>
<tr><td rowspan="2">适用的法律法规</td><td colspan="5">管理方案进展情况</td></tr>
<tr><td>日　期</td><td>进展情况</td><td>检查</td><td>评审</td><td>验收</td></tr>
<tr><td rowspan="3">《工业企业煤气安全规程》、《轧钢安全规程》</td><td>2011 年 5 月 10 日</td><td>方案已经评审和批准</td><td>设备处
检修科长</td><td>设备处
副处长</td><td>设备处
处长</td></tr>
<tr><td>2011 年 5 月 30 日</td><td>《煤气设备检修规程》已经修改和批准</td><td>设备处
检修科长</td><td>设备处
副处长</td><td>设备处
处长</td></tr>
<tr><td>2011 年 6 月 30 日</td><td>氧气呼吸器和一氧化碳检测报警仪已经下发</td><td>设备处
检修科长</td><td>设备处
副处长</td><td>设备处
处长</td></tr>
</table>

编制:　　　　　　　　　　评审:　　　　　　　　　　批准:

(2)对从事煤气设备设施检修的作业人员,进行煤气知识教育和技术操作培训,经考试合格取得特种作业操作证者,方可参加检修。

(3)增加 5 台氧气呼吸器和 5 台一氧化碳检测报警仪。

四、方案与运行控制的区别

方案和运行控制是两个不同层次的问题。方案是属于目标和指标管理层次的问题,而运行控制是危险源控制层次的问题,两者不能混淆。在 GB/T 28001—2011 中将目标和方案一起放在 4.3.3 中,说明了方案与目标和指标的直接关系。在 4.3.3 职业健康安全方案中指出:“组织应建立、实施和保持实现其目标的方案。”制定并实施方案是实现目标的重要措施,对于职业健康安全管理体系的成功实施非常重要。

方案包括规定组织内各有关职能和层次实现目标和指标的职责以及实现目标和指标的方法和时间表。而运行控制包括控制重要危险源的程序、运行准则以及将程序和要求通报给供方及合同方。方案属于策划(plan)范畴,而运行控制属于实施(do)范畴。目标带有可追求性和挑战性,实现目标的方案需要明确职责、方法和进度。标准要求组织对所有目标和指标制定方案,对全部重要危险源制定运行程序;但是并不要求组织对所有的重要危险源都制定方案。方案没有程序那么细,有措施,无程序,方案可以引用程序,不能代替控制程序,对重要危险源不能起到直接控制作用。运行程序也取代不了方案,因为控制程序只能使危险源受控,但达到具有挑战性的目标有困难。方案可以解决程序不能控制的目标问题。

第六章　建立文件化的管理体系

GB/T 28001—2011《职业健康安全管理体系　要求》的 4.4.4 文件提出:“职业健康安全管理体系文件应包括:

a)职业健康安全方针和目标;

b)对职业健康安全管理体系覆盖范围的描述;

c)对职业健康安全管理体系的主要要素及其相互作用的描述,以及相关文件的查询途径;

d)本标准所要求的文件,包括记录;

e)组织为确保对涉及其职业健康安全风险管理过程进行有效策划、运行和控制所需的文件,包括记录。

注:重要的是文件要与组织的复杂程度、相关的危险源相匹配,按有效性和效率的要求使文件数量尽可能少。”

第一节　建立文件化管理体系的目的

建立文件化的管理体系可以向投资者、顾客、供方、员工和其他相关方提供职业健康安全的相关信息,传递管理者的承诺,在企业内部和相关方之间沟通意志,并达成共识。在体系文件中明确职业健康安全管理体系的运作要求,并提供改进的依据。体系文件可以得到政府、投资者、员工及其家属的信任,也能够为管理者提供信心,为供方和其他外包方提供要求。职业健康安全管理体系的文件是评价职业健康安全管理体系持续适宜性和有效性的重要依据之一。从体系文件中可以得到双方满足要求的证据,同时也能够为培训提供教材。文件的形成本身并不是很重要,它应是一项增值的活动。

第二节　建立文件化管理体系的步骤

建立文件化管理体系的步骤如图 6 - 1 所示。建立管理体系首先是管理者的意志、追求、承诺和决策。管理者在激烈的市场竞争中,不仅应当考虑和满足投资者的需求和顾客的期望,同时应当考虑社会责任,包括环境保护和安全生产。

在管理者决策后,应当组成工作小组,也有的企业叫贯标办公室,负责建立文件化的管理体系。工作小组(或贯标办公室)必须领导挂帅,由负责职业健康安全的管理机构负责,吸收有关部门和单位参加。实行工作小组和全员参与相结合。为了正确理解标准要求,并考虑企业实际,应当在全员培训的基础上,对工作小组进行深入培训,包括领导干部培训、工作骨干培训和内审员培训等。

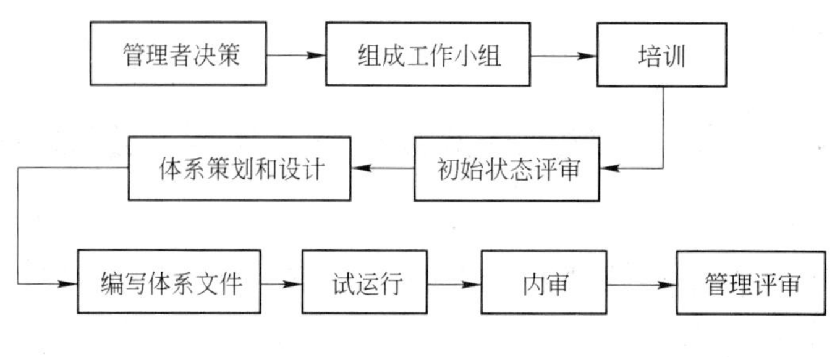

图6－1　建立文件化管理体系的步骤

在培训的基础上对本企业的职业健康安全的现状进行评审，是管理体系策划和设计的基础，评审既可以了解企业过去和现在在职业健康安全方面的成绩和经验，也可以找出存在的问题和风险，对策划和设计管理体系具有重要作用。

第三节　初始状态评审

在建立文件化管理体系前，应对本企业安全管理现状进行评审，以明确目前管理体系如何，需要增加什么，减少什么，引进什么，消除什么，维持什么，改进什么，应当如何编写管理体系文件。

一、初始状态评审的目的

在职业健康安全管理体系建立前，应对本企业的职业健康安全初始状态进行评审，对组织的职业健康安全管理体系问题、风险、行为活动的初始综合分析，为建立文件化的管理体系提供基础信息。

二、初始状态评审的内容

初始状态评审的内容包括：

(1)辨识危险源 ，进行风险评价和控制的策划。首先应对本企业的职业健康安全体系中存在的危险源和危害进行辨识，了解本企业存在哪些可能导致伤害或疾病、财产损失、工作环境破坏或这些情况组合的根源或状态。不仅要识别危险源的存在，还应确定其特性的过程。所以应对危险源和危害的风险程度进行评价，评价风险大小，并根据组织的法律义务和职业健康安全方针，评价采取的措施是否能够将风险降至组织可接受的程度。

(2)明确适用法律法规和其他要求。组织各有关部门和单位识别和获取本企业使用的职业健康安全方面的法律法规和其他方面的要求。因为职业健康安全管理有很多法律法规要求，例如劳动法、工会法、安全生产法、职业病防治法、消防法以及相关的行政管理制度，为了建立职业健康安全管理体系，必须对使用的法律法规及其相应的条款加以了解。

(3)评价遵守法律法规和其他要求的情况。初始评审的主要内容之一是对本企业遵守使用的法律法规和其他要求的情况进行评价,以了解本企业是否符合要求,还存在什么问题。这对实现方针和目标也具有重要意义。因为方针和目标中就承诺遵守适用的法律法规,所以在初始状态评审中必须评价守法情况。

(4)分析和评审过去的经验教训。对过去职业健康安全的经验教训进行分析有助于提高安全第一和预防为主的意识。特别是能够从各种案例中找到消除或减少安全事故或事件的方法和途径,提高防范安全事故的能力。

(5)评价已投入的资源的效率。安全工程是防止事故发生的系统工程体系,包括必要的资源投入。在企业的安全管理中或多或少地都有资源投入,但是否适用,是否有效,在建立安全管理体系时进行评价和分析,对进一步应当增加或改进哪些安全技术措施很有必要。在本质安全化还不到位的情况下,陆续投入资源是非常重要的。

(6)识别需要改进的空间和差距。从上述的分析和评价中基本上可以找出本企业在安全生产管理上需要改进的空间和差距,特别是对应钢铁企业五大事故灾害或危险,即火灾、爆炸、毒物泄漏、破坏坍塌以及地震等重大自然灾害的防范意识和能力如何,找出差距,就可以提出对策,有利于改进职业健康安全绩效。

三、初始状态评审的策划

初始状态评审的策划主要内容包括:

(1)确定评审范围。首先应确定初始状态评审的范围,包括地理位置范围、产品过程范围、组织机构范围等,一般应与谋求认证的范围是一致的。

(2)组成评审组。为了进行初始评审,应组成初始状态评审组,除由企业领导担任组长外,还应选择具有一定资格和能力(具有安全工作经验、懂得法律法规、熟悉生产工艺、了解设备结构等)的人员参加,同时也应请员工代表参加。

(3)评审前的准备工作。初始评审初始状态前的准备工作主要有:

1)识别和获取适用的法律法规条款;

2)选择和确定初始状态评审方法,例如询问、座谈、检查表、监视和测量等;

3)制定评审计划,安排评审时间。

四、对初始状态实施评审

对初始状态实施评审主要内容包括:

(1)信息收集和分析。将收集到的信息,包括内部信息和外部信息,与企业的现状与法律法规和标准的要求进行比较,找出差距和改进的空间。

(2)对危险源辨识、风险评价控制的策划。对辨识出来的危险源和危害,经过评价确定风险等级,确定不同的控制措施。

(3)初始状态评审报告。根据上述评审编写初始评审报告,内容包括:目的、范围、组织基本情况、危险源辨识和风险评价、适用的法律和法规、遵守法律法规情况分析、与法律法规和标准要求的差距、需解决的优先项、问题,以及建立文件化职业健康安全管理体系，特别是对建立管理体系文件的建议。

第四节　管理体系文件的编写

GB/T 28001—2011《职业健康安全管理体系　要求》只要求管理体系的文件“描述管理体系核心要素及其相互作用”，并能够“提供查询相关文件的途径”。但是，为了使文件发挥应有的作用，也必须形成必要的系统、结构和层次。在满足要求的前提下，数量尽可能少。

一、文件的类型

职业健康安全管理体系中一般有以下几种类型的文件：

(1)职业健康安全方针、目标和方案；

(2)职业健康安全管理手册(体系)；

(3)文件化程序(过程)；

(4)作业指导书(活动)；

(5)表格；

(6)职业健康安全措施计划；

(7)要求；

(8)指南(建议)；

(9)外来文件；

(10)记录(证实)。

文件的详略程度和所使用的媒体取决于：组织的类型和规模、过程、产品、相关方要求、适用的法规要求、人员能力以及满足职业健康安全管理体系要求所需证实的程度。体系文件可以是书面的，也可以是电子媒体的。

二、文件的要求

同其他管理体系类似，职业健康安全管理体系文件也必须满足以下要求：

(1)指令性：管理体系的文件必须经过相关领导的批准，并正式发布。领导批准的重点是文件对本企业的适宜性。

(2)目的性：管理体系文件的目的性必须明确，它可以用于职业健康安全管理体系的认证，也可以用于加强企业的安全管理。

(3)符合性：管理体系文件必须符合 GB/T 28001—2011《职业健康安全管理体系　要求》和其他适用的法律法规要求，特别是国家和地方的安全生产法律法规的要求。

(4)系统性：管理体系的文件应当体现过程方法和系统方法，即按策划、实施、检查和改进(PDCA 循环)的模式进行编制，体现体系的过程模式和系统模式。

(5)协调性：文件与文件必须协调一致，文件与实际也应当协调一致，不能够写一套，做一套。

(6)先进性:在编制管理体系文件过程中应满足职业健康安全管理体系标准和适用的法律法规的要求,在方针目标上体现先进性,在控制程序和方法上也要体现预防为主和持续改进的思想。

(7)可行性:管理体系文件必须结合企业实际,做到切实可行。但是,也必须要求各方面实行管理者的承诺,使体系的方针、目标和措施得以实现。

(8)要求性:通过编写体系文件来进一步要求安全生产管理过程和活动,减少和杜绝随意性,真正做到预防为主、符合法律法规要求和持续改进安全生产绩效。

(9)可追溯性:管理体系文件应便于检查、审核、评审和改进,具有可追溯性。

三、管理手册

虽然在 GB/T 28001—2011《职业健康安全管理体系　要求》中没有明确提出职业健康安全管理体系需要编制管理手册,其实"描述管理体系核心要素及其相互作用"的文件就是管理手册。

一般在管理手册中,应提供企业概况,明示职业健康安全管理方针、目标,识别适用的法律法规条款,提供危险源识别、风险评价和控制方法,规定管理职责,承诺资源支撑,制定运行程序和应急措施,安排监视和测量对象和方法,纠正和预防事故,持续改进安全绩效以及审核和评审活动。

下面给出一个职业健康安全管理手册示例(仅供参考)。

文件编号

东方钢铁公司

职业健康安全管理手册

受　　控

发放编号：______________

批准时间：______________

生效日期：______________

职业健康安全管理手册目录

版　次	修改次数	修改章节	修改理由	生效日期
A/0	新版	无		年　月　日
B/0	第 1 次	全部	标准换版	年　月　日

职业健康安全管理手册批准页

本公司依据 GB/T 28001—2011《职业健康安全管理体系　要求》,结合本企业实际,制定了《职业健康安全管理手册》。本手册阐明了公司的职业健康安全管理方针、目标和指标,明确了各部门职责,对职业健康安全管理体系要素作了具体描述。本手册是公司生产经营活动中对职业健康安全实施全方位有效控制的纲领性文件和行动准则,于　年　月　日正式实施,要求各级领导和全体员工都必须认真执行。本管理手册既用于本企业安全生产管理,也用于管理体系认证。

为确保公司职业健康安全管理体系持续有效运行,兹任命×××为职业健康安全管理体系的管理者代表。

总经理:　　　(签字)

年　月　日

（略）

东方钢铁公司

职业健康安全方针

1. 东方钢铁公司职业健康安全方针:

以人为本,预防为主,遵守法规,全员参与,控制风险;持续改进;提高绩效。

2. 东方钢铁公司职业健康安全目标:

(1)有害健康事故为零;

(2)人身伤亡事故为零;

(3)重大设备事故为零;

(4)重大火灾事故为零。

3. 具体措施:

(1)我带头执行公司的管理方针和目标,并为职业健康安全管理体系负总责;

(2)我任命职业健康安全管理体系的管理者代表,为建立、实施、保持和改进职业健康安全管理体系负责;

(3)各部门/单位必须遵守和执行方针和目标,并用分解的目标保证公司目标的实现;

(4)本公司对方针和目标的执行情况进行考核,并对职业健康安全绩效进行监测、考核,监测结果与经济责任制挂钩。

总经理　　　　(签字)

年　月　日

目的与适用范围:

东方钢铁公司的职业健康安全管理手册为贯彻落实职业健康安全方针目标、履行职业健康安全管理职责、保证有效地开展各项职业健康安全管理活动,提供了统一的标准和行为准则。职业健康安全管理手册所规定的方针是借助于职业健康安全目标、程序文件和作业文件的有效实施来实现的。职业健康安全管理手册对职业健康安全管理体系要素的要求所做的描述,体现了对职业健康安全管理体系全部要素的控制,并要求把每一项与职业健康安全有关的活动按预先确定的程序来进行,以预防、减少和避免安全事故的发生或再发生。

本手册适用于东方钢铁公司的生产经营活动的全过程。[1]

[1] 必要时注明体系覆盖的产品范围、过程范围、机构范围和地理范围。

引用标准:

GB/T 28001—2011《职业健康安全管理体系　要求》

术语和定义:

本管理手册采用 GB/T 28001—2011《职业健康安全管理体系　要求》中的术语和定义。

为提高本公司全体员工职业健康安全意识,树立法制观念,建立和完善职业健康安全管理体系,依据GB/T 28001—2011《职业健康安全管理体系　要求》,结合本公司的情况制定适宜的职业健康安全方针;确定本公司的危害,进行风险评价及风险控制;确定有关的法律、法规及其要求;确定优先事项,制定适宜的目标及方案;建立组织机构,以实现职业健康安全方针。顺利开展策划、实施、检查、纠正措施、审核和评审活动,以确保职业健康安全管理体系的持续适宜性和有效性;并根据变化的客观条件作出修正,达到遵守国家法律、法规和持续改进职业健康安全行为的目的。

1　总则

在第0章中陈述的职业健康安全管理方针为本公司职业健康安全管理的工作方向和行动准则,表明本公司职业健康安全的总体目标和改进职业健康安全绩效的正式承诺。

2　职责

2.1　总经理制定并颁布职业健康安全方针。
2.2　总经理授权管理者代表组织贯彻、实施职业健康安全方针。
2.3　综合部组织宣传贯彻职业健康安全方针。
2.4　各部门、各生产分厂负责方针的实施。
2.5　员工代表参与方针的制定和评审。

3　控制要求

3.1　制定依据
3.1.1　本公司应遵守的现行的相关法律、法规和其他要求。
3.1.2　本公司的职业健康安全风险的性质和规模。
3.1.3　本公司过去和现在的职业健康安全绩效。
3.1.4　钢铁企业危险源和危害的特点。
3.1.5　相关方的要求。
3.1.6　GB/T 28001—2011《职业健康安全管理体系　要求》。
3.2　内容要求
3.2.1　阐明本公司职业健康安全的工作方向和行动准则。
3.2.2　适合于本公司的生产性质、规模和工艺。
3.2.3　适合于本公司职业健康安全风险的性质和水平。
3.2.4　体现持续改进和预防为主的精神和保护员工健康安全的承诺。
3.2.5　体现对遵守现行适用的环境法律、法规和其他要求的承诺。
3.3　方针的管理
3.3.1　职业健康安全方针由总经理组织制定和批准。
3.3.2　职业健康安全方针写入手册,并以文件的形式下发到各单位,各单位组织传达到全体员工,为全体员工所了解,并在生产经营活动中付诸实施,予以保持。
3.3.3　各部门应根据职业健康安全方针的内容要求在本部门所负责的管理活动中实施,有相关方的部门负责将方针传达给相关方。
3.3.4　可为相关方所获取。
3.3.5　每年管理评审时,最高管理者负责对方针的适宜性和有效性进行评审。

3.4　职业健康安全方针的评审和修订

在管理评审时或当方针制定依据发生较大变化时,由总经理决定对其及时评审和修订,以保证其持续适宜性。

4　相关文件

《危险源辨识、风险评价和控制措施确定程序》;
《法律法规和其他要求识别、获取和更新控制程序》;
《能力、培训和意识控制程序》;
《沟通、参与和协商控制程序》。

策划是针对本公司职业健康安全管理现状,全面辨识生产经营活动过程中的危险源,并针对评价出的重大危险源或危害,设定健康安全目标及方案的过程。策划过程包括以下几个要素:

4.3.1　危险源辨识、风险评价和控制措施的确定

4.3.2　法律法规和其他要求

4.3.3　目标和方案

1　总则

建立并保持《危险源辨识、风险评价和控制措施的确定程序》，充分辨识危险源和危害，合理评价风险，确定不可承受风险控制计划与方案。

2　职责

2.1　制造部负责组织对各单位识别出的所有危险源和危害及其风险评价结果进行汇总、分析和调整，组织确定本公司范围内的危险源和危害与不可承受风险，提出控制计划与措施。

2.2　各生产分厂负责本厂生产经营所有活动的职业健康安全危险源和危害的辨识与风险评价，完成基础调查表的汇总和分析工作。

3　控制要求

3.1　范围

危险源和危害辨识、风险评价的范围应覆盖本公司所有各个方面的活动、人员和设施，并考虑过去、现在、未来三种时态和正常、异常、紧急三种状态。

3.2　方法

采用工作安全分析法和基本分析法进行危险源和危害辨识，采用 LEC 法评价风险。

3.3　风险控制

对于已确定的风险，通过制定目标和方案，或通过制定运行控制程序加以控制。

3.4　危险源和危害辨识、风险评价和风险控制计划的更新

制造部每年至少应组织进行一次危险源和危害辨识、风险评价和风险控制计划的制定工作；当发生作业场所职业健康安全重大变化时，要及时重新进行危险源和危害辨识、风险评价和风险控制计划的制定工作。

从事危险源和危害辨识、风险评价和控制的人员，都应加强培训，使其具备相应的能力。

4　相关文件

《危险源辨识、风险评价和控制措施确定程序》。

1　总则

建立并保持《法律法规和其他要求识别、获取和更新控制程序》,以识别、获取、更新适用的法律法规和其他要求,并传达给员工及其他相关方。

2　职责

制造部负责适用的职业健康安全法律法规和其他要求的识别、获取和更新。

公司各部门负责本部门适用的职业健康安全法律法规和其他要求的识别、获取和更新。

3　控制要求

制造部要与上级有关部门和机构建立有效的联络渠道,以及时获取职业健康安全法律及其他要求,在获取的同时对其适用性进行确认。制造部每年至少组织发布一次东方钢铁公司的职业健康安全法律法规和其他要求(具体到相关的条款)的清单。适用的职业健康安全法律法规和其他要求要及时发放到各个单位(部门),对员工进行培训,并传达给相关方。

4　相关文件

《法律法规和其他要求识别、获取和更新控制程序》。

1　总则

依据本公司确定的职业安全健康风险、法律法规和其他要求、职业安全健康方针以及其他需考虑的因素,针对公司相关职能和层次制定文件化的职业健康安全目标,制定并实施职业健康安全方案,保证职业健康安全目标的实现。

2　职责

2.1　本公司的职业健康安全目标由管理者代表审核、最高管理者批准。

2.2　管理者代表组织有关部门制定公司的职业健康安全目标。

2.3　制造部负责组织、协调目标的制定、分解与实施,并负责监督检查目标的实施情况,发现问题及时向管理者代表汇报。

2.4　各部门负责制定和实施本部门相关的目标。

2.5　制造部负责制定本公司的职业健康安全方案,管理者代表审核,最高管理者批准并提供必要的资源。方案的责任部门负责方案的实施,并会同制造部对方案的实施进行定期检查与考核。

3　控制要求

3.1　目标和方案的制定依据

3.1.1　公司的职业健康安全方针。

3.1.2　经评价确定的不可承受风险。

3.1.3　适用于本公司的法律法规和其他要求。

3.1.4　可选的技术方案。

3.1.5　财务、运行及生产经营要求。

3.1.6　相关方的观点。

3.1.7　方案应明确相应的目标,并规定各责任部门和相关部门的职责和权限,实现方案的方法,包括技术措施、完成的时间和进度、有关的资金预算,以及检查、评审、验收的内容。

3.2　目标和方案的制定

3.2.1　管理者代表组织制造部等有关部门制定公司的职业健康安全目标和方案,报公司最高管理者批准。

3.2.2　制造部负责将目标和方案传达到各部门和各生产分厂。

3.2.3　员工代表参与目标的制定。

3.3　目标和方案的实施、评审和修订

3.3.1　各部门负责制定和实施本部门的职业健康安全目标和方案;通过制定相应的方案达到目标要求;公司最高管理者对实施目标、方案提供资源保证。

3.3.2　由制造部按方案的进度计划的时间间隔对目标和方案的实施情况进行检查和评审,促其按时间进度完成,并针对变化进行修订,修订要履行审批手续。如发生了重大变化,要先进行危害辨识和危险评价,为方案的修订提供依据。

3.4　目标和方案实施情况监测

通过《绩效测量与监视控制程序》监测目标和方案实现程度及存在的问题。

3.5　目标和方案的评审修订和更新

3.5.1　最高管理者主持管理评审会议,每年对职业健康安全目标和方案进行审议,提出改进事项。

3.5.2　当职业健康安全目标和方案的制定依据发生变化时,由管理者代表主持对职业健康安全目标进行评审、修订和更新,并报送最高管理者批准。

4　相关文件

《绩效测量与监视控制程序》;

《东方钢铁公司职业健康安全管理目标和方案》。

通过提供并合理配置各方面人力、物力、财力资源,建立并运行职业健康安全管理体系文件和各种保证措施,达到有效地控制风险,实现职业健康安全目标。

本公司从以下几方面实施控制:

4.4.1 资源、作用、职责、责任和权限

4.4.2 能力、培训和意识

4.4.3 沟通、交流和协商

4.4.4 文件

4.4.5 文件控制

4.4.6 运行控制

4.4.7 应急准备和响应

1　东方钢铁公司职业健康安全管理体系组织结构

本公司职业健康安全管理体系组织结构见图4.1。(略)

2　东方钢铁公司最高管理层职责

2.1　最高管理者(总经理)

2.1.1　总经理是职业健康安全管理体系的最高管理者,是职业健康安全管理的第一责任人;确定并颁布职业健康安全方针。

2.1.2　规定东方钢铁公司组织机构内各管理层之间的隶属关系及职责范围和相关关系;规定各级领导和各职能部门在安全管理活动中应承担的责任。

2.1.3　任命管理者代表,批准重大资源配置。

2.1.4　批准实施职业健康安全管理手册和程序文件。

2.1.5　定期主持管理评审。

2.2　管理者代表(生产副经理)

2.2.1　生产副经理负责组织职业健康安全管理体系的建立、实施和保持。

2.2.2　根据总经理提出的职业健康安全方针,组织有关部门制定目标和指标。

2.2.3　负责协调、解决职业健康安全管理体系运行中出现的各类问题,并审核职业健康安全手册和程序文件。

2.2.4　组织内部职业健康安全管理体系审核,并向最高管理者报告体系运行的情况。

2.2.5　负责与外部的联络工作。

3　各相关部门职责

本公司各相关部门是职业健康安全管理体系各项具体工作的执行部门,其共同的职责是:贯彻落实职业健康安全方针;辨识本部门危险源和危害,评价风险,完成本部门相关的目标、指标和方案;开展职业健康安全培训;进行职业健康安全管理体系沟通、参与和协商;对职业健康安全管理体系文件进行管理;运行控制归口管理的职业健康安全管理体系程序文件;做好应急准备和响应;检查与纠正措施;做好职业健康安全管理体系运行记录;配合职业健康安全管理体系审核。

3.1　综合部

综合部是本公司职业健康安全管理体系建立和运行的主管部门。

3.1.1　负责职业健康安全管理体系建立与运行的组织协调。

3.1.2　负责机构的设置和调整方案的制定。

3.1.3　负责组织职业健康安全管理体系文件的编写、修订和贯彻执行。

3.1.4　组织协调职业健康安全管理体系内部审核和协调并参与管理评审。

3.1.5　负责职业健康安全管理体系运行记录的管理。

3.1.6　负责组织内审中出现的不符合的纠正、预防措施的制定与实施。

3.1.7　负责治安保卫和消防管理工作,编制并实施火灾应急预案。

3.2　制造部

制造部是本公司生产、安全、环保和厂容绿化的主管部门,负责生产计划的编制与执行、生产组织调度、安全、环保和厂容绿化的管理工作。

3.2.1　负责组织危险源和危害辨识、风险评价和风险控制。

3.2.2　负责制定、获取、识别、跟踪和宣传贯彻适用的法律法规和其他要求。

3.2.3　组织协调职业健康安全目标、指标及方案的制定与实施。

3.2.4　负责沟通、参与和协商交流的管理。

3.2.5　负责职业健康安全管理体系运行控制的归口管理,负责职业卫生与职业病防治的管理。

3.2.6　负责职业健康安全应急准备和响应的归口管理。

3.2.7　负责职业健康安全事故调查和不符合纠正和预防的管理。

3.2.8　负责绩效测量与监测的管理,负责职业健康安全管理体系运行及日常安全管理的监督检查和考核工作。

3.3　工会

3.3.1　贯彻国家及总工会有关职业健康安全方针、政策,并监督执行,充分发挥全员参与、群众监督在安全生产中的作用。

3.3.2　负责组织职工开展遵章守纪和预防事故的群众性活动,参加公司有关职业健康安全规章制度和劳动保护条例的制定,并做好伤亡事故的善后处理工作。

3.3.3　关心职工职业健康安全条件的改善,加强女职工保护。

3.4　设备部

设备部是本公司设备、备品备件、计量器具采购管理,能源管理,设备运行及设备改造的主管部门。

3.4.1　负责设备点检、检修维护规程的制定、修订及贯彻实施。

3.4.2　负责设备、备品备件、计量器具采购的管理。

3.4.3　负责组织对设备维护、检修、改造的管理。

3.4.4　负责计量、能源及监测和测量装置的管理。

3.4.5　负责工程施工项目、压力容器和煤气设施等特殊设备的管理。

3.4.6　负责体系运行中与设备管理有关的相关方的管理,建设项目管理(技改、技措和改造项目),油脂、废油的管理,以及设备事故、地震应急预案的管理工作。

3.4.7　在设备采购、安装、调试等过程中关注职业健康安全问题。

3.5　技术质量部

技术质量部是本公司工艺技术和产品质量的主管部门。

3.5.1　负责技术标准、工艺技术规程、质量计划的制定与修订,并组织贯彻实施。

3.5.2　组织制定提高产品合格率和成材率的措施并组织实施。

3.5.3　负责科研、攻关计划的编制和实施,并在新产品开发中关注安全问题。

3.6　人力资源部

人力资源部是本公司管理人员、技术人员、生产人员和服务人员的主管部门。

3.6.1　负责管理人员、技术人员、生产人员、服务人员的配备和管理。

3.6.2　负责组织员工的培训工作。

3.6.3　协调与相关方的管理。

3.7　采购部

采购部是本公司原材料和辅助材料采购的主管部门。

3.7.1　负责原材料和辅助材料采购计划的编制和实施以及对相关方安全行为的约束与评价。负责体系运行中对相关方的管理。

3.7.2　负责劳动保护用品、化学危险品的管理及其他油脂产品的管理。

3.8　销售部

销售部是本公司产品销售、产品运输、服务管理的主管部门。

3.8.1　负责产品销售合同的评审、签订;负责产品的售后服务管理。

3.8.2　负责关注"三废"资源销售过程中的安全问题。

3.8.3　负责产品销售、运输过程中的相关方的管理。

3.9　财务部

3.9.1　按照职业健康安全管理体系运行的要求,为职业健康安全所需资金提供保障。

3.9.2　对职业健康安全管理体系运行中安全技术措施费用计划的编制及指标完成情况进行考核。

4　生产分厂职责

各生产分厂按照公司方针、目标,组织搞好本单位的职业健康安全管理体系建立和运行工作,编写并实施职业健康安全管理体系补充文件,使公司的程序文件能在各生产分厂得到落实。

5　相关文件

《各部门和生产分厂的组织机构及职责》。

1　总则

制定并实施《能力、培训和意识控制程序》,通过对各类人员进行不同层次、不同内容的培训,不断提高员工的素质和业务能力,以满足职业健康安全管理体系有效运行的需要。

2　职责

2.1　人力资源部是本公司人员能力和培训工作的归口部门,负责编制公司人员能力评价和年度培训计划并组织实施。
2.2　制造部负责监督和检查安全"三级培训"和特种作业人员的培训。各生产分厂负责安全"三级培训"的具体实施。
2.3　各相关部门、生产分厂负责向人力资源部申报培训需求,并按计划组织培训。

3　控制内容

3.1　对人员能力的要求
3.1.1　本公司对可能影响工作场所内职业健康安全的人员,规定应具有的相应的工作能力。能力包括文化水平、安全培训、安全技能和(或)安全工作经历等方面。
3.1.2　人力资源部负责与人员所在部门一起确定能力要求和评价方式。
3.1.3　所有能力要求和评价记录应按《记录控制程序》进行管理。
3.2　培训的主要内容
3.2.1　对全体员工进行职业健康安全方针和安全意识的培训。
3.2.2　对重要岗位员工进行熟悉本岗位的重大危险源、危害及风险的培训,如何避免减少本岗位的事故的培训。了解与本岗位相关的安全法律法规及其他要求,熟悉本岗位的作业标准。
3.2.3　对内审员进行《职业健康安全管理体系　要求》、体系审核方法、技巧等培训,熟悉与本企业相关的法律法规和职业健康安全知识。
3.2.4　对中层管理人员要求了解相关的法律法规,掌握重大风险、目标和方案,了解本部门存在的重大危害和风险问题。
3.2.5　对高层管理者要求了解对本企业适用的有关法律法规,了解《职业健康安全管理体系　要求》及建立职业健康安全管理体系的意义。
3.2.6　对特种作业人员实施上岗培训,考试合格后持证上岗。
3.3　培训计划的制定与实施
3.3.1　各相关部门、生产分厂上报年度培训需求计划。
3.3.2　人力资源部编制年度培训计划。
3.3.3　各相关部门及生产分厂根据人力资源部下达的年度培训计划安排,实施培训。

在办培训班前,填写《职工培训班开班计划审批表》,经人力资源部批准后方可开班。

3. 3. 4 各有关部门及生产分厂实施培训并记录。

3. 4 培训效果评价

人力资源部按年度培训计划对各相关部门及生产分厂进行检查和评价,针对存在问题提出整改意见。

3. 5 各相关部门在与相关方签订合同时,负责协调本公司职业健康安全管理体系对相关方的要求。

4 相关文件

《能力、培训和意识控制程序》;

《记录控制程序》。

1　总则

制定并实施《沟通、参与和协商控制程序》,确保与员工和其他相关方进行有效的沟通、参与和协商交流,通过全员参与,达到方针目标要求。

2　职责

2.1　制造部是安全生产信息交流的归口管理部门,负责各种安全管理信息的收集与交流工作。

2.2　各职能部门负责收集、传递与职业健康安全管理体系有关的信息。

2.3　工会负责与其上级主管部门的职业健康安全管理体系信息交流及内部员工反映的职业健康安全问题的反馈及全员参与工作的管理。

2.4　各生产分厂负责将职业健康安全管理体系的信息传达到有关人员。

2.5　各责任单位将本单位的职业健康安全管理体系信息通报相关方。

3　控制要求

3.1　沟通

3.1.1　沟通的内容

沟通包括内部沟通和外部沟通。

内部沟通主要是本企业内部各部门和各层次之间的沟通,包括方针、目标、职责的沟通和传达;危险源的辨识、风险评价和风险控制;适用的法律法规和其他要求以及其他需要沟通的职业健康安全信息。

外部沟通主要是与承包方和访问者沟通,包括向相关方宣传本公司的安全方针、目标;危险源的辨识、风险评价和风险控制的要求;与相关方沟通有关的法律法规的要求等。

3.1.2　沟通的方式

本公司的沟通方式采用会议、文件和电子媒体。

3.2　参与和协商

3.2.1　参与和协商的内容

内部参与和协商主要是让员工参与危险源辨识、风险评价和控制措施的确定;适当地参与事件调查;参与职业健康安全方针和目标的制定和评审;对影响员工职业健康安全的变化和对职业健康安全事务发表意见。告知谁是他们的职业健康安全事务代表。

外部参与和协商主要是与承包方就影响他们的职业健康安全的变更进行协商。

3.2.2　参与和协商的方式

内部参与和协商的方式主要采用会议和文件资料。外部参与和协商的方式也采取会议、函件和其他各种沟通方式。

4　相关文件

《沟通、参与和协商控制程序》;
《应急准备和响应控制程序》。

1　总则

建立并保持文件化的职业健康安全管理体系,用以描述职业健康安全管理体系核心要素及其相互作用,明确查询相关文件的途径。

2　职责

2.1　公司总经理负责体系文件的批准。

2.2　公司管理者代表负责体系文件的审核。

2.3　综合部具体负责组织体系文件的编制。

2.4　各部门负责主管程序文件的起草。

2.5　各部门和分厂负责主管作业文件的编制。

3　控制要求

3.1　体系文件包括:

(1)职业健康安全管理手册;

(2)程序文件;

(3)作业文件;

(4)相关的记录。

3.2　职业健康安全管理手册是职业健康安全管理体系的纲领性文件,它应按照GB/T 28001—2011《职业健康安全管理体系　要求》的要求和本公司生产经营活动的特点,阐明本公司职业健康安全方针、目标,并对职业健康安全管理体系的核心要素及其相互作用的基本要求进行描述并给出查寻相关文件的途径。

3.3　职业健康安全程序文件是管理手册的支持性文件,是实现17个要素要求的具体工作程序,程序规定了目的、适用范围、术语和定义、职责、工作程序、相关文件和记录以及附录等,其中工作程序集中表现了相关要素的要求,并用5W1H(做什么、为什么、什么时间、什么场合、由谁如何做)来阐述程序。

3.4　职业健康安全作业文件是进行健康安全管理活动和运行控制规定的具体操作方法和步骤,是程序文件的支持性文件。作业文件应根据相关程序文件的要求和岗位工作的特点来编制。它包括作业指导书、管理规定、管理制度等。

3.5　职业健康安全记录是职业健康安全管理体系运行的过程和结果的信息,为体系运行情况提供证据。

3.6　职业健康安全管理体系文件要便于员工理解和操作,在满足需要的前提下文件数量要尽可能少。

3.7　职业健康安全管理体系文件按《文件控制程序》进行管理。

4 相关文件

《文件控制程序》。

1　总则

建立并保持《文件控制程序》,使与职业健康安全管理体系有关的文件得到控制,确保职业健康安全体系的关键岗位能够及时得到现行版本。

2　职责

2.1　最高管理者负责公司《职业健康安全管理手册》和程序文件的批准发布。
2.2　管理者代表负责体系程序文件的审核。
2.3　各生产分厂主管领导负责体系作业文件的审核和批准。
2.4　综合部负责职业健康安全管理手册、程序文件及相关文件的归口管理。
2.5　制造部负责与该体系有关的法律法规和其他要求等文件的管理。
2.6　各生产分厂及各专业管理部门负责适用于本厂或本部门文件的控制管理工作。

3　控制要求

3.1　受控文件主要是:职业健康安全法律、法规及其他要求(外来文件);职业健康安全管理手册和程序文件;职业健康安全管理体系作业文件。
3.2　《文件控制程序》对于文件的编审、发放、修改、评审、作废处置,对于文件的管理包括外来文件的控制都做出明确规定,以保证:

(1)文件标识清楚,便于查找;
(2)对文件进行定期评审,必要时予以修订并由授权人确认其适应性;
(3)凡对体系的有效运行具有关键作用的岗位,都应能得到有关文件的现行版本;
(4)及时将失效文件从所有发放和使用场所撤回,以防止误用;
(5)对出于法律或资料保留的需要而归档保存的失效文件要予以适当标识。

4　相关文件

《文件控制程序》。

1　总则

建立并保持程序,确保与公司所有运行和活动有关的危险源和危害(特别是不可承受风险)都得到控制或消除。

2　职责

2.1　制造部负责生产现场危险源和危害的控制、职业卫生与职业病防治的管理,并组织监督检查。

2.2　设备部负责生产设备检修和特种设备安全的管理。

2.3　采购部负责劳保用品和危险化学品的管理。

2.4　综合部负责消防的管理。

2.5　人力资源部负责对运行控制程序组织培训和实习,必要的岗位应考试合格后持证上岗。

2.6　各生产分厂执行运行控制程序,运行控制程序不能满足要求时,编制作业指导书并组织实施。

3　控制要求

3.1　制造部在日常的职业健康安全管理中,对《危险源辨识、风险评价和控制措施确定程序》确认的所有运行和活动有关的危险源和危害(特别是不可承受风险)进行重点控制,对其中可能造成重大事故的风险列入风险控制程序,明确控制要求。

3.2　运行控制结合本公司生产实际和安全管理特点,编制程序文件或安全作业规程,主要从生产过程、机电设备、特种设备、特殊工种、煤气、危险化学品、消防、劳保用品、职业卫生与职业病防治、相关方、建设项目等方面进行控制。

3.3　各部门和各生产分厂依据以上程序和规程的要求,开展职业健康安全管理工作,并做好相应记录。当出现不符合时,按《不符合、纠正和预防措施控制程序》执行。

3.4　制造部负责检查各部门和各生产分厂的执行情况。

3.5　运行控制程序的变更。运行控制文件需要变更时,由综合部和制造部共同组织有关人员进行修订,具体内容按《文件控制程序》执行。

4　相关文件

《危险源辨识、风险评价和控制措施确定程序》;
《焦化安全规程》;
《炼铁安全规程》;
《炼钢安全规程》;

《轧钢安全规程》;
《氧气安全规程》;
《工业企业煤气安全规程》;
《特种设备控制程序》;
《特殊作业控制程序》;
《危险化学品控制程序》;
《建设项目安全控制程序》;
《消防控制程序》;
《相关方控制程序》;
《劳保用品控制程序》;
《职业卫生与职业病防治控制程序》;
《女工劳动保护控制程序》;
《文件控制程序》;
《记录控制程序》。

1 总则

建立并保持《应急准备和响应程序》,确定公司潜在的事故或紧急情况,进行应急培训和演习,发生时做出正确响应,预防或减少职业伤害。

2 职责

2.1 总经理负责应急机构的审批和应急期间总指挥。

2.2 公司管理者代表负责应急准备和响应预案的审批。

2.3 公司制造部负责应急准备和响应的管理,组织应急预案的制订与修改。

2.4 综合部组织消防应急准备和响应预案的培训与演习,保持记录。

2.5 各生产分厂负责组织人员参与应急准备和响应预案的培训、演习和实施;各生产分厂负责应急救援设备的保管和维护。

2.6 应急期间的指挥及其他有关人员的职责在应急预案中予以规定。

3 控制要求

3.1 事故或紧急状态发生时,现场人员或发现人员立即采取自救措施并报警,消防保卫部门组织人员进行自救行动,接警后应急机构和应急指挥按应急响应预案组织应急行动。

3.2 应急响应预案应包括以下内容:

(1)事故和紧急状态的确定;

(2)应急机构及其职责和权限;

(3)预防与预警危险源监控;

(4)对内警报和对外通报应急联络;

(5)重要设备和文件的保护;

(6)易燃易爆等危险品的处理;

(7)疏散、自救和抢救措施;

(8)应急保障(信息、队伍、设备、物资、经费和医疗救护等);

(9)演习;

(10)善后处理;

(11)评审和修改预案。

3.3 综合部要有计划地开展消防应急培训和演习,维护好应急设备,使之在应急时保持应有性能状态。在演习之后,特别是事故或紧急状态发生后,评审、修订应急准备和响应的计划和程序。

4 相关文件

《应急准备和响应控制程序》。

检查包括以下内容:

4.5.1 绩效测量和监视

4.5.2 合规性评价

4.5.3 事件调查、不符合、纠正措施和预防措施

4.5.4 记录控制

4.5.5 内部审核

1　总则

建立并保持《绩效测量和监视控制程序》和《监视和测量装置控制程序》,对与职业健康安全管理体系有关的绩效进行测量和监视。

2　职责

2.1　制造部负责绩效测量和监视,对监视测量结果进行评价,包括方针目标和管理方案实施情况、适用的法规的遵守情况、对危险源和危害的控制情况、职业卫生与职业病防治情况等进行监测。
2.2　综合部负责对火灾预防情况进行监测。
2.3　采购部负责对化学危险品及劳保用品管理情况进行监测。
2.4　公司各管理部门分别负责对本部门适用的法律法规的遵守情况的监测,培训效果、业务过程的安全性、设备运行的安全性,事故、事件、不符合等项监测。
2.5　各生产分厂负责对与本单位有关的绩效测量和监视,包括遵守体系文件和运行规程情况的监测。
2.6　上述相关测量与监视记录按《记录控制程序》进行管理。
2.7　监视和测量设备按《监视和测量装置控制程序》,由设备部负责管理设备的校准和维护工作。

3　控制要求

(1)绩效测量和监视的内容:主要是查思想、查管理、查隐患、查整改和查事故处理。查思想主要是检查领导和职工对安全生产法律法规和方针目标工作的认识;查管理是检查安全生产管理体系是否正常运行;查隐患是检查生产作业现场的危险源和危害是否得到控制,是否符合安全生产、文明生产的要求,定期检查采用有效的职业病防护设施,以及为劳动者提供个人使用的职业病防护用品的情况;查整改是检查对过去提出的问题(包括不符合)的整改情况;查事故处理主要是检查对伤亡事故是否及时报告、认真调查、严肃处理。

(2)绩效测量和监视的方式:有定期的和不定期的,安全生产检查时要深入车间、班组,检查生产过程中的劳动条件、生产设备以及相应的健康安全设施和工人的操作行为是否符合安全生产的要求。为保证检查的效果,必须成立一个适应安全生产检查工作需要的检查组,配备适当的力量。安全生产检查的组织形式,可根据检查的目的和内容来确定。由专人负责职业病危害因素的日常监测,并确保监测系统处于正常运行状态。定期对工作场所进行职业病危害因素检测、评价。定期向所在地卫生行政部门报告并向员工公布。

(3)《监视和测量装置控制程序》对测量设备的校准和维护做出了规定。通过预防性和事后性的监测,定性和定量的测量,来评价职业健康安全的绩效水平和职业健康安全目标的实现程度,为纠正和预防及持续改进工作提供可靠信息。

4 相关文件

《绩效测量和监视控制程序》;
《监视和测量装置控制程序》;
《记录控制程序》。

1　控制要求

为了遵守适用的法律法规和职业健康安全管理体系的要求,建立、实施并保持《合规性评价程序》,以定期评价对适用法律法规和其他要求的遵守情况。在每次评价时将评价结果进行记录。本公司每年评价一次遵守适用法律法规情况和对其他要求的遵守情况。

合规性评价包括对方针、目标、指标和方案的制定,危险源辨识与风险评价,安全生产责任制,安全生产教育,危险化学品控制(包括采购、储运和使用),劳动环境(高温、粉尘、酸雾、噪声和辐射等)控制,劳保用品管理,设备维修的安全管理,相关方管理,应急预案的制定与实施,危险源的监测,安全检查,事件和事故调查、分析、报告和处理,以及新建、改建和扩建项目的管理等是否遵守适用的法律法规进行评价。

对参加评价人员的资格和能力、评价的时间间隔也有所规定。

合规性评价的结果作为管理评审的输入。

2　相关文件

《合规性评价程序》。

1　总则

建立并保持程序,要求对事件进行调查、处理和改进,并对不符合进行分析和处理,及时采取纠正和预防措施。

2　职责

2.1　制造部负责公司各类人身健康和伤亡事件的统计、汇总及上报工作,综合管理各类事件和事故的调查处理工作。
2.2　设备部负责公司设备事件的统计、汇总和分类上报工作,综合管理各类事件的调查和处理工作。
2.3　综合部负责公司各类火灾、爆炸事故的调查统计、汇总和分类上报工作,综合管理火灾、爆炸事故的调查处理工作。

3　控制要求

3.1　《事件调查与处理程序》对以下各项做出规定:
(1)事件发生后立即采取的措施;
(2)事件报告;
(3)事件调查;
(4)事件原因分析;
(5)事件调查分析引起的对文件化程序的修改;
(6)事件处理。
3.2　《不符合、纠正和预防措施控制程序》对以下各项同时做出规定:
(1)不符合的确定的依据和准则;
(2)不符合的信息来源;
(3)不符合原因的调查分析;
(4)不符合的纠正或预防、纠正措施;
(5)纠正和预防措施的适宜性、有效性预评价;
(6)纠正和预防措施实施效果的验证。

4　相关文件

《事件调查与处理程序》;
《不符合、纠正和预防措施控制程序》。

1 总则

建立并保持《记录控制程序》,用来标识、保存和处置职业健康安全记录以及审核和评审结果,为职业健康安全管理体系运行的有效性提供证据。

2 职责

综合部负责本公司职业健康安全管理体系运行记录在形成过程中的检查和监督;负责职业健康安全记录的管理、监督、控制工作。

公司各部室、各生产分厂负责本单位职业健康安全记录的填写、标识、保存,并按规定及时移交归档。

3 控制要求

《记录控制程序》对职业健康安全记录的分类、填写要求、标识、保存及销毁等做出了明确规定,以使记录能得到妥善管理,便于查阅,避免损坏、遗失,具有对相关活动的可追溯性,为职业健康安全管理体系的运行提供有效的证据。

4 相关文件

《记录控制程序》。

1　总则

建立并保持《内部审核控制程序》,使审核成为验证职业健康安全管理体系符合性、有效性、适用性的系统化的有序的过程。

2　职责

2.1　综合部负责内部审核控制程序的编制、修订工作。

2.2　管理者代表负责审批内审计划,任命审核组长,批准审核报告。

2.3　审核组准备并实施审核,提出审核报告。

2.4　综合部负责内审的组织工作,对不符合纠正措施的完成进行验证。

2.5　各部门、各生产分厂配合审核工作,对本单位的不符合实施纠正措施。

3　控制要求

按《内部审核控制程序》开展审核工作,由公司组织的全要素审核每年至少一次。每年由综合部制定年度内部审核计划,提交管理者代表审查、批准后实施。内审实施计划应明确审核目的、范围、审核依据、审核方式、审核时间安排等项内容,内审实施计划可根据具体情况进行调整。各生产分厂组织实施本厂内部职业健康安全管理体系审核,每年至少一次。当出现下列情况时,可适当增加审核的次数:

(1)当法律法规有要求时;

(2)工艺装备发生重大变化时;

(3)当发生重大事故或重大顾客投诉时,根据问题的严重程度应及时进行审核;

(4)本公司的组织机构发生重大变化。

程序就以下问题作出规定:

(1)审核目的;

(2)审核范围;

(3)审核依据;

(4)审核组成员;

(5)审核日程;

(6)审核方法;

(7)审核准备;

(8)审核实施;

(9)审核报告;

(10)不符合的纠正和验证;

(11)审核记录的保存。

每次审核前,综合部负责组建审核组。审核组长主持召开审核小组会议,明确审核目的、审核范围、审核依据、审核计划、审核分工,组织审核员编制相应的检查表。审核组成员必须与被审核部门无直接责任关系。

审核组组长总结审核报告,组织编写《内部审核报告》,经管理者代表批准后发放到有关部门。在内审中发现不符合,责任单位按《不符合、纠正和预防措施控制程序》在规定时间内制定并设施纠正/纠正措施计划 ,审核员跟踪验证。

4 相关文件

《内部审核控制程序》;

《不符合、纠正和预防措施控制程序》。

1 总则

定期由最高管理者主持管理评审,确保职业健康安全管理体系运行的持续适宜性、充分性和有效性。

2 职责

2.1 最高管理者主持评审并批准评审报告。

2.2 管理者代表在管理评审会议上向最高管理层汇报职业健康安全体系运行的情况,负责管理评审计划的落实及管理评审中的组织协调;负责管理评审后的跟踪验证的审批和管理评审报告的审核。

2.3 综合部负责管理评审所需的管理评审输入,协助最高管理者和管理者代表组织、实施管理评审活动,负责整理管理评审后的管理评审输出,纠正和预防措施的跟踪检查和验证,以及编写评审报告、评审结果的汇总和保存。

2.4 各部门和各生产分厂按管理评审计划的输出要求收集有关评审所需的资料信息并上报综合部。

3 控制要求

评审的时机和频次:按《管理评审程序》开展工作,例行评审每年至少一次,可结合内审后的结果进行。发生下列情况可适当增加管理评审次数:

(1)当公司组织机构、产品范围、工艺流程或资源配置发生重大变化时;

(2)当发生重大安全事故或相关方有重大投诉时;

(3)当法律、法规、标准及其他要求有变化时;

(4)其他情况需要时。

管理评审根据本公司职业健康安全管理体系审核的结果、环境的变化和对持续改进的承诺,评审职业健康安全管理体系方针、目标和其他要素是否持续适宜,体系运行是否有效,是否作出修改。

管理评审过程应确保收集到必要的信息以供管理者进行评价。管理评审应形成文件,并按《记录控制程序》进行管理。

4 相关文件

《管理评审程序》;

《记录控制程序》。

职业健康安全管理体系程序文件清单

序	文件编号	程序文件名称
1		危险源辨识、风险评价和控制措施确定程序
2		法律法规和其他要求识别、获取和更新控制程序
3		能力、培训和意识控制程序
4		沟通、参与和协商控制程序
5		文件控制程序
6		特种设备控制程序
7		特殊作业控制程序
8		危险化学品控制程序
9		相关方控制程序
10		劳保用品控制程序
11		建设项目安全控制程序
12		消防控制程序
13		职业卫生与职业病防治控制程序
14		女工劳动保护控制程序
15		应急准备和响应控制程序
16		绩效测量和监视控制程序
17		监视和测量装置控制程序
18		合规性评价程序
19		事件调查与处理程序
20		不符合、纠正和预防措施控制程序
21		记录控制程序
22		内部审核控制程序
23		管理评审程序
24		
25		
26		

四、程序文件

程序文件是“为进行某项活动或过程所规定的方法”。程序文件的作用在于,支持职业健康安全手册,对核心要素进行更具体的描述。对所描述的要素,从过程方法和系统方法来进行控制。明确控制的主体、时间、场合、方法、资源和程序。通过程序的控制能够及时地发现和纠正变异并改进职业健康安全绩效。

在编写程序文件时应包括:

(1)识别过程或活动的组成和顺序;

(2)规定各过程或活动的管理职责;

(3)明确各过程或活动的输入输出;

(4)确定过程的设备、信息和资源;

(5)规定控制过程或活动的方法;

(6)规定监视和测量的判断准则;

(7)规定证实和可追溯性的记录。

在编写程序文件时,应按 GB/T 28001—2011《职业健康安全管理体系　要求》的要求和企业实际,有针对性地对过程进行可操作性的描述。根据要求和实际建立并保持程序的过程或要素有:

(1)危险源辨识、风险评价和控制措施的确定;

(2)识别和获得适用法规和其他职业健康安全要求;

(3)能力、培训和意识;

(4)沟通、参与和协商;

(5)文件控制;

(6)运行控制;

(7)应急准备和响应;

(8)职业健康安全绩效监视和测量;

(9)事件调查、不符合、纠正和预防措施;

(10)记录管理;

(11)内部审核;

(12)管理评审。

下面给出一个职业健康安全程序文件示例(仅供参考)。

文件编号

危险源辨识、风险评价和控制措施确定程序

受　　控

发放编号：____________________

批准时间：____________________

生效日期：____________________

东方钢铁公司

年　月　日

文件修改履历表

文件编号：

版次/修改码	修改原因	编写/修改	审核	批准	修改日期

1　目的

为全面准确地辨识危险源,科学地评价其职业健康安全风险,为策划风险控制措施的确定提供方法依据,特制定本程序。

2　范围

本程序适用于东方钢铁公司职业健康安全管理体系覆盖范围内危险源的辨识、风险评价和风险控制措施确定的策划。

3　引用文件

GB/T 28001—2011《职业健康安全管理体系　要求》。

4　术语和定义

本程序采用 GB/T 28001—2011《职业健康安全管理体系　要求》标准中的术语和定义。

5　职责

5.1　制造部负责组织危险源辨识、风险评价和风险控制措施确定。
5.2　各部门和生产分厂单位负责对本部门工作活动和场所的危险源进行辨识、评价和风险控制措施确定。

6　工作程序

6.1　危险源的识别
6.1.1　各部门和分厂以小组为单位,全过程识别本区域生产活动和工作场所中具有的危险源,并报本部门和分厂主管安全的领导审核和批准。
6.1.2　危险源的识别应包括所有进入工作场所人员的活动、工作场所、设施及组织活动的三种时态(过去、现在和将来)和三种状态(正常、异常和紧急)下的各种潜在的危险源。
6.1.3　危险源识别的顺序

(1)厂区;
(2)建筑物;
(3)生产工艺过程;
(4)生产设备和装置;
(5)有害作业部位(粉尘、毒物、噪声、振动、高温);
(6)各项制度(女工劳动保护、体力劳动强度);
(7)生活设施和应急;

(8)外来工作人员和外出工作人员。

6.1.4 危险源辨识的内容

在风险因素识别时考虑以下内容:

(1)国家法律法规明确规定的特殊作业工种、特殊行业工种;

(2)国家法律法规明确规定的危险设备、设施和工程;

(3)具有接触有毒、有害物质的作业活动和情况;

(4)具有易燃、易爆特性的作业活动和情况;

(5)具有职业性健康伤害、损害的作业活动和情况;

(6)曾经发生过或行业内经常发生事故的作业活动和情况;

(7)本公司认为在评估需要时需要考虑的活动和情况。

6.1.5 危险源分类

根据本公司特点将危险源分为以下类型:

(1)物体打击;

(2)车辆伤害;

(3)机械伤害;

(4)起重伤害;

(5)触电;

(6)烫伤;

(7)火灾;

(8)中毒和窒息;

(9)其他。

6.1.6 危险源的识别方法

(1)询问和交流;

(2)现场观察;

(3)查阅有关记录;

(4)获取外部信息;

(5)工作任务分析。

6.2 危险源的风险评价

6.2.1 危险源风险评价小组须由3人以上组成,应具备下列工作经历(或职称)之一:

(1)从事生产技术工作五年(含五年)以上经历;

(2)从事生产操作或生产管理工作五年(含五年)以上经历;

(3)从事安全管理工作五年(含五年)以上经历;

(4)工程师(含工程师)以上职称;

(5)技师(含技师)以上职称。

6.2.2 风险评价小组对辨识出来的危险源在原有控制措施下进行评价,并填写《危险源辨识、风险评价和控制措施确定表》。

6.2.3 风险评价的方法为作业条件危险性评价法(LEC 格雷厄姆法),具体见表1。

表1　LEC 格雷厄姆法风险评价($D=LEC$)

L 值	事故发生的可能性	E 值	频繁程度
10	完全可以预料	10	连续暴露
6	相当可能	6	每天工作时间内暴露
3	可能,但不经常	3	每周一次,或偶然暴露
2	可能性小,完全意外	2	每月一次暴露
0.5	很不可能,可能设想	1	每年几次暴露
0.2	极不可能	0.5	非常罕见的暴露
C 值	事故发生的后果	D 值	危险程度
100	大灾难,许多人死亡	≥320	极其危险,不能继续作业
40	灾难,数人死亡	160~320	高度危险,需立即整改
15	非常严重,一人死亡	70~160	显著危险,需要整改
7	严重,重伤	20~70	一般危险,需要注意
3	重大,致残	<20	稍有危险,可以接受
1	引人注目		

6.2.4 风险级别分为五级

(1)一级危险源:$D\geqslant 320$;

(2)二级危险源:$160\leqslant D<320$;

(3)三级危险源:$70\leqslant D<160$;

(4)四级危险源:$20\leqslant D<70$;

(5)五级危险源:$D<20$。

6.2.5 对各部门和生产分厂辨识出的危险源,由制造部组织进行再审定,经分管副总经理批准并备案。

6.2.6 对判定为一、二级的危险源,列为公司重大危险源,并填写《重大危险因素一览表》,报制造部审定并经分管副总经理批准,作为公司级重点控制对象。对判定为三、四、五级的危险源,列为部门和生产分厂危险源,由相关部门和分厂负责进行控制。

6.3 危险源的控制措施

6.3.1 危险源的控制措施包括管理型控制措施和技术型控制措施。

6.3.2 控制措施的选择原则:消除风险、降低风险、个体防护。

6.3.3 各部门和分厂对辨识出来的所有危险源须制订控制措施,纳入岗位操作规程或管理制度中。对于第一次辨识出来的危险源,须先拟定控制措施,再进行评价。

6.3.4 按《危险源辨识、风险评价和控制措施确定表》中识别的危险源,各部门应制订相对应的控制措施,保证风险程度降至最低。

6.3.5　控制措施的要求

(1)确定风险控制的方法、范围、时间安排;

(2)确定负责执行此过程的员工的作用和职责;

(3)明确对危险源控制的监视测量方法和判断准则;

(4)规定归口管理部门提供数据和信息的内容和时机。

6.3.6　各级危险源由岗位控制,落实到人。一、二级危险源由制造部控制,三、四、五级危险源由各部门控制,并按《绩效监视和测量程序》对控制的结果进行检查和评价。

6.3.7　制造部每季度对一、二级危险源控制和监视测量情况书面报分管安全生产的副总经理。

6.4　危险源辨识和评价的更新

在发生下述情况时,要及时重新进行危险源辨识和评价,更新(或补充)危险源。

6.4.1　法律、法规新的要求;

6.4.2　企业自身业务发展、工艺改变或产能扩大;

6.4.3　相关方的要求;

6.4.4　外审、内审发现危险源识别不全;

6.4.5　事故、事件的发生。

6.5　重大危险源判定的频次

6.5.1　制造部每年11月份组织各部门和分厂对本区域生产活动和工作场所中具有的危险源进行识别,判定重大危险源。

6.5.2　各单位在工艺、设备、法规、产品等发生变化时要进行相应的危险源辨识、风险评价和风险控制的策划工作。

7　记录管理

本程序运行过程中所形成的记录按《记录控制程序》进行管理。

8　相关程序文件

《绩效监视和测量程序》;

《记录控制程序》。

五、作业文件

作业文件是职业健康安全管理体系的最基层的文件，文件名称虽不同，例如有的叫"安全操作规程"，有的叫"作业指导书"等，但是多数将安全生产的作业程序放在设备操作规程中，往往与工艺操作规程分开。如有可能应当将安全运行规程与生产作业规程整合，对现场操作的员工来说，真正达到一体化运作。

为了编制作业文件，应当采用 IE 技术，开展工序分析、作业分析和动作分析。工序分析可以使我们了解作业的全过程，过程中各工序的布置和程序，有助于消除不必要和不合理的工序，使工艺流程合理、简洁和高效。作业分析是对影响作业的各种因素的分析，发现作业过程中存在的问题，寻求改进的方法，为制定作业标准提供信息。动作分析是对人的具体作业动作的分析，以减少或消除不必要的动作，保留正确、安全和高效的动作，为制定作业动作标准提供基础。在工序分析、作业分析和动作分析基础上编制的作业指导书（或岗位规程、操作规程）是科学、合理和可行的。在这种岗位规程中一般包括：

（1）安全生产要求：主要是危险预知，也可以说是作业时的安全注意事项，应简单扼要，具体明确。

（2）作业程序要求：明确作业步骤，规定操作要求，文字表述简单明确、清楚准确。

（3）体系管理要求：主要是产品质量、工艺技术、环境保护、设备点检和维护等要求。

（4）信息传递要求：上下工序需要的信息、计算机管理需要的信息、需要保留作为记录的信息等。

（5）变异处理要求：包括对产品质量变异和设备故障等处理程序的要求。

作业文件最好以图表形式表述，格式简洁，内容清楚，有利于操作者使用。

表 6－1 和表 6－2 为作业文件示例（仅供参考）。

六、记录

记录是阐明所取得的结果或提供所完成活动的证据的文件。记录可用于为可追溯性提供文件，并提供证据，预防措施和纠正措施的证据。

记录的作用在于：

（1）证明产品满足职业健康安全要求的符合性；

（2）证明职业健康安全管理体系运行的有效性；

（3）为有可追溯性要求场合提供证据；

（4）为采取预防和纠正措施提供证据；

（5）为分析职业健康安全动态提供数据和信息；

（6）为持续改进提供机会；

（7）为决策提供事实依据。

表6-1　开平作业指导书

工序	卷板开平	作业区	开平作业区	负责人		编制日期	2011/6/20	版本号	B/0	编号	BZ/W-03-43

过程/活动程序

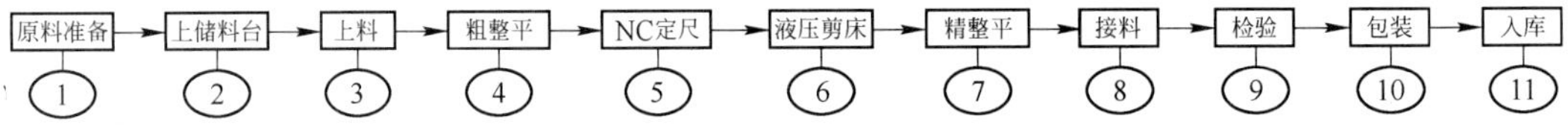

原料准备①→上储料台②→上料③→粗整平④→NC定尺⑤→液压剪床⑥→精整平⑦→接料⑧→检验⑨→包装⑩→入库⑪

序号	技术要求	环境因素和危险源预知及环境、安全要求
1	剪切材料:冷轧低碳钢卷、电解卷板、彩涂卷板、镀锌卷板、热轧酸洗卷板; 不锈钢板厚度:0.3~3.0mm(不锈钢板最大厚度为1.5mm);带钢宽度:300~16000mm; 钢卷内径:ϕ480/ϕ508/ϕ610mm;钢卷外径:不大于1800mm;钢卷最大重量:15t; 材料质量:GB或日本JIS标准低碳卷	(1)劳保用品穿戴齐全、规范; (2)防止起重伤害、机械伤害及手被钢板划伤; (3)边角余料回收
2	注意开卷方向,应从钢卷上部抽卷	注意钢卷在台车上的摆放位置,保证台车平衡而不翻入地坑;防止起重伤害
3	钢卷应正对粗整平机正中位置	注意地坑,防止坠落伤害;防止机械伤害
4	根据钢板厚度调整下压量,其中加工0.8mm板时,后轮下压-1刻度,前轮下压-3刻度。下压量要根据剪切后板材是否平整(观察)来进行调整	无
5	用卷尺测量钢板长度及对角线长度,要求误差均不大于0.6mm;剪料头后第一张板开始测量;尺寸符合要求后进入自动剪切状态,同时注意观察后打板集料状态;当集料不整齐时,检查、调整NC定尺精度	防止手被钢板划伤
6	上、下剪刀间隙控制在板厚的1/10~1/20范围内	调整剪刀间隙时,必须停电,防止机械伤害;调整结束后,操作人员发出信号后方可开机
7	根据经验调整下压量	无
8	木托架、防锈纸按《包装作业指导书》准备,摆放在出料台车上的合适位置; 根据加工薄板尺寸调整后打板至合适位置,开机接料	根据所加工薄板尺寸,准备合适的木托架、防锈纸和捆带,确保包装资材消耗最省; 调整后打板时必须停电,防止机械伤害
9	集料至规定张数,停机检验。检验按《开平检验规程》进行	防止手被钢板划伤
10	包装作业按《板垛包装作业指导书》进行	防止机械伤害及手被钢板划伤
11	按《仓库定置管理图》要求入库定置摆放	防止车辆伤害;板垛堆放整齐、平稳,防止倒垛造成重物伤害

拟制人		审核人		批准人	

表 6-2　安装下水口砖岗位操作规程

编　号				
工序作业名称	钢包准备工序			
岗位作业名称	安装下水口砖			
安全作业条件	防热罩关闭后			
作业使用工具	铁锤			
劳动防护用具	防热服、手套			
作业活动名称	作 业 顺 序	作业人员	注 意 事 项	
			安全方面	作业方面
准　备	(1)滑板安装完了把防热罩关闭	A		拧紧,放热板螺栓确认
	(2)对滑动框架的下水口套进行清扫检查	A		套内要干净,旋转部分内部要干净
	(3)检查指定的下水口砖	A		材质、口径要正确
	(4)在下水口的凸凹处抹泥	A		厚度为 20mm
	(5)准备好下水口顶座及圈	B		检查是否变形,卡头是否破损
安　装	(6)把下水口装入到滑动框架的下水口架中	B	注意别掉下	不要一下放到底
	(7)把下水口安装顶座装入到滑动框架的水口架中	A	注意别掉下	卡头对准套上的缺口,如果顶座松可加垫圈
事后处理	(8)用锤子把下水口顶座打紧	A		用力要均匀,两边一起打,别把水口打坏
	(9)打不紧时加上调整垫圈	A		一般打入卡头槽 1/3
	(10)把挤出的泥用压缩空气吹干净	A		下水口内不得有残留物,但不要对正接缝处吹
	(11)把水口调至全闭位置	B		此作业一定要把防热罩关闭再进行

在设计记录时应考虑:

(1)系统性:防止令出多门,多而不完整,尽可能统一设计,形成记录体系。

(2)层次性:合理进行分类,层次上清楚。尽量避免重复和缺项。

(3)适用性:适宜于形成、使用和保管。太大、太细或太多都不适宜。

(4)简洁性:少而精,经济、一目了然。最好规定性强一些,容易记录。

(5)应制定并保持职业健康安全记录,以提供证据。

下面提供两种记录格式(见表 6-3 和表 6-4),其中表 6-3 所示的记录格式将应当记录的内容规定得比较具体,使操作者或检查者能够为过程或活动的结果提供充分的证据,便于分析其符合性和有效性。如果有不足之处也能够发现和及时改进。而表 6-4 所示的记录格式比较空泛,操作者或检查者记录的随意性比较大,难以追溯其过程或活动的符合性、有效性和完整性。

表 6-3　电气设备安全检查记录表之一

序号	检　查　内　容	检查记录
1	变配电室是否做到“四防”（防雨雪、防汛、防火、防触电）、“一通”（通风）？	
2	变配电室消防设施是否完好、齐备？	
3	变配电室和车间是否有避雷设施？	
4	开关跳扣电源和连锁装置是否安全可靠？	
5	进户导线绝缘、导线截面是否符合安全要求？	
6	开关、熔丝、线路的容量同所接电气设备负荷是否相符合？	
7	电钻、焊机、电锯等绝缘是否良好，接地是否可靠？	
8	路灯照明是否超过 36V，潮湿场所及仓库容器照明是否超过 12V？	

表 6-4　电气设备安全检查记录表之二

序号	检　查　内　容	检查记录
1		
2		
3		
4		
5		
6		
7		
8		

第五节　管理体系文件的控制

一、文件控制

GB/T 28001—2011《职业健康安全管理体系　要求》的 4.4.5 文件控制要求：“应对本标准和职业健康安全管理体系所要求的文件进行控制。记录是一种特殊类型的文件，应根据 4.5.4 的要求进行控制。

组织应建立、实施并保持程序，已规定：

a）在文件发布前进行审批，确保其充分性和适宜性；

b）必要时对文件进行评审和更新，并重新审批；

c）确保对文件的更改和现行修订状态做出标识；

d）确保在使用处能得到适用文件的有关版本；

e）确保文件字迹清楚，易于识别；

f）确保对策划和运行职业健康安全管理体系所需的外来文件做出标识，并对其发放予以控制；

g)防止对过期文件的非预期使用,若须保留,则应做出适当的标识。”

组织应建立并保持程序,控制本标准所要求的所有文件,以确保:

(1)管理者或有关领导在批准文件发布前,不应只签字,应对文件的充分性和适宜性进行审查;

(2)对文件进行定期评审,必要时予以修订并由被授权人员确认其适宜性;并由相关领导重新审批;

(3)对文件的更改和现行修订状态均应做出标识;

(4)凡对职业健康安全管理体系的有效运行具有关键作用的岗位,都可得到有关文件的现行版本;

(5)确保文件字迹清楚,内容具体,规定明确,使员工明确易于识别;

(6)对适用的外来文件(包括国家和地方政府规定的标准和规程)也应进行控制;包括标识和发放;

(7)及时将失效文件从所有发放和使用场所撤回,或采取其他措施防止误用;

(8)对出于法规和(或)组织规定,需要留存的档案文件予以适当标识。

一般文件控制包括以下活动:

(1)编制文件:企业应编制必要的管理体系文件来描述管理体系核心要素及其相互作用并提供查询相关文件的途径。

(2)审核和批准文件:企业领导在审核和批准管理体系文件时,主要应注意文件的适宜性,即是否符合企业实际,不能脱离企业的现状和发展。

(3)发布及发放文件:对已经审核和批准的文件应正式发布,并发放到所需要的岗位,用有效文件要求他们的过程和活动。

(4)评审文件:文件使用过程中应定期对文件的适宜性和有效性进行评审。如果管理体系的文件不能适应企业的发展,应进行修改。

(5)修改文件:文件修改也应履行审核批准等程序。修改后的文件也应按规定程序进行发放,并收回作废的文件。如果作废文件需要保留,也必须作出标志,以免误用。

以上活动的顺序及相互关系可以用图6-2表示。

外来文件(包括适用的法律法规和标准)也应当进行管理,当外来的文件更改或作废时,也要及时更新。

二、记录控制

GB/T 28001—2011《职业健康安全管理体系　要求》4.5.4记录控制提出:“组织应建立并保持必要的记录,用于证实符合职业健康安全管理体系要求和本标准要求,以及所实现的结果。

组织应建立、实施并保持程序,用于记录的标识、贮存、保护、检索、保留和处置。

记录应保持字迹清楚,标识明确,并可追溯。”

一般记录控制包括以下活动:

(1)制定并保持职业健康安全管理体系运行的记录,以提供证据。

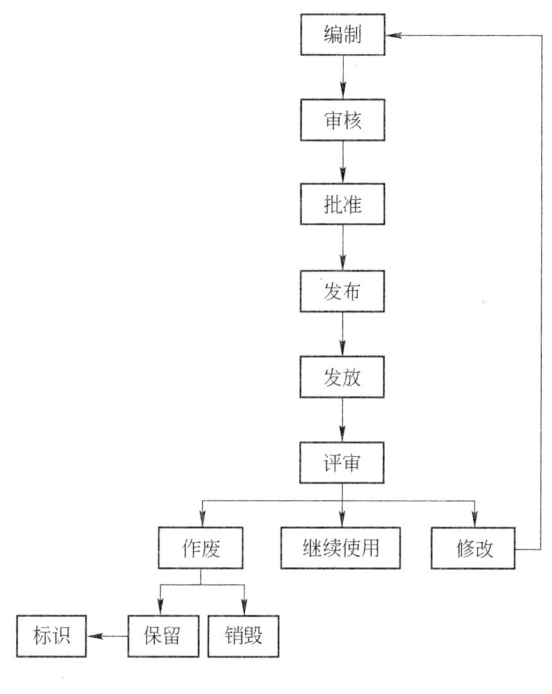

图 6-2　文件控制程序

(2)记录应保持清晰、标识明确,易于识别和检索。

(3)编制程序文件,规定记录的标识、贮存、保护、检索、保留和处置。

记录也应有标识和标号,但没有规定需要控制版本。

以上活动的顺序及相互关系可以用图 6-3 表示。

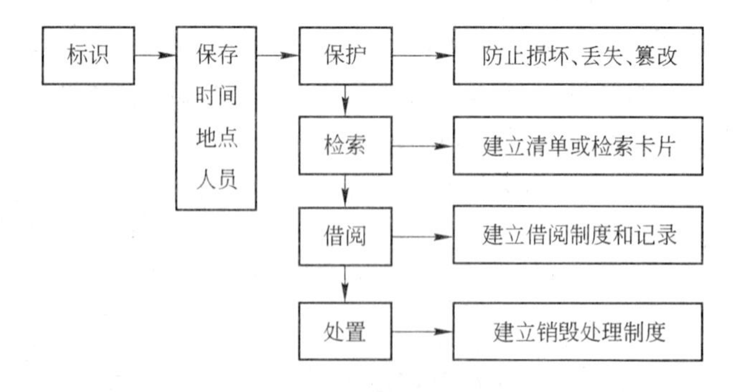

图 6-3　记录控制程序

电子媒体的记录也应当进行控制,也应规定保管、保护、检索、借阅和处置的程序。

第七章　安全生产运行控制

为了实现职业健康安全方针和目标，企业应明确包括最高管理者和管理者代表在内的各个职能和层次的职业健康安全管理职责和权限。对可能产生重大职业健康安全影响岗位和员工的能力做出规定，并进行相应的培训。企业应建立协商和信息交流制度，使员工积极参与职业健康安全方面的活动。企业应制订运行控制程序，控制与风险有关的活动，以及在可能偏离方针和目标时，如何处理。企业应识别潜在的事件或紧急情况，并做出响应，以便预防和减少可能随之引发的疾病和伤害。

第一节　组织机构和职责权限

GB/T 28001—2011《职业健康安全管理体系　要求》中的4.4.1资源、作用、职责、责任和权限要求："最高管理者应对职业健康安全和职业健康安全管理体系承担最终责任。"

最高管理者应通过以下方式证实其承诺：

(1)为建立、实施、保持和改进职业健康安全管理体系提供必要的资源(包括人力资源和专项技能、组织基础设施、技术和财力资源)。

(2)明确各层次和职能的作用、职责和责任与授予权力。

(3)任命最高管理者中的成员，承担特定的职业健康安全职责。

(4)所有管理人员，都应承诺对职业健康安全绩效持续改进。

(5)工作场所的人员必须遵守组织适用的职业健康安全要求。

对组织的活动、设施和过程的职业健康安全风险有影响的从事领导、管理、执行和验证工作的人员，应确定其作用、职责和权限，形成文件，并予以沟通，以便于职业健康安全管理。

钢铁企业一般生产组织体系也是安全生产组织体制。生产组织体系主要由管理部门和生产现场所组成。管理部门包括生产、技术、设备、物资、安全等科(或处)室；生产现场包括生产分厂、车间、工段和班组等。其主要任务是组织和指挥生产，同时也负责安全和职业健康。

多数钢铁企业的组织机构是在总经理(或厂长)领导下，按照经营决策、专业管理、现场管理和自主管理等四个层次，以标准化作业为基础进行全方位的管理。各级领导和职能部门在各自的工作范围内履行安全生产职能。在保证生产的同时，保证安全。也就是说，职业健康安全管理一般是由公司集中管理，实行各级领导责任制。职能管理部门作为职业健康安全管理的一部分，结合本部门的业务，负责相应的职业健康安全管理工作。

最高管理者是组织职业健康安全及其管理体系的最高负责人，并承担最终责任。最高管理者应承诺：

（1）建立、实施和保持职业健康安全管理体系；

（2）为职业健康安全管理体系提供必要的资源；

（3）明确各层次和职能的作用、责任、职责和权限；

（4）任命最高管理者中的成员，承担特定的职业健康安全职责；

（5）对职业健康安全管理体系及其绩效进行评审。

最高管理者任命最高管理者中的成员（比如大型组织中的董事会或执委会成员）为管理者代表，承担特定的职业健康安全职责，说明组织领导层对建立、实施和保持职业健康安全管理体系具有领导意识和责任。

承担特定的职业健康安全职责的管理者代表，无论是否负有其他方面的职责，但在职业健康安全管理体系中负有如下作用和权限：

（1）建立、实施、保持和改进职业健康安全管理体系；

（2）向最高管理者提交职业健康安全绩效报告，以便最高管理者进行管理评审，并为改进职业健康安全管理体系提供依据；

（3）在仍然保留责任的同时，可将其一些任务委派给下属的管理者代表。

最高管理者中被任命者其身份应对所有在本组织控制下工作人员公开。

另外，所有承担管理职责的人员，都应证实其对职业健康安全绩效持续改进的承诺。工作场所的人员在其工作的领域也承担职业健康安全方面的责任，包括遵守组织适用的职业健康安全要求。

最高管理者应规定职责权限的人员包括：

（1）承担特定的职业健康安全职责的领导或管理者代表；

（2）各层次和职能的管理者；

（3）过程操作人员和工人；

（4）负责职业健康安全的培训人员；

（5）对职业健康安全有重大影响的设备负责人；

（6）组织内应有职业健康安全资格的员工；

（7）参与职业健康安全协商讨论的员工等。

《中华人民共和国安全生产法》中规定了安全生产责任制，其中第五条规定：生产经营单位的主要负责人应对本单位安全生产工作全面负责。对于企业制的企业，按照企业法的规定，有限责任企业（包括国有独资企业）和股份有限企业的董事长是企业的法定代表人，经理负责“主持企业的生产经营管理工作”。因此，有限责任企业和股份有限企业的主要负责人应当是企业董事长和经理（总经理、首席执行官或其他实际履行经理职责的企业负责人）。对于非企业制的企业，主要负责人为企业的厂长、经理、矿长等企业行政“一把手”。

按照该法第十七条和第十八条的规定，生产经营单位主要负责人对本单位安全生产工作所负的职责包括：保证本单位安全生产所需的资金投入；建立健全本单位安全生产责任制，组织制定本单位的安全生产规章制度和操作规程；督促、检查本单位的安全生产工作，及时消除生产安全事故隐患；组织制定并实施本单位的安全事故应急救援预案；及时、如实报告生产安全事故等。生产经营单位的主要负责人应当依法履行自己在安全生产方面的职责，做好本单位的安全生产工作。安全生产责任制是指将不同的安全生产责任分解落实到生产经营单位的主要负责人或者正职、负责人或者副职，职能管理机构负责人，班组长以及每位岗位工人身上。只有明确安全责任，分工负责，才能形成比较完整有效的安全管理体系，激发职工的安全责任感，严格执行安全生产法律、法规和标准，防患于未然，防止和减少事故，为安全生产创造良好的安全环境。

安全生产责任制的核心是实现安全生产的“五同时”，就是在计划、布置、检查、总结、评比生产的同时，计划、布置、检查、总结、评比安全工作。其内容大体分为两个方面，一是各级人员的安全生产责任制，即各类人员（包括最高管理者、管理者代表、部门领导和一般员工）的安全生产责任制；二是各分部门的安全生产责任制，即各职能部门（包括生产制造、质量技术、安全环保、采购供应、财务经营等部门）的安全生产责任制。认真贯彻实施《中华人民共和国安全生产法》的安全生产责任制，对满足职业健康安全管理体系要求具有重要作用。

安全科（或处）作为总公司的职业健康安全专业管理机构，负责长期规划、年度安全技术措施计划，并负责制订年、季、月安全计划，经主管经理批准后各单位执行；另外也负责组织各种安全检查，在生产过程中发现潜在的安全隐患时，有权下令停止作业，并立即上报，加以解决。安全科（或处）还负责安全教育，提高员工的安全意识和防范事故预防能力。有的企业安全部门还推行目标管理、系统工程、标准化作业等现代的安全管理方法，采用先进的安全技术和设施，预测和预防事故发生；参加新建、改建和扩建以及重大检修工程的初步设计和方案审查以及“三同时”验收；组织对危险源的监测，组织研究并督促检查职业健康技术措施的实施；负责特种设备管理和特殊工种管理；有的企业成立公司级安全生产管理委员会或领导小组，安全科（或处）负责组织和参加委员会或领导小组会议，负责召开定期的行政例会，提出安全生产的建议和要求；制订和检查预防安全事故的计划和措施；与保安部门合作制订和检查易燃、易爆和要害部位的预防措施；组织重大事故或事件的调查、分析、统计和处理。多数企业的厂内运输安全、防火、防汛、防风、防震等由保安部门管理。

各分厂、车间、工段和班组在总公司安全生产委员会的领导下，贯彻实施安全方针、目标和指标，遵守国家安全生产的法律法规和制订相应的安全生产管理制度，发挥工会和共青团的作用，实现安全生产。

太钢以“管业务必须管安全”为原则，重新修订了《安全生产责任制》，把依法安全生产、隐患排查治理、开展安全生产风险分析、加强产业重组安全管理、严格落实安全目标考核等内容分别体现、分解在不同的层次；进一步明确了各个层级的安全责任，新增了公司高层领导的安全生产专项整治责任、目标；完善了子（分）公司经理、厂（矿）长、作业区主管、班组长等各层次主要负责人的安全生产责任制；完善了岗位操作人员和进入现场作业人员（含外协）的安全生产责任制。

第二节　安全生产培训

GB/T 28001—2011《职业健康安全管理体系　要求》中的4.4.2能力、培训和意识要求："组织应确保在其控制下完成对职业健康安全有影响的任何人员都具有相应的能力，该能力应依据适当的教育、培训或经历。组织应保存相关的记录。"

国家安全生产监督管理总局发布的《企业安全生产标准化基本规范》规定："企业应确定安全教育培训主管部门，按规定及岗位需要，定期识别安全教育培训需求，制定、实施安全教育培训计划，提供相应的资源保证。应做好安全教育培训记录，建立安全教育培训档案，实施分级管理，并对培训效果进行评估和改进。

企业的主要负责人和安全生产管理人员，必须具备与本单位所从事的生产经营活动相适应的安全生产知识和管理能力。法律法规要求必须对其安全生产知识和管理能力进行考核的，须经考核合格后方可任职。

企业应对操作岗位人员进行安全教育和生产技能培训，使其熟悉有关的安全生产规章制度和安全操作规程，并确认其能力符合岗位要求。未经安全教育培训，或培训考核不合格的从业人员，不得上岗作业。

新入厂（矿）人员在上岗前必须经过厂（矿）、车间（工段、区、队）、班组三级安全教育培训。

在新工艺、新技术、新材料、新设备设施投入使用前，应对有关操作岗位人员进行专门的安全教育和培训。

操作岗位人员转岗、离岗一年以上重新上岗者，应进行车间（工段）、班组安全教育培训，经考核合格后，方可上岗工作。

从事特种作业的人员应取得特种作业操作资格证书，方可上岗作业。

企业应对相关方的作业人员进行安全教育培训。作业人员进入作业现场前，应由作业现场所在单位对其进行进入现场前的安全教育培训。

企业应对外来参观、学习等人员进行有关安全规定、可能接触到的危害及应急知识的教育和告知。"

在安全工作中涉及人的因素问题时，有"不安全行为"和"人的失误"。不安全行为一般指明显违反安全操作规程的行为，这种行为往往直接导致事故发生。人的失误是指人的行为的结果偏离了预定的标准。不安全行为、人的失误可能直接破坏对危险源的控制，造成能量或危险物质的意外释放；也可能造成物的不安全因素问题，物的不安全因素问题进而导致事故。对可能产生重大职业健康安全影响岗位和员工的能力做出规定，并进行相应的培训是实现安全生产的关键。因此职业健康安全管理体系要求，组织应确保在其控制下完成对职业健康安全有影响的任何人员都具有相应的能力，该能力基于适当的教育、培训或经历。组织应保存相关的记录。

首先，对可能产生重大职业健康安全影响岗位和员工的能力做出规定，并进行相应的培训是实现安全生产的关键。安全生产培训是职工教育的重要组成部分，是提高员工安全技术素质和防范生产事故的重要途径。

安全生产培训的主要对象有新工人、外来人员、外协人员、特殊工种、关键岗位、车间主任、工段长、班组长和安全员。对各级领导干部也应进行必要的培训。

对新工人的培训主要是进行三级安全教育(公司级或厂级、车间级和班组级),三级教育应规定总授课时间,培训后应考试,合格后才能领取劳动保护用品,在岗位师傅或班组长的指导下上岗操作。三级教育完成后应保存培训记录并归档。

外来人员和外协人员主要是外包方人员,应制订外包人员安全培训教材,主要内容应包括:易燃、易爆、有毒有害气体区域安全注意事项,施工或检修项目周围环境状况,生产过程危险源和设备安全状况,设备维修安全管理制度或三方联络挂牌制度,临时用电制度,现场动火制度,高处作业制度,劳保用品使用制度,安全道路通畅制度,厂内设备、开关、阀门、仪表等不得擅自触动制度,禁烟区和危险区等预知制度等。有的企业在对外包方培训后有记录和确认卡,教育者和受教育者负责人签字和分别保存。

对特殊工种人员的培训主要是国家或地方政府的规定,必须具备特殊工种作业人员的条件,经行政劳动管理部门指定的培训和考核合格后才能上岗作业。对特殊工种的作业人员必须按规定期限进行复查。钢铁企业的特殊工种一般包括机动车辆驾驶、电工作业、起重机械司机、起重吊钩指挥作业、锅炉司炉工、金属焊接(切割)作业、电梯驾驶、登高架设和危险化学品保管等。

关键岗位主要指生产过程的关键岗位,例如焦炉操作工、化产品操作工、烧结球团工、高炉炉前工和煤气操作工、炼钢工、轧钢工、包装工等,对这些工人主要培训安全生产操作规程和应急处理预案。

车间主任、工段长、班组长和安全员培训的内容有劳动保护基础知识、安全生产责任制、安全生产管理和工作方法、事故预防措施、安全技术知识、现场急救知识。一般采用轮训的方式进行。

对各级领导干部的培训内容主要有:适用的法律法规、安全生产责任制、安全生产管理和工作方法及事故预防措施等。一般采取研修班或学习班形式进行。

另外,企业还应当进行经常性的培训(例如班前会、班后会安全教育、安全日活动、复岗和换岗培训及安全知识竞赛等)。如遇有违章违纪情况也应抓住机会进行教育。安全生产自主管理活动也是安全生产培训的一种很好的形式。

所有的培训都应当采取适当方式对培训的有效性进行评价。

第三节　沟通、参与和协商

GB/T 28001—2011《职业健康安全管理体系　要求》中的4.4.3沟通、参与和协商在4.4.3.1沟通中规定:“针对其职业健康安全危险源和职业健康安全管理体系,组织应建立、实施和保持程序,用于:

a)在组织内不同层次和职能进行内部沟通;

b)与进入工作场所的承包方和其他访问者进行沟通;

c)接收、记录和回应来自外部相关方的相互沟通。”

企业首先应建立沟通程序,包括组织内部各层次和职能机构的沟通以及与外部承包方和访问者的沟通。

内部沟通包括方针、目标、职责的沟通和传达;危险源的辨识、风险评价和风险控制;适用的法律法规和其他要求以及其他需要沟通的职业健康安全信息。

外部沟通是向相关方宣传组织的安全方针、目标;危险源的辨识、风险评价和风险控制的要求;与相关方沟通有关的法律法规的要求等。

沟通方式有很多,组织可采用会议、书面(联络单、意见本、调查表、小报、刊物或宣传栏等)、电子媒体(网页、邮件、录像)等方式定期或不定期地进行沟通。

对危险源进行“预知沟通”或对外部相关方进行“安全交底”以及来自外部的对事件或投诉的处理意见的通告和反馈等是沟通的重要内容、形式和方法。

GB/T 28001—2011《职业健康安全管理体系　要求》中的4.4.3沟通、参与和协商在4.4.3.2参与和协商中也规定了内部员工的参与和协商与外部顾客和外包方的参与和协商。

与内部员工的参与和协商包括:参与和协商职业健康安全方针和目标的制定和评审;告诉他们谁是职业健康安全事务代表;参与和协商危险源辨识、风险评价和控制;参与和协商对影响他们职业健康安全的任何变更;参与事件调查,并对职业健康安全事务发表意见。

与外部顾客和外包方的参与和协商包括:影响他们的职业健康安全的变更以及与相关方就有关的职业健康安全事务进行协商。

参与和协商的方式有很多,组织可根据本组织的实际情况和信息的性质,采用会议、书面(联络单、意见本、调查表、小报、刊物或宣传栏等)、电子媒体(网页、邮件、录像)等方式定期或不定期地进行。

第四节　控制与风险有关的活动

GB/T 28001—2011《职业健康安全管理体系　要求》中的4.4.6运行控制规定:“组织应确定那些与已辨识的、需实施必要控制措施的危险源相关的运行和活动,以管理职业健康安全风险。”

需实施必要控制措施的危险源相关的运行和活动,主要应做到以下几个方面。

一、生产过程的安全控制

(一)焦化过程

厂址选择应位于居民区的夏季最小频率风向的上风侧和生活饮用水水源的下游,并考虑了所在地区的地质、水文、气象、防洪、排涝等因素。厂址条件应有利于烟气的扩散。煤场、焦油加工区应位于常年最小频率风向的上风侧的边缘,焦炉炉组纵轴也应与当地最大频率风向夹角适宜。

翻车机的操作信号(例如事故开关、翻转角度极限信号等)应设置齐全,煤场、配煤槽、煤塔等贮煤时间应有规定,否则超过规定时间会引发自燃的现象。煤场应设有喷水设施及其他防自燃措施,煤槽煤流入口也应设置箅格、振煤装置等,地下通廊有防止地下水浸入的措施。

配煤过程应实现机械化,粉碎机前有电磁分离器,粉碎机、破碎机有安全连锁装置。胶带运输机应设置有防胶带跑偏、打滑和溜槽堵塞的探测器及自动调节装置,启动和停止的顺序连锁等。运焦皮带机应采用耐热胶带,胶带机上应有自动洒水装置或红焦探测器。

煤焦转运站、粉碎机室、筛焦楼等处应有防尘措施,上升管盖、桥管承插口、装煤孔、炉门及小炉门等处有防止冒烟的措施,炉顶工人休息室有降温隔热措施。焦炉装煤、出焦、熄焦等过程采用有效的消烟净化措施,焦炉地下室有通风装置,两端有安全出口及一氧化碳检测装置,煤气管末端有放散和防爆装置。烟道走廊及地下室有换向的音响报警装置。

推焦机、拦焦机、装煤车、熄焦车有开车前音响信号,推焦机、拦焦机、熄焦车之间也有联络信号和连锁装置。凉焦台设有熄焦的水管。干熄焦装置严密,并设有气体成分分析仪。干熄焦装置外部通风良好,而且有测量风向、风速装置。

煤气净化车间与焦炉的净距离应规定安全要求,例如精苯车间与焦炉的净距离应大于50m。鼓风机室的仪表控制室应布置在爆炸危险区域之外。苯精制、吡啶精制、萘、硫磺等具有爆炸危险的厂房应采用不能发火花地坪,厂房也须考虑泄压面积等。煤气设备的进出口处都应留有检修位置。隔断盲板、各种塔器的进出口管道上应有温度、压力监控仪表。管式炉及氨分解炉等加热用煤气有低压报警装置。苯类贮槽有喷水冷却设施,并装有呼吸阀及阻火器。

粗精苯、焦油室内及粗苯管式炉等有灭火装置,各贮槽和塔器的放散气体有集中处理的排气洗净塔等净化措施,电捕焦油器有氧含量自动监测仪和报警装置。硫铵工段设备应防止漏酸或漏煤气;粗苯车间对火源管理应有规定。

对煤焦油中含水量应有限制和控制;对萘、蒽集尘也应有极限控制要求。在焦油氨水分离装置、蒸馏设备、贮槽和放散管等处应检查和防止硫化氢、氯化铵及氨等气体泄漏。注意控制吡啶生产设备不发生泄漏,防止苯精制的初馏分中的二硫化碳或苯中毒,防止沥青烟气或粉尘中毒,防止噪声和热辐射对工人的危害。

焦化生产过程存在有易燃易爆炸性混合物,泄漏是常见的产生燃烧爆炸性混合物的原因。造成泄漏的原因有的是来自设备,有的是来自操作失误。设备、容器和管道本身存在漏洞或裂缝。有的是设备制造质量差,有的是长期失修、腐蚀造成的。在投入使用之前必须经过验收合格。在使用过程中要定期检查其严密性。由于操作失误会造成气、油泄漏,甚至引起燃烧和爆炸。为了预防这类事故,除要求严格按标准化作业外,还必须采取防溢流措施。例如易燃、可燃液体贮槽区应设防火堤。防火堤内的下水道通过防火堤处设有闸门。对可能泄漏或产生含油废水的生产装置周围应设围堰等。焦化生产过程的许多设备都设有放散管，各放散管应按所放散的气体种类分别集中净化处理后放散。放散有毒、可燃气体的放散管出口应高出本设备及邻近建筑物4m以上。可燃气体排出口应设阻火器。

焦化生产过程的煤尘主要产生在煤的装卸、运输以及破碎粉碎等过程。一般煤场采用喷洒覆盖剂或在装运过程中采取喷水等措施来降低粉尘浓度。输送带及转运站主要利用安装输送带通廊、局部或整体密闭防尘罩等来隔离和捕集煤尘。破碎及粉碎设备等产尘点应设置布袋除尘、湿式除尘、通风集尘等装置来降低煤尘浓度。在焦化生产过程中，一氧化碳存在于煤气中，特别是焦炉加热用的高炉煤气中的一氧化碳含量在30%左右。焦炉的地下室、烟道通廊煤气设备多，阀门启闭频繁，非常容易泄漏煤气。所以，必须对煤气设备定期进行检查，及时维护，烟道通廊的贫煤气阀应保证其处于负压状态。为防止硫化氢、氰化氢中毒，应设置脱硫、脱氰工艺设施。

(二)烧结过程

在厂区设计时应考虑风向和距离对居民区的影响，厂区边缘到居民区的距离应大于1000m，并让烧结车间主厂房与季节盛行风向相垂直。车间内部设有起重设备和检修通道，胶带机通廊和热返矿通廊净高应符合要求，人行道和检修道应设有防滑设施。

铁精矿是烧结生产的主要原料，在选矿厂生产过程中，常夹杂着大块和其他杂物，在胶带运输中经常发生堵塞、撕裂皮带，甚至进入配料圆盘使排料口堵塞等事故。处理时易发生人身伤害事故。为避免以上事故，胶带机的各种安全设施要齐全，保证灵活、可靠，并应实现自动化控制。烧结的抽风机也存在危险因素，例如转子不平衡运动中发生振动的问题。针对这一问题，在更新叶轮前应当对其做平衡试验。目前带式烧结机机身长度在不断增大，也存在台车跑偏现象，另外受高温影响也容易产生过热“塌腰”现象。所以应为烧结机的开、停，设置必要的联系信号，并设立一定的保护装置。翻车机工和司机沟通失误的话，会发生站台车和旋转骨架撞坏事故，容易引起操作人员发生挤手和砸脚事故。烧结过程中会产生大量的粉尘和废气，因此应抽风除尘。烧结过程的噪声主要来源于主风机、冷风机、通风除尘机、振动筛、锤式破碎机和四辊破碎机等。除应改善和控制设备噪声外，现场操作人员也应进行适当的防护。对捅、挖矿槽内发生堵料、棚料和槽壁黏结料以及圆盘给料机的排料口有堵塞现象时，规定有安全处理方法和防止伤害的措施。

烧结点火器、主抽风机室有烟雾火灾自动报警装置，烧结机头电除尘器有防火防爆装置，厂房有防雷设施。电气设备有防雷和过电保护、接地、接零装置。对烧结机、抽风机(抽风机转子和叶片)、热矿筛、冷振筛等规定有点检维护制度。

厂内气体管道是架空敷设，煤气管道的入口处设有总管切断阀和蒸汽或氮气吹扫煤气的设施，煤气管道有压力报警装置。油、水、煤气、蒸汽、空气或其他气体设备和管道上的压力表经过校准，并在有效期内。

制定突然停电或停煤气以及检查煤气管道和阀门泄漏煤气的应对措施。对机尾观察孔观察卸矿和更换台车或备件时规定有安全注意事项。对双层筛、冷振筛的瓦座、传动轴和偏心块，对抽风机转子和叶片抽风机的油箱规定有点检维护措施；对电除尘器内维修和清扫规定安全作业程序；上下除尘设备的楼梯时有防止滑跌和坠落的措施。

（三）炼铁过程

厂区应布置在高炉常年最小风频下风侧，各操作室、值班室应避开可能泄漏煤气的危险区及其常年最大风频的下风向。

矿槽、焦槽上加盖格筛，斜桥下设有防护板或防护网，斜桥一侧有通往炉顶的走梯。卷扬机的运转部件设有防护罩或栏杆，下面留有清扫撒料的空间。天桥、通道、斜梯踏板及平台采用防滑钢板或格栅板制作，并有防积水措施。原料、燃料准备及运输等有粉尘的地方有通风除尘装置。

在矿石与焦炭运输、装卸，破碎与筛分，烧结矿整粒与筛分过程中，都会产生大量的粉尘；高炉炉前作业有高温辐射，出铁、出渣会产生大量的烟尘，铁水、炉渣遇水会发生爆炸；炉前还容易发生烫伤、开铁口机、起重机造成的伤害等；炼铁过程煤气泄漏会发生人中毒和爆炸；喷吹煤粉也有发生粉尘爆炸的危险；另外，也存在噪声的伤害等。主要预防措施是提高装备水平，作业人员要穿戴防护服；上料、卸料和装料操作必须遵守安全程序。

高炉炉身附近的电气设备安装有防护罩或栏杆，炉前设备的电缆有防机械损伤及防烧毁的措施。电气设备的外壳接零或接地，高层建筑有防雷击设施。

计算机室、变电室和动力开关室配有灭火装置或灭火器，为了防止发生回火，煤气放散点火装置设有蒸汽灭火装置。除尘器布置在高炉铁口、渣口 10m 以外并不正对铁口或渣口。炉顶工作压力能承受 400kPa 以上的煤气爆炸压力，当炉顶压力超过规定时，放散阀可以自动打开。热风主管中设有排除炉内煤气的倒流阀。煤气管道的最高处有能够在地面控制的煤气放散管或阀，热风炉燃烧器的煤气管道设有煤气流量调节器和煤气自动切断闸阀及报警系统，在热风炉混风调节阀前有闸板式切断阀。热风炉燃烧器的燃烧阀与煤气切断阀之间有蒸汽或氮气吹扫装置，热风炉总管有水封装置，煤气支管有自动切断阀。

高炉炉体、风口、炉底、外壳、水渣等必须连续给水，一旦中断便会烧坏冷却设备，发生停产的重大事故。为了安全供水，供水系统设有一定数量的备用泵，泵站设有两路电源和供水的水塔，保证在没有外部供水情况下维持循环供水。

炉前渣沟、铁沟及水冲渣沟，设有活动封盖及相应的除尘装置，渣口、渣铁罐上面是否有排烟罩，水渣沟架空部分有带栏杆的走台，水渣池周围设有栏杆，四壁有扶梯。炉顶、除尘器、洗涤塔或布袋除尘器的人孔上下配置，炉顶放散管设有点火装置，用于煤气吹扫的蒸汽管与煤气管之间是非刚性连接，在高温作业区有防暑降温措施。

煤粉制粉和喷吹系统有防火、防爆、防雷和防静电措施，粉煤制备系统、喷煤系统与制粉间、喷吹间的一切设备全部设有防火措施，制粉间、喷吹间有消防措施，周围有消防车能够通行的通道。煤粉仓、储煤罐、喷煤罐、仓式泵等有防爆孔，煤粉管道和容器有吹扫用的压缩空气、氮气和其他惰性气体，有压差安全连锁装置和停电时所有阀门安全自动切换装置。当喷煤系统的阀门或仪表失灵时能够自动切断和报警。

为了保证喷吹煤粉的安全，混合器与煤粉输送管线之间应设置逆止阀和自动切断阀。喷煤风口的支管上也应安装逆止阀，停止喷吹时，喷吹罐内和储煤罐内的储煤时间不应超过 8 ~ 12h。为了防止爆炸产生强大的破坏力，喷吹罐和储煤罐应有泄爆孔。烟煤粉尘制备、喷吹系统，当烟煤的挥发分超过 10% 时，可发生粉尘爆炸事故。为了预防粉尘爆炸，主要采取控制磨煤机的温度、控制磨煤机和收粉器中空气的氧含量等措施。

炼铁过程煤气中毒事故危害最为严重，死亡人员多，多发生在炉前和检修作业中。预防煤气中毒的主要措施是提高设备的完好率，尽量减少煤气泄漏；在易发生煤气泄漏的场所安装煤气报警器；进行煤气作业时，煤气作业人员佩戴便携式煤气报警器，并派专人监护。为防止煤气中毒与爆炸，在一、二类煤气作业前必须通知煤气防护站的人员，并要求至少有 2 人以上进行作业。在一类煤气作业前还须进行空气中一氧化碳含量的检验，并佩戴氧气呼吸器。在煤气管道上动火时，须先取得动火票，并做好防范措施。进入容器作业时，应首先检查空气中一氧化碳的浓度，作业时，除要求通风良好外，还要求容器外有专人进行监护。

（四）炼钢过程

炼钢过程中所需要的原材料、半成品、成品都需要起重设备和机车进行运输，运输过程中存在起吊物坠落伤人、起吊物相互碰撞、铁水和钢水倾翻、车辆撞人等危险源，应加强设备维护、提高操作水平和严格遵守安全操作规程。

转炉炉座布置应是高架式的，炉壳防高温裙板、冷却托圈是防高温变形的，炉壳与托圈连接设有安全设施。应具备炉体转动的动、静负荷防护和平衡设施。炉口有防冲击负荷影响的措施，炉口、裙板与转炉耳轴有水冷设施和转炉周围有防护设施。

操作室、转炉前后摇炉出钢口、加合金料孔、转炉炉前测温取样、转炉清炉口、修炉、补炉与拆炉等均有安全设施。

转炉操作平台有栏杆、人行道和梯子。转炉除尘与烟罩有升降装置，转炉烟罩升降接口、下料口、氧枪、副枪以及活动烟罩与斜烟罩连接密封也应有安全设施，并设置了烟罩和氧枪维护平台，活动烟罩与可调喉口及风机具有连锁装置。

转炉炼钢的氧枪系统是炼钢过程的安全工作重点。首先应预防弯头或变径管燃爆事故。通过改善设计、减慢流速、定期吹管、清扫过滤器和完善脱脂作业等手段来避免事故的发生。如果低压用氧可能导致氧管负压、氧枪喷孔堵塞，容易引起燃气倒灌回火，发生燃烧和爆炸事故。因此应严密监视氧压。因操作失误也会造成氧枪回水不通，氧枪积水在熔池高温中汽化，当氧枪内的蒸气压力高于枪壁强度极限时就会发生爆炸。

余热锅炉系统有安全装置，包括防爆孔、检查孔、汽包上的安全阀、放散阀、水位测定与报警装置等。

烟气有洗涤喷水和检查，烟气分离器有安全设施，风机叶片有冲洗与自动加油装置。煤气有防爆、放散与水封、自动点火的设施，煤气柜有安全设施，除尘和煤气回收有防泄漏检查设施，蓄热器也有安全设施。

除尘、烟气净化、煤气回收和水处理系统有检查平台、走道、扶梯或栏杆。氧枪与副枪卷扬钢丝绳有防断、防过载、防松绳和防黏渣的安全设施;氧枪水温差与氧压差有报警系统,氧枪和副枪停电时有备用电源,副枪自动装卸探头,转炉、氧枪和副枪之间自动连锁。

炼钢过程的转炉、精炼炉、钢包、铁水罐、混铁炉或混铁车等满溢,铁水、钢水、渣液遇水会发生爆炸。防止熔融物遇水爆炸,对冷却水系统要保证安全供水,水质要净化,不得泄漏;物料、容器、作业场所必须干燥。应定期检查、检修转炉、精炼炉、钢包、铁水罐、混铁炉或混铁车等设备;严格执行安全技术规程,并搞好个人防护。

炉外精炼在加合金、测温、取样、吹氧控制操作时有安全防护设施,有防止跑漏钢水、液压室防火、防止停电、停水、炉外电石料仓防爆设施。

在连铸过程中钢包滑动水口若不能自动开浇和钢包注流失控,将会影响中间包的正常作业。如果中间包开浇失控,水口堵塞容易引发漏钢事故。连铸结晶器钢水液面与中间包钢流连锁控制有安全设施,结晶器冷却水应有备用水源。一次冷却用水与钢包回转台事故停电应有备用的安全电源;二次冷却蒸汽应有捕集装置。火焰清理有除尘设施,钢坯表面清理有安全防护措施和对漏钢事故的安全防护措施。连铸平台、栏杆、扶梯和走道应符合有关规定。

有防止燃油、润滑油、液压油和可燃气体引起火灾的措施,有防止电气设备发生故障而引起火灾的措施,有防止钢液、钢渣、蒸汽、氧气、煤气、燃油、润滑油、液压油和可燃气体引起爆炸的措施,有防止起重机、天车引起的起重伤害和高处坠落设施。有防止铁水包、钢水包、渣罐等设备引起的高温伤害和防止触电的安全设施。

(五)轧钢过程

一般在轧钢生产现场设有原料仓库、中间仓库、成品仓库和露天堆放地。钢坯通常用磁盘吊和单钩吊装卸。在使用磁盘吊时,要检查磁盘是否牢固,以防脱落砸人。在使用单钩吊时,要检查钢坯在车上的放置状况和钢丝绳的安全状态。钢坯堆垛要放置平稳、整齐,垛与垛之间保持一定的距离,便于工作人员行走,避免吊放钢坯时相互碰撞。钢坯堆垛的高度应以不影响吊车正常作业为标准。

用火焰清除钢坯表面缺陷时,要按操作规程仔细检查火焰枪、煤气和氧气胶管、阀门、接头等有无漏气现象,以防回火爆炸伤人。

轧钢加热炉用的燃料分为固体、液体和气体。气体燃料运输方便、点火容易、易达到完全燃烧,但某些气体燃料有毒,具有爆炸危险,使用时要严格遵守安全操作规程。使用液体燃料时,应注意燃油的预热温度不宜过高,点火时进入喷嘴的重油量不得多于空气量。为防止油管的破裂、爆炸,要定期检验油罐和管路的腐蚀情况,储油罐和油管回路附近禁止烟火,应配有灭火装置。

加热设备设有可靠的隔热层,其外表温度不超过100℃。加热炉设有各种安全回路的仪表装置和自动警报系统,以及使用低压燃油、燃气的防爆装置。加热炉安装有安全水源或设置高位水源。加热炉是使用煤气的生产区,其煤气危险区域的划分,应符合附录四 AQ 2003—2004《轧钢安全规程》中表 1 的规定。第一类区域,应戴上呼吸器方可工作;第二类区域,应有监护人在场,并配备好呼吸器方可工作;第三类区域,可以工作,但应有人定期巡视检查。加热炉与风机之间设有安全连锁、逆止阀和泄爆装置,严防煤气倒灌爆炸事故。

调压站和一次仪表室均属甲类有爆炸危险的建筑,其操作室与调压站隔开,并设有两个向外开启的门。贮油罐或重油池安装有排气管和溢流管,输送重油的管路设有火灾时能很快切断重油输送的专用阀。轧钢工序的伤亡事故多发生在辅助设备或作业区域。防止机械伤害最重要的措施是保持设备处于良好状态,安全装置有效。清扫和修理必须停机作业。对交叉作业应进行安全联络,建立安全确认制度。对高速运动和移动的装置或部件应有安全防护装置和警示标识。机械伤害主要来自旋转式机械、移动式机械、往复式机械和运输式设备等。控制措施包括设备状态良好(安全点检)、严禁不停机清理和触摸(危险预知)、检修时三方确认和挂牌、交叉作业安全联络、醒目安全警戒和安全防护装置。

轧机的机架、轧辊和传动轴设有过载保护装置,以及防止其破坏时碎片飞散的措施。轧机与前后辊道或升降台、推床、翻钢机等辅助设施之间,设有安全连锁装置。自动、半自动程序控制的轧机,设备动作应具有安全连锁功能。轧机的润滑和液压系统,应设置各种检测和保险装置。

加工热辊时,采取措施防止工人受热辐射。应采用机械自动或半自动换辊方式。剪机与锯设专门的控制台控制。喂送料、收集切头和切边,采用机械化作业或机械辅助作业。热锯机应有防止锯屑飞溅的设施,在有人员通行的方向应设防护挡板。轧机除鳞装置包括防止铁鳞飞溅危害的安全护板和水帘。热带连轧机与卷取机之间的输送辊道,两侧设有防护挡板。带钢轧机能在带钢张力作用下安全停车。卷取机工作区周围,设有安全防护网或板。地下式卷取机的上部,周围设有防护栏杆,并有防止带钢冲出轧线的设施。采用吊车运输的钢卷或立式运输的钢卷,进行周向打捆或采取其他固定钢卷外圈的措施。

冷轧厂(车间)应设在企业污染影响较大的生产区最小频率风向的下风侧,厂区布置和主要车间的工艺布置应设有安全通道,以便在异常情况或紧急抢救情况下供人员和消防车、急救车使用。新建、改建和扩建轧钢厂,应按规定靠厂房一侧沿轧制生产线的方向,距离地面适当高度修建供参观和其他生产操作人员行走的安全通廊,设备裸露的转动或快速移动部分,应设有结构可靠的安全防护罩、防护栏杆或防护挡板。

冷轧机的机架、轧辊和传动轴设有过载保护装置,以及防止其破坏时碎片飞散的措施。液压系统和润滑系统的油箱,应设有液位上下限、压力上下限、油温上下限和油泵过滤器堵塞的显示和警报装置,油箱和油泵之间应有安全连锁装置。轧机的润滑和液压系统,设置有检测和保险装置。用磨床加工轧辊,操作台设置在砂轮旋转面以外,不使用不带罩的砂轮进行磨削。应优先采用机械自动或半自动换辊方式。板、带冷轧机应设有防止冷轧板、带断裂及头、尾 、切边伤人和损坏设备的设施,收集废边和废切头等应采用机械或用机械辅助。

吊车装有能从地面辨别额定荷重的标识,不许超负荷作业。吊车设有吊车之间防碰撞装置;大小行车端头缓冲和防冲撞装置;过载保护装置;主、副卷扬限位、报警装置;登吊车信号装置及门连锁装置。电磁盘吊有防止突然断电的安全措施,吊具是在安全系数允许范围内使用。

主要通道及主要入口设置照明。危险场所、重大危险设备的管理和严重危险作业,设有危险标志牌或警告标志牌。油库、液压站和润滑站,设有灭火装置和自动报警装置。电气室(包括计算机房)、主电缆隧道和电缆夹层,设有火灾自动报警器、烟雾火警信号器、监视装置、灭火装置和防止小动物进入的措施,以及防火墙和遇火能自动封闭的防火门。

冷轧生产的酸洗,主要是为了清除表面氧化铁皮,生产时应注意保持防护装置完好,以防机械伤害;注意穿戴要求,以防酸液溅人灼伤。冷轧速度快,清洗轧辊注意站位,磨辊须停车,处理事故时须停车进行,切断总电源,手柄恢复零位。采用X射线测厚时,要有可靠的防射线装置。酸洗和碱洗区域,有防止人员灼伤的措施,并设置安全喷淋或洗涤设施。采用放射性元素检测仪表的区域,应有明显的标志以及必要的防护措施,并按有关规定定期检测。酸洗车间应设置贮酸槽。采用酸泵向酸洗槽供酸,不采用人工搬运酸罐加酸;采用槽式酸碱工艺的,不往碱液槽内放入潮湿钢件。

热处理工序存在的事故危险有火灾、中毒、倒炉和掉卷。在煤气区操作时必须严格遵守《煤气安全操作规程》,保持通风设备良好;如果吊具磨损应及时更换,以防吊具伤人。

总之,在对钢铁企业的危险源进行控制时,首先应尽可能实现"本质安全化"。在安全设计过程中应遵循消除原则、预防原则、减弱原则、隔离原则、连锁原则、强化原则,合理布置设备,控制人与人身伤害因素的距离,尽可能实现机械化、自动化和智能化代替人工操作;设置保险装置,减轻伤害程度和缩短作业时间,减轻损害程度。机械化、自动化和智能化不仅可以减轻工人的体力劳动和危险作业,而且具有危险报警、安全连锁和自动停机的功能,发生故障时能够记录和显示故障的时间、地点、性质、原因等,有助于及时排除和预防再发生。

组织在设计和制造主体设备时应采用新技术和新工艺以减少对作业环境的污染,对粉尘和毒物采用有效的治理措施,包括采取代替、抑制、通风、防毒、防尘等措施,并注意防暑降温,降低噪声,建立必要的监测和急救过程。

设备和设施的安全化在很大程度上取决于安全设计。安全设计的内容非常广泛,从厂址选择和布置到工艺方案和设备选型,从方案到图纸,都将影响安全生产和职业健康。组织在设计和工程建设过程中应加强安全管理,坚持"三同时"。

为了防止钢水、铁水和炉渣爆炸,应使设备过程安全状态正常,严防设备水冷过程漏水。严禁钢包、铁罐、渣罐有水或未烘干以及出钢坑和出渣坑积水。防止易燃易爆物质的泄漏,并配置监测和报警装置,管制火源和严格动火制度。设立可靠的和完善的防火防爆装置。必须认真进行安全培训和标准化作业。防火防爆主要来自钢水、铁水和炉渣;煤气、易燃气体和液体;氧气、电气、蒸汽、粉末和超压设备等。控制措施为防火措施

(防止起火和火灾)、灭火措施、防爆措施和应急措施。

钢铁企业的起重伤害主要是管理缺陷、作业缺陷、安全装置缺陷、吊具缺陷所引起的伤害。防止起重伤害最重要的措施是加强起重机械和作业的安全管理,指吊配合标准化,指令清楚,标志鲜明。行车安全装置和吊索吊具齐全可靠,在起重过程有危险的范围,严禁人员通过。起重运输伤害主要来自起重驾驶、指挥、点检和维修作业。控制措施为加强安全管理、标准化作业、安全装置齐全可靠和专用安全吊索具。

钢铁企业的机动车辆伤害主要发生在交叉路口、倒车、追尾等场合,防止机动车辆伤害最重要的措施是建立交通安全管理制度,加强对驾驶员的培训,在交叉路口安装反光镜,在车上安装后视镜和前后轮间增设护栏等。运输伤害主要来自厂内铁路和机动车辆驾驶。控制措施为加强安全管理、标准化作业、专业培训持证上岗、安全标识和地面反光镜与后视镜以及安全护栏和连锁装置。

钢铁企业的电气伤害主要是触电伤害、电弧灼伤和电气火灾爆炸引起的烧伤。防止电气伤害最重要的措施是尽量避免人体接触带电部位,采取必要的安全防护措施,防止误操作,安装机电连锁装置,保护接地,设置电气防火防爆装置等。电气伤害主要来自电－动(电力传动)、电－热(电热设备)、电－光(照明设备)和电－化(电解设备)等。控制措施为防止触电(设备、检修、工具)、防止短路电弧灼伤和防止电气火灾爆炸。

钢铁企业对职工健康可能造成危害的主要是粉尘、毒物和噪声危害。直接接触健康损害因素的主要是现场的操作人员,约占职工人数的一半。其中接触粉尘的占三分之一,接触毒物的占五分之一,噪声危害的占三分之一。

钢铁企业的健康损害因素主要有粉尘、焦炉遗散物、工业毒物、噪声、高温、局部振动和放射等。其中防尘和防毒是主要的。粉尘作业工艺应采用隔离方式,在工艺允许的情况下,设立自动喷水设施进行抑尘。除尘过程应实现"三同时"。

中毒主要来自窒息性毒物(CO、N_2)、刺激性毒物(SO_2)、麻醉性毒物(汽油)、全身性毒物(铅、汞)等。首先应防止有毒物质的泄漏并建立监测和报警过程。对进入煤气区域作业,必须两人以上并佩戴氧气呼吸器和具有良好的通风条件。进入化学毒物设施中进行检修时,应采取可靠的隔离毒源措施,进行置换通风,使用防毒用品,准备急救措施,熟悉急救方法。采取严格密封和排风措施,防止跑冒滴漏,形成良好的作业环境,建立监测和报警过程,作好适宜的个体防护和应急准备与响应。控制措施为:防氮窒息(空气置换)、防CO中毒(防止泄漏、安全监控、保护用具、急救措施)和防化学中毒(审批作业、安全防护、急救措施)。

钢铁企业在煤气主要产生或使用场所使用的设备设施包括:

(1)焦炉地下室应设置机械通风设备和固定式一氧化碳监测报警装置。

(2)焦炉推焦机、拦焦车、装煤车、熄焦车应设置开停车信号、事故报警信号和电气安全连锁装置。

(3)烧结机点火器应设置煤气事故紧急切断阀。

(4)高炉煤粉喷吹罐、输煤罐等压力容器设置泄压装置。

(5)煤粉制备系统应设置氧含量和一氧化碳浓度在线监测报警装置。

(6)在煤粉容器、与容器连接的管道端部和管道的拐弯处设置足够面积的泄爆孔。

(7)高炉风口及以上平台、转炉炉口以上平台、煤气柜活塞上部、烧结点火器及热风炉、加热炉、管式炉、燃气锅炉等燃烧器旁易产生煤气泄漏的区域和焦炉地下室、加压站房、风机房等封闭或半封闭空间处安装固定式一氧化碳监测报警装置。

(8)转炉操作控制室应设置防喷溅安全挡板和逃生通道。

(9)高炉、转炉和电炉应设置高效除尘系统(包括转炉二次除尘)。

(10)炼铁、炼钢与轧钢生产系统的电缆隧道(电缆沟)应设置可靠的温感、烟感探测等火灾报警、灭火装备和防水倒灌与防渗设施。

噪声控制措施有:选用或更换低噪声设备,采用阻尼、隔振、吸声、消声或遥控等措施进行控制,并进行必要的个体防护。

个体防护用品是劳动者在劳动中为抵御危险源伤害人体而穿戴和佩戴的各种物品。个体防护用品只是一种辅助性的安全措施,只能延缓或减轻伤害,不能从根本上解决问题。应根据实际需要发放个体防护用品,不是福利待遇。个体防护用品应保证质量安全可靠。对个体防护用品应有针对性的质量要求,必须经过有关部门核发生产许可证和产品合格证。按照有关要求不同工作工种和不同劳动条件发放个体防护用品。员工应按规定穿戴个体防护用品。通过培训使员工会检查、会使用和会维护个体防护用品。

钢铁企业常见职业病有:尘肺、职业中毒、中暑和噪声聋。控制措施为:职业卫生监护,包括定期体检和三级预防:Ⅰ级预防是“三同时”;Ⅱ级预防是降低有害物质;Ⅲ级预防是患者早期治疗。

对健康损伤因素的主要预防措施是:

(1)粉尘:八字防尘措施(革、水、密、风、护、管、教、查)。

(2)毒物:“三同时”、消除、代替、遥控和个人防护。

(3)噪声:85~90dB、消除、降低、防护、体检。

(4)中暑:疏散热源、隔热、通风降温、保健措施(盐水)和防护措施。

(5)电离辐射:执行卫生标准、降低辐射强度、缩短工作时间、远离辐射、屏蔽或防护、标识警示和封闭保管。

二、设备和设施的安全控制

(一)设备设计和工程建设的安全控制

1. 实现“本质安全化”

组织在工程建设过程中应加强安全管理,坚持“三同时”。

首先应尽可能实现“本质安全化”。总图运输应合理,工艺流程顺畅,避免往返重复运输。厂内运输尽可能实现人货分流,大量采用皮带、辊道或链式运输,减少机动车负荷,减少装卸运等危险作业环节。在总图布置上应充分考虑安全距离和空间。建筑物及附属设施也应从基础、结构、通道等方面考虑防火、阻燃、防震、防风、防洪、防灾和避难等。

组织在设计和制造主体设备时应注意安全控制，包括设备的配置和连接方式、管道阀门位置和方向、安全装置的位置和结构，充分考虑物理、化学和工艺的安全性、电气设备和消防设施、通风和防尘、照明和采光、隔音和消声、除害和防毒等。例如降低高炉高度与直径比例，提高高炉炉体的安全性。转炉炉体与拖卷采用三点球面支撑和悬挂式星形齿轮传动，保证转炉运行的稳定性；轧机也同样，从材质到结构应具有满足安全要求的强度和刚度。水、电、风、汽系统也应有安全可靠的技术设施，并有防火防爆设施。

2. 机械化、自动化和智能化

机械化、自动化和智能化不仅可以减轻工人的体力劳动和危险作业，而且具有危险报警、安全连锁和自动停机的功能。发生故障时能够记录和显示故障的时间、地点、性质、原因等，有助于及时排除和预防再发生。

3. 改善工人劳动作业环境

采用新技术和新工艺减少对作业环境的污染，对粉尘和毒物采用有效的治理措施，包括采取代替、抑制、通风、防毒、防尘等措施，并注意防暑降温，降低噪声，建立必要的监测和急救系统。

在安全设计过程中应遵循十大技术原则：

(1)消除原则：采取有效措施消除所有危险或危害因素；

(2)预防原则：当无法消除时，应采取有效的预防措施；

(3)减弱原则：在无法消除和预防时，采取减弱措施；

(4)隔离原则：在无法消除、预防和减弱时，采取隔离措施；

(5)连锁原则：当操作者失误和设备失常时通过连锁装置立即停车；

(6)加强原则：在设计时适当加大安全系数；

(7)合理布置：合理布置设备，控制人与危险因素的距离；

(8)实现机械化、自动化和智能化代替人工操作；

(9)设置保险装置，减轻危险程度；

(10)缩短作业时间，减轻危害程度。

(二)点检定修的安全控制

点检是日本开发的一种设备检查和维修制度，我国宝钢引进后又有新的发展。这套制度是通过对设备按规定的检查点，定人、定时、定方法、定标准进行预防性检查(点检)，取得设备状态的信息，制定有效的维修方案，把维修工作做在设备发生事故或故障之前，使设备始终处于最佳状态。

点检定修制度的核心是点检，点检是一种完善的设备维修工作系统，是保证设备安全可靠性、维护型和经济型的重要措施。点检是由岗位操作工人进行日常点检，专业点检工人进行定期点检，专业技术人员进行精密点检，这也叫做“三位一体”的点检制。定修制是一种设备检修管理制度。定修安排在设备事故发生之前。设备检修制度包括“工程委托”、“接受工程”、“工程实施”和“工程记录”四个步骤。

在设备检修时,因为零部件拆卸、吊装空洞暴露,场地堆放混乱,立体交叉作业,动火与停送电作业等原因,危险源很多,危险性也大。因此设备检修的安全管理十分重要。设备检修的安全管理主要内容包括:

(1)检修作业开始前,必须由检修、点检和操作三方进行安全联络,"三方确认",包括检修前三方同时的安全确认,检修施工班组现场安全自检确认,动火时的安全确认,检修后的安全确认。

(2)检修作业必须具备安全条件,只有检修的设备编号与检修委托单或检修计划中的设备编号一致时才能施工。只有动力设备的开关,油、水、气与有关的能源介质的阀门关闭时才能施工。检修场地的坑洞有防护,易燃易爆物质必须清理,煤气作业区符合施工要求,动火作业持有证明,"三方确认"后安全联络挂牌,使危险源预知,预防措施到位。

(3)检修过程按标准化程序作业,包括检修工程委托、现场调查和安全交底、安全确认和联络挂牌、危险预知和定置管理、安全巡视和安全会议等活动。

三、外包过程的安全控制

对外包方(协力单位)的控制包括实施安全认定,认真资格审核,凡进入企业参加维护检修、施工建设或其他外协服务的组织,必须有营业执照、资质证明、安全生产许可证或其他安全认定要求。在签订的合同或协议中有安全生产、治安消防等的条款要求。

国家安全生产监督管理总局发布的《企业安全生产标准化基本规范》也规定:"企业应执行承包商、供应商等相关方管理制度,对其资格预审、选择、服务前准备、作业过程、提供的产品、技术服务、表现评估、续用等进行管理。

企业应建立合格相关方的名录和档案,根据服务作业行为定期识别服务行为风险,并采取行之有效的控制措施。

企业应对进入同一作业区的相关方进行统一安全管理。

不得将项目委托给不具备相应资质或条件的相关方。企业和相关方的项目协议应明确规定双方的安全生产责任和义务。"

明确对外包方的管理职责,不能以包代管。发包单位或项目单位对外包方明确工作区域、组织机构、人员组成、工作负荷、配套设施、进度要求等。发包单位或项目单位应指定专人对外包单位进行安全检查和监管,特别是应加强现场安全管理,配备符合要求的工器具,必须穿戴符合要求的劳动保护用品。

对外包方进行安全培训和沟通也非常必要。对厂区的主要危险源,特别是煤气、氧气、氮气、放射性和易燃易爆物质进行沟通,提供安全规定。明示煤气管道、氧气管道的安全色和煤气区域的定义以及煤气报警电话,煤气作用于人体的反应和自救方法。对起重、挂吊、登高、特殊工种、动火作业和煤气作业的安全作业应规定注意事项。检修作业实行"安全联络"制度,并设有提示、标示和警示牌的识别。明确火警、救护、应急电话报警和灭火器材适用范围及使用规定。

四、特种设备的安全控制

特种设备是指涉及生命安全、危险性较大的锅炉、压力容器(含气瓶,下同)、压力管道、电梯、起重机械、客运索道、大型游乐设施。其中锅炉、压力容器(含气瓶)、压力管道为承压类特种设备;电梯、起重机械、客运索道、大型游乐设施为机电类特种设备。

锅炉是指利用各种燃料、电或者其他能源,将所盛装的液体加热到一定的温度,并对外输出热能的设备,其范围规定为容积大于或等于30L的承压蒸汽锅炉;出口水压大于或等于0.1MPa(表压),且额定功率大于或等于0.1MW的承压热水锅炉;有机热载体锅炉。锅炉伤害主要来自锅炉爆炸、水击、二次燃烧与烟气爆炸。控制措施为:防止超压,定期校准压力表;防止过热,设置超温报警;水处理和除氧;加强缺陷检查;加强培训,规范操作。

压力管道是指利用一定的压力,用于输送气体或者液体的管状设备,其范围规定为最高工作压力大于或等于0.1MPa(表压)的气体、液化气体、蒸汽介质或者可燃、易爆、有毒、有腐蚀性、最高工作温度高于或等于标准沸点的液体介质,且公称直径大于25mm的管道。压力容器伤害来自变形、泄漏、破裂引起的爆炸、火灾和中毒。控制措施为:遵守安全操作规程;加强容器检验,及时发现缺陷;加强容器维护和管理;加强培训,持证上岗。

起重机械是指用于垂直升降或者垂直升降并水平移动重物的机电设备,其范围规定为额定起重量大于或等于0.5t的升降机;额定起重量大于或等于1t,且提升高度大于或等于2m的起重机和承重形式固定的电动葫芦等。

厂内专用机动车辆,是指除道路交通、农用车辆以外仅在工厂厂区使用的专用机动车辆。

五、特种作业的安全控制

特种作业范围包括电工、金属焊接切割、起重机械、企业内机动车辆驾驶、登高架设、锅炉作业、压力容器操作、制冷、矿山通风、矿山排水以及政府批准的其他作业。

按《特种作业人员安全技术培训考核大纲》对特种作业人员进行培训和考核。特种作业人员在独立上岗工作前必须接受与本工种相适应的、专门的安全技术培训。特种作业人员的安全技术考核由特种作业人员所在单位或培训单位向当地负责特种作业人员考核的单位提出申请。特种作业人员的安全技术考核分为安全技术理论考核和实际操作考核,经考核合格者发给特种作业人员操作证。特种作业人员操作证每2年复审一次,连续从事本工作10年以上的复审时间可延长到每4年一次。特种作业人员必须持证上岗,对特种作业人员建立档案,作好申报、培训、考核、复审的组织工作和日常检查工作。加强对特种作业人员的身体检查和健康监护工作。离开特种作业岗位1年以上的特种作业人员,必须重新进行安全技术考核。

近年来,我国钢铁企业的生产过程设备机械化和自动化程度有了很大的提高,甚至在世界上名列前茅;但是特种设备和特种作业的风险依然存在,必须得到重视和控制。

特种设备是指涉及生命安全、危险性和危害性较大的设备；特种作业是指容易发生伤亡事故，可能造成重大危害的作业，对钢铁企业来说，特别是与煤气和氧气有关的压力容器和管道，生产过程的起重和运输，检修过程的电工和焊工，具有多种危险和危害因素，特种设备和特种作业应是安全生产的重点。目前，很多企业在贯彻实施 GB/T 28001—2011《职业健康安全管理体系　要求》，并取得了认证，但是在特种设备和特种作业的安全生产管理方面仍然存在薄弱环节，有些企业对特种设备管理的重点只放在向地方特种设备安全监督管理部门登记上（偏重设备注册）；特种作业人员的管理重点也只是关注给考核合格者发特种作业操作证（偏重资格认可）。

为了消除或预防特种设备和特种作业的安全风险，安全生产管理体系对以下几点进行严格控制是非常重要的：

（1）对特种设备和特种作业的安全纳入安全生产方针目标中，与生产过程一样，尽可能达到安全生产事故为零，并为目标的实现制订方案，包括责任分工明确，方案措施具体，监督检查落实和考核奖惩严格。

（2）将特种设备和特种作业作为重要对象，采用适宜的方法对机械伤害、车辆伤害、起重伤害、爆炸、火灾、触电、灼烫和中毒等危险源进行辨识和评价，找出重要的危险源进行控制。

（3）对特种设备和特种作业中危险源的风险控制应执行责任制，明确分工，规定职责和权限。不应只局限于设备和人员管理部门，更应包括运行单位和操作人员。责任不仅是设备登记和人员取证，而应是安全运行。

（4）对特种设备和特种作业的安全控制应提高员工安全生产意识和规范安全生产作业，同时更应注意设计和使用消除、预防、减弱、隔离、连锁、加强防护、合理布置等措施，防止能量释放和故障传递。

（5）对特种设备和特种作业应具有危险预知和应急响应措施，最好采用可视化方式，做到事先有预防，应急有准备。既注意防止事故发生，也能避免或减轻事故伤害。

（6）加强安全生产教育和培训，提高安全生产意识和能力。除现有的三级教育外，还应加强对特种设备和特种作业的安全生产教育和培训。最好包括案例分析和应急演练。

（7）健全监督检验程序，包括主动检查、被动检查、定性的、定量的、预防性指标、事后性指标等。将特种设备和特种作业安全绩效的检查也包含在方针目标评价和奖惩考核制度中。

第八章　应急准备和响应

GB/T 28001—2011《职业健康安全管理体系　要求》中4.4.7应急准备和响应规定:“组织应建立、实施并保持程序,用于:

a)识别潜在的紧急情况;

b)对此紧急情况做出响应。

组织应对实际的紧急情况做出响应,防止和减少相关的职业健康安全不良后果。

组织在策划应急响应时,应考虑有关相关方的需求,如应急服务机构、相邻组织或居民。

可行时,组织也应定期测试其响应紧急情况的程序,并让有关的相关方适当参与其中。

组织应定期评审其应急准备和响应程序,必要时对其进行修订,特别是在定期测试和紧急情况发生后。”

组织也应识别潜在的事件或紧急情况,并作出响应,以便预防和减少可能随之引发的疾病和伤害。

钢铁企业的发展日益大型化,生产过程的巨大能量潜在着重大的危险,特别是火灾、爆炸、危险化学品的泄漏等事故发生的可能性很大。通过安全设计、操作、检查和维护等措施,可以降低风险,预防事故的发生,但是还不能达到绝对安全的程度。因此,根据实际情况对预计可能发生的重大事故,制订应急准备和响应计划和措施,在事故发生时能够迅速做出反应和采取预先准备好的措施,控制事故发展并尽可能排除事故,保护现场人员安全,将损失降到最低程度。

生产经营单位安全生产事故应急预案是国家安全生产应急预案体系的重要组成部分。生产经营单位在编制安全生产事故应急预案时应贯彻落实“安全第一、预防为主、综合治理”方针,按《中华人民共和国安全生产法》第十七条“组织制定并实施本单位的生产安全事故应急救援预案”和第六十八条“县级以上地方各级人民政府应当组织有关部门制定本行政区域内特大生产安全事故应急救援预案,建立应急救援体系”的要求,分别对现场和厂外应急预案做出明确要求。

第一节　应急预案的基本原则和任务

应急准备和响应应以“预防为主,防救结合”为原则。“预防为主”能够提高系统的安全保障能力;“防救结合”可以及时进行救援处理,减轻事故造成的损失。在预防为主的前提下,统一指挥,分级负责,区域为主,单位自救和社会救援相结合。

应急准备和响应包括4个阶段:预防、预备、响应和恢复。

(1)预防阶段主要是为了预防、控制和消除事故的危害所采取的行动,包括学习适用的法律法规,参加灾害保险,建立安全信息体系,制定安全规划和措施,进行风险评价和分析,进行安全监控,实施安全和应急教育等。

(2)预备阶段主要是为了应对事故发生而提高应急行动能力和有效的响应。在事故前所采取的行动,包括制定应急预案,建立应急预警系统,组织应急救援中心,进行应急预案培训和演练,准备应急物资和实施应急救援预案等。

(3)响应阶段主要是为了保护生命财产,使损失减少到最小程度,并有利于恢复。在事故前、事故中和事故后采取的行动,包括启动应急报警系统,提供应急救援物资,向政府有关部门进行报告,向相关方进行沟通,组织疏散、避难和营救等。

(4)恢复阶段主要是为了恢复生产和生活,使之进入正常状态所采取的行动,包括清理事故现场、消毒去污、恢复生产、安排生活、评估损失、保险赔付、评审预案等。

应急准备和响应的主要任务是:

(1)首要任务是抢救人员,避免或减少伤亡。在事故的救援预案中应首先迅速、有序地组织人员疏散、转移和撤离事故现场,进行自救和互救,避免或减少伤亡。

(2)迅速控制危险源,防止事故扩大。根据危险源的性质和影响采取有针对性的措施,消除和控制事故。

(3)清理事故现场,消除危害的后果。针对事故对人和环境影响,采取必要的措施,清理现场,减少和消除有害污染或危害。

(4)调查事故原因,评估危害和损失程度,包括事故原因分析、危害性质和危害程度以及人员伤亡和财产损失。

第二节　应急预案的系统、分级和程序

一、应急预案的系统

应急预案系统包括:组织机构、预案计划、培训演习、救援行动、现场清理和善后处理、恢复生产。

(1)组织机构:应急预案系统的组织机构主要包括应急指挥机构、事故现场的指挥机构、保障机构、媒体机构和信息机构等。

(2)预案计划:预案计划包括对可能发生的事故进行预测、确定和准备资源、明确应急组织和职责、策划应急行动和程序、制订培训和演习计划、确定善后处理事宜等。

(3)培训演习:应急培训演习主要包括通过培训和演习评价预案计划和程序是否适宜和充分、资源是否准备到位、对事故的反应和协调能力如何、如何修改预案计划和进一步提高员工的防范意识。

(4)救援行动:应急救援行动包括对事故的紧急评估、明确危险物资位置、确定救援和保护重点、采取疏散和营救活动、调度后备人力和资源、采取必要的防护设施。

(5)现场清理和善后处理：在事故应急救援后对现场救援人员和遗存的污染应进行净化，对事故伤害进行妥善处理，清理现场和处理遗留问题。

(6)恢复生产：恢复生产的同时，应考虑事故调查分析、评估损失、紧急救助和保险索赔等。

二、应急预案的分级

一般完整的应急预案包括企业(现场)应急预案和厂外应急预案。现场应急预案由企业负责，厂外的应急预案由政府主管部门负责。企业(现场)应急预案又有综合应急预案、专项应急预案和现场处置方案。

综合应急预案是从总体上阐述事故的应急方针、政策，应急组织结构及相关应急职责、应急行动、措施和保障等基本要求和程序，是应对各类事故的综合性文件。

专项应急预案是针对具体的事故类别(如煤气爆炸、危险化学品泄漏等事故)、危险源和应急保障而制定的计划或方案，是综合应急预案的组成部分。专项应急预案应按照综合应急预案的程序和要求组织制定，并作为综合应急预案的附件。专项应急预案应制定明确的救援程序和具体的应急救援措施。

现场处置方案是针对具体的场所、岗位、设备、装置或设施所制定的应急处置措施。现场处置方案应更具体、简单、针对性强。现场处置方案应根据危险源辨识、风险评价及控制措施进行逐个编制，做到事故相关人员应知应会，熟练掌握，并通过应急演练，做到反应迅速、处置正确。

三、应急预案的程序

(1)结合本单位部门的职能和分工，成立以企业主要负责人为领导的应急预案编制工作组，明确编制任务、职责分工和编制工作计划。

(2)收集应急预案编制所需的各种信息和资料(包括相关法律法规、适用的标准和规程、国内外同行业事故案例分析、本单位生产安全和技术资料等)。

(3)在危险源辨识、风险评价和事故分析、隐患治理和排除的基础上，确定本单位可能发生事故的危险源、事故的类型和后果，进行事故风险分析，并指出事故可能产生的次生、衍生事故，形成分析报告，分析结果作为应急预案的编制依据。

(4)对本单位应急程序、应急装备和应急队伍等应急能力进行评估，并结合本单位实际，加强应急能力建设。针对可能发生的事故，按照有关规定和要求编制应急预案。应急预案编制过程中，应全员参与和培训，使所有与事故有关人员都能掌握危险源的风险及其后果、应急处置方案和技能。

(5)应急预案应充分利用社会应急资源，与地方政府预案、上级主管单位以及相关部门的预案相衔接。

(6)应急预案编制完成后，应对应急预案进行评审。评审可分内部评审和外部评审。内部评审由本单位主要负责人组织有关部门和人员进行。外部评审由上级主管部门或地方政府负责安全管理的部门组织审查。评审(或补充修改)后，按规定报有关部门备案,并经生产经营单位主要负责人签署发布。

第三节　综合应急预案的主要内容

(1)总则。主要内容有:

1)编制目的:简单叙述应急预案编制的目的和作用等。

2)编制依据:说明应急预案编制所依据的法律法规、规章,以及有关行业管理规定、技术规范和标准等。

3)适用范围:说明应急预案适用的区域范围,以及事故的类型、级别。

4)应急预案体系:说明本单位应急预案体系的构成。

5)应急工作原则:说明本单位应急工作的原则,内容应简明扼要、明确具体。

(2)危险性分析。主要内容有:

1)生产经营单位概况:主要包括单位地址、从业人数、主要原材料、主要产品、产量、品种和主要生产流程等,以及适用范围内及其周围的重大危险源。必要时,可附流程图和平面图进行说明。

2)危险源与风险分析:主要阐述本单位存在的危险源及风险分析结果。

(3)应急组织体系、组织机构和职责权限。主要内容有:

1)明确应急组织体系,组织内的单位或人员,并尽可能以结构图的形式表示出来。

2)指挥机构及职责权限 :明确应急救援指挥机构总指挥、副总指挥、各成员单位及其相应职责权限。应急救援指挥机构根据事故类型和应急工作需要,下设相应的应急救援工作小组,并明确各小组的工作任务及职责权限。

(4)预防与预警危险源监控。主要内容有:

1)危险源监控:明确并公示本单位对危险源监测监控的方式、方法以及采取的预防措施。

2)预警行动 :明确本单位事故预警的条件、方式、方法和信息的发布程序。

3)信息报告与处置 :按照有关规定,明确事故信息报告与处置办法。明确 24 小时应急值守电话、事故信息接收和通报程序。明确事故发生后向上级主管部门和地方人民政府报告事故信息的流程、内容和时限。

明确事故发生后向其他有关部门或单位通报事故信息的方法和程序。

(5)应急响应。主要内容有:

1)响应分级:针对事故危害程度、影响范围和单位控制事态的能力,将事故分为不同的等级。按照分级负责的原则,明确应急响应级别。

2)响应程序:根据事故的大小和发展态势,明确应急指挥、应急行动、资源调配、应急避险、扩大应急等响应程序。

3)应急结束:明确应急终止的条件。事故现场得以控制,环境符合有关标准,导致次生、衍生事故隐患消除后,经事故现场应急指挥机构批准后,现场应急结束。应急结束后,应明确:事故情况上报事项;需向事故调查处理小组移交的相关事项;事故应急救援工作总结报告。

(6)信息发布。明确事故信息发布的部门、发布原则。事故信息应由事故现场指挥部及时准确地向新闻媒体通报。

(7)后期处置。后期处置主要包括污染物处理、事故后果影响消除、生产秩序恢复、善后赔偿、抢险过程和应急救援能力评估及应急预案的修订等内容。

(8)保障措施,主要内容有:

1)通讯与信息保障:明确与应急工作相关联的单位或人员通讯联系方式和方法,必要时提供备用方案。建立信息通讯系统及维护方案,确保应急期间信息通畅无阻。

2)应急队伍保障:明确各类应急响应的人力资源,包括专业应急队伍、兼职应急队伍的组织与保障方案。

3)应急物资装备保障:明确应急救援需要使用的应急物资和装备的类型、数量、性能、存放位置、管理责任人及其联系方式等内容。

4)经费保障:明确应急专项经费来源、使用范围、数量和监督管理措施,保障应急状态时生产经营单位应急经费的及时到位。

5)其他保障:根据本单位应急工作需求而确定的其他相关保障措施(如交通运输、治安、技术、医疗和后勤保障等)。

(9)培训与演练。主要内容有:

1)培训:明确对本单位人员应开展应急培训内容、计划、方式和要求。如果预案涉及到社区和居民,要做好宣传教育和告知等工作。

2)演练:明确应急演练的规模、方式、频次、范围、内容、组织、评估、总结等内容。

(10)奖惩。明确事故应急救援工作中奖励和处罚的条件和内容。

第四节　专项应急预案的主要内容

(1)总则。主要内容有:

1)编制目的:简单叙述专项应急预案编制的目的和作用等。

2)编制依据:说明专项应急预案编制所依据的法律法规、规章,以及有关行业管理规定、技术规范和标准等。

3)适用范围:说明专项应急预案适用的区域范围,以及事故的类型、级别。

4)预案体系:说明本单位专项应急预案的组织构成。

5)工作原则:明确处置安全生产事故应当遵循的基本原则,内容应简明扼要、明确具体。

(2)事故类型和危害程度分析。在危险源评估的基础上,对其可能发生的专项应急事故类型和可能发生的季节、时机以及事故严重程度进行分析。

(3)组织机构及职责。主要内容有:

1)应急组织体系:明确专项应急组织形式、构成单位或人员,并尽可能以结构图的形式表示出来。

2)指挥机构及职责：根据事故类型，明确应急救援指挥机构总指挥、副总指挥以及各成员单位或人员的具体职责。应急救援指挥机构可以设置相应的应急救援工作小组，明确各小组的工作任务及主要负责人职责。

(4)预防与预警。主要内容有：

1)危险源监控：明确本单位对危险源监测监控的方式、方法，以及采取的预防措施。

2)预警行动：明确具体事故预警的条件、方式、方法和信息的发布程序。

(5)信息报告程序。主要内容有：

1)确定报警系统及程序。

2)确定现场报警方式，如电话、警报器等。

3)确定24小时与相关部门的通讯、联络方式。

4)明确相互认可的通告、报警形式和内容。

5)明确应急反应人员向外求援的方式。

(6)应急处置。主要内容有：

1)响应分级：针对事故危害程度、影响范围和单位控制事态的能力，将事故分为不同的等级。按照分级负责的原则，明确应急响应级别。

2)响应程序：根据事故的大小和发展态势，明确应急指挥、应急行动、资源调配、应急避险、扩大应急等响应程序。

3)处置措施：针对本单位事故类别和可能发生的事故特点、危险性，制定的应急处置措施(如煤气爆炸、火灾、中毒、漏钢等事故应急处置措施)。

(7)应急物资与装备保障。明确应急处置所需的信息、组织、人员、经费、物质与装备数量、管理和维护、正确使用等。

(8)培训与演练。主要内容有：

1)培训：明确对本单位人员应开展专项应急培训内容、计划、方式和要求。如果预案涉及到社区、居民或相关方，要做好宣传教育和告知等工作。

2)演练：明确应急演练的规模、方式、频次、范围、内容、组织、评估、总结等内容。

(9)奖惩。应明确专项应急救援工作中奖励和处罚的条件和内容。

第五节　现场处置方案的主要内容

(1)总则。主要内容有：

1)编制目的：简单叙述现场处置方案编制的目的和作用等。

2)编制依据：说明现场处置方案编制所依据的法律法规、规章，以及有关行业管理规定、技术规范和标准等。

3)适用范围：说明现场处置方案适用的区域范围，以及事故的类型、级别。

4)预案体系：说明本单位现场处置方案的组织构成。

5)工作原则：明确现场处置方案应当遵循的基本原则，内容应简明扼要、明确具体。

(2)组织与职责。主要内容有：

1)基层单位应急自救组织形式及人员构成情况。

2)应急自救组织机构、人员的具体职责,应同单位或车间、班组人员工作职责紧密结合,明确相关岗位和人员的应急工作职责。

(3)危害程度分析。主要是对事故特征的描述,包括：

1)危险性分析,可能发生的事故类型。

2)事故发生的区域、地点或装置的名称。

3)事故可能发生的季节和造成的危害程度。

4)事故前可能出现的征兆。

(4)应急处置。主要内容有：

1)事故应急处置程序。根据可能发生的事故类别及现场情况,明确事故报警、各项应急措施启动、应急救护人员的引导、事故扩大及同企业应急预案的衔接的程序。

2)现场应急处置措施。针对可能发生的火灾、爆炸、危险化学品泄漏、机动车辆伤害等,从操作措施、工艺流程、现场处置、事故控制、人员救护、消防、现场恢复等方面制定明确的应急处置措施。

3)报警电话及上级管理部门、相关应急救援单位联络方式和联系人员,事故报告基本要求和内容。

(5)注意事项。主要内容有：

1)佩戴个人防护器具方面的注意事项。

2)使用抢险救援器材方面的注意事项。

3)采取救援对策或措施方面的注意事项。

4)现场自救和互救注意事项。

5)现场应急处置能力确认和人员安全防护等事项。

6)应急救援结束后的注意事项。

7)其他需要特别警示的事项。

第六节　应急预案的格式和要求

应急预案的格式和要求是：

(1)封面:主要包括应急预案编号、应急预案版本号、生产经营单位名称、应急预案名称、编制单位名称、颁布日期等内容。

(2)批准页:应急预案必须经发布单位主要负责人批准方可发布。

(3)目次:应急预案应设置目次,目次中所列的内容及次序如下：

1)批准页；章的编号、标题；

2)带有标题的条的编号、标题(需要时列出)；

3)附件,用序号表明其顺序。

印刷与装订应急预案采用A4版面印刷,活页装订。

第七节　应急预案指南和实例

一、应急预案指南

冶金事故灾难应急预案

二〇〇六年十月

国家安全生产监督管理总局

1　总则

1.1　目的

规范冶金事故灾难应急管理和应急响应程序，建立统一领导、分级负责、反应快捷的应急工作机制，及时有效地开展应急救援工作，最大限度地减少人员伤亡和财产损失。

1.2　编制依据

《安全生产法》、《消防法》、《危险化学品安全管理条例》等有关法律法规和《国家安全生产事故灾难应急预案》。

1.3　适用范围

本预案适用于冶金生产过程中发生的下列爆炸、火灾、高炉垮塌、中毒等事故灾难的应对工作：

(1)符合Ⅰ级响应条件的事故(见7.1响应分级标准)；

(2)超出省(区、市)人民政府应急处置能力的事故；

(3)国家安全生产监督管理总局(以下简称安全监管总局)认为需要处置的事故。

1.4　工作原则

(1)以人为本，安全第一。把保障人民群众的人身安全和身体健康放在首位，预防和减少冶金事故，切实加强企业员工的安全防护，充分发挥专业救援力量的骨干作用和职工群众的基础作用。

(2)统一领导，分级负责。在国务院及国务院安全生产委员会(以下简称国务院安委会)的统一领导下，安全监管总局负责指导、协调冶金事故灾难应急救援工作。地方各级人民政府、有关部门和企业按照各自职责和权限，负责事故灾难的应急处置工作。

(3)条块结合，属地为主。冶金事故灾难现场应急处置的领导和指挥以地方人民政府为主，地方各级人民政府按照分级响应的原则及时启动相应的应急预案。国务院有关部门配合、指导、协助做好相关工作。发生事故的企业是事故应急救援的第一响应者。

(4)依靠科学，依法规范。采用先进的应急救援装备和技术，提高应急救援能力。充分发挥专家的作用，实现科学民主决策。确保预案的科学性、针对性和可操作性。依法规范应急救援工作。

(5)预防为主，平战结合。贯彻落实“安全第一，预防为主，综合治理”的方针，坚持事故应急与预防工作相结合。加强重大危险源管理，做好冶金事故预防、预测、预警和预报工作。开展培训教育,组织应急演练,做到常备不懈。进行社会宣传,提高从业人员和社会公众的安全意识,做好物资和技术储备工作。

2 组织指挥体系与职责

2.1 协调指挥机构与职责

在国务院及国务院安委会统一领导下,安全监管总局负责统一指导、协调冶金事故灾难应急救援工作,国家安全生产应急救援指挥中心(以下简称应急指挥中心)具体承办有关工作。安全监管总局成立冶金事故应急工作领导小组(以下简称领导小组)。领导小组的组成及成员单位主要职责:

组长:安全监管总局局长。

副组长:安全监管总局分管调度、应急管理和冶金行业安全监管工作的副局长。

成员单位:办公厅、政策法规司、安全生产协调司、调度统计司、监督管理一司、应急指挥中心、机关服务中心、通信信息中心。

(1)办公厅:负责应急值守,及时向安全监管总局领导报告事故信息,传达安全监管总局领导关于事故救援工作的批示和意见;向中央办公厅、国务院办公厅报送《值班信息》,同时抄送国务院有关部门;接收党中央、国务院领导同志的重要批示、指示,迅速呈报安全监管总局领导阅批,并负责督办落实;需派工作组前往现场协助救援和开展事故调查时,及时向国务院有关部门、事发地省级政府等通报情况,并协调有关事宜。

(2)政策法规司:负责事故信息发布工作,与中宣部、国务院新闻办及新华社、人民日报社、中央人民广播电台、中央电视台等主要新闻媒体联系,协助地方有关部门做好事故现场新闻发布工作,正确引导媒体和公众舆论。

(3)安全生产协调司:根据安全监管总局领导指示和有关规定,组织协调安全监察专员赶赴事故现场参与事故应急救援和事故调查处理工作。

(4)调度统计司:负责应急值守,接收、处置各地和各部门上报的事故信息,及时报告安全监管总局领导,同时转送安全监管总局办公厅和应急指挥中心;按照安全监管总局领导指示,起草事故救援处理工作指导意见;跟踪、续报事故救援进展情况。

(5)监督管理一司:提供事故单位相关信息,参与事故应急救援和事故调查处理工作。

(6)应急指挥中心:按照安全监管总局领导指示和有关规定下达有关指令,协调指导事故应急救援工作;提出应急救援建议方案,跟踪事故救援情况,及时向安全监管总局领导汇报;协调组织专家咨询,为应急救援提供技术支持;根据需要,组织、协调调集相关资源参加应急救援工作。

(7)机关服务中心:负责安全监管总局事故应急处置过程中的后勤保障工作。

(8)通信信息中心:负责保障安全监管总局外网、内网畅通运行,及时通过网站发布事故信息及救援进展情况。

2.2 有关部门支持配合

事故灾难应急救援工作需要国务院有关部门支持配合时,安全监管总局按照《国家安全生产事故灾难应急预案》协调有关部门配合和提供支持。事故灾难造成突发环境污染事件时，安全监管总局协调国务院有关部门启动相关应急预案。

2.3 现场应急救援指挥部及职责

现场应急救援指挥按照分级响应的原则，由相应的地方人民政府组成现场应急救援指挥部，地方人民政府负责人为总指挥，有关部门（单位）参加。现场应急救援指挥部负责指挥所有参与应急救援的队伍和人员实施应急救援，并及时向安全监管总局报告事态发展及救援情况。需要外部力量增援时，报请安全监管总局协调，并说明需要的救援力量、救援装备等情况。

事故灾难跨省级行政区、跨多个领域或影响特别重大时，由安全监管总局或者国务院有关部门协调成立现场应急救援指挥部。

3 预防预警

3.1 危险源监控与报告

生产经营单位按照《关于规范重大危险源监督与管理工作的通知》（安监总协调字〔2005〕125 号）要求，对重大危险源进行管理，建立重大危险源档案，并按规定将有关材料报送当地县级以上人民政府安全生产监督管理部门备案；对可能引发事故的信息进行监控和分析，采取有效预防措施。

各级安全生产监督管理部门、应急救援指挥机构建立本辖区内重大危险源和事故隐患档案；定期分析、研究可能导致安全生产事故的信息，研究制订应对方案，及时通知有关部门和企业采取预防措施，并按照有关规定将重大危险源及时上报。

3.2 预警行动

各级安全生产监督管理部门、应急救援指挥机构接到可能导致冶金事故的信息后，应按照分级响应的原则及时研究确定应对方案，并通知有关部门、单位采取有效措施预防事故发生；当本级、本部门应急救援指挥机构认为事故较大，有可能超出本级处置能力时，要及时向上级应急救援指挥机构报告；上级应急救援指挥机构应及时研究应对方案，采取预警行动。

3.3 信息报告与处理

（1）生产经营单位发生事故后，现场人员应立即将事故情况报告企业负责人，并在保证自身安全的情况下按照现场处置程序立即开展自救。

（2）单位负责人接到事故报告后，应迅速组织救援，并按照国家有关规定立即报告当地人民政府和有关部门；紧急情况下，可越级上报。

（3）地方人民政府和有关部门应当逐级上报事故信息，接到Ⅱ级以上响应标准的事故报告后，应当在 2 小时内报告至省（区、市）人民政府；紧急情况下，可越级上报。

中央企业在向企业总部上报事故信息的同时，应当上报当地人民政府和有关部门。省级安全生产监督管理部门、应急救援指挥机构和中央企业总部应当在接报后 2 小时内上报安全监管总局。

（4）调度统计司接到Ⅱ级以上响应标准的事故报告后，按照安全监管总局《重特大事故和重大未遂伤亡事故处置暂行办法》进行处置。

(5)办公厅及时将有关事故情况编辑成《值班信息》报中央办公厅、国务院办公厅，同时抄送国务院有关部门。

(6)领导小组成员单位按照职责迅速开展工作。

4 应急响应

4.1 分级响应

Ⅰ级应急响应行动由安全监管总局组织实施。Ⅰ级应急响应行动时，事发地各级人民政府按照相应的应急预案全力组织救援。Ⅱ级及以下应急响应行动的组织实施由省级人民政府决定。地方各级人民政府根据事故灾难或险情的严重程度启动相应的应急预案，超出本级应急救援处置能力时，及时报请上一级应急救援指挥机构实施救援。省级人民政府Ⅱ级应急响应时，调度统计司立即报告安全监管总局分管领导，通知安全监管总局有关部门负责人进行应急准备。

4.2 响应程序

进入应急准备状态时，根据事故发展态势和现场救援进展情况，领导小组成员单位根据职责，执行如下应急响应程序：

(1)立即向领导小组报告事故情况；

(2)及时将事故情况报告中央办公厅、国务院办公厅，抄送国务院有关部门；

(3)及时掌握事态发展和现场救援情况，并向领导小组报告；

(4)通知有关专家、应急救援队伍、国务院有关部门做好应急准备；

(5)向事故发生地救援指挥机构提出事故救援指导意见；

(6)根据需要派有关人员和专家赶赴事故现场指导救援；

(7)提供有关专家、救援队伍、装备、物资等信息，组织专家咨询。

进入应急响应状态时，根据事态发展和现场救援进展情况，领导小组成员单位根据职责，执行如下应急响应程序：

(1)通知领导小组，收集事故有关信息和资料；

(2)及时将事故情况报告中央办公厅、国务院办公厅，抄送国务院有关部门；

(3)组织专家咨询，提供事故应急救援方案；

(4)派有关人员赶赴现场协助指挥；

(5)通知有关部门做好交通、通信、气象、物资、环保等工作；

(6)通知有关应急救援队伍、专家参加现场救援工作；

(7)及时向公众及媒体发布事故应急救援信息，正确引导媒体和公众舆论；

(8)根据领导指示，通知国务院安委会有关成员单位。

4.3 指挥与协调

按照条块结合、属地为主的原则，事故发生后，发生事故的企业立即启动预案，组织救援；当地人民政府成立事故现场应急救援指挥部，按照应急预案统一组织指挥事故救援工作。省级人民政府实施Ⅱ级应急响应行动时，事故现场应急救援指挥部、省级安全生产监督管理部门应及时向安全监管总局报告事故和救援工作进展以及事故可能造成的影响等信息,及时提出需要协调解决的问题和提供援助的报告。

本预案启动后,安全监管总局组织协调的主要内容是:

(1)根据现场救援工作需要和安全生产应急救援力量的布局,协调调集有关应急救援队伍、装备、物资,保障事故救援需要;

(2)组织有关专家指导现场救援工作,协助当地人民政府提出救援方案,制订防止引发次生灾害的方案;

(3)针对事故引发或可能引发的次生、衍生灾害,及时通知有关方面启动相关应急预案;

(4)协调事故发生地相邻地区配合、支持救援工作;

(5)事故灾难中的伤亡、失踪、被困人员有港澳台或外国人员时,安全监管总局及时通知外交部、港澳办或台办;

(6)必要时,商请部队和武警参加应急救援。

4.4 现场紧急处置

现场应急救援指挥部根据事故发展情况,在充分考虑专家和有关方面意见的基础上,依法采取紧急处置措施。涉及跨省级行政区、跨领域或影响严重的紧急处置方案,由安全监管总局协调实施,影响特别严重的报国务院决定。

冶金事故按照可能造成的后果分为:高炉垮塌事故,煤粉爆炸事故,钢水、铁水爆炸事故,煤气火灾、爆炸事故,煤气、硫化氢、氰化氢中毒事故,氧气火灾事故。针对上述事故特点,事故发生单位和现场应急救援指挥部应参照下列处置方案和处置要点开展工作。

4.4.1 一般处置方案

(1)在做好事故应急救援工作的同时,迅速组织群众撤离事故危险区域,维护好事故现场和社会秩序;

(2)迅速撤离、疏散现场人员,设置警示标志,封锁事故现场和危险区域,同时设法保护相邻装置、设备,防止事态进一步扩大和引发次生事故;

(3)参加应急救援的人员必须受过专门的训练,配备相应的防护(隔热、防毒等)装备及检测仪器(毒气检测等);

(4)立即调集外伤、烧伤、中毒等方面的医疗专家对受伤人员进行现场医疗救治,适时进行转移治疗;

(5)掌握事故发展情况,及时修订现场救援方案,补充应急救援力量。

4.4.2 高炉垮塌事故处置要点

发生高炉垮塌事故,铁水、炽热焦炭、高温炉渣可能导致爆炸和火灾;高炉喷吹的煤粉可能导致煤粉爆炸;高炉煤气可能导致火灾、爆炸;高炉煤气、硫化氢等有毒气体可能导致中毒等事故。处置高炉垮塌事故时要注意:

(1)妥善处置和防范由炽热铁水、煤粉尘、高炉煤气、硫化氢等导致的火灾、爆炸、中毒事故;

(2)及时切断所有通向高炉的能源供应,包括煤粉、动力电源等;

(3)监测事故现场及周边区域(特别是下风向区域)空气中的有毒气体浓度;

(4)必要时,及时对事故现场和周边地区的有毒气体浓度进行分析,划定安全区域。

4.4.3 煤粉爆炸事故处置要点

在密闭生产设备中发生的煤粉爆炸事故可能发展成为系统爆炸,摧毁整个烟煤喷吹系统,甚至危及高炉;抛射到密闭生产设备以外的煤粉可能导致二次粉尘爆炸和次生火灾,扩大事故危害。处置煤粉爆炸事故时要注意:

(1)及时切断动力电源等能源供应;

(2)严禁贸然打开盛装煤粉的设备灭火;

(3)严禁用高压水枪喷射燃烧的煤粉;

(4)防止燃烧的煤粉引发次生火灾。

4.4.4 钢水、铁水爆炸事故处置要点

发生钢水、铁水爆炸事故,应急救援时要注意:

(1)严禁用水喷射钢水、铁水降温;

(2)切断钢水、铁水与水进一步接触的任何途径;

(3)防止四处飞散的钢水、铁水引发火灾。

4.4.5 煤气火灾、爆炸事故处置要点

发生煤气火灾、爆炸事故,应急救援时要注意:及时切断所有通向事故现场的能源供应,包括煤气、电源等,防止事态的进一步恶化。

4.4.6 煤气、硫化氢、氰化氢中毒事故处置要点

冶炼和煤化工过程中可能发生煤气、硫化氢和氰化氢泄漏事故。应急救援时要注意:

(1)迅速查找泄漏点,切断气源,防止有毒气体继续外泄;

(2)迅速向当地人民政府报告;

(3)设置警戒线,向周边居民群众发出警报。

4.4.7 氧气火灾事故处置要点

发生氧气火灾事故,应急救援时要注意:

(1)在保证救援人员安全的前提下,迅速堵漏或切断氧气供应渠道,防止氧气继续外泄;

(2)对氧气火灾导致的烧伤人员采取特殊的救护措施。

4.5 信息发布

安全监管总局负责事故灾难和应急救援的信息发布工作。必要时,政策法规司参加事故现场应急救援指挥部工作,及时通报事故救援情况,协助地方有关部门做好事故现场新闻发布,正确引导媒体和公众舆论。

4.6 应急结束

事故现场得以控制,环境符合有关标准,导致次生、衍生事故隐患消除后,经事故现场应急救援指挥部确认和批准,现场应急处置工作结束,应急救援队伍撤离现场。事故

现场应急救援指挥部完成事故应急救援总结报告，报送省（区、市）人民政府和安全监管总局，由省（区、市）人民政府宣布应急响应结束。

5 后期处置

5.1 善后处置

省（区、市）人民政府负责组织善后处置工作，包括伤亡救援人员、遇难人员补偿，亲属的安置，征用物资补偿，救援费用的支付，灾后重建，污染物收集、清理与处理等事项；负责恢复正常工作秩序，消除事故后果和影响，安抚受害和受影响人员，保证社会稳定。

5.2 保险

事故灾难发生后，保险机构及时派员开展相关的保险受理和赔付工作。

5.3 工作总结与评估

应急响应和救援工作结束后，地方人民政府、有关企业应认真分析事故原因，制定防范措施，落实安全生产责任制，防止类似事故发生。

省级安全监督管理部门或应急救援指挥机构负责收集、整理应急救援工作记录、方案、文件等资料，组织专家对应急救援过程和应急救援保障等工作进行总结和评估，提出改进意见和建议，并将总结评估报告报安全监管总局。

6 保障措施

6.1 通讯与信息保障

有关单位的值班电话保证24 小时有人值守，有关人员保证能够随时取得联系。通过有线电话、移动电话、卫星、微波等通讯手段，保证各有关方面的通讯联系畅通。

安全监管总局建立国家安全生产事故应急救援指挥通讯信息系统以及运行维护机制，并保障信息安全、可靠、及时传输，保证应急响应期间通讯联络和信息沟通的需要。组织制订有关安全生产应急救援机构事故灾难信息管理办法，统一信息的分析、处理和传输技术标准。

应急指挥中心负责建立、维护、参与冶金事故灾难应急救援各有关部门、专业应急救援指挥机构和省级应急救援指挥机构、各级化学品事故应急救援指挥机构以及专家组的通讯联系数据库。应急指挥中心开发和建立全国重大危险源和救援力量信息数据库，并负责管理和维护。省级应急救援指挥机构和各专业应急救援指挥机构负责本地区、本部门相关应急资源信息收集、分析、处理，并向应急指挥中心报送重要信息。

6.2 应急支援与保障

（1）救援装备保障：冶金企业按照有关规定和专业应急救援队伍救援工作需要配备必要的应急救援装备，有关企业和地方各级人民政府根据本企业、本地区冶金事故救援需要和特点，配备有关特种装备，依托现有资源，合理布局并补充完善应急救援力量。

（2）应急救援队伍保障：冶金事故应急救援队伍以冶金企业的专职或兼职应急救援队伍为基础，按照有关规定配备应急救援人员、装备，开展培训、演习，做到反应快速，常备不懈。公安、武警消防部队和危险化学品应急救援队伍是冶金事故应急救援重要的支援力量,其他兼职消防力量及社区群众性应急队伍是冶金事故应急救援的重要补充力量。

(3)交通运输保障:安全监管总局建立全国重点冶金企业交通地理信息系统。在应急响应时,利用现有的交通资源,协调交通、铁路、民航等部门提供交通支持,协调沿途有关地方人民政府提供交通便利,保证及时调运有关应急救援人员、装备和物资。地方人民政府组织和调集足够的交通运输工具,保证现场应急救援工作需要。事故发生地省级人民政府组织对事故现场进行交通管制,开设应急救援快速通道,为应急救援工作提供保障。

(4)医疗卫生保障:事故发生地省级卫生行政部门负责应急处置工作中的医疗卫生保障,组织协调各级医疗救护队伍实施医疗救治,并根据冶金企业事故造成人员伤亡特点,组织落实专用药品和器材。医疗机构接到指令后要迅速进入事故现场实施医疗救治,各级医院负责后续治疗。必要时,安全监管总局协调医疗卫生行政部门组织医疗救治力量支援。

(5)治安保障:事故发生地人民政府负责事故灾难现场治安警戒和治安管理,加强对重点地区、重点场所、重点人群、重要物资和设备的保护,维持现场秩序,及时疏散群众;动员和组织群众开展群防联防,协助做好治安工作。

(6)物资保障:冶金企业按照有关规定储备应急救援物资。地方各级人民政府根据本地区冶金企业实际情况储备一定数量的常备应急救援物资。

必要时,地方人民政府依据有关法律法规及时动员和征用社会物资。跨省(区、市)、跨部门的物资调用,由安全监管总局负责协调。

6.3 技术储备与保障

安全监管总局和大型冶金企业充分利用现有的技术人才资源和技术设备设施资源,提供在应急状态下的技术支持。

在应急响应状态时,当地气象部门要为冶金事故的应急救援决策和响应行动提供所需要的气象资料和气象技术支持。

6.4 宣传、培训和演习

(1)公众信息交流:地方各级人民政府、冶金企业要按规定向公众和职工说明冶金企业发生事故可能造成的危害,广泛宣传应急救援有关法律法规和冶金企业事故预防、避险、避灾、自救、互救的常识。

(2)培训:冶金企业按照有关规定组织应急救援队员参加培训;冶金企业按照有关规定对员工进行应急培训教育。各级应急救援管理机构负责对应急管理人员和相关救援人员进行培训,并将应急管理培训内容列入各级行政管理培训课程。

(3)演习:冶金企业按有关规定定期组织应急救援演习;地方人民政府及其安全监管部门和专业应急救援机构定期组织冶金企业进行事故应急救援演习,并于演习结束后向安全监管总局提交书面总结。应急指挥中心每年会同有关部门组织一次应急演习。

6.5 监督检查

安全监管总局对冶金企业事故灾难应急预案的实施进行监督检查。

7 附则

7.1 响应分级标准

按照事故灾难的可控性、严重程度和影响范围，将冶金企业事故应急响应级别分为Ⅰ级（特别重大事故）响应、Ⅱ级（重大事故）响应、Ⅲ级（较大事故）响应、Ⅳ级（一般事故）响应。

出现下列情况时为Ⅰ级响应：冶金生产过程中发生的高炉垮塌、煤粉爆炸、煤气火灾、爆炸或有毒气体中毒、氧气火灾事故，已经严重危及周边社区、居民的生命财产安全，造成30人以上死亡，或危及30人以上生命安全，或造成100人以上中毒，或疏散转移10万人以上，或造成1亿元（含1亿元）以上直接经济损失，或社会影响特别严重，或事故事态发展严重，亟待外部力量应急救援等。

出现下列情况时为Ⅱ级响应：冶金生产过程中发生的高炉垮塌、煤粉爆炸事故、煤气火灾、爆炸或有毒气体中毒、氧气火灾事故，已经危及周边社区、居民的生命财产安全，造成10～29人死亡，或危及10～29人生命安全，或造成50～100人中毒，或造成5000万～10000万元直接经济损失，或重大社会影响等。

出现下列情况时为Ⅲ级响应：冶金生产过程中发生的高炉垮塌、煤粉爆炸事故、煤气火灾、爆炸或有毒气体中毒事故、氧气火灾事故，已经危及周边社区、居民的生命财产安全，造成3～9人死亡，或危及3～9人生命安全，或造成30～50人中毒，或直接经济损失较大，或较大社会影响等。

出现下列情况时为Ⅳ级响应：冶金生产过程中发生的高炉垮塌、煤粉爆炸、煤气火灾、爆炸或有毒气体中毒、氧气火灾事故，已经危及周边社区、居民的生命财产安全，造成3人以下死亡，或危及3人以下生命安全，或造成30人以下中毒，或具有一定社会影响等。

7.2 预案管理与更新

本预案所依据的法律法规、所涉及的机构和人员发生重大改变，或在执行中发现存在重大缺陷时，由安全监管总局及时组织修订。安全监管总局定期组织对本预案进行评审，并及时根据评审结论组织修订，报安全监管总局审定。

7.3 预案解释部门

本预案由安全监管总局负责解释。

7.4 预案实施时间

本预案自发布之日起施行。

8 附件（略）

二、应急预案实例

东方钢铁公司事故应急救援预案

1 目的

在预防为主的方针指引下，在事故应急救援中，做到有组织地进行应急，充分利用集团公司的各种资源，保护员工的安全与健康，将事故损失和事故对社会的危害减至最小。

2 主要依据

(1)《中华人民共和国安全生产法》；
(2)《中华人民共和国职业病防治法》、《中华人民共和国消防法》；
(3)《国务院关于特大安全事故行政责任追究的规定》；
(4)《危险化学品安全管理条例》；
(5)《使用有毒物品作业场所劳动保护条例》；
(6)《特种设备安全监察条例》；
(7)GB 6222—86《工业企业煤气安全规程》。

3 指导思想及原则

应急准备和响应的基本原则是在预防为主的前提下，统一指挥，分级负责，区域为主，单位自救和社会救援相结合。

4 主要事故类型、危害因素分析和应急救援措施

4.1 煤气事故

4.1.1 事故类型

事故类型：火灾、中毒、爆炸、泄漏。

4.1.2 危害因素分析

(1)煤气泄漏，一氧化碳中毒；
(2)煤气着火烧伤；
(3)爆炸造成物体坠落砸伤、煤气管网和储存设备设施损坏及其他二次伤害。

4.1.3 应急救援措施

(1)发生煤气大量泄漏、着火、爆炸、中毒等事故时，发生事故区域的岗位人员立即汇报制造部调度室和车间负责人，并立即拨打公司火警电话报警，报出着火地点、着火介质、火势情况等，组织义务消防队员到现场灭火，并派专人引导消防车到现场灭火。

(2)调度室接到煤气事故的通知后，应立即通知相关人员采取应急措施，如设置安全标识牌、警戒线，煤气事故现场的紧急疏散等；并根据现场煤气事故的严重程度，及时通知相关部门、科室/车间，联系、协调，对现场进行戒严和救护。

(3)应急救援指挥部立即组织成立现场应急领导小组,抢救事故的所有人员都必须服从统一领导和指挥,保证现场的救援行动紧张有序。

(4)事故现场应根据事故性质和波及范围划定危险区域,布置岗哨,阻止非抢救人员进入。进入煤气危险区域的抢救人员必须佩戴氧气呼吸器,严禁使用纱布口罩或其他不适合防止煤气中毒的器具。

(5)煤气大面积泄漏时,应立即设立警戒范围,指挥受困人员依据“逆风(煤气)而逃”的原则,迅速疏散到安全地带集合,防止中毒人员扩大。要尽快分析泄漏原因,采取措施切断气源。

(6)未查明事故原因和采取必要安全措施,不得向煤气设施恢复送气。

4.2 化学品污染事故

4.2.1 事故类型

事故类型:环境污染。

4.2.2 危害因素分析

危害因素分析包括:火灾、爆炸、中毒等。

4.2.3 应急救援措施

(1)最早发现者应立即向消防队、本单位调度室报警,采取相应的防护措施后尽一切可能切断事故源,防止污染范围扩大。

(2)总调度室接到报警后,应迅速通知有关部门、车间,针对事故部位(装置)和原因,下达按应急救援预案处置的指令,同时发出警报,通知应急救援指挥部及消防队和各专业救援队迅速赶往事故现场。

(3)发生事故的车间,应迅速查明事故发生源点、部位和原因,凡能经切断事故源等处理措施而消除事故的,则以自救为主。如无法抢救的应向指挥部报告并提出堵漏和抢救的具体措施。

(4)指挥部成员到达事故现场后,由现场总指挥根据事故状态及危害程度作出相应的应急决定,并命令各应急救援队立即开展救援。如事故扩大时,应请求支援。

(5)保卫部到达现场后,担负治安和交通指挥,组织纠察,在事故现场周围设岗,划分禁区并加强警戒和巡逻检查。如当危险或污染扩散危及到厂内外人员安全时,应迅速组织有关人员协助友邻单位、厂区外过往行人在区、市指挥部指挥协调下,向上侧风方向的安全地带疏散集中。所有人员要听从指挥,以保证救援过程紧张有序。

(6)医疗救护队到达现场后,与消防队配合,应立即救护伤员和中毒人员,对中毒人员应根据中毒症状及时采取相应的急救措施,对伤员进行清洗包扎或输氧急救,重伤员及时送往医院抢救。

(7)技术咨询小组在事故现场的救援过程中,及时根据化学品种类、危害性质、扩散形式,判断扩散的方向和速度,并对泄漏下风扩散区域进行监测,确定结果,监测情况及时向指挥部报告,必要时根据指挥部决定通知扩散区域内的群众撤离或指导采取简易有效的保护措施。

(8)抢险抢修队到达现场后,根据指挥部下达的抢修指令,尽快采取措施杜绝、减少化学危险品的泄露,尽量围堵、收集泄露的化学危险品,残余、排放部分用中和、稀释等手段进行无害化处理,避免或减少环境污染,将损失降到最小程度。

4.3 停电事故

4.3.1 事故类型

事故类型:停电、停产。

4.3.2 危害因素分析

(1)配电系统接地;

(2)总降压变电所无电;

(3)直流系统接地。

4.3.3 应急救援措施

(1)事故发生后,现场人员应立即向生产调度和相关部门汇报事故现象和建议采取的措施。

(2)公司系统发生重特大停电事故时,根据事故影响范围、严重程度和应急处理的需要,公司应急处理指挥部宣布公司系统处于应急处理紧急状态。

(3)应急处理指挥部统一指挥和调度公司内一切有效资源进行事故抢险与应急处理,迅速查明停电原因,并视情况请求地方政府提供必要的事故应急救援。

(4)应急处理指挥部应当迅速启动应急处理预案,调动应急抢险队伍和物资保障,主要领导立即赶到事故现场指挥事故抢险和救援,用一切可能的办法(投入备用设备)保持设备继续运行,尽快对已停电的设备恢复供电,尽最大努力减少事故造成的损失。

5 应急救援组织指挥机构

5.1 应急救援指挥部组成

应急救援指挥部由总经理、副总经理,制造部、安环部、装备部、保卫部、工程部、技术中心、宣传部、企管部、工会和公司办公室的各级负责人组成。制造部调度指挥中心是应急救援指挥部的常设机构。

5.2 事故报警程序

5.2.1 报警及报警方式

每一名东方钢铁公司的员工在发现火灾、生产事故、设备事故、人身事故时,都有责任和义务向任何一级领导、有关部门进行报警。

5.2.2 报警接受单位

东方钢铁公司:电话××××××××

调度指挥中心:电话××××××××

保卫部消防队:电话××××××××

安环部:电话××××××××(白日)电话××××××××(夜间)

安环部煤气救护站:电话××××××××

装备部:电话××××××××

医院:电话××××××××

社会单位：
火警：119
医疗急救：120
安监局：电话××××××××
市环保局：电话×××××××××
市消防队：电话×××××××××

6　事故报告和现场保护

（1）事故发生后，现场人员立即向本单位调度室报告，简要汇报事故发生的地点、事故发生的原因、人员伤亡情况、着火的类别及火势情况，调度室立即向总调度室（如发生人员伤亡，并向安环部、医院报告；如发生煤气泄漏、人员中毒，并向安环部煤气救护站报告；如发生火灾，并向公司消防队报告）及单位主要领导报告。

（2）单位主要领导接到事故报告后，立即赶赴现场组织抢救伤员和保护财产，采取措施防止事故扩大。在进行抢救工作时应注意保护事故现场，防止无关人员进入危险区域，保障整个应急处理过程的有序进行；未经主管部门允许，事故现场不得清理。因抢险救护必须移动现场物件时，要做好标记，移动前妥善保留影像资料。

（3）各事故现场值班人员或参与事故处理人员，必须保持镇静，按照应急指挥组负责人的要求，进行事故控制和处理。

（4）发生单位能够控制的事故时，积极采取必要的措施防止事故扩大。

7　应急救援物资保障

7.1　煤气事故应急救援、检测设备

安环部煤气救护站配备有氧气充填泵、氧气呼吸器、空气呼吸器、CO 报警器、自动苏生器和强制呼吸器等设备，以及根据应急预案配备的应急物资，必须进行日常维护和保养，保持良好的备用状态，并建立应急设备清单和应急设备测试记录。其他煤气使用单位应配备必要的煤气检测、监测、灭火等仪器设备，并妥善保存与维护，定期检查，保证其可正常使用。

7.2　消防资源保障

公司设有专职消防队，专职消防员××人，配有×辆消防车，××套氧气呼吸器及其他消防装备。各机关部室、二级单位也配备满足需要的、相适应的消防设施和设备。

7.3　医疗资源保障

××医院是现代化综合性医院，是本公司定点医疗单位，为救援治疗和护理提供保障。

8　应急救援预案的演习

各单位成立应急机构并制定落实应急演习和培训计划，要针对应急计划的内容，每季度在演习前对相关人员进行一次应急培训。各单位每季度举行一次应急演习，并做

好记录，以验证应急计划和措施，对演习中发现的问题提出修订、完善方案，不断改进完善应急计划。应急演习分为两部分内容：一是岗位人员逃生演习，重点演习怎样在指挥人员的统一指挥下按照逃生路线迅速逃生；二是应急救援预案的演习。

公司在各二级单位应急演习的基础上，按照“安全第一，预防为主”的原则，每年根据具体的情况安排合适的时间和地点，进行总公司的应急预案的演练，演练重点是各类突发事故。各单位要在救援过程中相互配合、协助，不断加强联合处理各类事故的应急处理能力，合理优化、使用应急资源，最大限度地发挥应急设备的使用率及其应急作用。在整个救援过程中要紧张有序，各单位要竭尽全力保护职工安全和国家财产免遭损失，最大限度地减少事故所造成的损失，并在事故处理后尽快恢复生产。每次演习要做好记录，总结应急预案的措施是否得当有效，针对出现的问题完善方案，从而不断更新完善应急计划，保证其真正的可执行性。

9 应急救援预案的培训

各单位按照本单位培训计划的要求确定培训人员、培训内容。培训要有记录和考核。通过培训，使岗位人员和救援人员在突发情况下，知道做什么和怎么做。要使救援人员明白在哪些可以控制的情况下需要全力以赴抢救险情，什么情况下必须沿着预先指定的逃生路线迅速逃生。

10 应急救援预案的编制、批准

编制：

审核：

批准：

实施日期：　　年　月　日

东方钢铁有限公司焦化厂紧急救援预案

焦化厂的苯、二甲苯、甲基苯生产贮存区是我公司的一个重大危险源。对这个重大危险源的事故应急预案主要包括以下内容。

1 事故预测

(1)诱发事故的主要条件是设备故障、雷电、静电、外来火种、自然灾害。

(2)发生事故的类型：火灾；发生事故部位：1)罐区；2)蒸馏塔原料泵周围。

(3)事故发生后将造成生产设备损坏、生产的瘫痪、财产损失，甚至人员伤亡。

2 应急救援的组成

厂总指挥：厂长

副指挥：生产副厂长、设备副厂长

成员:生产科长和当班调度长、机动科长、点检站站长、安保科长和厂办公室主任

成立车间领导小组:

灭火总指挥:主任

副指挥:生产副主任

成员:工段长、当班值班长

现场负责人:当班班长

成员:精苯工段四班岗位职工

3 灭火分工和事故应急对策

(1)一旦发生火情,发现人应立即拉响报警器或敲钟,逐级汇报。

(2)发生火情报警后,由值班指定专人到精苯路口接车,同时派人打开大门,专人把守,无关人员不得进入,消防车到达后提供消防栓位置。

(3)厂调度接报告后,立即汇报公司总调并与运输部调度联系,将院内存放的运输罐车及时调走、疏散。

(4)现场负责人立即组织在岗人员按责任分工进行灭火工作。

当班组长:指挥并与水泵工开启泡沫消防系统。

水泵工:会同班长开启泡沫消防泵,调整好泡沫液化比值器。

蒸馏工:坚守工作岗位,观察火情发展情况,及时汇报并视情况报警,报警时说明着火物质及部位。

洗涤工:负责接好第一条泡沫水带并开泡沫消防栓截门。

蒸馏泵工:负责接好第二条泡沫水带并打开着火罐消防管道截门。

门卫:打开大门,到路口迎接消防车。

发生火灾时,现场人员必须听从指挥,积极按灭火分工各负其责,并依据不同的情况,采取以下措施:

(1)蒸馏塔及原料泵周围着火时,应立即关闭相关截门,切断可燃液体来源,防止火灾蔓延。

(2)电气线路发生火灾,首先切断电源,同时可采用干粉或1211灭火器灭火。

(3)油罐发生火灾时应立即关闭与着火罐相关的有关进出口截门。

(4)罐区发生火灾时,蒸馏泵工应立即关闭罐区外排水截门,防止苯液外流。

(5)油罐外其他地区发生初期小火时,现场负责人应组织岗位人员用灭火器进行救扑,必要时可按第二项分工用泡沫消防栓组织灭火。

事故发生后,现场负责人应组织有关人员保护好火灾现场,严禁外人进入,并配合公安防火部门接受火灾事故的调查工作。

4 事故报警与应急通讯

一旦发生火情,发现人立即拉响报警器或敲钟,逐级汇报,厂值班调度接到火情电话立即向119报警台、厂总指挥、副总指挥报告火情情况,电话通知各成员职能部门,按

职责分工进行抢险救灾工作，向总公司调度室汇报，并与运输部总调联系，将院内存放的运输罐车及时调走、疏散。

5 条件保障

（1）应急救援指挥部设在厂调度室，救援组织中各部门通过生产调度方式进行联系通讯，救援现场可通过无线电和移动通讯方式进行联系。

（2）工段内设有独立泡沫消防系统和清水消防系统，各岗位按消防规定设有规定数量的灭火器和一处应急的防火器材库，当班的岗位职工按职责分工对所负责的设备辖区每小时进行巡检一次。

事故发生后救护队伍立即奔赶现场，开辟抢救场地，接收伤员。

用于抢险救援使用的氧气呼吸器 1 套，空气呼吸器 4 套。

6 培训与演练

应急人员培训内容：焦化厂防火安全管理制度、应急预案、防火知识、急救知识。

方式：厂、车间、班定期进行培训内容的学习和训练。

考核：日常管理不到位、工作有漏洞，按焦化厂防火安全管理制度进行考核。

厂每月对应急人员对应急预案的熟知情况及责任分工情况进行抽考及检查车间每周对应急计划的检查情况，厂除按月检查外，每年的春节、“五一”、夏防、“十一”、冬防组织防火演习，对预案的实操进行检查。

在用的应急物资按岗位责任分工每班检查两次（泡沫消防泵每 15 天空试一次），备用的应急物资每月检查一次。

第九章　安全生产的绩效测量和监视

GB/T 28001—2011《职业健康安全管理体系　要求》中 4.5.1 绩效测量和监视规定："组织应建立、实施并保持程序，对职业健康安全绩效进行例行绩效测量和监视。程序应规定：

a）适合组织需要的定性和定量测量；

b）对组织职业健康安全目标满足程度的监视；

c）对控制措施有效性（既针对健康，也针对安全）的监视；

d）主动性绩效测量，即监视是否符合职业健康安全方案、控制措施和运行准则；

e）被动性绩效测量，即监视健康损害、事件（包括事故、未遂事件等）和其他不良职业健康安全绩效的历史证据；

f）对监视和测量的数据和结果的记录，以便于其后续的纠正措施和预防措施的分析。

如果测量或监视绩效需要设备，适当时，组织应建立并保持程序，对此类设备进行校准和维护。应保存校准和维护活动及其结果的记录。"

程序规定应包括有：

（1）定性测量和定量测量；

（2）对目标和方案的监视；

（3）对控制措施的监视；

（4）主动性绩效测量；

（5）被动性绩效测量；

（6）对监测的数据和结果应记录；

（7）如果测量或监视绩效需要设备，应校准和维护，也应保存记录。

中华人民共和国《安全生产法》第三十八条规定："生产经营单位的安全生产管理人员应当根据本单位的生产经营特点，对安全生产状况进行经常性检查；对检查中发现的安全问题，应当立即处理；不能处理的，应当及时报告本单位有关负责人。检查及处理情况应当记录在案。"

国务院《关于加强企业生产中安全工作的几项规定》也指出：企业对生产中的安全工作，除进行经常的检查外，每年还应该定期地进行 2 ~4 次群众性的检查。这种检查包括普遍检查、专业检查和季节性检查，这几种检查可以结合进行。开展安全生产检查，必须有明确的目的、要求和具体计划，并且必须建立由企业领导负责、有关人员参加的安全生产检查组织，以加强领导，做好这项工作。安全生产检查应该始终贯彻领导与群众相结合的原则，依靠群众，边检查，边改进，并且及时把总结和推广先进经验。有些限于物质技术条件当时不能解决的问题，也应制定计划，按期解决，务必做到条条有着落，件件有交代。这些规定都是搞好安全生产检查的指导原则。

为此，组织对职业健康安全绩效进行常规绩效测量和监视，并建立规范的程序或制度。在程序或制度中应规定：适合于本组织需要的定性和定量检查；主动性的检查和被动性的检查。所谓主动性的检查即检查是否符合职业健康安全管理方案、运行准则和适用的法规要求；所谓被动性的检查即检查事故、疾病、事件和其他不良职业健康安全绩效的历史证据。所有的检查都应当有记录，以充分的检查数据和结果，来证实组织满足职业健康安全方针、目标和管理方案的程度，以便于采用纠正和预防措施进行改进。

第一节　绩效测量和监视的内容

绩效测量和监视是安全生产管理工作的一项重要内容，它是发现不安全状态和不安全行为的有效途径，是消除事故隐患、落实整改措施、防止伤亡事故、改善劳动条件的重要手段。绩效测量和监视的内容有以下几个方面：

（1）遵守法律法规的情况。遵守法律法规主要是对照党和国家有关安全生产和劳动保护的方针、政策及有关文件，检查企业领导和职工群众对安全工作的认识。干部是否以身作则真正做到了关心职工的健康安全；现场领导人员有无违章指挥；职工群众是否人人关心安全生产，在生产中是否有不安全行为和不安全操作；国家的安全生产方针和有关法律法规是否得到贯彻执行。

（2）安全管理制度的执行情况。主要检查企业领导是否把安全生产工作摆上议事日程；企业主要负责人及生产负责人是否负责安全生产工作；在计划、布置、检查、总结、评比生产的同时，是否都有安全的内容，即“五同时”的要求是否得到落实；企业各职能部门在各自业务范围内是否对安全生产负责；安全专职机构是否健全；工人群众是否参与安全生产的管理活动；改善劳动条件的安全技术措施计划是否按年度编制和执行；安全技术措施经费是否按规定提取和使用；新建、改建、扩建工程项目是否与安全卫生设施同时设计、同时施工、同时投产，即“三同时”的要求是否得到落实。此外，还要检查企业的安全教育制度、新工人入厂的“三级教育”制度、特种作业人员和调换工种工人的培训教育制度、各工种的安全操作规程和岗位。

（3）现场危险源的控制情况。主要以查现场、查隐患为主，深入生产现场，检查企业的生产设备、操作过程、劳动条件以及相应的安全卫生设施是否符合安全要求。例如，设备是否完好；操作是否正确，是否有安全出口，是否通畅；机器防护装置情况，电气安全设施，如安全接地、避雷设备、防爆性能；车间或坑内通风照明情况；防止矽尘危害的综合措施情况；预防有毒有害气体或蒸汽的危害的防护措施情况；锅炉、受压容器和气瓶的安全运转情况；变电所、煤气站、易燃易爆物质及剧毒物质的贮存、运输和使用情况；个体防护用品的使用及标准是否符合有关安全卫生的规定。

（4）对事故和隐患的处理情况。检查企业对工伤事故是否及时报告、认真调查和严肃处理情况；在检查中，如发现未按“三不放过”的要求草率处理的事故，要重新严肃处理，从中找出原因，采取有效措施，防止类似事故重复发生。为此组织应建立并保持书面程序或制度，确定有关的职责和权限，规定如何处理和调查事故、事件或不符合。如果出现事故、事件或隐患，应采取措施减小因事故、事件或隐患而产生的影响，及时采取纠正和预防措施，并予以完成，同时组织有关人员确认所采取纠正和预防措施的有效性。企业应对这些程序或制度的要求是否合理、采取的纠正和预防措施是否得当，在其实施前应先通过风险评价过程进行评审。为消除实际和潜在的不符合原因而采取的任何纠正或预防措施，应与问题的严重性和面临的职业健康安全风险相适应。组织应认真落实纠正和预防措施，在实施这些措施后，如果需要对书面程序或制度进行更改，也必须及时予以评审，并按文件控制程序进行管理。

第二节　绩效测量和监视的形式

一、定期性的绩效测量和监视

定期性的绩效测量和监视是指已经列入计划，每隔一定时间检查一次。如通常在劳动节前进行夏季的防暑降温安全检查，国庆节前后进行冬季的防寒保暖安全检查，又如班组的日检查、车间的周检查、工厂的月检查等。有些设备如锅炉、压力容器、起重设备、消防设备等，都应按规定期限进行检查。

二、突击性的绩效测量和监视

突击性的绩效测量和监视是一种无固定时间间隔的检查，检查对象一般是一个特殊部门、一种特殊设备或一个小的区域。

三、特殊性的绩效测量和监视

特殊性的绩效测量和监视是指对新设备的安装、新工艺的采用、新建或改建厂房的使用可能会带来新的危险因素的检查。此外，还包括对有特殊安全要求的手持电动工具、照明设备、通风设备等进行的检查。这种检查在通常情况下仅靠人的直感是不够的，还需应用一定的仪器设备来检测。如果采用仪器设备来检测，那么这些测量和监视设备应进行校准和维护，并保存校准和维护活动及其结果的记录。

第三节　绩效测量和监视的准备

要使安全绩效测量和监视达到预期效果，必须做好充分准备，包括思想上的准备和业务上的准备。

一、思想准备

思想准备主要是发动职工，开展群众性的自检活动，做到群众自检和检查组检查相结合,从而形成自检自改、边检边改的局面。这样,既可提高职工主人翁的思想意识,又可锻炼职工自己发现问题、自己动手解决问题和改进业绩的能力。

二、业务准备

业务准备主要有以下几个方面:

(1)确定检查目的、步骤和方法,抽调检查人员,建立检查组织,安排检查日程;

(2)分析过去几年所发生的各类事故的资料,确定检查重点,以便把精力集中在那些事故多发的部门和工种上;

(3)运用系统工程原理,设计、印制检查表格,以便按要求逐项检查,做好记录,避免遗漏应检的项目,使安全检查逐步做到系统化、科学化。

安全生产的绩效测量和监视是搞好安全管理、促进安全生产的一种手段,目的是消除隐患,克服不安全因素,达到安全生产的要求。消除事故隐患的关键是及时改进。

第四节　绩效测量和监视的实施

为了保证绩效测量和监视的效果,除了依靠安全管理部门外,也可以成立一个适应检查工作需要的检查组,配备适当的力量。安全检查的规模、范围较大时,可由企业领导负责组织有关部门负责人和专业人员参加,在总经理、厂长或总工程师带领下,深入现场,发动群众进行检查。属于专业性检查,可由企业领导人指定有关部门领导带队,组成由专业技术人员和有经验的老工人参加的安全检查组。每一次检查,事前必须有准备、有目的、有计划,事后有整改、有总结。

第五节　绩效测量和监视的记录

"记录充分的绩效测量和监视的数据和结果,以便于后面的纠正和预防措施的分析"。

有关职业健康安全的各种绩效测量和监视的记录都应当予以保存,用以证实职业健康安全管理体系运行的符合性和有效性。对记录应进行分析,以识别是否存在违反职业健康安全管理体系规范、适用的法律法规和标准、管理手册、程序文件和作业文件的规定的问题。如果存在应及时予以指出。责任部门和单位,应对问题进行分析,找出原因,提出纠正措施或预防措施,加以改进。

第六节　绩效测量和监视装置的管理

如果企业配备有用于职业健康安全绩效测量和监视的设备和装置,例如一氧化碳报警器、噪声检测仪、血压计、温度计、湿度计等,应建立并保持校准和维护程序,对此类设备进行校准和维护,并保存校准和维护活动及其结果的记录。

第七节　钢铁企业安全生产检查提纲(参考)

一、焦化安全生产检查提纲

(1)焦化厂厂址选择是否位于居民区的夏季最小频率风向的上风侧和生活饮用水水源的下游?

(2)是否考虑了所在地区的地质、水文、气象、防洪、排涝等因素?

(3)厂址条件是否有利于烟气的扩散?

(4)煤场、焦油加工区是否在厂区常年最小频率风向的上风侧的边缘,焦炉炉组纵轴与当地最大频率风向夹角是否适宜?

(5)翻车机的操作信号(例如事故开关、翻转角度极限信号等)是否齐全?

(6)对煤场、配煤槽、煤塔等贮煤时间有无规定,有无超过规定时间引发自燃的现象?

(7)煤场是否设有喷水设施及其他防自燃措施?

(8)煤槽煤流入口是否设置箅格、振煤装置等,地下通廊有无防止地下水浸入的措施?

(9)配煤生产是否实现机械化?

(10)粉碎机前是否有电磁分离器,粉碎机、破碎机是否有安全连锁装置?

(11)煤在粉碎过程中容易产生煤尘,有无规定极限煤尘值,有无超过极限煤尘值现象?

(12)胶带运输机是否根据生产要求设置了如下装置:

1)防胶带跑偏、打滑和溜槽堵塞的探测器及自动调节装置,启动和停止的顺序连锁等。

2)机头机尾自动清扫器、落料防止板。

3)紧急停机装置、逆转防止器与制动器。

4)安全栏杆、罩与横向人行桥、通廊安全走廊及防滑措施。

(13)运焦皮带机是否为耐热胶带,胶带机上有无自动洒水装置或红焦探测器?

(14)煤焦转运站、粉碎机室、筛焦楼等处有无防尘措施?

(15)在焦炉出焦过程的操作规程中有无防止红焦落地措施?

(16)焦炉上布管有无汽化冷却装置、隔热挡板等隔热措施?

(17)焦炉煤气放散管高度是否满足规定要求,是否设有点火装置?

(18)上升管盖、桥管承插口、装煤孔、炉门及小炉门等处是否有防止冒烟的措施?

(19)炉顶工人休息室是否有降温隔热措施?

(20)抽送煤气的鼓风机发生故障时有无防止焦炉炭化室和装煤孔发生火灾的预防措施或预案?

(21)焦炉装煤、出焦、熄焦等是否采用了有效的消烟净化措施？

(22)焦炉地下室是否有通风装置，是否两端均有安全出口及一氧化碳检测装置，煤气管末端有无放散、防爆装置？

(23)烟道走廊及地下室有无换向的音响报警装置？

(24)推焦机、拦焦机、装煤车、熄焦车是否有开车前音响信号？

(25)推焦机、拦焦机、熄焦车之间有无联络信号和连锁装置？

(26)是否有推焦机推焦、平煤、取门、捣固时，拦焦机取门及装煤车落套筒时的停车连锁装置？

(27)熄焦机司机室有无指示车门关严的信号装置？

(28)凉焦台是否设有熄焦的水管？

(29)干熄焦装置是否严密，是否设有气体成分分析仪？

(30)干熄焦装置外部是否通风良好，是否测量风向、风速？

(31)惰性气体循环装置的除尘器和锅炉部有无防爆装置？

(32)对焦炉炉顶和炉侧作业的工人有无职业病检查？

(33)煤气净化车间与焦炉的净距离是否符合安全要求？

(34)精苯车间与焦炉的净距离是否大于50m？

(35)甲、乙、丙类库房之间，以及与其他建筑物之间的防火间距是否满足《建筑设计防火规范》的要求？

(36)鼓风机室的仪表控制室是否布置在爆炸危险区域之外？

(37)有无为防止负压段吸入空气引起爆炸而采取的监测和控制鼓风机严密性的措施？

(38)苯精制、吡啶精制、萘、硫磺等具有爆炸危险的甲、乙、丙类厂房是否采用了不发火花地坪，厂房是否考虑了泄压面积等？

(39)煤气设备的进出口处是否都留有检修位置，隔断盲板、各种塔器的进出口管道上是否都有温度、压力监控仪表？

(40)管式炉及氨分解炉等加热用煤气有无低压报警装置？

(41)苯类贮槽有无喷水冷却设施，是否装设呼吸阀及阻火器？

(42)粗精苯、焦油室内及粗苯管式炉等有无灭火装置？

(43)各贮槽和塔器的放散气体是否有集中处理的排气洗净塔等净化措施？

(44)煤气鼓风机用电机是否为防爆型？

(45)电捕焦油器有无含氧量自动监测仪和报警装置？

(46)硫铵工段设备有无受腐蚀现象，有无漏酸或漏煤气现象发生？

(47)硫磺仓库、硫切片室等产生大量硫磺粉尘的场所，有无监测浓度防止爆炸？

(48)粗苯车间对火源管理有无限制？

(49)对煤焦油中含水量有无限制和控制？

(50)对萘、蒽集尘有无极限控制要求？

(51)有无设备仪表失灵或误操作引起的事故？

(52)对接触煤气的工序检修时,有无动火规程?

(53)在规程中对蒸气吹扫或泄漏等有无严格要求?

(54)在焦油氨水分离装置、蒸馏设备、贮槽和放散管等处有无硫化氢、氯化铵及氨等气体泄漏现象,如何检查?

(55)如何控制吡啶生产设备不发生泄漏?

(56)如何防止苯精制的初馏分中的二硫化碳或苯中毒?

(57)如何防止沥青烟气或粉尘中毒?

(58)如何防止噪声和热辐射对工人的危害?

二、烧结球团安全生产检查提纲

(1)厂房是否位于居民区或厂区常年最小频率风向的上风侧?

(2)厂区边缘到居民区的距离是否大于1000m?

(3)烧结车间主厂房是否与季节盛行风向相垂直?

(4)烧结机、抽风机、热矿筛等重要设备车间内部是否设有起重设备和检修通道?

(5)采用热矿筛的机尾和冷却机尾是否设在±0.0平面上?

(6)胶带机通廊净高是否不小于2.2m,热返矿通廊是否不小于2.6m,通廊倾斜度是否为8°~12°,人行道和检修道是否有防滑设施?

(7)胶带运输线有多长?在大于100m时应每隔70m设一个横向人行桥。

(8)直梯、斜梯、防护栏和平台是否符合国家标准规定?

(9)厂区内有无完整的消防水管路系统和消防栓,是否对水压和水量进行过测试,是否符合消防要求?

(10)烧结点火器、主抽风机室有无烟雾火灾自动报警装置?

(11)烧结机头电除尘器有无防火防爆装置?

(12)厂房有无防雷设施?

(13)电气设备有无防雷和过电保护、接地、接零装置?

(14)有蒸汽、粉尘的作业场所是否采用了封闭式电气设备?

(15)生产现场灯具照明如何?

(16)厂内气体管道是否架空敷设?

(17)煤气管道的入口处是否设有总管切断阀和蒸汽或氮气吹扫煤气的设施?

(18)煤气管道有无压力报警装置?

(19)有无事故供水设施?

(20)油、水、煤气、蒸汽、空气或其他气体设备和管道上的压力表是否经过校准?

(21)在捅、挖矿槽内发生堵料、棚料和槽壁上黏结料时,规定如何处理?

(22)圆盘给料机的排料口有无堵塞现象,规定如何处理?

(23)是否规定如何防止圆盘给料机“放炮”?

(24)在捅混合机进出口堵料和清理混合机内壁黏结时,有何防止伤害的措施?

(25)突然停电或停煤气时,点火器如何处理?

(26)突然停煤气时,为了防止空气进入煤气管道,应采取哪些措施,是否在安全操作规程中有具体规定?

(27)如何检查煤气管道和阀门是否有泄漏煤气现象?

(28)是否规定了在机尾观察孔观察卸矿的安全措施?

(29)是否规定了更换台车或备件时的安全注意事项?

(30)烧结矿破碎机溜槽和热矿筛进口有无堵塞现象,处理时应注意哪些问题?

(31)对双层筛、冷振筛的瓦座、传动轴和偏心块是否进行点检维护?

(32)对抽风机转子和叶片是否进行点检维护?

(33)是否对抽风机的油箱漏油进行检查?

(34)是否规定了进入多管除尘箱和大烟道内进行检查和处理故障的安全作业程序?

(35)是否规定了进入电除尘器内维修和清扫的安全作业程序?

(36)除尘设备的外楼梯,上下时有无防止滑跌和坠落的措施?

(37)对防止粉尘、煤气、高温和噪声危害方面采取哪些措施,效果如何?

(38)有无伤亡事故,是否进行分析和处理?

(39)采取了哪些减少粉尘来源和排放的技术措施?

(40)采取了哪些控制有毒有害气体的措施?

(41)主抽风机室内一氧化碳的浓度是否不超过 $30mg/m^2$?

(42)烟囱排放是否回收二氧化硫?

(43)操作室的噪声有多大,有无空调?

(44)烧结点火器两侧有无隔热装置?

(45)烧结球团车间有无“三同时”验收报告?

三、炼铁安全生产检查提纲

(1)厂区办公室与生活设施(炉前休息室、浴室、更衣室除外)是否布置在高炉常年最小风频下风侧?

(2)各操作室、值班室是否避开可能泄漏煤气的危险区及其常年最大风频的下风向?

(3)泥炮操作室是否能观察到泥炮操作情况和铁口情况?

(4)上料系统的液压站是否有防火措施?

(5)粉煤制备系统、喷煤系统与制粉间、喷吹间的一切设备是否考虑了防火措施,制粉间、喷吹间是否考虑了消防措施,周围是否有消防车能够通行的通道?

(6)计算机室、变电室和动力开关室是否配有灭火装置或灭火器?

(7)为了防止发生回火,煤气放散点火装置是否设有蒸汽灭火装置?

(8)除尘器是否布置在高炉铁口、渣口 10m 以外并不正对铁口或渣口?

(9)炉顶工作压力能否承受 400kPa 以上的煤气爆炸压力?

(10)当炉顶压力达到多高时放散阀可以自动打开?

(11)热风主管是否有排除炉内煤气的倒流阀？

(12)煤气管道的最高处有无能够在地面控制的煤气放散管或阀？

(13)热风炉燃烧器的煤气管道是否有煤气流量调节器和煤气自动切断闸阀及报警系统？

(14)在热风炉混风调节阀前是否有闸板式切断阀，自动关闭的高炉风压为多高？

(15)热风炉燃烧器的燃烧阀与煤气切断阀之间是否有蒸汽或氮气吹扫装置？

(16)热风炉总管是否有水封装置，煤气支管是否有自动切断阀？

(17)煤粉制粉和喷吹系统是否有防火、防爆、防雷和防静电措施？

(18)煤粉仓、储煤罐、喷煤罐、仓式泵等是否有防爆孔？

(19)煤粉管道和容器是否有吹扫用的压缩空气、氮气和其他惰性气体？

(20)是否有压差安全连锁装置，停电时所有阀门能否安全自动切换？

(21)当喷煤系统的阀门或仪表失灵时，是否能够自动切断和报警？

(22)高炉炉基周围排水是否通畅，能否防止积水？

(23)生产水渣时是否设有防止渣沟过铁的措施？

(24)胶带输送是否有横跨过桥，两侧是否有阶梯和防滑措施？

(25)胶带输送是否有防止胶带跑偏、打滑、堵塞、纵向撕裂措施和自动报警系统？

(26)矿槽、焦槽上是否加盖格筛？

(27)斜桥下是否设置防护板或防护网，斜桥一侧是否有通往炉顶的走梯？

(28)卷扬机的运转部件是否设有防护罩或栏杆，下面是否留有清扫撒料的空间？

(29)高炉检修平台是否避开渣口或铁口上方？

(30)水渣沟架空部分是否有带栏杆的走台，水渣池周围是否设有栏杆，四壁是否有扶梯？

(31)天桥、通道、斜梯踏板及平台是否采用防滑钢板或格栅板制作，是否有防积水措施？

(32)高炉炉身附近的电气设备是否安装了防护罩或栏杆，炉前设备的电缆是否有防机械损伤及防烧毁的措施？

(33)电气设备的外壳是否接零或接地，高层建筑是否有防雷击设施？

(34)原料、燃料准备及运输等有粉尘的地方是否有通风除尘装置？

(35)炉前渣沟、铁沟及水冲渣沟是否设有活动封盖及相应的除尘装置，渣口、渣铁罐上面是否有排烟罩？

(36)炉顶、除尘器、洗涤塔或布袋除尘器的人孔是否上下配置？

(37)炉顶放散管是否设有点火装置？

(38)用于煤气吹扫的蒸汽管与煤气管之间是否为非刚性连接？

(39)在高温作业区是否有防暑降温措施？

(40)有无伤亡事故发生，是否进行原因分析、报告和处理？

(41)有无原料矿槽、水渣吹制箱、出铁口、渣口、大沟修理等粉尘浓度测定数据，是否超过国家卫生标准？

(42)有无高炉平台、除尘器操作、渣口、泥炮等处 CO、H_2S、SO_2、O_3 和酚等毒物浓度测定数据，是否超过国家卫生标准？

(43)有无高炉铁口、渣口、渣沟、泥炮、平台等单向辐射热强度的测量数据？

(44)有无关于高炉鼓风、煤粉喷吹、煤气放散和机电设备运转噪声的测量数据，是否超过国家卫生标准？

(45)有无在出铁场、炉身、煤气净化区、干水渣区、出铁场下大沟制作地区发生伤亡和险情的事例？

(46)有无渣口、风口烧穿、煤气爆炸、炉缸冻结、高炉结瘤、炉缸或炉底烧穿和恶性悬料事故？

四、转炉炼钢安全生产检查提纲

(1)炉座布置是否为高架式？

(2)炉壳防高温裙板、冷却托圈是否为防高温变形型，炉壳与托圈连接是否有安全设施？

(3)炉体能力与停电时是否考虑安全措施？

(4)是否考虑了炉体转动的动、静负荷防护和平衡设施？

(5)炉口是否有防冲击负荷影响的措施？

(6)炉口、裙板与转炉耳轴是否考虑了水冷设施？

(7)转炉周围是否有防护设施？

(8)转炉前后是否设安全炉门？

(9)转炉操作室的位置是否安全，操作室和转炉前后摇炉是否考虑了安全防护设施？

(10)是否考虑了出钢口的维护安全设施？

(11)加合金料孔是否有安全防护设施？

(12)转炉炉前测温取样是否有安全防护设施？

(13)转炉清炉口、修炉、补炉与拆炉是否有安全设施？

(14)转炉操作平台是否有栏杆、人行道和梯子？

(15)转炉除尘与烟罩是否有升降装置？

(16)转炉炉罩升降接口、下料口、氧枪、副枪以及活动烟罩与斜烟罩连接密封是否考虑了安全设施？

(17)是否设置了烟罩和氧枪维护平台？

(18)活动烟罩与可调喉口及风机是否连锁？

(19)余热锅炉系统是否有安全装置，包括防爆孔、检查孔、汽包上的安全阀、放散阀、水位测定与报警装置等？

(20)是否考虑有烟气洗涤喷水与检查孔？

(21)烟气分离器是否有安全设施？

(22)是否有风机叶片冲洗与自动加油？

(23)煤气是否有防爆、放散与水封、自动点火的设施？
(24)煤气柜是否有安全设施？
(25)除尘和煤气回收是否有防泄漏检查设施？
(26)蓄热器是否有安全设施？
(27)除尘、烟气净化、煤气回收和水处理系统有无检查平台、走道、扶梯或栏杆？
(28)氧枪与副枪卷扬钢丝绳是否有防断、防过载、防松绳和防粘渣的安全设施？
(29)有无氧枪水温差与氧压差报警系统？
(30)是否有氧枪和副枪停电时的备用电源？
(31)副枪是否自动装卸探头？
(32)转炉、氧枪和副枪之间是否自动连锁？
(33)炉外精炼是否有加合金、测温、取样、吹氧控制操作的安全防护设施？
(34)有无防止跑漏钢水、液压室防火、防止停电、停水、炉外电石料仓防爆设施？
(35)连铸结晶器钢水液面与中间包钢流连锁控制是否有安全设施？
(36)结晶器冷却水是否有备用水源？
(37)一次冷却用水与钢包回转台事故停电是否有备用的安全电源？
(38)二次冷却蒸汽是否有捕集装置，火焰清理是否有除尘设施？
(39)钢坯表面清理有无安全防护措施？
(40)有无漏钢事故的安全防护措施？
(41)连铸平台、栏杆、扶梯和走道是否符合有关规定？
(42)有哪些防止燃油、润滑油、液压油和可燃气体引起火灾的措施？
(43)有哪些防止电气设备发生故障而引起火灾的措施？
(44)对钢液、钢渣、蒸汽、氧气、煤气、燃油、润滑油、液压油和可燃气体引起的爆炸有哪些防止措施？
(45)有哪些防止起重机、天车引起的起重伤害和高处坠落设施？
(46)为了防止铁水包、钢水包、渣罐等设备引起的高温伤害，采取了哪些措施？
(47)是否有防止触电的安全设施？
(48)转炉炼钢、精炼和连铸过程有无伤亡事故？
(49)对安全事故有无原因调查、分析和处理？
(50)有无发生职业病现象？
(51)有无事故紧急救援组织和措施？

五、热轧安全生产检查提纲

(1)加热设备是否设有可靠的隔热层，其外表温度是否超过100℃？
(2)加热炉是否设有各种安全回路的仪表装置和自动警报系统，以及使用低压燃油、燃气的防爆装置？
(3)加热炉检修和清渣是否制订和遵守有关设备维护规程和操作规程，防止发生人员烫伤事故？

(4)加热炉是否安装安全水源或设置高位水源?

(5)平行布置的加热炉之间净空间的距离是否能够满足设备要求,是否还有足够的人员安全通道和检修空间?

(6)加热炉所有密闭性水冷系统是否均按规定试压合格后才使用? 水压不应低于0.1MPa,出口水温不应高于50℃。

(7)端面除料的加热炉是否设有防止钢料冲击辊道的缓冲器?

(8)辊底式加热炉炉底辊传动装置是否设有安全电源?

(9)加热炉使用煤气是否遵守下列规定:使用煤气的生产区,其煤气危险区域的划分应符合 AQ 2003—2004 表 1 的规定。第一类区域,应戴上呼吸器方可工作;第二类区域,应有监护人在场,并配备好呼吸器方可工作;第三类区域,可以工作,但应有人定期巡视检查?

(10)在有煤气危险的区域作业是否两人以上进行,并携带便携式一氧化碳报警仪?

(11)加热炉与风机之间是否设安全连锁、逆止阀和泄爆装置,严防煤气倒灌爆炸事故?

(12)炉子点火、停炉、煤气设备检修和动火时,是否按规定事先用氮气或蒸气吹净管道内残余煤气或空气,并经检验合格后进行?

(13)加热炉使用天然气或液化石油气,是否有专门的安全规程?

(14)调压站和一次仪表室均属甲类有爆炸危险的建筑,其操作室是否与调压站隔开,并设有两个向外开启的门?

(15)贮油罐或重油池是否安装排气管和溢流管,输送重油的管路是否设有火灾时能很快切断重油输送的专用阀?

(16)有炉辊的炉子是否采用机械辅助更换炉辊,需要采用吊车或人工更换时是否采取必要的安全措施?

(17)加热炉加热是否执行有关操作规程,防止炉温过高塌炉?

(18)操纵室和操纵台应设在便于观察操纵设备而又安全的地点,并应进行坐势和视度检验,坐视标高 1.2m,站视标高 1.5m。

(19)横跨轧机辊道的主操作室,以及经常受热坯烘烤或有氧化铁皮飞溅的操纵室,是否采用耐热材料和其他隔热措施,并采取防止氧化铁皮飞溅影响以及防雾的措施?

(20)轧机的机架、轧辊和传动轴是否设有过载保护装置,以及防止其破坏时碎片飞散的措施?

(21)轧机与前后辊道或升降台、推床、翻钢机等辅助设施之间是否设有安全连锁装置? 自动、半自动程序控制的轧机,设备动作应具有安全连锁功能。

(22)轧机的润滑和液压系统是否设置各种检测和保险装置?

(23)轧辊是否堆放在指定地点,堆放的高度是否与堆放的轧辊形式和地点相匹配,以确保稳定堆放和便于调运(辊架的安全通道宽度不小于 0.6m)。

(24)加工热辊时是否采取措施防止工人受热辐射?

(25)是否采用机械自动或半自动换辊方式?

(26)换辊是否有指定专人负责指挥，并拟定换辊作业计划和安全措施？

(27)剪机与锯是否设专门的控制台来控制？

(28)喂送料、收集切头和切边，是否采用机械化作业或机械辅助作业？运行中的轧件不应用棍撬动或用手脚接触和搬动。

(29)热锯机是否有防止锯屑飞溅的设施？在有人员通行的方向应设防护挡板。

(30)各运动设备或部件之间是否有安全连锁控制？

(31)剪切及圆盘锯机换刀片或维修时是否规定切断电源，并进行安全定位？

(32)有人通行的地沟，起点净空高度是否不小于1.7m，人行道宽度不小于0.7m，地沟是否设有必要的入口与人孔，有铁皮落下的沟段人行通道上部是否设置防护挡板？进入地沟工作应两人以上，轧机生产时人员不应入内。

(33)地沟的照明装置，固定式装置的电压不应高于36V，开关应设在地沟入口；手持式的不应高于12V。是否符合？

(34)一端闭塞或容易滞留易燃易爆气体、窒息性气体和其他有害气体的铁皮沟，是否有通风措施？

(35)是否优先采用在线的自动检测系统？

(36)在检修或维护高频设备时，是否切断高压电源？

(37)轧机除鳞装置是否包括防止铁鳞飞溅危害的安全护板和水帘？

(38)热带连轧机与卷取机之间的输送辊道，两侧是否设有不低于0.3m的防护挡板？

(39)带钢轧机是否能在带钢张力作用下安全停车？

(40)卷取机工作区周围是否设有安全防护网或板，地下式卷取机的上部周围是否设有防护栏杆，并有防止带钢冲出轧线的设施？

(41)采用吊车运输的钢卷或立式运输的钢卷，是否进行周向打捆或采取其他固定钢卷外圈的措施？

六、冷轧安全生产检查提纲

(1)是否依法设置安全生产管理机构或配备专(兼)职安全生产管理人员，负责管理本企业的安全生产工作？

(2)是否建立健全安全生产岗位责任制和各工种安全技术操作规程，严格执行值班制和交接班制？

(3)是否定期对职工进行安全生产和劳动保护教育，普及安全知识和安全法规？

(4)特种作业人员和重要设备与设施的作业人员，是否经过专门的安全教育和培训，并经考核合格、取得操作资格证后上岗？

(5)是否为职工提供符合国家标准或行业标准的劳动防护用品，职工是否正确佩戴和使用劳动防护用品？

(6)是否建立对厂房、机电设备进行定期检查、维修和清扫制度？

(7)是否发生过伤亡或其他重大事故，事故发生时领导是否立即到现场组织指挥抢救,并采取有效措施防止事故扩大,发生伤亡事故是否按国家有关规定报告和处理,事故发生后是否及时调查分析,查清事故原因,并提出防止同类事故发生的措施?

(8)经过辊道等设备的人行通道是否符合下列规定:桥宽不小于0.8m,两侧设不低于1.05m的防护栏杆;有高速轧件上窜危险处的人行天桥,是否设置金属网罩,其网眼是否小于最小轧件的尺寸;跨越轧制线的人行天桥,其间距不宜超过40m?

(9)新建、改建和扩建轧钢厂是否按规定靠厂房一侧沿轧制生产线的方向,距离地面适当高度修建供参观和其他生产操作人员行走的安全通廊,其宽度不小于1m,栏杆高度不低于1.05m;较长的通廊,每隔20m设有交汇平台?

(10)设备裸露的转动或快速移动部分是否设有结构可靠的安全防护罩、防护栏杆或防护挡板?

(11)轧钢厂区内的坑、沟、池、井是否设置安全盖板或安全护栏?

(12)车间主要危险源或危险场所是否有禁止接近、禁止通行、禁火或其他警告标志?

(13)车间使用表压超过0.1MPa的液体和气体的设备和管路,是否安装压力表,必要时是否还安装安全阀和逆止阀等安全装置?

(14)液压系统和润滑系统的油箱是否设有液位上下限、压力上下限、油温上下限和油泵过滤器堵塞的显示和警报装置,油箱和油泵之间是否有安全连锁装置?

(15)酸洗和碱洗区域是否有防止人员灼伤的措施,并设置安全喷淋或洗涤设施?

(16)采用放射性元素检测仪表的区域是否有明显的标志,并有必要的防护措施,并按有关规定定期检测?

(17)起重作业是否遵守GB 6067的有关规定?

(18)吊车是否装有能从地面辨别额定荷重的标识,是否超负荷作业?

(19)两台及两台以上吊车联合进行吊装作业时,是否指定专门的、经主管领导审批的作业方案,并采取专门的防护措施?

(20)吊车是否设有下列安全装置:吊车之间防碰撞装置;大小行车端头缓冲和防冲撞装置;过载保护装置;主、副卷扬限位、报警装置;登吊车信号装置及门连锁装置?

(21)电磁盘吊是否有防止突然断电的安全措施?

(22)吊具是否在其安全系数允许范围内使用,钢丝绳和链条的安全系数和钢丝绳的报废标准是否符合GB 6067的有关规定?

(23)厂内运输是否遵守GB 4387的有关规定?

(24)与机动车辆通道相交的轨道区域,是否有必要的安全措施?

(25)企业内的建构筑物是否按GB 50057的规定设置防雷设施,并且是否定期检查,确保防雷设施完好?

(26)带电作业是否执行有关带电作业的安全规程?

(27)在全部停电或部分停电的电气设备上作业是否遵守下列规定:拉闸断电,并采取开关箱加锁等措施;验电、防电;各相短路接地;悬挂“禁止合闸,有人工作”的标示牌和装设遮拦?

(28)低压电气设备非常带电的金属外壳和电动工具的接地电阻是否不大于4Ω？

(29)厂房的天然采光和人工采光是否能保证安全作业和人员行走的安全？

(30)作业场所的最低照度是否符合 GB 50034 的规定？

(31)主要通道及主要入口，包括通道楼梯、操作室、酸洗槽、碱洗槽、主电室、配电室、液压站、油库、泵房、电缆隧道、煤气站等工作场所，是否设置一般事故照明？

(32)酸洗车间是否单独布置，对有关设施和设备是否采取防酸措施，并是否保持良好通风？

(33)酸洗车间是否设置贮酸槽，采用酸泵向酸洗槽供酸时是否不采用人工搬运酸罐加酸？

(34)采用槽式酸碱工艺的是否不往碱液槽内放入潮湿钢件，酸件洗液面距槽上沿是否不小于0.65m？

(35)采用槽式酸碱工艺的，钢件放入酸槽、碱槽时，以及钢件酸洗后浸入冷水池时，距槽、池5m以内是否没有人？

(36)操纵室和操纵台是否进行坐势和视度检验？坐视标高1.2m，站视标高1.5m。

(37)轧机的机架、轧辊和传动轴是否设有过载保护装置，以及防止其破坏时碎片飞散的措施？

(38)轧机的润滑和液压系统是否设置各种检测和保险装置？

(39)轧辊是否堆放在指定地点，辊架的安全通道宽度是否不小于0.6m？

(40)用磨床加工轧辊时操作台是否设置在砂轮旋转面以外，是否不使用不带罩的砂轮进行磨削？

(41)是否优先采用机械自动或半自动换辊方式，换辊是否指定专人负责指挥，并拟定换辊作业计划和安全措施？

(42)有人通行的地沟，起点净空高度是否不小于1.7m，人行道宽度是否不小于0.7m，地沟的照明装置，固定式装置的电压是否不高于36V，开关是否设在地沟入口；手持式的是否不高于12V？

(43)在线检测是否优先采用自动检测系统？

(44)检修或维护高频设备时是否切断高压电源？

(45)板、带冷轧机是否有防止冷轧板、带断裂及头、尾、边飞裂伤人和损坏设备的设施？

(46)收集废边和废切头等是否采用机械或用机械辅助？

(47)采用人工进行成品包装时是否制定有严格的安全操作规程？

(48)厂(车间)是否设在企业污染影响较大的生产区最小频率风向的下风侧？

(49)厂区布置和主要车间的工艺布置是否设有安全通道，以便在异常情况或紧急抢救情况下供人员和消防车、急救车使用？

(50)危险场所、重大危险设备的管理和严重危险作业是否严格实行工作牌制，是否设有危险标志牌和/或警告标志牌？

(51)是否根据国家有关法律、法规，配备消防设施、设备和人员，并与当地消防部门建立联系？

(52)油库、液压站和润滑站是否设有灭火装置和自动报警装置？

(53)电气室(包括计算机房)、主电缆隧道和电缆夹层是否设有火灾自动报警器、烟雾火警信号器、监视装置、灭火装置和防止小动物进入的措施,是否设有防火墙和遇火能自动封闭的防火门,电缆穿线孔等是否用防火材料进行封堵？

(54)设有通风以及自动报警和灭火设施的场所,风机与消防设施之间是否设有安全连锁装置？

(55)设置小型灭火装置的数量是否遵循 GBJ 140 的规定？

七、特种设备安全检查提纲

(1)是否建立健全特种设备安全管理制度和岗位安全责任制度？

(2)是否建立单位主要负责人全面负责的岗位安全责任制？

(3)是否设置特种设备安全管理机构或者配备专、兼职的安全管理人员？

(4)是否具有特种设备的操作规程和有关的安全规章制度,作业人员是否严格执行？

(5)特种设备作业人员是否按照国家有关规定,经特种设备安全监督管理部门考核合格,取得国家统一格式的特种作业人员证书？

(6)对特种设备作业人员是否进行特种设备安全教育和培训,保证其具备必要的特种设备安全作业知识？

(7)特种设备在投入使用前或者投入使用后 30 日内,是否向特种设备安全监督管理部门登记？

(8)是否有定期检验和定期自行检查记录？

(9)是否有特种设备及其安全附件、安全保护装置、测量调控装置及有关附属仪器仪表的日常维护保养记录？

(10)是否对在用特种设备进行经常性的日常维护保养,并定期自行检查？

(11)是否对安全附件、安全保护装置、测量调控装置及有关附属仪器仪表进行定期校验、检修？

(12)是否提前 1 个月向特种设备检验检测机构提出定期检验要求？

(13)是否制定特种设备的事故应急措施和救援预案？

(14)报废时是否向原登记部门进行登记,办理注销手续？

八、特种作业安全生产检查提纲

(一)电工作业安全生产检查提纲

(1)电气安全用具(如绝缘操作杆、绝缘手套、绝缘鞋、验电器、携带型接地线等)是否符合安全要求？

(2)手持电动工具(如电钻、电砂轮等)是否符合安全要求？

(3)移动式电动机具(如抽水泵、砂轮锯、空压机等)是否符合安全要求?

(4)有无手持电动工具及移动式电动机具安装漏电保护器的具体规定,是否严格执行?

(5)动力、照明配电箱是否符合安全要求?

(6)生产及非生产用电机、电器等应接零或接地的部分是否已有可靠的保护接零或接地?

(7)施工现场临时电源敷设有无管理制度,现场临时电源是否符合安全要求?

(8)电气工作人员是否普遍掌握触电急救及心肺复苏法?

(9)停电和送电权限有无统一规定,是否制定"工作票签发制度"?

(10)是否建立定期电气安全检查制度,检查内容是否包括检查电气设备老化、受潮、破损、裸露带电体防护、屏蔽装置、安全距离、接地接零、保护装置、安全电压、安全用具和防火器材等内容?

(11)现有电气设备的选型、安装是否适当,电气路线、熔断器及其他保护是否正确?

(12)是否建立和坚持三级安全教育制度?

(13)检修是否建立和执行安全制度?

(14)有无发生过电气安全事故?

(二)登高架设作业安全生产检查提纲

(1)安全带:在用品是否符合安全要求;安全带存放、保管是否符合安全要求?

(2)脚扣及升降板是否符合安全要求;脚扣存放、保管是否符合安全要求?

(3)脚手架组件(木质或金属脚手杆(管)、脚手板、连接卡具、吊架等在用品)及安全网是否符合安全要求现场搭设的脚手架和安全网是否符合安全要求;现场搭设的脚手架组件和安全网的存放、保管是否符合安全要求?

(4)移动梯台是否符合安全要求;移动梯台存放、保管是否符合安全要求?

(5)安全帽形状、材料、现状是否符合安全要求;个人防护用品发放、使用是否符合安全要求?

(6)架子工是否经过专门训练和考试,持有合格证,并按期进行复试?

(三)起重作业安全生产检查提纲

(1)各式起重机(门式、桥式起重机,汽车、履带和其他流动式起重机,斗臂车等)是否符合安全要求?

(2)各式电动葫芦、电动卷扬机、垂直升降机(载物)是否符合安全要求?

(3)手动葫芦(倒链)、千斤顶、手摇绞车等是否符合安全要求?

(4)起重用钢丝绳、纤维绳(麻绳、棕绳、棉纱绳)、吊钩、夹头、卡环、吊环等是否按规定定期检查试验?

(5)起重机司机是否经过专门训练和考试,持有合格证,并按期经过复审?

(6)电梯(生产用载人、载物)是否符合安全要求?

(7)有无电梯管理制度和维修责任制,是否严格执行?

(四)焊接作业安全生产检查提纲

(1)乙炔发生器是否符合安全要求?
(2)氧气瓶及乙炔气瓶库或贮存场所是否符合防火防爆要求?
(3)交直流电焊机是否符合安全要求?
(4)乙炔站的建筑、安装设计是否符合防火防爆要求?
(5)电石库的建筑防火设计是否符合安全要求?
(6)电焊工、气焊工是否经过专门训练和考试,持有合格证,并按期经过复审?
(7)焊接场地是否禁止存放易燃易爆物品,是否配备有消防器材?
(8)场地照明是否充分,通风是否良好?
(9)操作人员是否按规定穿戴和配备防护用品?
(10)电焊机二次线圈及外壳是否接地或接零?
(11)电焊机的散热情况如何,是否一机一闸?
(12)交流电焊机是否安装自动开关装置?

(五)各种锅炉、压力容器及空压机作业安全生产检查提纲

(1)各种锅炉是否符合安全要求?
(2)压力容器(含以蒸汽为热源的常压热交换器,不含发电厂生产设备系统中的压力容器)是否符合安全要求?
(3)空压机(固定式及移动式,发电生产用除外)是否符合安全要求?
(4)高压气瓶及现场使用情况是否符合安全要求?
(5)当压力容器最高工作压力低于压力源压力时,是否在通向压力容器进口的管道上设置减压阀?

(六)厂内交通安全生产检查提纲

(1)各类机动车辆是否符合安全要求?
(2)有无机动车辆管理制度,是否落实,机动车司机是否持有准驾证和驾驶证?
(3)厂内铁路设施是否符合安全要求?

(七)防火防爆安全生产检查提纲

(1)各级防火责任制是否健全?
(2)是否建立了专职和群众性消防组织,是否定期培训或训练?
(3)消防器材配置有无清册,有无定期检查制度,是否严格执行?
(4)禁火区域、部位是否有明显并符合标准的禁火标志?
(5)禁火区(含电缆夹层)动火有无健全的动火作业管理和动火工作票制度?
(6)消防泵有无远方启动装置,有无定期试验制度,是否落实;全厂停电时,消防泵

有无外部电源或采用其他措施保证消防水源不中断?

(7)消防水设施及系统(含高位水箱)是否完善,并处于良好备用状态?

(8)消防通道是否畅通?

(9)易燃易爆物品管理、存放是否有健全的制度,并得到落实?

(10)存放易燃易爆物品的库房、建筑设施是否符合安全要求?

(11)厂内是否备有电缆着火时救火用正压式消防呼吸器?

九、氧气安全生产检查提纲

(1)厂址是否选择在环境清洁地区,并布置在有害气体及固体尘埃散发源的全年最小频率风向的下风侧?

(2)吸风口空气中的乙炔含量是否不大于0.5mg/m^3(用分子筛时应不大于0.5mg/m^3)?

(3)空分装置吸风口处空气中的含尘量是否不大于30mg/m^3?

(4)厂区四周是否设围墙或围栏?

(5)厂内是否设火警信号和报警设施?

(6)氧气(包括液氧、液空)和氢气的设备是否设有防静电积聚放电接地装置?

(7)管道和储罐是否按规定漆色?

(8)凡与氧气接触的设备、管道、阀门及零部件如何防止沾染油脂?

(9)裸露转动的部件及皮带传动装置是否设置防护罩?

(10)大型空压机是否根据设备特性设喘振、振动、油压、供水、轴位移及轴承温度等报警联锁装置,开车前是否做空投试验?

(11)氧压机采取哪些防火和灭火措施?

(12)膨胀机出现超速、异常声响、油压过低、冷却水量不足或轴承温度过高等情况时,规定采取哪些措施?

(13)液氧泵是否设有出口压力声、光报警和自动停车装置?

(14)是否定期化验液氧中的乙炔、碳氢化合物含量,是否规定乙炔含量限值?

(15)氮水预冷系统是否设置空冷塔液面和空气压力的报警联锁装置?

(16)是否定时测定液氧储罐中的乙炔含量,超过多少时排放液氧?

(17)氧气主管线是否配有阻火或灭火设施?

(18)有无规定架空氧气管道与其他建筑物、交通线、架空导线的并行或交叉的净距?

(19)有无规定氧气管道中不同工作压力下的氧气最大流速,执行如何?

(20)工作压力大于0.1MPa(1kgf/cm^2)的氧气阀门是什么阀门(截止阀或闸板阀)?

(21)管道动火时,氧含量和氢含量控制在什么范围?

(22)车间操作区(包括流动岗位)8h连续接触噪声有多大?

(23)各种气体放散管是否伸出厂房墙外,高出附近操作面多高,地坑排放的氮气放散管口距主控室有多远?

(24)在氮气浓度高的环境中作业时如何防护?

(25)是否生产瓶装氧气,是否规定了使用后的瓶内的气体剩余压力?

(26)氮压机运转后,是否对机后出口氮气进行分析,纯度达到多少方准送入管网?

(27)是否规定和遵守瓶装氧气贮存和运输的安全规程?

(28)是否对氩净化设备及催化反应炉加氢时的氧含量有规定,最大氧含量为多少?

(29)厂内是否设置消防车通道和消防给水设施?

(30)厂内是否设有火警信号和报警设施?

(31)厂内动力线、电缆是地下敷设,还是架空敷设?

(32)请出示各车间设施生产类别及最低耐火等级。

(33)氧气管道外壁漆色、标志是否执行 GBJ 7231—87《工业管路的基本识别色和识别符号》的有关规定?

(34)管道上是否漆有表示介质流动方向的白色或黄色箭头(底色浅的用黑色)?

(35)是否发生过安全事故,是否进行过调查分析和报告?

(36)在新建、扩建、改建氧气厂时,是否遵守安全"三同时"的规定?

(37)是否建立安全生产责任制?

(38)是否规定严禁携带火种进入厂内"禁火区",每次动火前是否办理"动火许可证"?

十、热电厂安全生产检查提纲

(一)锅炉系统安全生产检查提纲

(1)锅炉是否烧正压,吸风机出力是否满足燃烧的条件?

(2)过热器及直流锅炉水冷壁的管壁温度是否存在超温现象?

(3)主蒸汽或再热蒸汽是否存在超温现象?

(4)燃烧室或尾部烟道有无放炮事故?

(5)省煤器、水冷壁、过热器或再热器管有无发生泄漏事故?

(6)制粉系统有无发生过爆炸事故?

(7)燃烧室是否经常发生严重结焦?

(8)汽包、联箱、导汽管、集中下降管是否存在爆破隐患?

(9)高温、高压大口径汽或水管道及阀门是否存在爆破隐患?

(10)汽水系统压力容器是否存在爆破隐患?

(11)吸风机、送风机、排粉机、风扇磨等有无隐患?

(12)捞渣机、碎渣机是否存在缺陷?

(13)各种阀门是否存在缺陷?

(14)锅炉是否按规定进行检验?

(15)生产用空压机是否存在缺陷?

(16)水位表水位是否清晰可见,水位表是否按期校对?

(17)除灰泵房是否存在水淹的隐患,灰场灰坝正常水位、坝前积水、坝体状况是否符合要求?

(18)阀门编号及开关方向标志是否齐全清晰?

(19)管道涂色或色环、介质名称及流向标志是否齐全清晰?

(20)主设备及主要辅助设备名称、编号、转动方向标志是否齐全清晰?

(21)锅炉是否有热工保护及自动装置,具备哪些功能?

(22)锅炉的监测报警装置及主要仪表是否齐备?

(二)汽轮机系统安全生产检查提纲

(1)汽轮机的汽缸(含喷嘴室)、结合面大螺栓、转子(含接长轴)、对轮(含连接螺栓)、叶片、复环、拉筋、主汽门、调速汽门、再热主汽门、再热调速汽门、主轴承、轴封等是否存在严重漏汽缺陷?

(2)主轴和主轴承是否存在振动值不合格或推力轴承瓦块温度超限或接近限值?

(3)滑销系统功能是否正常,是否存在汽缸膨胀受限、汽缸偏移等缺陷?

(4)汽缸是否存在漏进冷汽、冷水的隐患,如疏水系统连接不合理等?

(5)所有超速保安装置是否完好?

(6)是否定期进行危急保安器提升转速动作试验?

(7)各级旁路系统是否存在投入时超温、超压、水冲击等隐患?

(8)除氧器,高压加热器,疏水、排污扩容器,其他生产用压力容器,高温高压主汽、给水和疏水管道、阀门等是否符合防爆要求?

(9)循环水系统(含空冷机组的冷却水系统)如循环泵、冷却水循环泵、水塔等是否存在缺陷和隐患?

(10)凝结水系统是否存在缺陷和隐患?

(11)真空系统是否存在缺陷和隐患?

(12)高压油泵、交直流密封油泵及润滑油泵是否完好?

(13)汽轮机的主要热工保护和自动装置(包括低油压保护、低真空保护、高压加热器水位保护、除氧器水位、压力调整和高水位自动放水装置)是否齐备?

(14)汽轮机的主要连锁、联动装置是否正常?

(15)汽轮机的监测报警装置及主要仪表是否正常?

(三)发电机、变压器和高低压配电系统安全生产检查提纲

(1)发电机主要电气监测仪表指示值及对应关系是否长期不正常?

(2)发电机定子、转子绝缘监视、信号装置是否正常?

(3)发电机及励磁系统整体运行工况及技术状况如何?

(4)主变压器和厂用变压器整体运行工况及技术状况如何?

(5)高、低压配电装置及其系统接线和运行如何?

(6)母线及架构是否正常(包括绝缘和避雷)?

(7)高压开关设备(主要是断路器)工作是否正常?

(8)电压、电流互感器,避雷器和耦合电容器是否正常?

(9)是否采取了防误操作技术措施?

(10)过电压保护装置和接地装置如何?

(11)发电机断水保护是否正常投入,功能是否正常和定期校验,漏水检测装置是否正常投入运行,并且定期校验?

(12)是否按期编制继电保护和自动装置年度校验计划,是否按规程及校验计划对继电保护及自动装置各元件进行了定期校验,校验记录是否齐全完整?

(13)各元件的保护装置是否符合国电公司、网、省公司反事故措施的要求?

(14)电缆隧道、电缆沟堵漏及排水设施是否完好,不积水、油、灰、粉及杂物?

(15)电缆夹层、电缆隧道照明是否齐全良好,高度低于2.5m的夹层隧道是否采用安全电压供电?

(16)电缆防火阻燃措施设计安装图是否齐全?

(四)热工部分安全生产检查提纲

(1)热工电源系统各级小开关和熔断体定值配合是否合理,有无定值一览表或图?

(2)热工用UPS电源装置功能是否正常?

(3)故障顺序记录仪是否投入,功能是否正常?

(4)热工盘(柜)上的电源小开关、熔断器、连接片、端子排的名称、标号是否齐全并符合安全运行要求?

(5)计算机室温度、湿度、防尘等是否符合规定?

(6)热工电源操作及保护,自动信号压板的投、退等有无操作管理制度?

(7)热工自动装置投入率是否达到80%,热工仪表校验率是否达到主管单位下达的指标?

(8)热工仪表校前合格率是否达到上级下达的指标?

十一、危险化学品安全检查提纲

(1)本公司主要负责人是否了解危险化学品的有关法律、法规、规章的规定和国家标准的要求?

(2)是否符合国家标准和国家有关规定,并取得相应的许可?

(3)是否建立、健全危险化学品使用的安全管理规章制度?

(4)是否根据危险化学品的种类、特性,在车间、库房等作业场所设置相应的安全设施、设备,并按照国家标准和国家有关规定进行维护、保养,保证符合安全运行要求?

(5)是否对本单位的生产、储存装置定期进行安全评价,安全评价报告是否报所在地设区的市级人民政府负责危险化学品安全监督管理综合工作的部门备案?

(6)危险化学品专用仓库是否符合国家标准对安全、消防的要求并设置明显标志,危险化学品专用仓库的储存设备和安全设施是否定期检测?

(7)用于危险化学品的槽罐以及其他容器,是否依照《危险化学品安全管理条例》的规定,由专业生产企业定点生产,并经检测、检验合格后使用?

(8)是否制定本单位事故应急救援预案,配备应急救援人员和必要的应急救援器材、设备,并定期组织演练?

十二、工业煤气安全检查提纲

(一)基本要求

(1)煤气工程是否由持有国家或省、自治区、直辖市有关部门颁发的有效设计许可证的设计单位设计,设计审查是否有当地公安消防部门、安全生产监督管理部门和煤气设施使用单位的安全部门参加?

(2)新建、改建和大修后的煤气设施是否经过检查验收,证明符合安全要求并建立、健全安全规章制度后才能投入运行;煤气设施的验收是否有煤气使用单位的安全部门参加?

(3)煤气危险区(如地下室、加压站、热风炉及各种煤气发生设施附近)的一氧化碳浓度是否定期测定,在关键部位是否设置一氧化碳监测装置?作业环境一氧化碳最高允许浓度为$30mg/m^3$($24\times10^{-4}\%$)。

(4)是否对煤气工作人员进行安全技术培训,经考试合格的人员才准上岗工作;煤气作业人员是否每隔一至两年进行一次体检,体检结果记入“职工健康监护卡片”,不符合要求者,是否不从事煤气作业?

(5)凡有煤气设施的单位是否设专职或兼职的技术人员负责本单位的煤气安全管理工作?

(6)煤气的生产、回收及净化区域内是否设置与本工序无关的设施及建筑物?

(7)剩余煤气放散装置是否设有点火装置及蒸汽(或氮气)灭火设施,需要放散时是否点燃?

(8)煤气设施的人孔、阀门、仪表等经常有人操作的部位是否设置固定平台,走梯、栏杆和平台(含检修平台)是否符合GB 4053.1、GB 4053.2、GB 4053.3、GB 4053.4的规定?

(9)煤气加压机与空气鼓风机宜分别布置在单独的厂房内,如布置在同一房间是否采用防爆型电气设备?

(二)煤气设施操作与检修设施操作安全检查提纲

(1)除有特别规定外任何煤气设备均是否保持正压操作,在设备停止生产而保压又有困难时是否可靠地切断煤气来源,并将内部煤气吹净?

(2)吹扫和置换煤气设施内部的煤气,是否用蒸汽、氮气或烟气为置换介质,吹扫或引气过程中,是否在煤气设施上拴、拉电焊线,煤气设施周围40m内是否有火源?

(3)煤气设施内部气体置换是否达到预定要求,是否按预定目的,根据含氧量和一氧化碳分析或爆发试验确定？

（4）炉子点火时炉内燃烧系统是否具有一定的负压，点火程序是否是先点燃火种后给煤气，是否不先给煤气后点火；凡送煤气前已烘炉的炉子，其炉膛温度超过1073K（800℃）时可不点火直接送煤气，但是否严密监视其是否燃烧？

（5）送煤气时不着火或者着火后又熄灭，是否立即关闭煤气阀门；查清原因，排净炉内混合气体后，是否再按规定程序重新点火？

（6）凡强制送风的炉子，点火时是否先开鼓风机但不送风，待点火送煤气燃着后，再逐步增大供风量和煤气量；停煤气时，是否先关闭所有的烧嘴，然后停鼓风机？

（7）固定层间歇式水煤气发生系统若设有燃烧室，当燃烧室温度在773K（500℃）以上且有上涨趋势时，才能使用二次空气。

（8）直立连续式炭化炉操作时是否防止炉内煤料“空悬”？严禁同一孔炭化炉同时捣炉和放焦，炉底要保持正压。

（9）煤气系统的各种塔器及管道在停产通蒸汽吹扫煤气合格后，是否不关闭放散管；开工时，若用蒸汽置换空气合格后可送入煤气，待检验煤气合格后才能关闭放散管，但是否不在设备内存在蒸汽时骤然喷水，以免形成真空压损设备？

（10）送煤气后是否检查所有连接部位和隔断装置是否泄漏煤气？

（三）设施检修安全检查提纲

（1）煤气设施停煤气检修时，是否可靠地切断煤气来源并将内部煤气吹净；长期检修或停用的煤气设施，是否打开上、下人孔、放散管等，保持设施内部的自然通风？

（2）进入煤气设施内工作时，是否检测一氧化碳及氧气含量；经检测合格后，允许进入煤气设施内工作时，是否携带一氧化碳及氧气监测装置，并采取防护措施，设专职监护人？

（3）进入煤气设备内部工作时，安全分析取样时间是否不早于动火或进塔（器）前0.5h，检修动火工作中每2h是否重新分析？

（4）打开煤气加压机、脱硫、净化和贮存等煤气系统的设备和管道时，是否采取防止硫化物等自燃的措施？

（5）带煤气作业或在煤气设备上动火，是否有作业方案和安全措施，并是否取得煤气防护站或安全主管部门的书面批准？

（6）带煤气作业如带煤气抽堵盲板、带煤气接管、高炉换探料尺、操作插板等危险工作，是否在雷雨天和夜间进行；作业时，是否有煤气防护站人员在场监护；操作人员是否佩戴呼吸器或通风式防毒面具？

（7）电除尘器检修前是否办理检修许可证，采取安全停电的措施；进入电除尘器检查或检修时是否遵守本标准有关安全检修和安全动火的规定？

（8）进入煤气设备内部工作时，所用照明电压是否不超过12V？

（9）加压机或抽气机前的煤气设施是否定期检验壁厚，若壁厚小于安全限度，是否采取措施后才能继续使用？

（10）在检修向煤气中喷水的管道及设备时，是否防止水放空后煤气倒流？

第十章　内部审核和管理评审

第一节　内部审核

GB/T 28001—2011《职业健康安全管理体系　要求》规定:“组织应确保按照计划的时间间隔对职业健康安全管理体系进行内部审核。目的是:

a)确定职业健康安全管理体系是否:

1)符合组织对职业健康安全管理的策划安排,包括本标准的要求;

2)得到了正确的实施和保持;

3)有效满足组织的方针和目标。

b)向管理者报告审核结果的信息。

组织应基于组织活动的风险评价结果和以前的审核结果,策划、制定、实施和保持审核方案。

应建立、实施和保持审核程序,以明确:

a)关于策划和实施审核、报告审核结果和保存相关记录的职责、能力和要求;

b)审核准则、范围、频次和方法的确定。

审核员的选择和审核的实施均应确保审核过程的客观性和公正性。”

一、内部审核的目的

内部审核的目的在于了解和确定职业健康安全管理体系是否符合职业健康安全管理的策划安排,并满足 GB/T 28001—2011《职业健康安全管理体系　要求》;已经建立的职业健康安全管理体系是否得到了正确实施和保持;运行的结果能否有效地满足组织的方针和目标。内部审核还可能了解上次审核(包括外审和内审)以及管理评审的结果,所提出的问题是否得到了解决;不符合项是否在分析原因和采取纠正措施后不再发生类似问题。内审的重要作用之一是为向管理者提供评审过程的输入信息。

二、内部审核程序

企业应编制和实施内部审核程序。

内部审核应当按计划进行。企业应国家组织活动的风险评价结果和以往审核的结果明确审核的频次和间隔时间。在内部审核前应制定内部审核计划,经管理者代表审查批准后提前下发给受审核的部门和单位。

在内部审核计划中应明确内审的目的、范围、依据和时间安排。在审核前应认真准备,编写审核检查提纲。在内审的首次会上应向受审核方说明内审的目的、范围、依据和时间安排；内审的方法和程序；内审组的承诺和要求。在审核过程中应根据 GB/T 28001—2011《职业健康安全管理体系　要求》、适用的法律法规以及企业的管理文件的要求，采取现场检查、阅读文件和记录、与有关人员座谈等方式收集管理体系运行的证据。内审过程应如实记录，并形成文件。如果发现不符合的现象，应与受审核方进行确认，需要开具不符合报告的，应征得受审核方的同意或确认。在内审中所获取的审核发现应经过分析和整理形成内部审核报告，包括不符合项报告。在征得受审核方确认后，在末次会上予以发布。

担任内审员的人员应经过培训并具有资格，在审核时应具有独立性和公正性，不得审核自己的工作。

三、内部审核要点

（一）总要求

审核要点：

（1）首先应了解组织是否希望建立和实施职业健康安全管理体系，建立和实施职业健康安全管理体系的目的是什么？

建立和实施职业健康安全管理体系的组织有的是为了将安全生产管理规范化，采用职业健康安全管理体系的标准来管理；有的是为了推行"以人为本、安全第一、预防为主、综合治理"方针将职业健康安全管理作为一种管理模式；也有的是为了与同行对比，也建立质量、环境和安全生产的综合管理体系；还有的是希望将安全生产作为企业文化的主要内涵之一，特别是为核能工业提供产品或服务的组织，如果安全生产的理念不先进或管理不规范，就不可能成为合格供方，为此希望建立和实施职业健康安全管理体系。

在审核时向最高管理者了解他的理念，并向各层次和职能的干部了解他们的认识，以及向员工了解他们是否理解，也是必要的。

（2）是否根据 GB/T 28001—2011《职业健康安全管理体系　要求》建立和实施，并保持和持续改进职业健康安全管理体系？

在审核职业健康安全管理体系是否能够满足总的要求时，应了解组织的领导、干部和安全生产管理人员是否了解 GB/T 28001—2011《职业健康安全管理体系　要求》，是否知道已经换版，是否知道该标准的主要内容和变化；有无对组织各层次和职能进行培训和换版培训。

（3）职业健康安全管理体系是否形成文件，在文件中是否界定了职业健康安全管理体系范围和规定，如何满足这些要求？

在审核时应了解组织是否建立了文件化的职业健康安全管理体系，是单独的文件化体系，还是整合的文件化体系。如果有职业健康安全管理手册或质量、环境职业健康安全管理体系整合的管理手册，应了解对职业健康安全管理体系的范围规定的是否明确和全面；对 GB/T 28001—2011《职业健康安全管理体系　要求》的内容是否全部包括在内。如果没有管理手册，应了解标准中规定的文件化程序是否齐全。不论文件形式如何，一定要对职业健康安全管理体系的范围和内容是否能够满足标准要求进行判断。

(4)职业健康安全管理体系范围是否覆盖了组织内对职业健康安全绩效有影响的单位、过程和活动？

一般说来，组织的各层次和职能对职业健康安全绩效都有影响，不仅生产现场，管理部门也非常重要。生产现场不仅产品生产过程存在危险源和风险，辅助部门也存在危险源和风险。例如钢铁企业的机电管理部门、煤气和危险化学品储运部门、氧气生产部门、厂内运输部门、消防部门、特种设备和特殊工种对职业健康安全绩效的影响也很大。在审核时应了解是否覆盖在职业健康安全管理体系范围内。

(5)为了保证职业健康安全体系的完整性和系统性，在确定职业健康安全管理体系范围时，是否包括对员工和相关方的健康和安全有影响的过程或活动？

生产管理部门对生产现场的安全生产负有重要责任，基建和装备部门对外包方的控制也应纳入职业健康安全管理体系范围，包括访问者进厂也属于控制范围。有一位钢铁企业的最高管理者在年终总结时说："从安全控制环节看，厂内安全管理建设尚可，外委外协单位以及交通安全管理松散，年内外委单位连续发生数起伤亡事故，虽然我们不是责任主体，但作为用工单位，我们负有教育、督导的责任，他们出了事故，我们不可能置身事外，也不可能无动于衷，还是那句话，人命关天，马虎不得，任何地方都不能出现盲区。"

显然这位领导对职业健康安全管理体系的范围和对职业健康安全绩效有影响的单位、过程和活动有深刻认识 。但是有的企业的基建和装备部门认为安全只是安全管理部门的责任，对外包方"以包代管"。

(6)职业健康安全管理体系的文件是否包括策划、实施、检查和改进 GB/T 28001—2011《职业健康安全管理体系　要求》的内容？

如果组织已经形成文件化的职业健康安全管理体系，应审核该文件的内容是否是按 GB/T 28001—2011《职业健康安全管理体系　要求》进行策划、实施、检查和改进。是否根据职业健康安全方针、适用的法律法规和其他要求，在对危险源进行辨识和风险进行评价的基础上，制订了目标和方案，对危险源的控制确定了措施，而且这些措施也形成了文件程序；是否规定如何沟通、培训和控制危险源实现安全运行，保证员工健康和安全；是否规定了如何检查安全生产运行情况、目标和方案完成的情况、职业健康安全绩效和适用的法律法规和其他要求的满足情况；是否规定了如何采取措施持续改进职业健康安全绩效。

(7)为了满足标准提出的总要求，是否确定了职业健康安全管理体系所需要的过程、过程的顺序和相互作用，是否确定了判断的准则(标准)和方法(程序或规程)？

为了满足标准提出的总要求，不仅应确定职业健康安全管理体系的服务，也应了解所确定的过程、过程顺序和相互关系，审核各过程是否有运行的程序和准则。例如抽查职业健康安全管理体系是否包括策划过程，包括危险源辨识和风险评价以及对控制措施的确定，对适用的法律法规和其他要求的识别以及目标和方案的策划；是否包括管理职责和资源提供的过程，沟通、参与和协商过程，运行控制及应急准备和响应过程；是否包括对职业健康安全绩效的测量和监视过程；是否包括内部审核和管理评审过程；是否包括对文件和记录的控制过程，对这些过程是否规定控制方法和评价准则？对上述这些问题的审核可以先从文件审核进行，是否有相应的程序文件？是否规定了采取必要的措施保证实现策划的目标和绩效，并对这些过程进行持续改进？

（8）为了保证各过程的运行正常和控制有效，是否落实了职责并获得了必要的资源和信息？

保证过程正常运行和有效控制的重要条件是职责分工清楚，资源信息充分。例如抽查职业健康安全管理体系的运行过程，对职责权限规定的是否清楚，对需要的资源信息提供得是否充分？职责和权限可以从“安全责任制度”中得到证实，而资源提供可以从“安全措施实施计划”中了解是否充分。关于信息问题应包括过程控制是否有危险源辨识、风险评价和危险源监测的信息；职业健康安全绩效的测量和监视有无对安全生产检查的信息、合规性和其他要求的评价信息及对安全生产的改进信息。

（9）是否规定了适当的时候进行测量和监视对象及方法，并分析这些过程的运行是否符合和有效？

测量和监视对象及方法的检查过程的重要内容，应先从文件化职业健康安全管理体系了解是否包括对各过程运行控制的符合性和有效性如何评价？例如是否规定了对危险源的测量和监视的方法与判断是否符合要求的准则，是否规定了如何测量和监视方针目标，如何测量和监视安全生产责任，如何测量和监视安全教育？

（10）职业健康安全管理体系的文件是否符合适用的法律法规要求，是否体现了坚持“安全第一、预防为主、综合治理”的方针？

在审核总要求时应对职业健康安全管理体系文件进行审核，其中最重要的是是否符合适用的法律法规的要求，体现国家“安全第一、预防为主和综合治理”的方针。例如在文件化过程中有无按国家对危险化学品的规定制定控制措施，有无按国家对特种设备和特殊工种的要求规定控制措施，有无按国家对安全事故报告、调查和处理要求规定管理方法，有无按国家对职业病管理的要求规定具体制度等。

（二）职业健康安全方针

审核要点：

（1）最高管理者是否制定了职业健康安全方针，在方针中能否反映组织在职业健康安全管理方面的总体意图和方向？

制定职业健康安全方针是最高管理者的职责，应审核组织是否制定了职业健康安全方针，方针的内容是什么，是否能够反映最高管理者对职业健康安全的认识、理念、总体意图和发展方向？例如有的企业的最高管理者说：“在安全生产方面我永远也没有满意的时候，作为生产型企业，人命关天，责大于天。这几年里我一直向大家强调安全生产，去年提出了‘不安全、不生产’，今年又提出‘向专业要安全’。安全始终是我们全员绝不能有半点疏忽的要害环节。去年我们特意把安全管理提升到与销售管理和生产管理同等的体系位置，并且扩大了安全管理队伍，提高了安全管理人员的级别待遇，我也再三要求，从提高安管队伍素质入手全面提高安全管理水平。”于是将职业健康安全方针定为“以人为本，事故为零”。

(2)职业健康安全方针的制定是否考虑和满足以下要求：

1)遵守适用的法律法规要求；

2)与组织的生产经营实际相结合；

3)是否承诺持续改进和预防为主；

4)是否能够为制定和评审目标提供框架；

5)既要考虑长远发展规划，也要考虑近期现状；

6)是否提出具有挑战性的发展方向。

(3)职业健康安全方针是否向全体员工传达，职业健康安全方针有无公开发布？相关方抽查1~2名干部和2~3名员工，问他们是否了解组织的职业健康安全方针？在与干部和员工交流时，不仅问他们是否知道职业健康安全方针内容，而且应了解他们是否对职业健康安全方针有理解和如何贯彻执行。

(4)分支机构有无制定方针，是否得到上级组织的认可？

对集团性企业的分支机构，不论是否具有法人资格，例如事业部或事业部下属企业都应建立职业健康安全管理体系，但是其方针应得到集团或事业部的批准或认可。

(5)有无定期对职业健康安全方针进行评审或修订？

一般说来，职业健康安全方针很少有修订，但是评审还是需要的，如果评审，应评审方针是否符合法律法规和其他要求(包括变更的要求)，是否与组织的实际情况相适应(包括变更的情况)，是否得到贯彻执行。

(三)策划

1. 危险源辨识、风险评价和控制措施的确定

审核要点：

(1)组织是否建立、实施并保持《危险源辨识、风险评价和必要控制措施的确定程序》？

首先，了解是否建立了《危险源辨识、风险评价和必要控制措施的确定程序》；其次，了解这个程序是否规定了范围，包括产品、过程、单位、部门和区域范围，是否规定编写依据和引用的标准，引用的术语和定义，是否规定职责权限，是否规定过程程序和关系，是否规定方法和准则，是否规定应提供资源和信息，是否规定应有的记录。

(2)在审核《危险源辨识、风险评价和必要控制措施的确定程序》的内容时，应了解其中是否包括：

1)所有过程或活动，包括流程中的主要过程和辅助过程，正常运行活动、非正常的活动(例如检修或更换部件)以及紧急的活动(例如出现设备故障或事故)时存在什么危险源，风险如何，怎么控制？

2)所有在场人员包括操作人员、管理人员、监测人员、维修人员、外包方和参观人员会遇到什么危险和危害？

3）所有现场的设施和装备，包括厂房、原料场设备、生产设备、控制设备、监测设备、辅助设备、供电设备、供水设备、供气设备、运输设备、起重设备、环境保护设备、安全防护设施等存在什么危险和危害？

4）人员能力、素质和意识等引发的人的行为（例如操作能力不足、素质不高、安全意识差和违反安全操作规程）会引起什么危险和危害？

5）不仅要考虑作业区域内的危险源，而且要考虑在工作场所附近与组织有关的危险源，例如高炉的粉尘如果除尘设施出现故障或焦化废水处理设备失效，含有害元素的污水就会危害邻近社区居民健康。对这样的危险源也应进行辨识和评价。

6）在危险源辨识和风险评价以及确定控制措施时是否考虑各种变更，例如组织机构变更了，可能职责权限要随之变更；流程中过程或活动发生变化了，产品发生变化，例如冷轧产品，增加了酸洗设备应对酸雾危害加以辨识、评价和控制；又如目前推广用干法熄焦代替湿法熄焦，也应变更对危险源变化的辨识、评价和控制。如果技术改造或结构调整，增建新的工程，也会引发对外包方的危险源辨识、评价和风险控制的变更。有的企业使用的包装材料改为由企业自己喷漆，因此又增加了油漆对员工健康的损害。总之组织应对危险源辨识和风险评价以及确定控制措施进行“动态管理”。

7）在危险源辨识和风险评价以及确定控制措施时是否考虑适用的法律法规和其他要求，例如对新建、改建和扩建项目要符合“三同时”要求，组织有无对新建、改建和扩建项目的“三同时”要求落实，又如生产混凝土用带肋螺纹钢筋应有生产许可证，是否得到遵守等。

（3）组织采用什么方法用于危险源辨识和风险评价？

在审核组织危险源辨识和风险评价方法时，首先应了解是否是主动地辨识，而不是出了事故才考虑；在评价时是否对风险的程度和优先的次序进行区别；在危险源辨识和风险评价程序中有无规定变更管理（动态控制），组织规定的控制措施是否考虑了这些评价的结果。

（4）在确定控制措施时是否按如下顺序考虑降低风险？

1）首先消除，例如有的钢铁企业用真空热处理，消除酸洗；

2）不能消除应与替代，例如有的钢铁企业用钢坯湿法修磨代替钢坯干法修磨；

3）在工程项目中采用控制措施，例如有的钢铁企业对钢坯修磨过程进行工程改造，利用封闭修磨自动监控，操作人员不再接触噪声和粉尘得到控制；

4）利用标志、警告和（或）其他可视化的管理措施，例如挂牌、红灯或铃声进行危险源预知或提醒；

5）个体防护装备，规定不同作业的不同个体防护，例如冶炼和加工的个体防护应是不同的。

（5）有无按 GB/T 13816—1992《生产过程危险和危害因素分类与代码》或按 GB 6441—1986《企业伤亡事故分类》的危险和危害因素分类，进行危险源辨识？

（6）有无从发生事故的可能性、暴露于危险环境的频率和发生事故的后果严重程度等方面对风险进行评价？

（7）钢铁企业的危险源是否包括：冶炼伤害、机械伤害、电气伤害、防火防爆、高温灼伤、中毒窒息、起重运输伤害、特种设备伤害和职业病伤害等？

（8）是否对锅炉、压力容器、压力管道、起重机械等特种设备和电工、焊工、起重机械和厂内机动车辆驾驶、登高架设、锅炉作业、压力容器操作、制冷、矿山通风和排水等特殊工种进行了危险源辨识和评价？

（9）是否对设备检修过程进行了危险源辨识和评价？

（10）是否对外包方（例如耐火材料砌筑和设备检修）的活动进行了危险源辨识和评价？

2. 法规与其他要求

审核要点：

（1）是否编制和批准建立、实施和保持《识别和获取适用的法规和其他要求控制程序》，是否明确了如何识别和获取适用的法规和其他要求的渠道？

（2）在适用的法规和其他要求中是否包括国家、地方和部门颁布的法律、法规、条例、标准、规章和制度，适用的法规和其他要求中是否包括产业规范、政府规定、指南、相关方要求等？

（3）在适用的法规和其他要求中有无识别以下法律法规的具体适用条款：

1）中华人民共和国宪法；

2）中华人民共和国刑法；

3）中华人民共和国安全生产法；

4）中华人民共和国劳动法；

5）中华人民共和国劳动合同法；

6）中华人民共和国职业病防治法；

7）中华人民共和国消防法；

8）中华人民共和国工会法；

9）中华人民共和国妇女权益保障法；

10）厂内机动车辆安全管理规定；

11）化学危险品安全管理条例；

12）特种设备安全监察条例；

13）特种设备作业人员监督管理办法；

14）特种作业人员安全技术培训考核管理办法；

15）生产安全事故报告和调查处理条例；

16）企业职工伤亡事故报告和处理规定；

17）劳动防护用品监督管理规定；

18）劳动保护用品配备标准；

19）GBZ 2.1—2007《工作场所有害因素职业接触限值　第1部分　化学因素》；

20）GBZ 2.2—2007《工作场所有害因素职业接触限值　第2部分　物理因素》。

3. 目标和方案

审核要点：

（1）是否在组织的各职能和层次上建立和执行职业健康安全目标？例如抽查目标是否分解，在基建技改、装备管理、动力管理和人力资源管理部门是否有目标，在各分厂或车间是否有目标？

（2）各层次的目标是否也形成文件，并量化或具有可测量性？例如抽查安全生产管理部门是否有形成文件的目标，生产管理部门不应将基层的目标作为本管理部门的目标；抽查人力资源部门是否有形成文件的目标，是否把提高员工安全生产能力和意识作为目标；抽查采购管理部门是否有形成文件的目标，是否把采购的货物的安全作为目标。另外，抽查1～2个分厂或车间是否有形成文件的目标，是否与上下工序或过程的目标有联系；抽查负责外包业务的部门或单位是否有形成文件的目标，是否把对外包方的控制作为目标内容之一。

（3）建立目标时是否考虑到职业健康安全方针、法规和其他要求，本组织存在的对防止人身伤害与健康损害的重要危险源和相关方以及持续改进的要求？

目标是落实方针的具体措施，应体现方针的方向和意图。目标也必须符合适用的法律法规和其他要求，例如抽查烧结过程对粉尘伤害有无目标控制，是否符合 GBZ 2.1—2007《工作场所有害因素职业接触限值　第1部分　化学因素》的规定；抽查冶炼过程对高温伤害有无目标控制，是否符合 GBZ 2.1—2007《工作场所有害因素职业接触限值　第2部分　物理因素》的规定等。

另外，各单位和部门的目标应逐年有所改进和提高，更应高于现有的水平，有的目标应与行业目标进行对比，低于行业平均水平的应予改进。

（4）在建立职业健康安全目标时是否包括了辨识和评价危险源提供的信息？

建立职业健康安全目标必须与危险源辨识和评价相结合，在目标中体现对危险源的消除、减低、代替或防护的要求。例如原料场对防止机械伤害有无目标，烧结对降低粉尘伤害有无目标，冶炼对防止高温伤害有无目标，轧钢对防止机械伤害有无目标，动力系统对防止机械伤害、电气伤害、煤气伤害和火灾爆炸伤害有无目标，或与控制有关危险因素和危害因素有关的目标。

（5）抽查1～2个单位，是否有分解和量化的目标，执行得如何？

最好抽查1～2个管理部门，1～2个基层单位，看看是否有分解和量化的目标，执行得如何，怎么检查和评审？有的组织的管理部门和基层单位把组织的总体目标，直接作为部门和单位的目标，目标不分解。这是不合适的，不符合目标管理的原则和做法。日本采用一种方法叫"传球"（catch ball）。"传球"是展开和分解过程一种很好的沟通方式。将目标展开和分解的意见上下左右充分传递和交换，有利于上下之间的理解和左右之间的沟通，树立整体观念和协作精神。这种沟通也便于了解实现目标，包括有哪些过程或项目，有哪些部门或单位参加，本部门或单位有哪些参与的过程或项目，如何完成和协作。

（6）是否根据职业健康安全目标制定了职业健康安全方案？

方案是针对目标的措施，GB/T 28001—2011 将"管理方案"修改为"方案"说明完成目标的措施不能只从管理上采取措施，也应包括技术措施，从技术、工艺和设备上采取措施完成目标。只从遵守操作规程来完成目标，显然目标是没有挑战性的。

(7)方案内容是否包括职责、方法、时限、人员和对新活动的评审？

抽查1～2个方案，首先应核对这个方案是针对哪个目标的，然后再审核职责分工是否清楚，采取措施是否具体，有无规定完成的时间和进度，有哪些员工参加，对目标和方案的内容是否进行过讨论，是否规定如何实施和检查，是否已经实施，是否进行过检查，执行得如何？

(8)当情况发生变化(例如产品、工艺、设备更改)时对方案有无相应地进行修改？

如果产品、工艺、设备更改，是否对目标和方案有影响？如有影响，应对目标和方案进行相应的修改。

(9)抽查安全生产管理部门对职业健康安全方案的管理情况如何？

抽查时应选择对有竞争性目标的方案，了解方案的职责是否到位，方法是否适宜，进度是否明确，有哪些人员参加，对方案的实施是否进行过评审和改进。

(四)实施和运行

1. 资源、作用、职责、责任和权限

审核要点：

(1)是否规定和体现最高管理者是职业健康安全和职业健康安全管理体系承担最终责任者？

对最高管理者的作用、职责、责任和权限的审核具有一定困难，特别是内审员更困难。内审员审核最高管理者的方式值得商榷。不一定面对面审核，可以从他在年初或年末的讲话中，从组织对职业健康安全管理的重视程度，从职业健康安全绩效水平来评价最高管理者的作用。例如某个钢铁企业的最高管理者在年终会议讲话中说："作为生产型企业，人命关天，责大于天。这几年里我一直向大家强调安全生产，去年提出了'不安全、不生产'，今年又提出'向专业要安全'。安全始终是我们全员绝不能有半点疏忽的要害环节。"他还说："现在从我们各部门的人力配备上讲，安全部已经成了第一大部，环保部、能源中心在班子配备上能排在第二，剩下的才轮到生产、销售等各部门。明年，管理者代表怎么带着这个团队发挥作用，怎么加强自身建设，怎么加强外包安全建设，怎么防范人身伤害事故，你们在年初就要围绕如何向专业要安全，制定出全员安全达标方案来，给我交出一份合格答卷。"这也可以作为审核最高管理者是否尽职尽责的证实性资料。

(2)最高管理者是否承诺和落实为体系实施提供了哪些必要的资源(人、财、物等)？

这个问题也与上面的问题一样，既可以从基层进行了解，也可以从最高管理者的思路和意图上加以证实。还是上面提到的那位领导，他还表示过："今年，副总和安全部带着安全系统做了大量工作，责任落实、安全培训、事故演练等等，有成效，但也有不足。从队伍人员素质看，目前安全管理队伍全员都取得了安全上岗证，但获得国家安监总局和人力资源与社会保障部颁发的安全工程师资格证书的却寥寥无几(公司共13人，安全部4人)，基层员工安全意识还有待于加强。从安全控制环节看，厂内安全管理建设尚

可，但外委外协单位以及交通安全管理松散，年内外委单位连续发生数起伤亡事故，虽然我们不是责任主体，但作为用工单位，我们负有教育、督导的责任，他们出了事故，我们不可能置身事外，也不可能无动于衷，还是那句话，人命关天马虎不得，任何地方都不能出现盲区。”

（3）最高管理者是否明确了对所有部门和单位的职业健康安全管理所承担的相关的职责？

关于这个问题，仍然可以从领导的发言中寻找到证据，例如上述领导说："重新调整了安全管理领导班子，任命总经理助理协助副总主抓安全，安全部队伍重新充实，这并不是干得不好，而是为了要加强力量，又一次任命了五个副部长，这是我们其他任何部门包括生产销售都没有的职级设置，也是我们建厂以来第一次针对一个部门批量任命干部，这个力度和决心不能说不大。”显然在审核时看到这个资料，并且从强化安全部的事实中可以证实最高管理者对安全管理职责的强化。

（4）各部门和单位的任务、职责和权限，是否形成文件？

各组织的各层次和职能是有任务、职责和权限的，并多数是形成文件的，但是在贯彻实施 GB/T 29001—2011 时应了解在机构设置和职责分工上对职业健康安全管理的作用、责任、职责和权限是否规定明确和具体应是审核的重点。有的组织将职业健康安全管理只给生产管理或生产安全管理部门，没有在组织的整个组织结构中进行分工和合作，这是不合适的。我国实施“安全责任制”就是要求明确规定和执行各部门和单位，各职责和岗位的任务、职责和权限的。

审核规定职责权限的人员是否包括：

1）最高管理者；

2）管理者代表；

3）各层次上的管理者；

4）过程操作人员和工人；

5）对分包方的职业健康安全进行管理的人员；

6）负责职业健康安全的培训人员；

7）对职业健康安全有重大影响的设备负责人；

8）组织内有职业健康安全资格的员工；

9）参与职业健康安全协商讨论的员工代表等。

（5）在最高管理者中是否任命承担特定的职业健康安全职责的管理者？

任命承担特定的职业健康安全职责的管理者是否负责确保按本标准建立、实施和保持职业健康安全管理体系；确保向最高管理者提交职业健康安全绩效报告，以供评审，并为改进职业健康安全管理体系提供依据；最高管理者中被任命者其身份是否对所有在本组织控制下工作人员公开？

（6）最高管理者有无任命管理者代表，管理者代表在建立、实施和保持职业健康安全管理体系中起什么作用？

（7）如何落实安全责任制？

这是法律法规的要求,安全生产责任制是“安全第一、预防为主”方针的具体体现,是生产经营单位最基本的安全管理制度。其内容大体分为两个方面,一是各级人员的安全生产责任制,即各类人员(包括最高管理者、管理者代表、部门领导和一般员工)的安全生产责任制;二是各分部门的安全生产责任制,即各职能部门(包括生产制造、质量技术、安全环保、财务经营等部门)的安全生产责任制,在审核时应对安全生产责任制进行了解和判断。

2. 能力、培训和意识

审核要点:

(1)是否编制和批准建立了关于人员能力、培训和意识的管理程序和记录?

为了实现职业健康安全方针目标和提高实现职业健康安全绩效,员工的能力和意识非常重要。在审核时应向人力资源部门了解是否建立、实施和保持对不同岗位的人员是否有能力要求程序?抽查与职业健康安全有关的岗位对能力是否有要求?例如对组织的安全生产管理部门的领导,各层次和职能部门负责安全生产管理的领导和工作者,各生产现场的安全员等,有些组织对负责安全生产管理的人员并没有能力要求,工作水平不高,工作效果不好。

(2)对员工的能力要求是否包括教育、培训、技能和经验?

与质量管理体系和环境管理体系一样,职业健康安全管理体系对与职业健康安全管理有关的人员应有能力要求,能力要求不应是空洞的,应有实际内容,即包括教育(文化水平或学历)、培训(必须经过什么培训)、技能(具有什么专业技术)和经验(具有多少年的工作经历和具有哪方面的经验)。

对不具有职业健康安全专业学历的人,必须规定经过安全生产管理的培训,或具有哪样的专业知识和能力,否则是外行管理内行,没有正面作用;对生产现场安全生产管理人员,既要有专业生产经历要求又要进行安全生产管理培训。现在的组织负责安全生产管理的人员是安全生产专业的大学毕业生,但是不熟悉生产过程及其危险源,管理仍然无效,至少应经过生产现场实习。也有的组织负责安全生产管理的人员是身体欠佳的老工人,但是只负责现场监督检查,不清楚经验以外的生产过程的危险源和风险,也是不符合能力要求的。

(3)如何落实安全生产教育制,是否执行“三级教育”?

为了提高员工的职业健康安全管理和技术能力,应进行必要的教育和培训。是否按国家安全生产管理法律法规要求进行“三级教育”,是否对不同岗位具有不同的教育内容和方式,例如对管理干部、技术人员、操作人员、新职工、访问者和外包方等是否规定了培训内容和方式,如有,应查阅有关记录判断对提高员工能力和意识是否有针对性。

(4)为了提高有关人员的安全生产能力,是否明确了培训计划?在培训计划中是否规定了培训对象、目的、内容和时间?

从负责培训的部门和接受培训的人员那里了解是否有培训计划,包括年度计划和具体培训计划,从计划中了解培训的内容与目的、对象和方式是否适合,是否按计划进行培训等,不仅了解计划的针对性,也要了解计划的落实情况。

(5)对重要危险源和可能产生重大影响的岗位(包括供方的人员)是否进行培训?抽查部分员工是否了解本岗位的危险源的影响和如何改进?

培训的重要内容之一是对重要危险源和可能产生重大影响的岗位的人员进行培训。例如,对烧结工是否进行防止粉尘伤害、对炉前工是否进行防止高温灼伤、对轧钢工是否进行防止机械伤害等有针对性的培训;对电工是否进行防止触电和火灾的培训;对煤气工是否进行防止中毒和爆炸的培训等,当然不局限于上述培训,但应抽查其中主要内容,进行审核。对供方的培训可能以合同或协议方式,也可以到现场参观进行说明。

(6)通过培训使员工的安全生产能力和意识是否有所提高?

培训不仅要有针对性,更要讲究有效性,通过培训使员工的安全生产能力和意识是否有所提高,是衡量培训有效性的主要内容,不仅要从提供培训单位了解,也应从接受培训单位了解。如果与前次审核对比也是一种可行的方式。

(7)抽查部分员工是否了解方针、目标、程序和体系要求?

为了了解培训的效果,在审核过程中与某些员工对话和座谈,看看他们对方针目标是否清楚,对过程程序是否了解,对体系要求是否知道,特别是为了实现方针、目标、程序和体系要求,他应做些什么,怎么做?

3. 沟通、参与和协商

A *沟通*

审核要点:

(1)是否编制和批准建立、实施和保持针对其职业健康安全危险源和职业健康安全管理体系的《内外双向沟通程序》?

沟通和参与与协商是不同的,可以单独建立《内外双向沟通程序》,也可以将沟通和参与与协商建立在一个程序中,例如《沟通、参与与协商程序》,但是在程序中应对沟通、参与与协商过程分别进行策划和管理。

(2)内部沟通是否包括:

1)方针、目标、职责的沟通和传达;

2)危险源的辨识、风险评价和风险控制;

3)适用的法律法规和其他要求;

4)其他需要沟通的职业健康安全信息。

内部沟通主要是与各层次和职能以及员工的沟通,在程序中是否包括方针目标的沟通,职责权限的沟通,危险源及其控制措施的沟通,适用的法律法规要求的沟通和职业健康安全管理体系信息的沟通。例如随机与员工了解他是否了解组织的目标和本单位或部门的目标,怎么知道的;是否了解本岗位的危险源是什么,如何控制,怎么知道的;如果有安全事件,他是否知道,什么原因,如何处理等。

(3)外部沟通是否包括:

1)向相关方宣传组织的安全方针、目标;

2)危险源的辨识、风险评价和风险控制的要求;

3)与相关方沟通有关的法律法规的要求等。

外部沟通主要是与相关方和访问者之间的沟通,在现场如果有耐火材料砌筑单位或工人,可以了解他(或他们)是否知道所在现场存在什么危险源,如何防控,是谁告诉他们的,有无“安全交底”或“危险预知”等。对访问者,有的单位要求进厂前先看影视介绍或者戴有注意事项的访问卡。

(4)组织是否规定接收、记录和回应处理来自外部的对事件或投诉的处理意见的通告和反馈等?

在了解与外部沟通时应了解外部对组织有无意见和投诉,如有,是否有记录记载外部意见和如何处理的。

现在有的组织有社会责任报告,其中包括有环境因素和危险源的检测数据和处理措施与效果,也应属于外部沟通的重要方式。

B　参与和协商

审核要点:

(1)是否编制和批准建立、实施和保持针对其职业健康安全危险源和职业健康安全管理体系的《参与和协商程序》?

首先了解参与和协商是单独建立程序,还是与沟通一起建立程序,任何一种方式都是可以的。对员工来说,不仅应协商,还应参与职业健康安全管理和提高职业健康安全绩效;对相关方来说,主要是协商,参与不多。

(2)与工作人员的参与和协商内容是否包括:

1)如何适当地参与危险源辨识、风险评价和控制措施的确定?

2)如何适当地参与事件调查?

3)如何参与职业健康安全方针和目标的制定和评审?

4)如何对影响他们职业健康安全的任何变更进行协商?

5)如何对职业健康安全事务发表意见?

6)如何告知工作人员关于他们的参与安排?包括谁是他们的职业健康安全事务代表?

了解员工参与和协商的内容、方式和作用应审核的要点,例如抽查上述内容的一部分或大部分,来证实组织重视和发挥员工的作用。

(3)是否规定如何与承包方就影响他们的职业健康安全的变更进行协商?

与承包方进行协商的主要是影响他们的职业健康安全的变更。影响他们的职业健康安全的危险源是通过沟通(安全交底或危险预知)告知的,如果有变化应与之协商。例如烟尘除尘设备停运了,对承包方员工的健康有一定损害,应与之协商。有一个钢铁企业的高炉煤气除尘和回收系统出现故障,对周围社区居民环境有影响,但是事先没有协商,甚至没有沟通,国家环保总局命令停炉,对该企业经济效益和声誉损失很大。

4. 文件

审核要点:

(1)职业健康安全体系的文件包括哪些,有无包括书面和电子媒体文件?

首先了解职业健康安全管理体系包括哪些文件,可以没有管理手册,但是必须有标准规定的程序文件和记录；了解文件的形式是书面的，还是电子媒体的，因为形式不同控制方法也不一样，主要是看有没有电子媒体的文件，是否受控。

(2)职业健康安全体系文件对危险源及其控制措施是否进行了明确的描述？

危险源及其控制措施应是职业健康安全管理体系的重要内容，在文件中必须进行明确的描述，并对控制程序和措施作出规定，也就是说在审核文件时，不仅是了解有没有文件，更重要的是文件中对危险源及其控制规定的是否明确，包括危险源、风险和控制以及如何测量和监视等。

(3)职业健康安全管理体系的文件应包括：

1)满足体系要求和界定范围(最好是管理手册)；

2)职业健康安全方针、目标和方案(可以单独或纳入管理手册)；

3)危险源辨识、风险评价和控制措施(程序文件)；

4)识别和获取法律法规和其他要求(程序文件)；

5)作用、职责、责任和权限(程序文件)；

6)能力、培训和意识(程序文件)；

7)沟通、参与和协商(程序文件)；

8)运行控制(程序文件和作业文件)；

9)应急准备和响应(程序文件)；

10)绩效测量和监视(程序文件和作业文件)；

11)合规性评价(程序文件)；

12)事件调查(程序文件)；

13)不符合、纠正措施和预防措施(程序文件)；

14)内部审核(程序文件)；

15)文件控制(程序文件)；

16)记录控制(程序文件)。

(4)抽查在作业岗位的作业指导书中有无职业健康安全生产要求？

现在有的组织仍然使用原来的安全操作规程，有的组织将作业指导书中包括质量管理、环境管理和职业健康安全管理的要求和操作，不论哪一种方式，应对过程中的危险源在辨识和评价的基础上制定控制措施，成为操作规程。如果在操作规程中没有对安全生产的要求是不合适的。

(5)有无危险源辨识和评价清单？

危险源辨识和风险评价是各过程、活动、岗位、设备和人员必须进行的过程并形成文件，这种文件可以用危险源辨识和评价清单来表示，因此它也是文件之一，应对其进行审核。

(6)有无适用的法律法规、标准和其他要求清单？

识别和获取适用的法律法规、标准和其他要求也是职业健康安全管理体系的要求，特别是适用的条款更为重要。适用的法律法规、标准和其他要求清单也是文件之一，应对其进行审核。

(7)有无安全评价报告和“三同时”报告?

如果有新建、改建和扩建项目应检查是否有安全评价报告和“三同时”报告,这些报告是否也纳入按《文件控制程序》进行管理的文件范围。

5. 文件控制

审核要点:

职业健康安全管理体系的文件控制与质量管理体系和环境管理体系文件控制的要求是一样的,因此职业健康安全管理体系的《文件控制程序》可以是单独的,也可以是整合的。不仅应了解书面文件,也应了解电子媒体的文件是否纳入《文件控制程序》,是否也规定了审批、发布、发放和收用(包括上传和下载)、评审、更改和作废程序?文件是否规定和实施定期评审?修订时,有无由授权人确认适宜性?

文件编号应包括文件类别、编号、版本和修改次数,以及发放的编号等,对这个问题的审核,主要是为了防止发放不到位,对关键岗位(例如炉前工、轧钢工、天车工、电工、司机等)进行检查,有无得到关于职业健康安全文件有效版本,防止失效文件采用。如果需留存的失效文件是否有标识,也审查一下文件是否清晰适用。

另外,对外来文件控制,主要是适用的法律法规和标准在获取后是否按《文件控制程序》进行控制。

应当说,对于得到体系认证的组织,在文件控制方面已经做了大量的工作,但是文件控制仍然是存在问题比较多的项目,在建立、实施和保持职业健康安全管理体系过程中编制了许多文件,但是原有的文件很少纳入体系,新文件批准发放了,老文件依然存在和使用,也没有按《文件控制程序》进行管理的现象比较多。在审核过程中应注意在这方面存在的问题。

6. 运行控制

审核要点:

(1)在审核运行控制时,首先应了解是否和有无制订对重要危险源控制程序?运行控制对象是否与组织所辨识的和评价的危险源有关?

对钢铁企业来说,在运行控制程序中有无包括以下内容:

1)防止炉前灼烫;

2)防火防爆;

3)防止中毒;

4)控制噪声;

5)控制机械伤害;

6)防止起重伤害;

7)粉尘控制;

8)毒物控制;

9)健康监护。

国家安全生产监督管理总局在2005年已经制定和发布了安全生产的行业标准,包括AQ 2002—2004《炼铁安全规程》、AQ 2001—2004《炼钢安全规程》、AQ 2003—2004

《轧钢安全规程》,多数组织曾根据这些安全规程和本组织的实际建立了安全生产操作规程,但是有的组织规定得并不全面和完善,甚至没有安全生产操作规程,更没有防止损害健康的运行控制程序。

在建立、实施和保持运行控制程序过程中,应关注组织是否将运行程序和《安全操作规程》整合,不应将运行程序只给审核人员看,而《安全操作规程》给操作人员用。有的组织将《安全操作规程》根据危险源辨识和风险评价进行修改,强化了操作安全管理,提高了职业健康安全绩效,这是比较好的。

(2)危险源控制程序是否包括产品生产和服务提供的过程、设计和开发过程、采购过程(包括货物、设备和服务)、储运过程、机械和动力过程、设备维护和检修过程、特种设备和特殊工种、外包过程和参观访问等?也就是说控制程序不仅仅只针对生产过程,也应包括其他相关的部门和过程。设计和开发过程影响本质安全,采购过程和储运过程影响物流过程安全,机械和动力过程、设备维护和检修过程、特种设备和特殊工种影响产品生产和服务提供过程的安全,外包方和访问者的安全,组织也负有重要责任,因此在审核过程中,除生产主要流程外,也应审核辅助流程和协力流程。

(3)在危险源控制程序中是否体现了首先完全消除或消灭危险源或危害因素;如果不可能完全消除或消灭,应努力降低风险;在可能的条件下使生产环境适合于人的精神和体能状况;依靠技术进步措施,改善风险控制水平;将技术措施和管理措施结合起来进行控制;采取必要的安全防护装置或个体防护措施。

(4)运行控制的内容是否规定了与危险源有关过程的运行控制程序和运行准则?即既规定运行程序(规定如何控制),也规定运行准则(规定运行标准)。

在运行控制程序中不能只规定为了防止人身伤害和身体损害如何运行,还应了解在运行控制程序中有无规定运行准则,怎样是合格的,安全的;怎样是不合格,不安全的。如何测量和监视,是否有测量器具。例如高炉喷吹煤粉出口温度不能过高,否则会引起爆炸和燃烧,烟煤不应超过80℃;无烟煤不应超过90℃。任何过程都应有运行程序,也应有运行准则,审核中不能只重视运行符合程序,也应关注是否有准则和是否达到准则要求。

(5)运行控制程序是否规定对人的失误的控制?人的不安全行为也属于人的失误。人的失误会造成能量或危险物质控制系统故障,使屏蔽破坏或失效,从而导致事故发生。人的不安全行为包括指挥错误(指挥失误、违章指挥、其他指挥错误)、操作失误(误操作、违章作业、其他操作失误)、监护失误和其他错误行为。

为了防止人的不安全行为是否采取了适应的技术措施?例如提高机械化和自动化程度、本质安全设计和防失误设计。

为了防止人的不安全行为是否采取了适应的管理措施?例如职业的适合性、安全教育和培训、提高员工素质等。

(6)运行控制是否也针对过程或活动变更、材料的变更或计划的变更进行变更管理(动态管理)?

如果职业健康安全管理体系中的过程或活动、材料或计划有所变更,控制程序也应进行评价是否需要修改，实行动态管理，以适应变更。例如钢铁企业的钢板产品有变更，需要探伤，那么是否在防止辐射方面有控制措施；又如废钢的供方变更了，对废钢中的危险物应强化检查等。如果有变更，但控制措施没有适应是不行的。

7. 应急准备和响应

审核要点：

（1）有无建立并保持《应急准备和响应控制程序》？在《应急准备和响应控制程序》中是针对哪些潜在的紧急情况和做出的响应？是否包括铁水或钢水泄漏、煤气泄漏、火灾、爆炸、中毒等潜在的紧急情况和做出的响应？

（2）《应急准备和响应控制程序》有无规定存在重大危险源的单位不仅应有安全运行控制措施和日常的检查制度，还应根据重大危险源的风险特性明确岗位职责，采取相应的组织和技术措施，在出现异常情况时的反馈、报告和处置方案，有效控制重大危险源。

（3）《应急准备和响应控制程序》有无规定监控预警机制？一般是以技术监控为主，人工监控为辅。具有重大危险源的单位，要进行监控、检查和评估，并如实做好记录。当发现事故应急情况，发出事故预警后，要立即启动应急救援预案。

（4）《应急准备和响应控制程序》有无规定信息传递机制？一旦发生安全生产事故预警，所在单位和部门在立即启动本单位现场处置预案的同时，将事故发生的时间、地点、原因、人员伤亡、事故现状、抢险情况及事故发展预测报告给公司。

（5）《应急准备和响应控制程序》有无规定分级响应机制，并分别制定综合预案、专项预案和现场处理措施？按照安全生产事故中的人员伤亡和经济损失严重程度，应急响应分为Ⅰ级响应、Ⅱ级响应、Ⅲ级响应。启动Ⅰ级响应：死亡 2 人及以下的安全事故，按照专项预案执行；启动Ⅱ级响应：死亡 3 ~ 9 人的较大安全事故，或者 10 人以上重伤，或直接经济损失 1000 万元以上事故，按照综合应急救援预案行；启动Ⅲ级响应：死亡 10 人及以上的特大或特别重大安全事故，在报告公司领导的同时，向政府应急办公室报告，并提请启动政府应急救援预案。

（6）《应急准备和响应控制程序》是否规定应急行动，包括启动专项应急预案、迅速组织撤离疏散、采取措施防止次生事故、及时根据情况调整预案；在应急结束当事故现场得到有效控制时，由各专项应急单位报告，公司领导下达指令，宣布应急救援终止，应急结束。

（7）《应急准备和响应控制程序》是否规定现场监测和恢复机制，包括委托具备相应资质的安全环保和职业卫生监测机构对事故现场的安全、环境污染和岗位有毒有害因子进行检测和评估。对应急能力评估和应急预案修订。

（8）《应急准备和响应控制程序》什么情况下需要进行评审、修订？包括对应急预案演练和实际执行情况进行评审，找出不足并提出改进意见。

（9）抽查防火防爆应急预案、对危险化学品的应急预案，抽查有无对现场机械伤害或电气伤害的应急预案和处理措施。

（10）有无定期检验或演练？

（五）检查

1. 绩效测量和监视

审核要点：

（1）有无建立、实施和保持《绩效测量和监视控制程序》？在程序中是否规定了适合于本组织需要的定性和定量检查，主动性检查和被动性检查？所有的检查是否都有记录？有无从检查记录来证实组织满足职业健康安全方针、目标和方案的程度，以便于采用纠正措施、预防措施和进行改进？

（2）在主动性的绩效测量和监视中有无包括对方针目标规定与实施测量和监视以及对重要危险源的控制规定与实施测量和监视？要求提供检查记录来判断符合性和需要改进的问题。

（3）有无发生健康损害、事件（包括事故、"未遂事故"等），并对与其有关的重要危险源的控制规定等实施被动性的绩效测量和监视？

（4）有无对职业病（尘肺等）规定与实施测量和监视？

（5）有无对劳动保护用品的采购、发放和使用规定与实施测量和监视？

（6）有无对特种设备和特殊工种的安全生产进行测量和监视？

（7）如何使用、检定、维护和保管监测设备？如何按标准进行评价？例如根据 GBZ 2.1—2007《工作场所有害因素职业接触限值　第 1 部分　化学因素》和 GBZ 2.2—2007《工作场所有害因素职业接触限值　第 2 部分　物理因素》评价高温、粉尘、毒物和噪声是否符合规定要求。

（8）何时向谁报告监测结果和发现的问题？

2. 合规性评价

审核要点：

（1）有无建立、实施和保持《合规性和其他要求评价程序》？

（2）是否对下列问题是否遵守适用的法律法规进行评价？

1）方针、目标、指标和方案的制定；

2）危险源辨识与风险评价；

3）安全生产责任制；

4）安全生产教育；

5）危险化学品控制（包括采购、储运和使用）；

6）劳动环境（高温、粉尘、酸雾、噪声和辐射等）控制；

7）劳保用品管理；

8）设备维修的安全管理；

9）相关方管理；

10）应急预案的制定与实施；

11）危险源的监测；

12）安全和职业病检查；

13)事件和事故调查、分析、报告和处理；

14)新建、改建和扩建项目的管理等。

(3)合规性评价主要应针对适用的法律法规是否包括：

1)《中华人民共和国安全生产法》；

2)《中华人民共和国劳动法》；

3)《中华人民共和国职业病防治法》；

4)《中华人民共和国消防法》；

5)《中华人民共和国工会法》；

6)《厂内机动车辆安全管理规定》；

7)《化学危险品安全管理条例》；

8)《特种设备安全监察条例》；

9)《特种设备作业人员监督管理办法》；

10)《生产安全事故报告和调查处理条例》；

11)《企业职工伤亡事故报告和处理规定》；

12)《劳动防护用品监督管理规定》；

13)《建设项目(工程)劳动安全卫生预评价管理办法》；

14)《建设项目(工程)劳动安全卫生设施和技术措施验收办法》；

15)GBZ 2.1—2007《工作场所有害因素职业接触限值　第1部分　化学因素》；

16)GBZ 2.2—2007《工作场所有害因素职业接触限值　第2部分　物理因素》等。

(4)其他要求是否包括相关方、邻近社区或员工的要求等?

(5)对参加评价的人员的资格和能力有无要求?

(6)评价的时间间隔有无规定?

(7)合规性评价的结果有无提供给管理评审?

3. 事件调查、不符合、纠正措施和预防措施

A　事件调查

审核要点：

(1)是否建立并执行《事件调查制程序》，对组织内部存在的、可能导致或有助于事件发生的职业健康安全缺陷和其他因素，包括工伤事故、未遂的工伤事故和紧急情况，是否规定及时报告、认真调查和严肃处理；并从调查中找出原因，是否需要采取有效措施(包括纠正措施、预防措施或持续改进)，防止类似事故重复发生?

(2)是否明确规定关于事件调查过程有关的职责和权限，是否规定了应如何立即处理和调查事件?

(3)有无出现过事件或未遂事故，是否采取措施减小因事件而产生的影响，并及时采取纠正和预防措施，防止类似事故和未遂事故不发生?

(4)是否组织有关人员确认所采取的纠正措施和预防措施的有效性?

为了规范生产安全事故的报告和调查处理，落实生产安全事故责任追究制度，防止和减少生产安全事故，我国国务院根据《中华人民共和国安全生产法》和有关法律，制定

《生产安全事故报告和调查处理条例》,组织也应予以遵守。

《生产安全事故报告和调查处理条例》规定报告事故内容包括:

(1)事故发生单位概况;

(2)事故发生的时间、地点以及事故现场情况;

(3)事故的简要经过;

(4)事故已经造成或者可能造成的伤亡人数和直接经济损失;

(5)已经采取的措施;

(6)其他应当报告的情况。

事件调查的结果应形成文件并保存。

《生产安全事故报告和调查处理条例》还规定,对重大事故、较大事故和一般事故的处理,负责事故调查的人民政府应当自收到事故调查报告之日起15日内做出批复;特别重大事故,30日内做出批复,特殊情况下,批复时间可以适当延长,但延长的时间最长不超过30日。事故发生单位应当按照负责事故调查的人民政府的批复,对本单位负有事故责任的人员进行处理。

B　不符合、纠正措施和预防措施

审核要点:

(1)不符合是指偏离要求,例如偏离法律法规要求或偏离职业健康安全管理体系的要求。组织是否建立、实施并保持处理实际和潜在的不符合,并采取纠正措施和预防措施的程序?

(2)在该程序中是否明确和实施规定:

1)如何识别和纠正不符合,采取措施以减轻其职业健康安全后果?

2)如何调查不符合,确定其原因,采取纠正措施以避免其再度发生?

3)如何评价是否需要采取适当的预防措施,以避免不符合的发生?

4)是否规定应记录和沟通所采取的纠正措施和预防措施的结果?

5)是否规定评审所采取的纠正措施和预防措施的有效性?

(3)如果在采取纠正措施或预防措施过程中,发现危险源发生了变化,或者发现了新的危险源,是否规定和实施风险评价和采取控制措施?

(4)为消除实际和潜在的不符合原因而采取的任何纠正或预防措施,在采取措施前是否分析过问题的严重性和面临的职业健康安全风险,是否采取了相适应和相匹配的措施?

(5)组织应认真落实纠正和预防措施,在实施这些措施后,有无分析需要对程序(例如安全生产规程)进行更改,及时予以评审,并按《文件控制程序》对修改进行管理?

4. 记录控制

审核要点:

(1)是否建立和执行《记录控制程序》?

(2)抽查是否有下列记录:

1)培训记录；

2)绩效测量和监视数据的记录；

3)测量设备的校准和维护活动及其结果的记录；

4)合规性评价结果的记录；

5)其他要求评价结果的记录；

6)管理评审。

(3)《记录控制程序》是否规定了记录的标识、收集、编目、归档、保存、维护、查阅和处置等内容？

(4)有无规定对记录的质量要求，包括字迹清晰、标识明确、具有可追溯性？

(5)抽查2~3个记录，验证是否符合程序规定？

5. 内部审核

审核要点：

(1)是否建立和执行《内部审核控制程序》？

(2)最近一次内审，在内部审核计划中是否包括：审核目的、审核范围、审核准则、审核组成员、审核日期和日程安排？

(3)内审目的是否是验证组织的职业健康安全管理体系是否符合职业健康安全管理体系标准的要求，并评价职业健康安全管理绩效？

(4)审核范围是否包括职业健康安全管理体系的要求所规定过程、职业健康安全管理体系覆盖的部门和单位、与职业健康安全有关的管理活动、生产流程、所有岗位和人员(包括相关方和访问者)、所有设备和设施？

(5)审核准则是否明确是GB/T 28001—2011、管理手册或程序文件、作业文件、适用的法律法规、标准和其他要求？

(6)审核方法是否包括文件审核和现场审核？

(7)了解对内审员审核的能力和素质是否有要求？

(8)抽查2~5个内审检查表，验证是否按计划规定的单位、内容和方法进行审核？

(9)查阅内审报告，了解审核是否符合《内部审核控制程序》要求？内部审核报告是否包括：

1)审核目的、审核范围和审核计划；

2)审核准则和依据；

3)审核计划和日程；

4)内审员名单；

5)审核过程概述；

6)审核结论(包括不符合项)。

(10)内审报告是否提供给管理评审？

(六)管理评审

审核要点：

(1)有无进行管理评审,是否是最高管理者亲自主持的?

(2)管理评审是否按计划的时间间隔进行?

(3)管理评审的输入是否包括:

1)内部审核和合规性评价的结果如何(也应包括外部审核的结果)?

2)与员工参与和协商了哪些事情,结果如何?

3)来自外部相关方的相关沟通信息有什么?

4)组织的职业健康安全绩效如何?

对钢铁企业来说主要是对员工健康有损害的危险源,例如高温、粉尘、噪声和毒物等是否符合 GBZ 2.1—2007《工作场所有害因素职业接触限值　第1部分　化学因素》和 GBZ 2.2—2007《工作场所有害因素职业接触限值　第2部分　物理因素》;对员工身体有伤害的危险源,例如高温灼伤、机械伤害、电气伤害、煤气中毒或爆炸燃烧等是否符合职业健康安全管理体系要求。

5)目标的实现程度如何?

6)如果有事件发生,对事件的调查是否符合规定要求?

7)对发现的不符合采取的纠正措施和预防措施的有效性如何?

8)上一次管理评审包括对改进的要求是否得到落实?

9)客观环境的变化,包括法律法规和其他要求的变化,是否得到满足?

10)为了提高职业健康安全绩效,各单位和部门提出了哪些改进的建议?

(4)管理评审的输出是否包括:

1)如何改进职业健康安全绩效?

2)是否更改方针和目标?

3)需要提供什么资源?

4)对职业健康安全管理体系其他要素有什么改进要求?

(5)管理评审的相关输出是否与组织的各层次和职能以及员工进行沟通和协商?

第二节　管理评审

GB/T 28001—2011《职业健康安全管理体系　要求》中的4.6管理评审规定:"最高管理者应按计划的时间间隔,对组织的职业健康安全管理体系进行评审,以确保其具有持续的适宜性、充分性和有效性。评审应包括评价改进的可能性和对职业健康安全管理体系进行修改的需求,包括对职业健康安全方针和职业健康安全目标的修改需求。应保存管理评审记录。

管理评审的输入应包括:

a)内部审核和合规性评价的结果;

b)参与和协商的结果;

c)来自外部相关方的相关沟通信息,包括投诉;

d)组织的职业健康安全绩效;

e)目标的实现程度；

f)事件调查、纠正措施和预防措施的状况；

g)以前管理评审的后续措施；

h)客观环境的变化，包括与职业健康安全有关的法律法规和其他要求的发展；

i)改进建议。

管理评审的输出应符合组织持续改进的承诺，并应包括与如下方面可能的更改有关的任何决策和措施：

a)职业健康安全绩效；

b)职业健康安全方针和目标；

c)资源；

d)其他职业健康安全管理体系要素。

管理评审的相关输出应可用于沟通和协商。"

管理评审应根据职业健康安全管理体系审核的结果、环境的变化和对持续改进的承诺，指出可能需要修改的职业健康安全管理体系方针、目标和其他要素。

一、管理评审的目的

管理评审是由企业的最高管理者主持进行的，主要目的在于了解职业健康安全管理体系运行情况，从而判断管理体系和方针目标的持续适宜性、充分性和有效性。

二、管理评审的输入

管理评审的输入主要有：

(1)内部因素：包括审核结果在内的企业内部因素，例如危险源和危害控制情况，适用的法律法规和其他要求的满足情况，方针目标和管理方案执行情况，安全生产责任制落实情况，安全教育进行情况，职业健康安全措施计划完成情况，安全操作规程执行情况，特种设备和特殊工种管理情况，劳动保护用品使用情况，现场劳动环境改进情况，女工劳动条件和保护措施等。

(2)外部因素：主要指环境的变化，包括适用的法律法规的变化和适应情况，外审提出的审核结论和不符合报告的改进要求，相关方的要求和意见，同行业的安全措施和事故案例等。

(3)检查和纠正措施：包括常规的、主动的和定期的、非常规的、被动的和非定期的职业健康安全检查发现的问题，纠正措施、预防措施和持续改进承诺的落实情况，遵守适用的法律法规和其他要求的执行情况，内审和外审情况，政府有关部门监督检查情况，事故、事件调查、分析、处理和报告情况等。

三、管理评审的输出

最高管理者通过上述管理评审，应对职业健康安全管理体系运行做出分析和评价，肯定成绩，指出不足，以及可能需要修改的职业健康安全管理体系方针、目标和其他要素，并确定提供必要的资源。

管理评审中提出的问题和解决的措施，应责成有关部门进行沟通和协商，并跟踪验证，在下一次管理评审时进行报告。

附录一

GB/T 28001—2011
《职业健康安全管理体系　要求》

ICS 03.120.10
A 00

中华人民共和国国家标准

GB/T 28001—2011/OHSAS 18001:2007
代替 GB/T 28001—2001

职业健康安全管理体系　要求

Occupational health and safety management systems—Requirements

(BS OHSAS 18001:2007,IDT)

2011-12-30 发布　　2012-02-01 实施

中华人民共和国国家质量监督检验检疫总局
中国国家标准化管理委员会　发布

目　次

前　　言

GB/T 28000《职业健康安全管理体系》系列国家标准体系结构如下：

——职业健康安全管理体系　要求（GB/T 28001）；

——职业健康安全管理体系 GB/T 28001—2011 的实施指南（GB/T 28002）。

本标准考虑了与 GB/T 19001—2008《质量管理体系　要求》、GB/T 24001—2004《环境管理体系　要求及使用指南》标准的相容性，以便于满足组织整合职业健康安全、环境管理和质量管理体系的需求。

本标准是对 GB/T 28001—2001 标准的修订。主要变化如下：

——更加强调了“健康”的重要性；

——对 PDCA（策划—实施—检查—改进）模式，仅在引言部分作全面介绍，在各主要条款的开头不再予以介绍；

——术语和定义部分作了较大调整和变动，包括：

a）新增 9 个术语。它们分别为：“可接受风险”、“纠正措施”、“文件”、“健康损害”、“职业健康安全方针”、“工作场所”、“预防措施”、“程序”、“记录”；

b）修改 13 个术语的定义。它们分别为：“审核”、“持续改进”、“危险源”、“事件”、“相关方”、“不符合”、“职业健康安全”、“职业健康安全管理体系”、“职业健康安全目标”、“职业健康安全绩效”、“组织”、“风险”、“风险评价”；

c）原有术语“可容许风险”已被“可接受风险”所取代（参见 3.1）；

d）原有术语“事故”被合并到术语“事件”中（参见 3.9）；

e）术语“危险源”的定义不再涉及“财产损失”、“工作环境破坏”（参见 3.6）；

注：考虑到这样的损失和破坏并不直接与职业健康安全管理相关，它们应包括在资产管理的范畴内。作为替代的一种方法，对职业健康安全有影响的此方面的损失和破坏，其风险可以通过组织的风险评价过程得到识别，并通过适当的风险控制措施对其实施控制。

——为与 GB/T 24001—2004、GB/T 19001—2008 更加兼容，标准技术内容作了较大的改进，例如：为与 GB/T 24001—2004 相兼容，本标准将原标准的 4.3.3 和 4.3.4 合并；

——针对职业健康安全策划部分的控制措施的层级，提出了新要求（参见 3.1）；

——更加明确强调变更管理（参见 4.3.1 和 4.4.6）；

——增加了 4.5.2“合规性评价”；

——对于参与和协商提出了新要求（参见 4.4.3.2）；

——对于事件调查提出了新要求（参见 4.5.3.1）。

本标准等同采用 BS OHSAS 18001:2007《职业健康安全管理体系　要求》(英文版)。

本标准根据 BS OHSAS 18001:2007《职业健康安全管理体系　要求》(英文版)翻译。

本标准无意包含合同中所有必要的条款。使用者对本标准的应用自负其责。使用者符合本标准的规定并不免除其所应承担的法律义务。

本标准由中国标准化研究院提出并归口。

本标准起草单位:中国标准化研究院、国家认证认可监督管理委员会、中国认证认可协会、中国合格评定国家认可中心、中国安全生产科学研究院、中国疾病预防控制中心职业卫生与中毒控制所、方圆标志认证集团有限公司、华夏认证中心有限公司等。

引　言

目前,由于有关法律法规更趋严格,促进良好职业健康安全实践的经济政策和其他措施也日益强化,相关方越来越关注职业健康安全问题,因此,各类组织越来越重视依照其职业健康安全方针和目标控制职业健康安全风险,以实现并证实其良好职业健康安全绩效。

虽然许多组织为评价其职业健康安全绩效而推行职业健康安全"评审"或"审核",但仅靠"评审"或"审核"本身可能仍不足以为组织提供保证,使组织确信其职业健康安全绩效不但现在而且将来都能一直持续满足法律法规和方针要求。若要使得"评审"或"审核"行之有效,组织就必须将其纳入整合于组织中的结构化管理体系内实施。

本标准旨在为组织规定有效的职业健康安全管理体系所应具备的要素。这些要素可与其他管理体系要求相结合,并帮助组织实现其职业健康安全目标与经济目标。与其他标准一样,本标准无意被用于产生非关税贸易壁垒,或者增加或改变组织的法律义务。

本标准规定了对职业健康安全管理体系的要求,旨在使组织在制定和实施其方针和目标时能够考虑到法律法规要求和职业健康安全风险信息。本标准适用于任何类型和规模的组织,并与不同的地理、文化和社会条件相适应。图1给出了本标准所用的方法基础。体系的成功依赖于组织各层次和职能的承诺,特别是最高管理者的承诺。这种体系使组织能够制定其职业健康安全方针,建立实现方针承诺的目标和过程,为改进体系业绩并证实其符合本标准的要求而采取必要的措施。本标准的总目的在于支持和促进与社会经济需求相协调的良好职业健康安全实践。需注意的是,许多要求可同时或重复涉及。

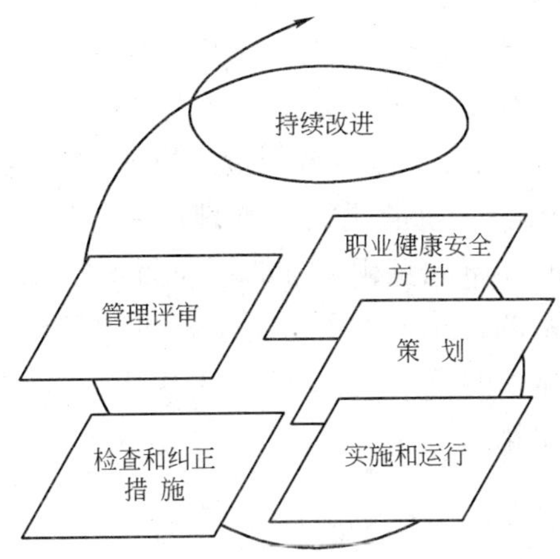

图1　职业健康安全管理体系运行模式

注:本标准基于被称为"策划—实施—检查—改进(PDCA)"的方法论。关于PDCA的含义,简要说明如下:

a) 策划:建立所需的目标和过程,以实现组织的职业健康安全方针所期望的结果。

b) 实施:对过程予以实施。

c) 检查:根据职业健康安全方针、目标、法律法规和其他要求,对过程进行监测和测量,并报告结果。

d) 改进:采取措施以持续改进职业健康安全管理绩效。

许多组织通过由过程组成的体系以及过程之间的相互作用对其运行进行管理,这种方式称为"过程方法"。GB/T 19001提倡使用过程方法。由于PDCA可用于所有的过程,因此这两种方法可以看作是兼容的。

本标准着重在以下几方面加以改进:

a) 改善对GB/T 24001和GB/T 19001的兼容性;

b) 寻求机会对其他职业健康安全管理体系标准(如ILO - OSH:2001)兼容;

c) 反映职业健康安全实践的发展;

d) 基于应用经验对前版标准所述要求进一步加以澄清。

本标准与非认证性指南标准如GB/T 28002—2011之间的重要区别在于:规定了组织的职业健康安全管理体系要求,并可用于组织职业健康安全管理体系的认证、注册和(或)自我声明;GB/T 28002—2011作为非认证性指南标准旨在为组织建立、实施或改进职业健康安全管理体系提供帮助。职业健康安全管理涉及多方面内容,其中有些还具有战略与竞争意义。通过证实本标准已得到成功实施,组织可使相关方确信本组织已建立了适宜的职业健康安全管理体系。

有关更广泛的职业健康安全管理体系问题的通用指南,可参阅GB/T 28002—2011。任何对其他标准的引用仅限于提供信息。

本标准包含了可进行客观审核的要求,但并未超越职业健康安全方针的承诺(有关遵守适用法律法规要求和组织应遵守的其他要求、防止人身伤害和健康损害以及持续改进的承诺)而提出绝对的职业健康安全绩效要求。因此,开展相似运行的两个组织,尽管其职业健康安全绩效不同,但都可能符合本标准要求。

尽管本标准的要素可与其他管理体系要素进行协调或整合,但并不包括其他管理体系特定的要求(如质量、环境、安全保卫或财务等管理体系要求)。组织可通过现有管理体系建立符合本标准要求的职业健康安全管理体系。但需指出的是,各种管理体系要素的应用可能因预期目的和所涉及相关方的不同而各异。

职业健康安全管理体系的详尽和复杂水平以及形成文件的程度和所投入资源等,取决于多方面因素,例如:体系的范围,组织的规模及其活动、产品和服务的性质,组织的文化等。中小型企业尤为如此。

职业健康安全管理体系　要求

1　范围

本标准规定了对职业健康安全管理体系的要求,旨在使组织能够控制其职业健康安全风险,并改进其职业健康安全绩效。它既不规定具体的职业健康安全绩效准则,也不提供详细的管理体系设计规范。

本标准适用于任何有下列愿望的组织:

a) 建立职业健康安全管理体系,以消除或尽可能降低可能暴露于与组织活动相关的职业健康安全危险源中的员工和其他相关方所面临的风险;

b) 实施、保持和持续改进职业健康安全管理体系;

c) 确保组织自身符合其所阐明的职业健康安全方针;

d) 通过下列方式来证实符合本标准:

1) 做出自我评价和自我声明;

2) 寻求与组织有利益关系的一方(如顾客等)对其符合性的确认;

3) 寻求组织外部一方对其自我声明的确认;

4) 寻求外部组织对其职业健康安全管理体系的认证。

本标准中的所有要求旨在被纳入到任何职业健康安全管理体系中。其应用程度取决于组织的职业健康安全方针、活动性质、运行的风险与复杂性等因素。

本标准旨在针对职业健康安全,而非诸如员工健身或健康计划、产品安全、财产损失或环境影响等其他方面的健康和安全。

2　规范性引用文件

下列文件对于本标准的应用是必不可少的。凡是注日期的引用文件,仅注日期的版本适用于本标准。凡是不注日期的引用文件,其最新版本(包括所有的修改单)适用于本标准。

GB/T 19000—2008　质量管理体系　基础和术语(ISO 9000:2005,IDT)

GB/T 24001—2004　环境管理体系　要求及使用指南(ISO 14001:2004,IDT)

GB/T 28002—2011　职业健康安全管理体系　实施指南(OHSAS 18002:2008,Occupational health and safety management systems – guidelines for the implementation of OHSAS 18001:2007,IDT)

3　术语和定义

下列术语和定义适用于本标准。

3.1

可接受的风险　acceptable risk

根据组织法律义务和职业健康安全方针(3.16)已降至组织可容许程度的风险。

3.2

审核　audit

为获得“审核证据”并对其进行客观的评价,以确定满足“审核准则”的程度所进行的系统的、独立的并形成文件的过程。

[GB/T 19000—2008,3.9.1]

注1:“独立的”不意味必须来自组织外部。很多情况下,特别是在小型组织,独立性可以通过摆脱与被审核活动之间无责任关系来证实。

注2:有关“审核证据”和“审核准则”的讲一步指南见 GB/T 19011—2003。

3.3

持续改进　continual improvement

为了实现对整体职业健康安全绩效(3.15)的改进,根据组织(3.17)的职业健康安全方针(3.16),不断对职业健康安全管理体系(3.13)进行强化的过程。

注1:该过程不必同时发生于活动的所有方面。

注2:改编自 GB/T 24001—2004,3.2。

3.4

纠正措施　corrective action

为消除已发现的不符合(3.11)或其他不期望情况的原因所采取的措施。

注1:一个不符合可以有若干个原因。

注2:采取纠正措施是为了防止再发生,而采取预防措施(3.18)是为了防止发生。

[GB/T 19000—2008,3.6.5]

3.5

文件　document

信息及其承载媒体。

注:媒体可以是纸,计算机磁盘、光盘或其他电子媒体,照片或标准样品,或它们的组合。

[GB/T 24001—2004,3.4]

3.6

危险源　hazard

可能导致人身伤害和(或)健康损害(3.8)的根源、状态或行为或其组合。

3.7

危险源辨识　hazard identification

识别危险源(3.6)的存在并确定其特性的过程。

3.8

健康损害　ill health

可确认的、由工作活动和(或)工作相关状况引起或加重的身体或精神的不良状态。

3.9

事件　incident

发生或可能发生与工作相关的健康损害(3.8)或人身伤害(无论严重程度),或者死亡的情况。

注1:事故是一种发生人身伤害、健康损害或死亡的事件。

注2:未发生人身伤害、健康损害或死亡的事件通常称为“未遂事件”。在英文中也可称为“near-miss”、“near-hit”、“close call”或“dangerous occurrence”。

注3:紧急情况(参见4.4.7)是一种特殊类型的事件。

3.10

相关方　interested party

工作场所(3.23)内外与组织(3.17)职业健康安全绩效(3.15)有关或受其影响的个人或团体。

3.11

不符合　nonconformity

未满足要求。

[GB/T 19000—2008,3.6.2;GB/T 24001—2004,3.15]

注:不符合可以是对下述要求的任何偏离:

a) 有关的工作标准、惯例、程序、法律法规要求等;

b) 职业健康安全管理体系(3.13)要求。

3.12

职业健康安全(OH&S)　occupational health and safety(OH&S)

影响或可能影响工作场所(3.23)内的员工或其他人员(包括临时工和承包方员工)、访问者或其他人员的健康安全的条件和因素。

注:组织须遵守关于工作场所附近或暴露于工作场所活动的人员的健康安全方面的法律法规要求。

3.13

职业健康安全管理体系　OH&S management system

组织(3.17)管理体系的一部分,用于制定和实施组织的职业健康安全方针(3.16)并管理其职业健康安全风险(3.21)。

注1:管理体系是用于制定方针和目标并实现这些目标的一组相互关联的要素。

注2:管理体系包括组织结构、策划活动(例如:风险评价、目标建立等)、职责、惯例、程序(3.19)、过程和资源。

注3:改编自GB/T 24001—2004,3.8。

3.14

职业健康安全目标　OH&S objective

组织(3.17)自我设定的在职业健康安全绩效(3.15)方面要达到的职业健康安全目的。

注1:只要可行,目标就宜量化。

注2:4.3.3要求职业健康安全目标符合职业健康安全方针(3.16)。

3.15

职业健康安全绩效　OH&S performance

组织(3.17)对其职业健康安全风险(3.21)进行管理所取得的可测量的结果。

注1:职业健康安全绩效测量包括测量组织控制措施的有效性。

注2:在职业健康安全管理体系(3.13)背景下,结果也可根据组织(3.17)的职业健康安全方针(3.16)、职业健康安全目标(3.14)和其他职业健康安全绩效要求测量出来。

3.16

职业健康安全方针　OH&S policy

最高管理者就组织(3.17)的职业健康安全绩效(3.15)正式表述的总体意图和方向。

注1:职业健康安全方针为采取措施和设定职业健康安全目标(3.14)提供框架。

注2:改编自 GB/T 24001—2004,3.11。

3.17

组织　organization

具有自身职能和行政管理的公司、集团公司、商行、企事业单位、政府机构、社团或其结合体,或上述单位中具有自身职能和行政管理的一部分,无论其是否具有法人资格,公营或私营。

注:对于拥有一个以上运行单位的组织,可以把一个运行单位视为一个组织。

[GB/T 24001—2004,3.16]

3.18

预防措施　preventive action

为消除潜在不符合(3.11)或其他不期望潜在情况的原因所采取的措施。

注1:一个潜在不符合可以有若干个原因。

注2:采取预防措施是为了防止发生,而采取纠正措施(3.4)是为了防止再发生。

[GB/T 19000—2008,3.6.4]

3.19

程序　procedure

为进行某项活动或过程所规定的途径。

注1:程序可以形成文件,也可以不形成文件。

注2:当程序形成文件时,通常称为"书面程序"或"形成文件程序"。含有程序的文件(3.5)可称为"程序文件"。

[GB/T 19000—2008,3.6.5]

3.20

记录　record

阐明所取得的结果或提供所从事活动的证据的文件(3.5)。

[GB/T 24001—2004,3.20]

3.21

风险　risk

发生危险事件或有害暴露的可能性,与随之引发的人身伤害或健康损害(3.8)的严重性的组合。

3.22

风险评价　risk assessment

对危险源导致的风险(3.21)进行评估、对现有控制措施的充分性加以考虑以及风险是否可以接受予以确定的过程。

3.23

工作场所　workplace

在组织控制下实施工作相关活动的任何物理地点。

注:在考虑工作场所的构成时,组织(3.17)宜考虑对如下人员的职业健康安全影响,例如:差旅或运输中(如驾驶、乘机、乘船或乘火车等)、在客户或顾客处所工作或在家工作人员。

4　职业健康安全管理体系要求

4.1　总要求

组织应根据本标准的要求建立、实施、保持和持续改进职业健康安全管理体系,确定如何满足这些要求,并形成文件。

组织应界定其职业健康安全管理体系范围,并形成文件。

4.2　职业健康安全方针

最高管理者应确定和批准本组织的职业健康安全方针,并确保职业健康安全方针在界定的职业健康安全管理体系范围内:

a) 适合于组织职业健康安全风险的性质和规模;

b) 包括防止人身伤害与健康损害和持续改进职业健康安全管理与职业健康安全绩效的承诺;

c) 包括至少遵守与其职业健康安全危险源有关的适用的法律法规要求及组织应遵守的其他要求的承诺;

d) 为制定和评审职业健康安全目标提供框架;

e) 形成文件、付诸实施,并予以保持;

f) 传达到所有在组织控制下的工作人员,旨在使其认识到各自的职业健康安全义务;

g) 可为相关方所获取;

h) 定期评审,以确保其与组织保持相关和适宜。

4.3　策划

4.3.1　危险源辨识、风险评价和控制措施的确定

组织应建立、实施并保持程序,以便持续进行危险源辨识、风险评价和必要控制措

施的确定。

危险源辨识和风险评价的程序应考虑：

a）常规和非常规活动；

b）所有进入工作场所的人员（包括承包方人员和访问者）的活动；

c）人的行为、能力和其他人为因素；

d）已识别的源于工作场所外，能够对工作场所内组织控制下的人员的健康安全产生不利影响的危险源；

e）在工作场所附近，由组织控制下的工作相关活动所产生的危险源；

注1：按环境因素对此类危险源进行评价可能更为合适。

f）由本组织或外界所提供的工作场所的基础设施、设备和材料；

g）组织及其活动、材料的变更，或计划的变更；

h）职业健康安全管理体系的更改包括临时性变更等，及其对运行、过程和活动的影响；

i）任何与风险评价和实施必要控制措施相关的适用法律义务（也可参见3.12的注）；

j）对工作区域、过程、装置、机器和（或）设备、操作程序和工作组织的设计，包括其对人的能力的适应性。

组织用于危险源辨识和风险评价的方法应：

a）在范围、性质和时机方面进行界定，以确保其是主动而非被动的；

b）提供风险的确认、风险优先次序的区分和风险文件的形成以及适当时控制措施的运用。

对于变更管理，组织应在变更前识别在组织内、职业健康安全管理体系中或组织活动中与该变更相关的职业健康安全危险源和职业健康安全风险。

组织应确保在确定控制措施时考虑这些评价的结果。

在确定控制措施或考虑变更现有控制措施时，应按如下顺序考虑降低风险：

a）消除；

b）替代；

c）工程控制措施；

d）标志、警告和（或）管理控制措施；

e）个体防护装备。

组织应将危险源辨识、风险评价和控制措施的确定的结果形成文件并及时更新。

在建立、实施和保持职业健康安全管理体系时，组织应确保职业健康安全风险和确定的控制措施能够得到考虑。

注2：关于危险源辨识、风险评价和控制措施的确定的进一步指南参见GB/T 28002—2011。

4.3.2　法律法规和其他要求

组织应建立、实施并保持程序，以识别和获取适用于本组织的法律法规和其他职业健康安全要求。

在建立、实施和保持职业健康安全管理体系时，组织应确保对适用的法律法规要求和组织应遵守的其他要求得到考虑。

组织应使这方面的信息处于最新状态。

组织应向在其控制下工作的人员和其他有关的相关方传达相关法律法规和其他要求的信息。

4.3.3 目标和方案

组织应在其内部相关职能和层次建立、实施和保持形成文件的职业健康安全目标。

可行时，目标应可测量。目标应符合职业健康安全方针，包括对防止人身伤害与健康损害、符合适用法律法规要求与组织应遵守的其他要求，以及持续改进的承诺。

在建立和评审目标时，组织应考虑法律法规要求和遵守的其他要求及其职业健康安全风险。组织还应考虑其可选技术方案，财务、运行和经营要求，以及有关的相关方的观点。

组织应建立、实施和保持实现其目标的方案。方案至少应包括：

a) 为实现目标而对组织相关职能和层次的职责和权限的指定；

b) 实现目标的方法和时间表。

应定期和按计划的时间间隔对方案进行评审，必要时进行调整，以确保目标得以实现。

4.4 实施和运行

4.4.1 资源、作用、职责、责任和权限

最高管理者应对职业健康安全和职业健康安全管理体系承担最终责任。

最高管理者应通过以下方式证实其承诺：

a) 确保为建立、实施、保持和改进职业健康安全管理体系提供必要的资源；

注1：资源包括人力资源和专项技能、组织基础设施、技术和财力资源。

b) 明确作用、分配职责和责任、授予权力以提高有效的职业健康安全管理；作用、职责、责任和权限应形成文件和予以沟通。

组织应任命最高管理者中的成员，承担特定的职业健康安全职责，无论他（他们）是否还负有其他方面的职责，应明确界定如下作用和权限：

a) 确保按本标准建立、实施和保持职业健康安全管理体系；

b) 确保向最高管理者提交职业健康安全绩效报告，以供评审，并为改进职业健康安全管理体系提供依据。

注2：最高管理者中的被任命者（比如大型组织中的董事会或执委会成员），在仍然保留责任的同时，可将他们的一些任务委派给下属的管理者代表。

最高管理者中被任命者的身份应对所有在本组织控制下的工作人员公开。

所有承担管理职责的人员，都应证实其对职业健康安全绩效持续改进的承诺。

组织应确保工作场所的人员在其能控制的领域承担职业健康安全方面的责任，包括遵守组织适用的职业健康安全要求。

4.4.2 能力、培训和意识

组织应确保在其控制下完成对职业健康安全有影响的任何人员都具有相应的能力,该能力应依据适当的教育、培训或经历。组织应保存相关的记录。

组织应确定与职业健康安全风险及职业健康安全管理体系相关的培训需求。组织应提供培训或采取其他措施来满足这些需求,评价培训或采取的措施的有效性,并保存相关的记录。

组织应当建立、实施并保持程序,使在本组织控制下工作的人员意识到:

a) 他们的工作活动和行为的实际或潜在的职业健康安全后果,以及改进个人表现的职业健康安全益处;

b) 他们在实现符合职业健康安全方针、程序和职业健康安全管理体系要求,包括应急准备和响应要求(参见4.4.7)方面的作用、职责和重要性;

c) 偏离规定程序的潜在后果。

培训程序应当考虑不同层次的:

a) 职责、能力、语言技能和文化程度;

b) 风险。

4.4.3 沟通、参与和协商

4.4.3.1 沟通

针对职业健康安全危险源和职业健康安全管理体系,组织应建立、实施和保持程序,用于:

a) 在组织内不同层次和职能进行内部沟通;

b) 与进入工作场所的承包方和其他访问者进行沟通;

c) 接收、记录和回应来自外部相关方的相互沟通。

4.4.3.2 参与和协商

组织应建立、实施并保持程序,用于:

a) 工作人员:

1)适当参与危险源辨识、风险评价和控制措施的确定;

2)适当参与事件调查;

3)参与职业健康安全方针和目标的制定和评审;

4)对影响他们职业健康安全的任何变更进行协商;

5)对职业健康安全事务发表意见。

应告知工作人员关于他们的参与安排,包括谁是他们的职业健康安全事务代表。

b) 与承包方就影响他们的职业健康安全的变更进行协商。

适当时,组织应确保与相关的外部相关方就有关职业健康安全事务进行协商。

4.4.4 文件

职业健康安全管理体系文件应包括:

a）职业健康安全方针和目标；

b）对职业健康安全管理体系覆盖范围的描述；

c）对职业健康安全管理体系的主要要素及其相互作用的描述，以及相关文件的查询途径；

d）本标准所要求的文件，包括记录；

e）组织为确保对涉及其职业健康安全风险管理过程进行有效策划、运行和控制所需的文件，包括记录。

注：重要的是文件要与组织的复杂程度、相关的危险源和风险相匹配，按有效性和效率的要求使文件数量尽可能少。

4.4.5　文件控制

应对本标准和职业健康安全管理体系所要求的文件进行控制。记录是一种特殊类型的文件，应依据4.5.4的要求进行控制。

组织应建立、实施并保持程序，以规定：

a）在文件发布前进行审批，确保其充分性和适宜性；

b）必要时对文件进行评审和更新，并重新审批；

c）确保对文件的更改和现行修订状态做出标识；

d）确保在使用处能得到适用文件的有关版本；

e）确保文件字迹清楚，易于识别；

f）确保对策划和运行职业健康安全管理体系所需的外来文件做出标识，并对其发放予以控制；

g）防止对过期文件的非预期使用，若须保留，则应做出适当的标识。

4.4.6　运行控制

组织应确定那些与已辨识的、需实施必要控制措施的危险源相关的运行和活动，以管理职业健康安全风险。这些也应包括变更管理（参见4.3.1）。

对于这些运行和活动，组织应实施和保持：

a）适合组织及其活动的运行控制措施，组织应把这些运行措施纳入其总体的职业健康安全管理体系之中；

b）与采购的货物、设备和服务相关的控制措施；

c）与进入工作场所的承包方和访问者相关的控制措施；

d）形成文件的程序，以避免因其缺乏而可能偏离职业健康安全方针和目标；

e）规定的运行准则，以避免因其缺乏而可能偏离职业健康安全方针和目标。

4.4.7　应急准备和响应

组织应建立、实施并保持程序，用于：

a）识别潜在的紧急情况；

b）对此紧急情况作出响应。

组织应对实际的紧急情况作出响应,防止和减少相关的职业健康安全不良后果。

组织在策划应急响应时,应考虑有关相关方的需求,如应急服务机构、相邻组织或居民。

可行时,组织也应定期测试其响应紧急情况的程序,并让有关的相关方适当参与其中。

组织应定期评审其应急准备和响应程序,必要时对其进行修订,特别是在定期测试和紧急情况发生后(参见4.5.3)。

4.5 检查

4.5.1 绩效测量和监视

组织应建立、实施并保持程序,对职业健康安全绩效进行例行绩效测量和监视。程序应规定:

a) 适合组织需要的定性和定量测量;

b) 对组织职业健康安全目标满足程度的监视;

c) 对控制措施有效性(既针对健康,也针对安全)的监视;

d) 主动性绩效测量,即监视是否符合职业健康安全方案、控制措施和运行准则;

e) 被动性绩效测量,即监视健康损害、事件(包括事故、“未遂事故”等)和其他不良职业健康安全绩效的历史证据;

f) 对监视和测量的数据和结果的记录,以便于其后续的纠正措施和预防措施的分析。

如果绩效测量和监视需要设备,适当时,组织应建立并保持程序,对此类设备进行校准和维护。应保存校准和维护活动及其结果的记录。

4.5.2 合规性评价

4.5.2.1 为了履行遵守法律法规要求的承诺[参见4.2c)],组织应建立、实施并保持程序,以定期评价对适用法律法规的遵守情况(参见4.3.2)。

组织应保存定期评价结果的记录。

注:对不同法律法规要求的定期评价的频次可以有所不同。

4.5.2.2 组织应评价对应遵守的其他要求的遵守情况(参见4.3.2)。这可以和4.5.2.1中所要求的评价一起进行,也可另外制定程序,分别进行评价。

组织应保存定期评价结果的记录。

注:对于不同的、组织应遵守的其他要求,定期评价频次可以有所不同。

4.5.3 事件调查、不符合、纠正措施和预防措施

4.5.3.1 事件调查

组织应建立、实施并保持程序,记录、调查和分析事件,以便:

a) 确定内在的、可能导致或有助于事件发生的职业健康安全缺陷和其他因素;

b) 识别对采取纠正措施的需求;

c）识别采取预防措施的可能性；

d）识别持续改进的可能性；

e）沟通调查结果。

调查应及时开展。

对任何已识别的纠正措施的需求或预防措施的机会,应依据 4.5.3.2 相关要求进行处理。

事件调查的结果应形成文件并予以保持。

4.5.3.2 不符合、纠正措施和预防措施

组织应建立、实施并保持程序,以处理实际和潜在的不符合,并采取纠正措施和预防措施。程序应明确下述要求：

a）识别和纠正不符合,采取措施以减轻其职业健康安全后果；

b）调查不符合,确定其原因,并采取措施以避免其再度发生；

c）评价预防不符合的措施需求,并采取适当措施,以避免不符合的发生；

d）记录和沟通所采取的纠正措施和预防措施的结果；

e）评审所采取的纠正措施和预防措施的有效性。

如果在纠正措施或预防措施中识别出新的或变化的危险源,或者对新的变化的控制措施的需求,则程序应要求对拟定的措施在其实施前进行风险评价。

为消除实际和潜在不符合的原因而采取的任何纠正或预防措施,应与问题的严重性相适应,并与面临的职业健康安全风险相匹配。

对因纠正措施和预防措施而引起的任何必要变化,组织应确保其体现在职业健康安全管理体系文件中。

4.5.4 记录控制

组织应建立并保持必要的记录,用于证实符合职业健康安全管理体系要求和本标准要求,以及所实现的结果。

组织应建立、实施并保持程序,用于记录的标识、贮存、保护、检索、保留和处置。

记录应保持字迹清楚,标识明确,并可追溯。

4.5.5 内部审核

组织应确保按照计划的时间间隔对职业健康安全管理体系进行内部审核。目的是：

a）确定职业健康安全管理体系是否：

1）符合组织对职业健康安全管理的策划安排,包括本标准的要求；

2）得到了正确的实施和保持；

3）有效满足组织的方针和目标。

b）向管理者报告审核结果的信息。

组织应基于组织活动的风险评价结果和以前的审核结果,策划、制定、实施和保持审核方案。

应建立、实施和保持审核程序,以明确:

a）关于策划和实施审核、报告审核结果和保存相关记录的职责、能力和要求;

b）审核准则、范围、频次和方法的确定。

审核员的选择和审核的实施均应确保审核过程的客观性和公正性。

4.6 管理评审

最高管理者应按计划的时间间隔,对组织的职业健康安全管理体系进行评审,以确保其具有持续的适宜性、充分性和有效性。评审应包括评价改进的可能性和对职业健康安全管理体系进行修改的需求,包括对职业健康安全方针和职业健康安全目标的修改需求。应保存管理评审记录。

管理评审的输入应包括:

a）内部审核和合规性评价的结果;

b）参与和协商的结果(参见4.4.3);

c）来自外部相关方的相关沟通信息,包括投诉;

d）组织的职业健康安全绩效;

e）目标的实现程度;

f）事件调查、纠正措施和预防措施的状况;

g）以前管理评审的后续措施;

h）客观环境的变化,包括与职业健康安全有关的法律法规和其他要求的发展;

i）改进建议。

管理评审的输出应符合组织持续改进的承诺,并应包括与如下方面可能的更改有关的任何决策和措施:

a）职业健康安全绩效;

b）职业健康安全方针和目标;

c）资源;

d）其他职业健康安全管理体系要素。

管理评审的相关输出应可用于沟通和协商(参见4.4.3)。

附录二

AQ 2002—2004《炼铁安全规程》

ICS 77.080
H 41
备案号：19747—2005

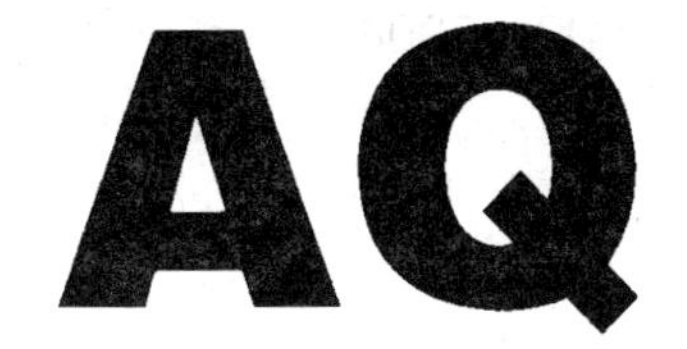

中华人民共和国安全生产行业标准

AQ 2002—2004

炼 铁 安 全 规 程

Safety regulations for pudding

2004-12-01 发布

2005-03-01 实施

国家安全生产监督管理局 发 布

前　　言

本标准是依据国家有关法律法规的要求,在充分考虑炼铁生产工艺的特点(除存在通常的机械、电气、运输、起重等方面的危险因素外,还存在易燃易爆和有毒有害气体、高温热源、金属液体、尘毒、放射源等方面的危险、有害因素)的基础上编制而成。

本标准对炼铁安全生产问题作出了规定。

本标准由国家安全生产监督管理局提出并归口。

本标准起草单位:武汉安全环保研究院、武汉钢铁设计研究总院、武汉钢铁(集团)公司。

本标准主要起草人:舒军、李晓飞、马丽仙、万成略、吴声彪、薛智章、陈改怡、李怀远、聂岸、王健林。

炼铁安全规程

1 范围

本标准规定了炼铁安全生产的技术要求。

本标准适用于炼铁厂的设计、设备制造、施工安装、生产和设备检修。

2 规范性引用文件

下列文件中的条款通过本标准的引用而成为本标准的条款。凡是注日期的引用文件,其随后所有的修改单(不包括勘误的内容)或修订版均不适用于本标准,然而,鼓励根据本标准达成协议的各方研究是否可使用这些文件的最新版本。凡是不注日期的引用文件,其最新版本适用于本标准。

GB 1576 低压锅炉水质标准

GB 4053.1 固定式钢直梯安全技术条件

GB 4053.2 固定式斜梯安全技术条件

GB 4053.3 固定式工业防护栏杆安全技术条件

GB 4053.4 固定式工业钢平台

GB 4387 工业企业厂内铁路、道路运输安全规程

GB 4792 放射卫生防护基本标准

GB 5082 起重吊运指挥信号

GB 5749 生活饮用水卫生标准

GB 6067 起重机械安全规程

GB 6222 工业企业煤气安全规程

GB 6389 工业企业铁路道口安全标准

GB 6722 爆破安全规程

GB 11660 炼铁厂卫生防护距离标准

GB 16543 高炉喷吹烟煤系统防爆安全规程

GB 16912 氧气及相关气体安全技术规程

GBJ 16 建筑设计防火规范

GBZ 1 工业企业设计卫生标准

GBZ 2 工作场所有害因素职业接触限值

YBJ 52` 钢铁企业总图运输设计规范

3 术语和定义

下列术语和定义适用于本标准。

3.1

烟煤粉　pulverized bituminous coal

干燥、无灰基,挥发分含量高于10%,能在气流中悬浮的煤颗粒的集合体(简称煤粉)。

3.2

惰化气体　inert gas with a little oxygen

以惰性气体为主要成分,并含有少量氧气的混合气体。

3.3

轮法　wheel means

一种高炉炉渣处理工艺。

3.4

凝结盖　coagulating cover

铁水罐中铁水表面凝固部分。

3.5

鼓盖操作　operating with coagulating cover

在清除铁水罐中的凝结盖之前进行的接收、倾倒铁水或清理铁水罐等操作。

4　安全管理

4.1　新建、改建、扩建工程项目的安全设施,应与主体工程同时设计、同时施工、同时投入生产和使用。安全设施的投资应纳入建设项目概算。

4.2　建设工程的初步设计文件应有《职业安全健康篇》。安全设计应贯穿于各专业设计之中。

4.3　建设项目施工应按设计进行。变更安全设施,应经设计单位书面同意。

工程中的隐蔽部分,应经设计单位、建设单位、监理单位和施工单位共同检查合格签字后,方可进行隐蔽。

施工完毕,施工单位应将竣工说明书及竣工图交付建设单位。

4.4　建设工程的安全设施竣工后,应经验收合格方可投入生产。

4.5　炼铁企业应建立健全安全管理制度,完善安全生产责任制。

厂长(经理)对本企业的安全生产负全面责任,各级主要负责人对本部门的安全生产负责。

各级机构对其职能范围的安全生产负责。

4.6　炼铁企业应依法设置安全生产管理机构或配备专(兼)职安全生产管理人员,负责管理本企业的安全生产工作。

4.7　炼铁企业应根据GB 6222的有关规定,配备煤气监测、防护设施、器具及人员。

4.8　炼铁企业应建立健全安全生产岗位责任制和岗位安全技术操作规程,严格执行值班制和交接班制。

4.9 炼铁企业应认真执行安全检查制度,对查出的问题应提出整改措施,并限期整改。

4.10 炼铁企业的厂长(经理)应具备相应安全生产知识和管理能力。

4.11 炼铁企业应定期对职工进行安全生产和劳动保护教育,普及安全知识和安全法规,加强业务技术培训。职工经考核合格方可上岗。

新工人进厂,应首先接受厂、车间、班组三级安全教育,经考试合格后由熟练工人带领工作至少三个月,熟悉本工种操作技术并经考核合格方可独立工作。

调换工种和脱岗三个月以上重新上岗的人员,应事先进行岗位安全培训,并经考核合格方可上岗。

外来参观或学习的人员,应接受必要的安全教育,并应由专人带领。

4.12 特种作业人员和要害岗位、重要设备与设施的作业人员,均应经过专门的安全教育和培训,并经考核合格、取得操作资格证,方可上岗。上述人员的培训、考核、发证及复审,应按国家有关规定执行。

4.13 采用新工艺、新技术、新设备,应制定相应的安全技术措施;对有关生产人员,应进行专门的安全技术培训,并经考核合格方可上岗。

4.14 炼铁企业应为职工提供符合国家标准或行业标准的劳动防护用品,职工应正确佩戴和使用劳动防护用品。

4.15 炼铁企业应建立对厂房、机电设备进行定期检查、维修和清扫制度。要害岗位及电气、机械等设备,应实行操作牌制度。

4.16 炼铁企业应建立火灾、爆炸、触电和毒物逸散等重大事故的应急救援预案,并配备必要的器材与设施,定期演练。

4.17 安全装置和防护设施,不得擅自拆除。

4.18 炼铁企业发生伤亡或其他重大事故时,厂长(经理)或其代理人应立即到现场组织指挥抢救,并采取有效措施,防止事故扩大。

发生伤亡事故,应按国家有关规定报告和处理。

事故发生后,应及时调查分析,查清事故原因,并提出防止同类事故发生的措施。

5 厂址选择和厂区布置

5.1 厂址选择应符合 YBJ 52 的有关规定,尽量避开海潮、洪水、泥石流、滑坡、地震影响的地段;若无法避开,则应视具体情况按有关规定设防。应具备完整的地质、水文、气象等资料。

5.2 高炉区应位于居民区常年最小频率风向的上风侧,厂区边缘距离居民区应大于1000 m。

5.3 高炉煤气的除尘器,应离高炉铁口、渣口 10 m 以外,且不应正对铁口、渣口布置;否则,应在除尘器与铁口、渣口之间设挡墙。

5.4 厂区办公室、生活室,应设置在高炉常年最小频率风向的下风侧 100 m 以外。炉前休息室、浴室、更衣室可不受此限,但不应设在风口平台和出铁场的下部,且应避开铁口、渣口。

5.5 厂内各种操作室、值班室的设置,应遵守下列规定:

——不宜设在常年最小频率风向的上风侧;

——不应设在热风炉燃烧器、除尘器清灰口等可能泄漏煤气的危险区;

——不应在氧气、煤气管道上方设置值班室。值班室至氧气、煤气管道或其他易燃易爆气体、液体管道的水平净距和垂直净距,应符合 GB 6222 和 GB 16912 的有关规定。

5.6 总平面图设计,应优先考虑厂内铁路、道路、消防车道、人行道、管线等的走向,以及通廊、弃渣场的位置。

5.7 厂区建构筑物与铁路线路的距离,应符合 GB 4387 的有关规定。

5.8 炉台区,渣罐车、铁罐车及清灰车应各有运输专线。渣、铁线应高于周围地面,两侧应有排水暗沟。重罐及热罐,不应经过除尘器下边。渣罐、铁罐的停放线与走行线应分开,每条线的最大负荷不应超过 1000 min/d。

6 一般规定

6.1 高炉工业蒸汽集汽包、压缩空气集气包、氮气储气罐、喷煤系统的中间罐与喷吹罐、汽化冷却汽包以及软水密闭循环冷却的膨胀罐等,其设计、制造和使用,应符合国家有关压力容器的规定。

6.2 所有人孔及距地面 2 m 以上的常用运转设备和需要操作的阀门,均应设置固定式平台。采用钢平台时,应符合 GB 4053.4 的规定。平台、通道、走梯、走台等,均应安设栏杆和足够照明。栏杆的设置,应遵守 GB 4053.3 的规定。钢直梯和钢斜梯的设置,应遵守 GB 4053.1~4053.2 的规定。通道、斜梯的宽度不宜小于 0.8 m,直梯宽度不宜小于 0.6 m。常用的斜梯,倾角应小于 45°;不常用的斜梯,倾角宜小于 55°。

6.3 天桥、通道和斜梯踏板以及各层平台,应用防滑钢板或格栅板制作,钢板应有防积水措施。

6.4 楼梯、通道的出入口,应避开铁路和起重机运行频繁的地段;否则,应采取防护措施,并悬挂醒目的警告标志。

6.5 厂区各类横穿道路的架空管道及通廊,应标明其种类及下部标高,其与路面之间的净空高度应符合 YBJ 52 的规定。道口、有物体碰撞坠落危险的地区及供电(滑)线,应有醒目的警告标志和防护设施,必要时还应有声光信号。

6.6 煤气作业类别一般按下列情况划分:

一类煤气作业:风口平台、渣铁口区域、除尘器卸灰平台及热风炉周围,检查大小钟,溜槽,更换探尺,炉身打眼,炉身外焊接水槽,焊补炉皮,焊、割冷却器,检查冷却水管泄漏,疏通上升管,煤气取样,处理炉顶阀门、炉顶人孔、炉喉人孔、除尘器人孔、料罐、齿轮箱,抽堵煤气管道盲板以及其他带煤气的维修作业。

二类煤气作业:炉顶清灰、加(注)油,休风后焊补大小钟、更换密封阀胶圈,检修时往炉顶或炉身运送设备及工具,休风时炉喉点火,水封的放水,检修上升管和下降管,检修热风炉炉顶及燃烧器,在斜桥上部、出铁场屋顶、炉身平台、除尘器上面和喷煤、碾泥干燥炉周围作业。

三类煤气作业:值班室、槽下、卷扬机室、铸铁及其他有煤气地点的作业。

炼铁企业可根据实际情况对分类作适当调整。

6.7 煤气区的作业,应遵守 GB 6222 的规定。各类带煤气作业地点,应分别悬挂醒目的警告标志。在一类煤气作业场所及有泄漏煤气危险的平台、工作间等,均宜设置方向相对的两个出入口。大型高炉,应在风口平台至炉顶间设电梯。

6.8 煤气危险区(如热风炉、煤气发生设施附近)的一氧化碳浓度应定期测定。人员经常停留或作业的煤气区域,宜设置固定式一氧化碳监测报警装置,对作业环境进行监测。到煤气区域作业的人员,应配备便携式一氧化碳报警仪。一氧化碳报警装置应定期校核。

6.9 无关人员,不应在风口平台以上的地点逗留。通往炉顶的走梯口,应设立“煤气危险区,禁止单独工作!”的警告标志。

6.10 采用带式输送机运输应遵守下列规定:

——应有防打滑、防跑偏和防纵向撕裂的措施以及能随时停机的事故开关和事故警铃;头部应设置遇物料阻塞能自动停车的装置;首轮上缘、尾轮及拉紧装置应有防护装置;

——带式输送机托辊中心轴线距底面的高度,应不小于 0.5 m;

——带式输送机检修完毕,应用电铃、电话或警报器与操作室联系,经双方检查确认胶带上无人,方可启动;

——带式输送机运转期间,不应进行清扫和维修作业,也不应从胶带下方通过或乘坐、跨越胶带;

——应根据带式输送机现场的需要,每隔 30 ~ 100 m 设置一条人行天桥;两侧均应设宽度不小于 0.8 m 的走台,走台两端应设醒目的警告标志;倾斜走台超过 6°时,应有防滑措施,超过 12°时,应设踏步;地下通廊和露天栈桥亦应有防滑措施;

——带式输送机的通廊,应设有消防设施;

——带式输送机通廊的安全通道,应具有足够宽度;封闭式带式输送机通廊,应根据物料及扬尘情况设除尘设备,并保证胶带与除尘设备联锁运转;

——带式输送机通廊,应设置完整、可靠的通讯联系设备和足够照明。

6.11 采用铁路运输的矿槽和焦槽,两侧及其与铁路之间均应设置走台。走台宽度应不小于0.8 m,并高出轨面0.8~10 m;走台边缘与铁路中心线的间距,应大于2.37 m;走台两端应设醒目的警告标志。采用料车(罐)上料的高炉,栈桥与高炉顶及卷扬机室之间应有走桥相连。

6.12 检修期间设置的检修天井,应有活动围栏和检修标志,平时应盖好顶板。

6.13 机械运转部位应润滑良好。移动式机械应有单独的润滑。分点润滑应停机进行,并挂牌或派专人在启动开关处监护。

6.14 油库及油泵室的设置,应遵守 GBJ 16 的规定。油库及油泵室应有防火设施。油质应定期检验并做好记录。油库周围,不应安装、修造电气设备。油库区应设避雷装置。

6.15 寒冷地区的油管和水管,应有防冻措施。

7 供上料系统

7.1 原、燃料装备及运输的扬尘点,应设有良好的通风除尘设施。

7.2 矿槽、料斗、中间仓、焦粉仓、矿粉仓及称量斗等的侧壁和衬板,应有不小于50°的倾角,以保证正常漏料。衬板应定期检查、更换。焦粉仓下部的温度,宜在0℃以上。

7.3 矿槽、焦槽上面应设有孔网不大于300 mm×300 mm的格筛。打开格筛应经批准,并采取防护措施。格筛损坏应立即修复。

7.4 原、燃料卸料车在矿槽、焦槽卸料区间的运行速度,不应超过2 m/s,且运行时有声光报警信号。

7.5 在槽上及槽内工作,应遵守下列规定:

——作业前应与槽上及槽下有关工序取得联系,并索取其操作牌;作业期间不得漏料、卸料;

——进入槽内工作,应佩戴安全带,设置警告标志;现场至少有一人监护,并配备低压安全强光灯照明;维修槽底应将槽内松动料清完,并采取安全措施方可进行;

——矿槽、焦槽发生棚料时,不应进入槽内捅料。

7.6 单料车的高炉料坑,料车至周围构筑物的距离应大于1.2 m;大、中型高炉料车则应大于2.5 m。料坑上面应有装料指示灯,料坑底应设料车缓冲挡木和坡度为1%~3%的斜坡。料坑应安装能力足够的水泵,坑内应有良好的照明及配备通风除尘设施。料坑内应设有躲避危害的安全区域。料坑应设有两个出入口,出入口不应正对称量车轨道。敞开的料坑应设围栏,上方无料仓的料坑应设防雨棚。

7.7 不应任意短接各类保护装置,必要时经确认可临时短接,并立即联系有关人员处理,处理正常立即恢复。

7.8 槽下设焦炭中子测水装置,槽上和炉顶料罐采用放射元素测料位时,应有防护措施,并应有射线危险的警告标志。

7.9 在有供电滑线的料车上卸料,应有防止触电的措施。

7.10 应制定清扫制度,清扫时不应向周围或带式输送机上乱扔杂物,同时应有防止二次扬尘的措施。

7.11 车辆出入的道口,应设立警示牌或安装警报装置。

7.12 现场应有足够的检修空间,堆放物品处应挂牌说明。

7.13 卷扬机室不应采用木结构,室内应留有检修场地,应设与中控室(高炉值班室)和上料操作室联系的电话和警报电铃,并应有良好的照明及通风除尘装置。上料操作室(液压站)应有空调和防火设施。卷扬机室与高炉和栈桥之间应设过桥。

7.14 斜桥下面应设有防护板或防护网,斜桥一侧应设通往炉顶的走梯。

7.15 运行中的料车和平衡车,不应乘人。在斜桥走梯上行走,不应靠近料车一侧。不应用料车运送氧气、乙炔或其他易燃易爆品。

7.16 运送料车(罐)及槽下粉矿、碎焦的卷扬机,其每条钢丝绳的安全系数应不小于6,钢丝绳的报废和更新应按有关标准执行。料车(罐)应用两条钢丝绳牵引。

7.17 主卷扬机应有钢丝绳松弛保护和极限张力保护装置。料车(罐)应有行程极限、超极限双重保护装置和高速区、低速区的限速保护装置。

7.18 炉顶着火危及主卷扬钢丝绳时,应使卷扬机带动钢丝绳继续运转,直至炉顶火熄灭为止。

7.19 更换料车钢丝绳时,料车应固定在斜桥上,并由专人监护和联系。

7.20 卷扬机运转部件,应有防护罩或栏杆,下面应留有清扫撒料的空间。卷扬机的日常维修,应征得司机及有关方面同意,并索取其操作牌方可进行。卷扬机主要部件出现故障或损坏时,应及时处理或更换。停机检修应有专人联络、监护,并挂停电检修牌。

7.21 带高压电机的带式输送机,不应频繁启动。启动后,应等胶带运行一个循环再排料,以避免带式输送机超负荷运行。

7.22 带四台高压电机的带式输送机,若其中一台电机脱机,其他电机应严格按顺序启动,同时工作的电机不应少于两台。

8 炉顶设备

8.1 一般规定

8.1.1 生产时的炉顶工作压力,不应超过设计规定。

8.1.2 炉顶应至少设置两个直径不小于0.6 m、位置相对的人孔。

8.1.3 应保证装料设备的加工、安装精度,不应泄漏煤气。

8.1.4 炉顶放散阀,应比卷扬机绳轮平台至少高出3 m,并能在中控室或卷扬机室控制操作。

8.1.5 液压传动的炉顶设备,应按规定使用阻燃性油料;液压油缸应设折叠式护罩;液压件不应漏油。

8.1.6 炉顶各主要平台,应设置通至炉下的清灰管。炉顶清灰应在白天进行,应事先征得值班工长同意,并应设专人监护。

8.1.7 清理、更换受料漏斗衬板,应事先与上料系统相关岗位的人员联系并取得操作牌和停电牌,还应有专人在场监护。

8.1.8 高炉应有各自的工业蒸汽集汽包,集汽包通至各用汽部门的阀门,应有明显的区别标志。生活用汽不应使用该汽包的蒸汽。

8.1.9 处理炉顶设备故障,应有专人携带一氧化碳和氧含量检测仪同行监护,以防止煤气中毒和氮气窒息。到炉顶作业时,应注意风向及氮气阀门和均压阀门有否泄漏现象。

8.2 钟式炉顶

8.2.1 通入大、小钟拉杆之间的密封处旋转密封间的蒸汽或氮气,其压力应超过炉顶工作压力0.1 MPa。通入大、小钟之间的蒸汽或氮气管口,不应正对拉杆及大钟壁。

8.2.2 炉顶设备应实行电气联锁,并应保证:

——大、小钟不能同时开启;

——均压及探料尺不能满足要求时,大、小钟不能自由开启;

——大、小钟联锁保护失灵时,不应强行开启大、小钟,应及时找出原因,组织抢修。

8.2.3 大、小钟卷扬机的传动链条,应有防扭装置,探料尺应设零点和上部、下部极限位置。

8.2.4 炉顶导向装置和钢结构,不应妨碍平衡杆活动。大、小钟和均压阀的每条钢丝绳安全系数不低于8,钢丝绳应定期检查。

8.2.5 高压高炉应有均压装置,均压管道入口不应正对大钟拉杆,管道不应有直角弯,管路最低处应安装排污阀。排污阀应定期排放。

不宜使用粗煤气均压。

8.2.6 钟式炉顶工作温度不应超过500℃。

8.3 无料钟炉顶

8.3.1 料罐均压系统的均压介质,应采用半净高炉煤气或氮气。

8.3.2 炉顶温度应低于350℃,水冷齿轮箱温度应不高于70℃。

8.3.3 炉顶氮气压力应控制在合理范围,而且应大于炉顶压力0.1 MPa。应定期检查上、下密封圈的性能,并记入技术档案。

8.3.4 齿轮箱停水时,应立即通知有关人员检查处理,并采取措施防止煤气冲掉水封,造成大量煤气泄漏;密切监视传动齿轮箱的温度;最大限度地增加通入齿轮箱的氮量;尽量控制较低的炉顶温度。

8.3.5 炉顶系统停氮时,应立即联系有关人员处理,并严密监视传动齿轮箱的温度和阀门箱的温度,可增大齿轮箱冷却水流量来控制水冷齿轮箱的温度。

8.3.6 炉顶传动齿轮箱温度超过70℃的事故处理,应遵守下列规定:

——传动齿轮箱的温度"高温报警"时,应立即检查其测温系统、炉顶温度、炉顶洒水

系统、齿轮箱水冷系统和氮气系统,查明原因,及时处理;

——当该温度升到规定值时,应手动打开炉顶洒水系统向料面洒水,以降低炉顶煤气温度;

——若该温度持续 20 min 以上或继续升高,则应立即停止布料溜槽旋转,并将其置于垂直状态,同时高炉应减风降压直到休风处理;若用净煤气冷却传动齿轮箱,还应增加冷却煤气的压力。

8.3.7 无料钟炉顶的料罐、齿轮箱等,不应有漏气和喷料现象。进入齿轮箱检修,应事先休风点火;然后打开齿轮箱人孔,用空气置换排净残余氮气;再由专人使用仪器检验确认合格,并派专人进行监护。

8.3.8 炉顶系统主要设备安全联锁,应符合下列规定:

——探尺提升到上部极限位置,且溜槽已启动,下密封阀和下料闸(料流调节阀)才能开启;停止布料后,探尺才能下降;探尺手动提起检查时,不应布料,下密封阀不应开启;高炉发出坐料信号,探尺自动提升,下密封阀不启动;

——上密封阀开启后,上料闸方可开启;上罐向下罐装料完毕(即得到上罐料空信号后),上料闸方可关闭;

——上密封阀开启条件:均压放散阀已开启,下罐内外压差达到规定值;按料批程序向该罐装料且罐内前一批料已卸完;料流调节阀、下密封阀已关闭;

——上密封阀关闭条件:料罐已发出料满信号;上料闸已关闭;

——下密封阀开启条件:得到布料信号,探尺已提升至上极限位置;罐内外压差已达到规定值,且均压阀已关闭;

——下密封阀关闭条件:下料闸(料流调节阀)已关闭;

——下料闸(料流调节阀)开启条件:对应的下密封阀已打开;溜槽转到布料角;探尺已提升到位,料流调节阀已开启;

——下料闸(料流调节阀)关闭条件:按程序布料完毕(即下罐料空)进行全开延时和关闭;

——均压放散阀开启条件:下罐料空,下密封阀已关闭;其他条件符合设计要求;

——均压放散阀关闭条件:下密封阀、上料闸、上密封阀已关闭;

——均压阀开启条件:上密封阀、均压放散阀关闭;

——均压阀关闭条件:罐内与炉内压差达到规定值(或已开启到设定时间);

——探尺提升不到位,布料溜槽不应倾动布料。

9 高炉主体构造和操作

9.1 高炉本体安全要求

9.1.1 高炉内衬耐火材料、填料、泥浆等,应符合设计要求,且不得低于国家标准的有关规定。

9.1.2 风口平台应有一定的坡度,并考虑排水要求,宽度应满足生产和检修的需要,上面应铺设耐火材料。

9.1.3 炉基周围应保持清洁干燥,不应积水和堆积废料。炉基水槽应保持畅通。

9.1.4 风口、渣口及水套,应牢固、严密,不应泄漏煤气;进出水管,应有固定支撑;风口二套,渣口二、三套,也应有各自的固定支撑。

9.1.5 高炉应安装环绕炉身的检修平台,平台与炉壳之间应留有间隙,检修平台之间宜设两个走梯。走梯不应设在渣口、铁口上方。

9.1.6 为防止停电时断水,高炉应有事故供水设施。

9.1.7 冷却件安装之前,应用直径为水管内径0.75~0.8倍的球进行通球试验,然后按设计要求进行水压试验,同时以0.75 kg的木槌敲击。经10 min的水压试验无渗漏现象,压力降不大于3%,方可使用。

9.1.8 炉体冷却系统,应按长寿、安全的要求设计,保证各部位冷却强度足够,分部位按不同水压供水,冷却器管道或空腔的流速及流量适宜。并应满足下列要求:

——冷却水压力比热风压力至少大0.05 MPa;

——总管测压点的水压,比该点到最上一层冷却器的水压应至少大0.1 MPa;

——高炉风口、渣口水压由设计确定;

——供水分配管应保留足够的备用水头,供高炉后期生产及冷却器由双联(多联)改为单联时使用;

——应制定因冷却水压降低,高炉减风或休风后的具体操作规程。

9.1.9 热电偶应对整个炉底进行自动、连续测温,其结果应正确显示于中控室(值班室)。采用强制通风冷却炉底时,炉基温度不宜高于250℃;应有备用鼓风机,鼓风机运转情况应显示于高炉中控室。采用水冷却炉底时,炉基温度不宜高于200℃。

9.1.10 采用汽化冷却时,汽包应安装在冷却器以上足够高的位置,以利循环。汽包的容量,应能在最大热负荷下1 h内保证正常生产,而不必另外供水。

9.1.11 汽包的设计、制作及使用,应遵守下列规定:

——每个汽包应有至少两个安全阀和两个放散管,放散管出口应指向安全区;

——汽包的液位、压力等参数应准确显示在值班室,额定蒸发量大于4 t/h时,应装水位自动调节器;蒸发量大于2 t/h时,应装高、低水位警报器,其信号应引至值班室;

——汽化冷却水管的连接不应直角拐弯,焊缝应严密,不应逆向使用水管(进、出水管不能反向使用);

——汽化冷却应使用软水,水质应符合GB 1576的规定。

9.2 操作安全要求

9.2.1 炉顶压力不断增高又无法控制时,应及时减风,并打开炉顶放散阀,找出原因,排除故障,方可恢复工作。

9.2.2 休风(或坐料)应遵守下列规定:

——应事先同燃气(煤气主管部门)、氧气、鼓风、热风和喷吹等单位联系,征得燃气部门同意,方可休风(或坐料);

——炉顶及除尘器,应通入足够的蒸汽或氮气;切断煤气(关切断阀)之后,炉顶、除尘器和煤气管道均应保持正压;炉顶放散阀应保持全开;

——长期休风应进行炉顶点火,并保持长明火;长期休风或检修除尘器、煤气管道,应用蒸汽或氮气驱赶残余煤气;

——因事故紧急休风时,应在紧急处理事故的同时,迅速通知燃气、氧气、鼓风、热风、喷吹等有关单位采取相应的紧急措施;

——正常生产时休风(或坐料),应在渣、铁出净后进行,非工作人员应离开风口周围;休风之前如遇悬料,应处理完毕再休风;

——休风(或坐料)期间,除尘器不应清灰;有计划的休风,应事前将除尘器的积灰清尽;

——休风前及休风期间,应检查冷却设备,如有损坏应及时更换或采取有效措施,防止漏水入炉;

——休风期间或短期休风之后,不应停鼓风机或关闭风机出口风门,冷风管道应保持正压;如需停风机,应事先堵严风口,卸下直吹管或冷风管道,进行水封;

——休风检修完毕,应经休风负责人同意,方可送风。

9.2.3 开、停炉及计划检修期间,应有煤气专业防护人员监护。

9.2.4 应组成以生产厂长(总工程师)为首的领导小组,负责指挥开、停炉,并负责制定开停炉方案、工作细则和安全技术措施。

9.2.5 开炉应遵守下列规定:

——应按制定的烘炉曲线烘炉;炉皮应有临时排气孔;带压检漏合格,并经 24 h 连续联动试车正常,方可开炉;

——冷风管应保持正压;除尘器、炉顶及煤气管道应通入蒸汽或氮气,以驱除残余空气;送风后,大高炉炉顶煤气压力应大于 5 ~ 8 kPa,中小高炉的炉顶压力应大于 3 ~ 5 kPa,并做煤气爆发试验,确认不会产生爆炸,方可接通煤气系统;

——应备好强度足够和粒度合格的开炉原、燃料,做好铁口泥包;炭砖炉缸应用黏土砖砌筑炭砖保护层,还应封严铁口泥包(不适用于高铝砖炉缸)。

9.2.6 停炉应遵守下列规定:

——停炉前,高炉与煤气系统应可靠地分隔开;采用打水法停炉时,应取下炉顶放散阀或放散管上的锥形帽;采用回收煤气空料打水法时,应减轻炉顶放散阀的配重;

——打水停炉降料面期间,应不断测量料面高度,或用煤气分析法测量料面高度,并避免休风;需要休风时,应先停止打水,并点燃炉顶煤气;

——打水停炉降料面时,不应开大钟或上、下密封阀;大钟和上、下密封阀不应有积水;煤气中二氧化碳、氧和氢的浓度,应至少每小时分析一次,氢浓度不应超过6%;

——炉顶应设置供水能力足够的水泵,钟式炉顶温度应控制在400~500℃之间,无料钟炉顶温度应控制在350℃左右;炉顶打水应采用均匀雨滴状喷水,应防止顺炉墙流水引起炉墙塌落;打水时人员应离开风口周围;

——大、中修高炉,料面降至风口水平面即可休风停炉;大修高炉,应在较安全的位置(炉底或炉缸水温差较大处)开残铁口眼,并放尽残铁;放残铁之前,应设置作业平台,清除炉基周围的积水,保持地面干燥。

9.2.7 高炉突然断风,应按紧急休风程序休风,同时出净炉内的渣和铁。

9.2.8 停电事故处理,应遵守下列规定:

——高炉生产系统(包括鼓风机等)全部停电,应按紧急休风程序处理;

——煤气系统停电,应立即减风,同时立即出净渣、铁,防止高炉发生灌渣、烧穿等事故;若煤气系统停电时间较长,则应根据煤气厂(车间)要求休风或切断煤气;

——炉顶系统停电时,高炉工长应酌情立即减风降压直至休风(先出铁、后休风);严密监视炉顶温度,通过减风、打水、通氮或通蒸汽等手段,将炉顶温度控制在规定范围以内;立即联系有关人员尽快排除故障,及时恢复回风,恢复时应摆正风量与料线的关系;

——发生停电事故时,应将电源闸刀断开,挂上停电牌;恢复供电,应确认线路上无人工作并取下停电牌,方可按操作规程送电。

9.2.9 风口水压下降时,应视具体情况减风,必要时立即休风。水压正常后,应确认冷却设备无损、无阻,方可恢复送水。送水应分段、缓慢进行,防止产生大量蒸汽而引起爆炸。

9.2.10 停水事故处理,应遵守下列规定:

——当冷却水压和风口进水端水压小于正常值时,应减风降压,停止放渣,立即组织出铁,并查明原因;水压继续降低以致有停水危险时,应立即组织休风,并将全部风口用泥堵死;

——如风口、渣口冒汽,应设法灌水,或外部打水,避免烧干;

——应及时组织更换被烧坏的设备;

——关小各进水阀门,通水时由小到大,避免冷却设备急冷或猛然产生大量蒸汽而炸裂;

——待逐步送水正常,经检查后送风。

9.2.11 高炉炉缸烧穿时,应立即休风。

9.2.12 渣口装配不严或卡子不紧、渣口破损时,不应放渣。更换渣口应出净渣、铁,且高炉应休风或放风减压。渣口泥套漏煤气时,应先点燃煤气,然后再拆、做泥套或更换渣口。做泥套或更换渣口时,应挂好堵渣机的安全钩。

9.2.13 铁水面接近渣口或渣口冷却水压不足时,不应放渣,应适量减风降压。

9.2.14 高炉炉缸储铁量接近或超过安全容铁量时,应停止放渣,降低风压,组织出铁、出渣,防止发生渣口烧坏和风口灌渣、烧穿等事故。

9.2.15 风口、渣口发生爆炸,风口、风管烧穿,或渣口因误操作被拔出,均应首先减风改为常压操作,同时防止高炉发生灌渣等事故,然后出净渣、铁并休风。情况危急时,应立即休风。

9.2.16 进行停炉、开炉工作时,煤气系统蒸汽压力应大于炉顶工作压力,并保证畅通无阻。

9.2.17 高炉冷却系统应符合下列规定:

——高炉各区域的冷却水温度,应根据热负荷进行控制;

——风口、风口二套、热风阀(含倒流阀)的破损检查,应先倒换工业水,然后进行常规"闭水量"检查;

——倒换工业水的供水压力,应大于风压 0.05 MPa;应按顺序倒换工业水,防止断水;

——确认风口破损,应尽快减控水或更换;

——各冷却部位的水温差及水压,应每 2 h 至少检查一次,发现异常,应及时处理,并做好记录;发现炉缸以下温差升高,应加强检查和监测,并采取措施直至休风,防止炉缸烧穿;

——高炉外壳开裂和冷却器烧坏,应及时处理,必要时可以减风或休风进行处理;

——高炉冷却器大面积损坏时,应先在外部打水,防止烧穿炉壳,然后酌情减风或休风;

——应定期清洗冷却器,发现冷却器排水受阻,应及时进行清洗;

——确认直吹管焊缝开裂,应控制直吹管进出水端球阀,接通工业水管喷淋冷却;

——炉底水冷管破损检查,应严格按操作程序进行;炉底水冷管(非烧穿原因)破损,应采取特殊方法处理,并全面采取安全措施,防止事故发生;

——大修前,应组成以生产厂长(或总工程师)为首的炉基鉴定小组对炉基进行全面检查,并做好检查记录;鉴定结果应签字存档;

——大、中修以后,炉底及炉体部分的热电偶,应在送风前修复、校验;安装冷却件时,应防止冷却水管和钢结构损坏。

9.2.18 软水闭路循环冷却系统,应遵守下列规定:

——根据高炉冷却器、炉底水冷管、风口和热风阀等处合理的热负荷,决定水流量及水温差;

——高炉冷却器和炉底水冷管进出水的温差和热负荷超过正常冷却制度的规定范围时,应采取有效的安全措施,立即进行处理,并加强水温差和热负荷的检测;

——特殊炉况下,经主管领导批准,高炉软水冷却系统的冷却参数,可适当调整;

——冷却器的破损检漏和处理,如果上下同时作业,应各派专人监护,安全装备应齐全可靠,严防煤气中毒;

——风口出水端未转换开路时,不应用进水端阀门进行“闭水量”检查,防止风口两端供回水压力相等,导致风口水流速为零而发生烧穿事故。

9.2.19 出现下列情况之一时,应改汽化冷却为水冷却:

——汽包水位迅速下降,又无法补充时;

——长期停止供应软水时;

——冷却器损坏较多,损坏处又不易查出时。

汽化冷却改为水冷却时,应及时进行检漏和处理。

9.2.20 人员进入高炉炉缸作业时,应拆除所有直吹管,并有效切断煤气、氧气、氮气等危险气源。

10 喷吹煤粉

10.1 一般规定

10.1.1 喷吹无烟煤时,煤粉制备系统、喷吹系统及制粉间、喷吹间内的一切设备、容器、管道和厂房,均应采取安全防护措施;喷吹烟煤(混合煤)时,应符合 GB 16543 的规定。

10.1.2 原煤输送系统,应设除铁器和杂物筛,扬尘点应有通风除尘设施。

10.1.3 煤粉仓、储煤罐、喷吹罐、仓式泵等设备的泄爆孔,应按 GB 16543 的规定进行设计;泄爆片的安装和使用,应符合国家有关标准的规定;泄爆孔的朝向应不致危害人员及设备。

泄爆片后面的压力导引管的长度,不应超过泄爆管直径的 10 倍。

泄爆片安装应牢固,法兰压垫安装应均匀。

10.1.4 岗位与岗位之间、喷吹值班室与高炉中控室之间,应有直接通讯联系的装置。

10.1.5 操作值班室应与用氮设备及管路严格分开。

10.1.6 煤粉管道的设计及输送煤粉的速度,应保证煤粉不沉积。停止喷吹时,应用压缩空气吹扫管道,喷吹烟煤则应用氮气或其他惰化气体吹扫。

10.1.7 向高炉喷煤时,应控制喷吹罐的压力,保证喷枪出口压力比高炉热风压力大 0.05 MPa;否则,应停止喷吹。

10.1.8 喷吹装置应能保持连续、均匀喷吹。

10.1.9 煤粉仓、贮煤罐、喷吹罐、仓式泵等罐体的结构,应能确保煤粉从罐内安全顺畅流出,应有罐内贮煤重量指示或料位指示。

喷吹罐停喷煤粉时,无烟煤粉储存时间应不超过 12 h;烟煤粉储存时间应不超过 8 h,若罐内有氮气保护且罐内温度不高于 70℃,则可适当延长,但不宜超过 12 h。

10.1.10 罐压、混合器出口压力与高炉热风压力的压差，应实行安全联锁控制；喷吹用气与喷吹罐压差，也应实行安全联锁。突然断电时，各阀门应能向安全方向切换。

10.1.11 在喷吹过程中，控制喷吹煤粉的阀门(包括调节型阀门和切断阀门)一旦失灵，应能自动停止向高炉喷吹煤粉，并及时报警。

10.1.12 煤粉、空气的混合器，不应安设在风口平台上。混合器与高炉之间的煤粉输送管路，应安装自动切断阀。所有喷煤风口前的支管，均应安装逆止阀或切断阀。

10.1.13 全系统的仪器、仪表，应符合表1的规定。

表1

仪器、仪表名称	误差范围	失灵时间/h
磨煤机出口温度表	±1℃	≤1
其他温度表	±3℃	≤2
测氧仪测定含氧量	±0.5%	≤4
压力表和风量表	最大量程的±2%	≤4
电流表	最大量程的±3%	≤4
电子秤	最大量程按有关规定执行	≤4

10.1.14 喷吹煤粉系统的设备、设施及室内地面、平台，每班均应进行清扫或冲洗。

10.1.15 检查制粉和喷吹系统时，应将系统中的残煤吹扫干净，应使用防爆型照明灯具。检修喷吹煤粉设备、管道时，宜使用铜制工具，检修现场不应动火或产生火花。需要动火时，应征得安全保卫部门同意，并办理动火许可证，确认安全方可进行检修。

10.1.16 煤粉制备的出口温度：烟煤不应超过80℃；无烟煤不应超过90℃。

10.2 烟煤及混合煤喷吹

10.2.1 烟煤及烟煤与无烟煤的混合喷吹系统，其新建、扩建和改造工程的设计、施工与验收，以及操作、维护、检修和管理，应符合GB 16543的规定。

10.2.2 烟煤与无烟煤应分别卸入规定的原煤槽。车号、煤种、槽号均应对号，并做好记录。槽上下部位的槽号标志应明显。大块、杂物不应卸入槽内。原煤在槽内贮存时间：烟煤不超过2天；无烟煤不超过4天。

10.2.3 制备烟煤时，其干燥气体应采用惰化气体；负压系统末端气体的含氧量，不应大于12%。

10.2.4 磨制烟煤时，磨煤机出口、煤粉仓、布袋除尘器、喷吹罐等的温度应严格按设备性能参数控制；对于煤源稳定，并能严格控制干燥剂气氛和温度的制粉系统，该温度限界可根据煤种等因素确定。

10.2.5 烟煤和无烟煤混合喷吹时，其配比应保持稳定；配比应每天测定一次，误差应不大于±5%。

10.2.6 烟煤和混合煤输送和喷吹系统的充压、流化、喷吹等供气管道，均应设置逆止阀；煤粉输送和喷吹管道，应有供应压缩空气的旁通设施；喷吹烟煤或混合煤时，应另设氮气旁通设施。

10.2.7 喷吹烟煤和混合煤时，仓式泵、贮煤罐、喷吹罐等压力容器的加压、收尘和流化的介质，应采用氮气或其他惰化气体。

10.2.8 烟煤喷吹系统，应设置气控装置和非电动顺序控制系统，超温、超压、含氧超标等事故报警装置，还应设置防止和消除事故的装置。

10.3 氧煤喷吹

10.3.1 用以喷吹的氧气管道阀门及测氧仪器仪表，应灵敏可靠。

10.3.2 氧气管道及阀门，不应与油类及易燃易爆物质接触。喷吹前，应对氧气管道进行清扫、脱脂除锈，并经严密性试验合格。

10.3.3 高炉氧气环管，应采取隔热降温措施。氧气环管下方，应备有氮气环管，作为氧煤喷吹的保安气体。

10.3.4 氧煤枪应插入风管的固定座上，并确保不漏风。

10.3.5 氧煤喷吹时，应保证风口的氧气压力比热风压力大0.05 MPa，且氮气压力不小于0.6 MPa；否则，应停止喷吹。

10.3.6 在喷吹管道周围，各类电缆(线)与氧气管交叉或并行排列时，应保持0.5 m的距离。

10.3.7 煤粉制备系统，应设有氧气和一氧化碳浓度检测和报警装置。

11 富氧鼓风

11.1 氧气管道及设备的设计、施工、生产、维护，应符合GB 16912的规定。连接富氧鼓风处，应有逆止阀和快速自动切断阀。吹氧系统及吹氧量应能远距离控制。

11.2 富氧房应设有通风设施。高炉送氧、停氧，应事先通知富氧操作室，若遇烧穿事故，应果断处理，先停氧后减风。鼓风中含氧浓度超过25%时，如发生热风炉漏风、高炉坐料及风口灌渣(焦炭)，应停止送氧。

11.3 吹氧设备、管道以及工作人员使用的工具、防护用品，均不应有油污；使用的工具还应镀铜、脱脂。检修时宜穿戴静电防护用品，不应穿化纤服装。富氧房及院墙内不应堆放油脂和与生产无关的物品，吹氧设备周围不应动火。

11.4 氧气阀门应隔离，不应沾油。检修吹氧设备动火前，应认真检查氧气阀门，确保不泄漏，应用干燥的氮气或无油的干燥空气置换，经取样化验合格(氧浓度不大于23%)，并经主管部门同意，方可施工。

11.5 正常送氧时,氧气压力应比冷风压力大0.1 MPa;否则,应通知制氧、输氧单位,立即停止供氧。

11.6 在氧气管道中,干、湿氧气不应混送,也不应交替输送。

11.7 检修后和长期停用的氧气管道,应经彻底检查、清扫,确认管内干净、无油脂,方可重新启用。

11.8 对氧气管道进行动火作业,应事先制定动火方案,办理动火手续,并经有关部门审批后,严格按方案实施。

11.9 进入充装氧气的设备、管道、容器内检修,应先切断气源、堵好盲板,进行空气置换后经检测氧含量在18% ~23%范围内,方可进行。

12 热风炉和荒煤气系统

12.1 热风炉

12.1.1 热风炉及其管道内衬耐火砖、绝热材料、泥浆及其他不定形材料,应符合设计要求,并符合国家的有关规定。

12.1.2 热风炉炉皮烧红、开焊或有裂纹,应立即停用,及时处理。值班人员应至少每2 h检查一次热风炉。

12.1.3 热风炉应有技术档案,检查情况、检修计划及其执行情况均应归档。除日常检查外,应每月详细检查一次热风炉及其附件。

12.1.4 热风炉的平台及走道,应经常清扫,不应堆放杂物,主要操作平台应设两条通道。

12.1.5 热风炉烟道,应留有清扫和检查用的人孔。采用地下烟道时,为防止烟道积水,应配备水泵。

12.1.6 热风炉煤气总管应有符合GB 6222的要求的可靠隔断装置。煤气支管应有煤气自动切断阀,当燃烧器风机停止运转,或助燃空气切断阀关闭,或煤气压力过低时,该切断阀应能自动切断煤气,并发出警报。煤气管道应有煤气流量检测及调节装置。管道最高处和燃烧阀与煤气切断阀之间应设煤气放散管。

12.1.7 热风炉管道及各种阀门应严密。热风炉与鼓风机站之间、热风炉各部位之间,应有必要的安全联锁。突然停电时,阀门应向安全方向自动切换。放风阀应设在冷风管道上,可在高炉中控室或泥炮操作室旁进行操作。为监测放风情况,操作处应设有风压表。

12.1.8 在热风炉混风调节阀之前应设切断阀,一旦高炉风压小于0.05 MPa,应关闭混风切断阀。

12.1.9 热风炉炉顶温度和废气温度,以及烟气换热器的烟气入口温度,不应超过设计限值。

12.1.10 热风炉应使用净煤气烘炉,净煤气含尘量应符合表2的要求。

表 2

炉容/m³	炉顶压力/kPa	净煤气含尘量/mg·m⁻³
≤300	≥30	<15
750	>80～120	<10
1200	100～200	<10
≥2000	150～200	<10
2500～4000	200～250	<10

经湿法除尘的煤气，温度不应高于35℃，机械水含量不应大于10 g/m^3。

热风炉净煤气支管的煤气压力，应符合表3的要求。

表 3

炉容/m³	300	750	≥1500
煤气压力/kPa	≥3.43	≥4.90	≥6.00

烘炉应通过烘炉燃烧器进行，而不应单独采用焦炉煤气直接通过热风炉燃烧器进行。

12.1.11 热风炉烧炉期间，应经常观察和调整煤气火焰；火焰熄灭时，应及时关闭煤气闸板，查明原因，确认可重新点火，方可点火。

煤气自动调节装置失灵时，不宜烧炉。

12.1.12 热风炉应有倒流管，作为倒流休风用。无倒流管的热风炉，用于倒流的热风炉炉顶温度应超过1000℃，倒流时间不应超过1 h。多座热风炉不应同时倒流，不应用刚倒流的热风炉送风。硅砖热风炉不应用于倒流。

12.2 荒煤气系统

12.2.1 煤气管道应维持正压，煤气闸板不应泄漏煤气。

12.2.2 高炉煤气管道的最高处，应设煤气放散管及阀门。该阀门的开关应能在地面或有关的操作室控制。

12.2.3 除尘器和高炉煤气管道，如有泄漏，应及时处理，必要时应减风常压或休风处理。

12.2.4 除尘器的下部和上部，应至少各有一个直径不小于0.6 m的人孔，并应设置两个出入口相对的清灰平台，其中一个出入口应能通往高炉中控室或高炉炉台。

12.2.5 除尘器应设带旋塞的蒸汽或氮气管头，其蒸汽管或氮气管应与炉台蒸汽包相连接，且不应堵塞或冻结。用氮气赶煤气后，应采取强制通风措施，直至除尘器内残余氮气符合安全要求，方可进入除尘器内作业。

12.2.6 高炉重力除尘器，其荒煤气入口的切断装置，应采用远距离操作。

12.2.7 除尘器的清灰，应采用湿式螺旋清灰机或管道输送。

12.2.8 除尘器应及时清灰，清灰应经工长同意。

13 炉前出铁场和炉台构筑物

13.1 炉前出铁场,应设防雨天棚,其高度应符合表4的要求。

表4

高炉容积/m^3	防雨天棚下沿高度/m
≤120~300	>9
750	>17
≥1200	>18

天棚顶有清灰装置时,天棚顶的坡度可为1/12;无清灰装置时,其倾斜角宜不小于45°。

渣口和渣铁罐上面,应设防雨棚和排烟罩。

300 m^3 以上的高炉,炉前出铁场应采用钢结构支柱;小于300 m^3 的高炉,可采用钢筋混凝土结构件,但应有防热措施。如果炉前铸铁,则所有房架均应采用钢结构件。

13.2 每个铁口的流量,高炉渣口、铁口的数量,应按有关规定设置。铁口的深度和角度,应根据高炉的有效容积、设计风量、顶压和冶炼强度来确定。应制定铁口维护制度。

13.3 渣、铁沟应有供横跨用的活动小桥。撇渣器上应设防护罩,渣口正前方应设挡渣墙。

出铁、出渣期间,人员不应跨越渣、铁沟,必要时应从横跨小桥通过。

13.4 炉台及构筑物,应经常清除铁瘤和清扫灰尘。

13.5 炉前辅助材料及铁块,应实行机械化运输。

13.6 高压高炉主铁沟的坡度,应大于5%(采用浇注料内衬的贮铁式主沟可不受此限);常压高炉主铁沟坡度,可为10%~20%。一般中型高炉主铁沟的净断面,宜为0.7~0.9 m^2;大型高炉主铁沟的净断面,宜不小于1.3 m^2。主铁沟长度,宜不小于表5所列数值。

表5

炉容/m^3	≤120	300	750	≥1200	>2000
主铁沟长/m	7	9	10	13~15	>16

渣口前的主渣沟坡度宜为15%~20%,其他渣沟坡度应大于5%,直线长度不应小于4 m。渣、铁沟均不宜直角转弯,转弯曲率半径宜选2.5~3.0 m。

13.7 泥炮和开口机操作室,应能清楚地观察到泥炮的工作情况和铁口的状况,并应保证发生事故时操作人员能安全撤离。

配电室电气设备,应定期吹扫,保持接触良好;地面应铺垫胶皮,不应用水冲洗。并应配备消防器材。

13.8 新建、改建的大高炉,其炉前的渣、铁沟及水冲渣沟,应有活动封盖和相应的排烟除尘装置。

13.9 炉前应建有条件齐备的工人休息室。寒冷地区的高炉车间,高炉工人休息室、浴室、更衣室,应建筑在离高炉较近的安全地点。

14 渣、铁处理

14.1 一般规定

14.1.1 应在值班工长领导下,严格按进度表组织出渣、出铁。

14.1.2 出铁、出渣以前,应做好准备工作,并发出出铁、出渣或停止的声响信号;水冲渣的高炉,应先开动冲渣水泵(或打开冲渣水阀门)。

14.1.3 泥炮应由专人操作,炮泥应按规定标准配制,炮头应完整。打泥量及拔炮时间,应根据铁口状况及炮泥种类确定。未见下渣堵铁口时,应将炮头烤热,并相应增加打泥量。

14.1.4 泥炮应有量泥标计或声响信号。清理炮头时应侧身站位。泥炮装泥或推进活塞时,不应将手放入装泥口。启动泥炮时其活动半径范围内不应有人。

液压设备及管路不应漏油,应有防高温烘烤的措施。

14.1.5 装泥时,不应往泥膛内打水,不应使用冻泥、稀泥和有杂物的炮泥。

14.1.6 铁口泥套应保持完好。未达到规定深度的铁口出铁,应采取减风减压措施,必要时休风并堵塞铁口上方的1~2个风口。铁口潮湿时,应烤干再出铁。处理铁口及出铁时,铁口正对面不应站人,炉前起重机应远离铁口。出铁、出渣时,不应清扫渣铁罐轨道和在渣铁罐上工作。

14.1.7 开口机应转动灵活,专人使用。出铁时,开口机应移到铁口一侧固定,不应影响泥炮工作。.

14.1.8 铁口发生事故或泥炮失灵时,应实行减风、常压或休风,直至堵好铁口为止。

14.1.9 更换开口机钻头或钻杆时,应切断动力源。

14.1.10 通氧气用的耐高压胶管应脱脂。炉前使用的氧气胶管,长度不应小于30 m,10 m内不应有接头。

吹氧铁管长度不应小于6m。氧气胶管与铁管连接,应严密、牢固。

氧气瓶放置地点,应远离明火,且不得正对渣口、铁口。氧气瓶的瓶帽、防震胶圈和安全阀应完好、齐全,并严防油脂污染。

14.1.11 炉前工具接触铁水之前,应烘干预热。

14.1.12 渣、铁沟和撇渣器,应定期铺垫并加强日常维修。活动撇渣器、活动主沟和摆动溜嘴的接头,应认真铺垫,经常检查,严防漏渣、漏铁。

不应使用高炉煤气烘烤渣、铁沟。用高炉煤气燃烧时，应有明火伴烧，并采取防煤气中毒的措施。

14.1.13 采用水冲渣工艺的高炉，下渣应有单独的水冲渣沟，大型高炉冲渣应有各自的水冲渣沟。

14.1.14 铁口、渣口应及时处理，处理前应将煤气点火燃烧，防止煤气中毒。

14.2 摆动溜嘴操作安全要求

14.2.1 接班时应认真检查：操作开关是否灵活，摆动机械传动部分有无异响，电机、减速机有无异响，极限是否可靠，摆动溜嘴工作层是否完好、无空洞等，发现异常应及时处理。

14.2.2 出铁前半小时，应认真检查摆动溜嘴的运行情况，及时处理铁沟溜嘴底部与摆动溜嘴之间的铁瘤，保证摆动溜嘴正常摆动以及撇渣器、铁沟溜嘴、摆动溜嘴溜槽畅通。

出铁前10 min，应确认铁罐对位情况、配备方式和配罐数量。

14.2.3 每次出铁后，应及时将溜槽中的铁水倾倒干净，并将摆动溜嘴停放到规定的角度和位置；撇渣器内焖有铁水时，应投入保温材料，并及时用专用罩、网封盖好。

14.2.4 摆动溜嘴往两边的受铁罐受铁时，摆动角度应保证铁水流入铁水罐口的中心。

14.2.5 最后一罐铁水，不应放满。

14.2.6 出铁过程中过渡罐即将装满时，应提前通知驻在员联系倒罐。

14.2.7 残铁量过多的铁罐，不应用作过渡罐，不应受铁。

14.2.8 在停电情况下进行摆动溜嘴作业，应首先断开操作电源，再合上手插头进行手动操作。

14.3 渣、铁罐使用安全要求

14.3.1 使用的铁水罐应烘干，非电气信号倒调渣、铁罐的炼铁厂，应建立渣、铁罐使用牌制度；无渣、铁罐使用牌，运输部门不应调运渣、铁罐，高炉不应出铁、出渣。

14.3.2 渣、铁罐内的最高渣、铁液面，应低于罐沿0.3 m，正在用于出渣、铁的渣、铁罐，不应移动。

如遇出铁晚点，或因铁口浅、涌焦等原因，造成累计铁量相差1个铁水罐的容量时，可降低顶压或改用常压出铁，并用较小的钻头开口，同时增配铁水罐。

因高炉情况特殊致使渣、铁罐装载过满时，应用泥糊好铁罐嘴，并及时通知运输部门；运输应减速行驶，并由专人护送到指定地点。

14.3.3 渣罐使用前，应喷灰浆或用干渣垫底。渣罐内不应有积水、潮湿杂物和易燃易爆物。

14.3.4 铁罐耳轴应锻制而成，其安全系数不应小于8；耳轴磨损超过原轴直径的10%，即应报废；每年应对耳轴作一次无损探伤检查，做好记录，并存档。

14.3.5 不应使用凝结盖孔口直径小于罐径1/2的铁、渣罐，也不应使用轴耳开裂、内衬损坏的铁罐，重罐不应落地。

14.3.6 不应向线路上乱丢杂物,并应及时清除挂在墙、柱和线路上的残渣,炉台下应照明良好。

14.3.7 渣、铁重罐车的行驶速度,不应大于 10 km/h;在高炉下行驶、倒调时不应大于 5 km/h。

14.3.8 应根据出铁进度表,提前 30 min 配好渣、铁罐;应逐步做到拉走重罐后立即配空罐。

14.4 水冲渣安全要求

14.4.1 水冲渣应有备用电源和备用水泵。每吨渣的用水量应符合设计要求;冲渣喷口的水压,不宜低于 0.25 MPa。

14.4.2 水渣沟架空部分,应有带栏杆的走台;水渣池周围应有栏杆,内壁应有扶梯。

14.4.3 靠近炉台的水渣沟,其流嘴前应有活动护栏,或净空尺寸不大于 200 mm 的活动栏网。

14.4.4 渣沟内应有沉铁坑,渣中不应带铁。

14.4.5 水冲渣发生故障时,应有改向渣罐放渣或向干渣坑放渣的备用设施。

14.4.6 出铁、出渣之前,应用电话、声光信号与水泵房联系,确保水量水压正常。出故障时,应立即采取措施停止冲渣。

14.4.7 启动水泵,应事先确认水冲渣沟内无人。故障停泵,应及时报告。

14.4.8 水冲渣时,冲刷嘴附近不应有人。

14.4.9 高炉上的干渣大块或氧气管等铁器,不应弃入冲渣沟或进入冲渣池。

14.5 转鼓渣过滤系统的安全要求

14.5.1 系统正常运转时,其粒化水量、吹扫空气量、清扫水量、粒化器的最高水温及渣流量,应达到设计规定值。

14.5.2 系统运转前,设备检查应达到以下要求:设备专检无异常,粒化头无堵塞,接受槽格栅无渣块,高低沟、渣闸状态合理,热水槽中无积渣,地坑内无积水和渣,各管道阀门无泄漏,胶带运行平稳,无偏离,事故水位正常。

14.5.3 出铁时所用的冲渣沟,应同时具备分流干渣的条件或其他处理炉渣的措施,拨闸分流的时间不应超过 3 min。

14.5.4 正常生产时,系统设备的运转应实行自动控制。

14.5.5 应在出铁前 20 min 启动系统,接到“已准备好”的信号,操作室方可启动系统。一次启动失败,不应立即连续启动。

14.5.6 系统运转中出现危及人身、设备安全的现象时,应立即停止系统运行,并将热渣倒入干渣坑或渣罐。

14.5.7 出铁时,冲渣沟、粒化器附近不应有人。

14.5.8 应严密注视系统粒化水量。若发现粒化水量大幅度减少、转鼓发生故障、胶带带水严重或操作室信号出现“大警报”,应立即分流至干渣坑或渣罐,严防液态渣进入粒化系统。

14.5.9 堵铁(渣)口 20 min 后,系统方可停止运行。

14.5.10 系统停机后,应先停粒化泵动力电源,再检查和清扫粒化头、水渣沟、接受槽、粒化水泵。

检查或更换、清扫喷嘴,应先停液压系统(关闭液压阀门)。检查皮带,应先停带式输送机动力电源。

14.5.11 系统维护人员,不应短接系统的各种保护装置,发现设备异常或事故情况,应迅速判断和处理,防止事故扩大;并记录异常现象和事故情况,报告有关领导。

14.5.12 系统的各种联锁、保护装置,未经主管部门同意,任何人不应随意调整;如确需调整,应经主管部门同意,并报专业厂长批准;调整应做好记录,并存档。

14.5.13 系统任何控制手柄处于"自动"位置时,不应检修。系统检修中如需转鼓动作,应指定专人操作。

14.5.14 采用轮法冲渣工艺时,应在粒化轮附近设安全防护网。

14.6 倾翻渣罐安全要求

14.6.1 渣罐倾翻装置应能自锁,倾翻渣罐的倾翻角度应小于 116°(丝杆剩 5 ~6 扣)。倒干渣应选好地形,防止渣壳崩落伤人。罐车应先采取止轮措施,再远距离操作翻罐。翻罐时,人员应远离罐车。

14.6.2 翻罐供电,应采用隐蔽插头的软电缆,并在离罐 30 m 以外操作开关。

14.6.3 罐口结壳及翻渣后罐内结壳,应使用打渣壳机和撞罐机处理。

14.6.4 渣中带铁较多时,不应向弃渣池倾翻。

14.6.5 重渣罐翻不出渣时,应待彻底凝固后再处理。

15 铸铁机

15.1 铸铁机主厂房应有排气天窗,小型铸铁机车间至少应有防雨棚。

15.2 铸铁机厂房的主要操作室及工作间,应有通风除尘设施,应加强对石墨粉尘的治理。

15.3 铸铁车间的铁罐道两侧,应设带栏杆的人行道,行人应在线界以外行走。

15.4 铸铁机操作室,应能清楚地观察到翻罐、铁水溜槽及前半部铸模的工作情况。操作室应采取隔热措施,室内应有空调及通讯、信号装置。操作室窗户应采用耐热玻璃,并设有两个方向相对、通往安全地点的出入口。

15.5 铸铁机工作台应采用耐火砖砌筑,宽度应大于 5 m;工作台应通风良好,使用的工具应干燥;工作台的上下走梯,应设在工作台两侧,不应横跨链带。

15.6 铸铁机下不应通行,需要通行时,应设置专用的安全通道,铸铁机地坑内不应有积水。

15.7 铸铁机链带下面只准许安装烘烤喷浆设备、清模设备以及与铸铁机运转有关的设备。

15.8 铸铁机链带下面(有人出入的地方),应设置防护格网,以防止没脱模的铁块突然下落伤人。

15.9 翻罐提升机和移动小车,应有电动极限控制装置。

15.10 铁水溜槽的移动、安装,铸铁机下的污物清理,均应实行机械化,铁水溜槽坡度应为3%左右。

15.11 铸铁机应专人操作,启动前应显示声光信号。铸铁机运转时,应遵守下列规定:

——不应检修铸铁机,任何人不应搭乘运转中的链带;

——不应在漏斗和装铁块的车皮外侧逗留;

——人员应远离正在铸铁的铁水罐;

——倾翻罐下、翻板区域,任何人不应作业、逗留和行走;

——凝结盖或罐嘴堵塞的铁水罐,应处理好再翻罐。

15.12 铸铁时铁水流应均匀,炉前铸铁应使用铁口缓冲包,缓冲包在出铁前应烘干。

15.13 铸模内不应有水,模耳磨损不应大于5%,不应使用开裂及内表面有缺陷的铸模。

铸模内表面应均匀地喷上灰浆,并经干燥处理方可使用。

灰浆的原料,应使用管道或溜槽来供应,灰浆的配制应实现机械化,清洗或更换灰浆喷嘴时,应先停蒸汽或压缩空气。

15.14 铸铁机尾部应设置挡铁板。确认铸模内无残留铸铁、铸铁机停止运转,方可清理落在车厢外的铁块。

15.15 装运铸铁,应采用落放在平台上的开底吊斗,或者栏板高度不小于0.4 m的车厢。调运铸铁块,应有专人与铸铁机联系。

15.16 检修铸铁机,应事先取得"铸铁机操作牌";检修完毕,铸铁机司机应收回操作牌,确认人员全部撤离、杂物已清完,并发出开车信号,方可重新开车。

链带运转或非计划停机时,不应在链带下面作业或逗留。

15.17 有凝结盖的铁水罐,不应鼓盖操作;用氧烧盖时,专用胶管和钢管应不短于4 m,管接头无泄漏,防止回火。

15.18 铁水罐对位、复位应准确,防止偏位和移位。

16 碾泥机

16.1 碾泥机室,应有良好的通风除尘设施和必要的装卸机械,冬季应有防冻措施。

16.2 干碾机、湿碾机应分开作业,干碾机应密闭、除尘。碾泥机之间、进出料口周围以及碾泥机下面的传动部件,应留有检修、运输及操作空间。碾泥机上料及供料,应实行机械化。

16.3 碾泥机应专人操作,并有自动联锁控制和信号。碾泥机在运转中如有异常声响,应立即停机。

16.4 碾泥机出泥挡板应有安全装置。

16.5 碾泥机运转时,不应取样或清扫设备。碾泥机、搅拌机及供料设备,应有防护装置。

16.6 使用干燥炉,应严格遵守 GB 6222 的有关规定。

17 通讯、信号、仪表和计算机

17.1 高炉及其附属设施的检测、计量、信号内容,应按有关规范确定。采用计算机控制、监视、显示及故障报警的高炉,视用户的实际情况,可设置必要的后备仪表及操作台,以应急需。

17.2 水、水蒸气及煤气、氮气、氧气等的计量,应通过变送器,才能引入值班室。

17.3 值班人员应经常检查各仪表信号和联锁信号装置,以掌握高炉运行情况,并做好记录。

17.4 高炉投产前应安装:

——调度电话:凡与高炉生产有关的部门,均应设置;

——直通电话:凡与高炉生产关系密切的岗位,均应设置;

——总调度室应设调度总机、工业电视,以便统一指挥。高炉中控室和厂总调度室应安装录音电话。喷煤值班室、热风炉值班室、槽下值班室、卷扬机值班室、炉前出铁场,均宜安设扩音器,有条件时宜安设工业电视。

17.5 未经车间同意,非工作人员不应进入计算机房和有计算机设施的值班室。有计算机的房间应安装空调和正压通风设施。

17.6 用于高炉及附属设施控制的计算机,不宜由软驱拷入拷出文件,不应使用来历不明的软盘。

17.7 大、中型计算机房,应设准确可靠的火灾自动报警装置和灭火装置。小型计算机房,应配备灭火装置。

17.8 计算机及控制仪表,应设停电备用电源。

18 电气、起重设备

18.1 炼铁厂内属于一级电力负荷的设施,应有两个以上的独立电源供电。

炼铁厂供电系统,应符合国家有关电力设计规范的要求。

18.2 高炉及运料卷扬系统的电缆及导线,应有阻燃的保护层或保护套管。

18.3 未经厂、车间同意,非工作人员不应进入卷扬机室或上料带式输送机传动房、直流发电机室及变电室。

18.4 电磁站变压器和动力开关室,室内地面应有绝缘层;室内应备有试验灯、绝缘杆、绝缘靴、绝缘手套、高压试电笔、接地线等,并应配备卤代烷、二氧化碳灭火器或干砂箱等。

18.5 裸线应有接地良好的防护网。防护网与裸线之间,应至少距离 1 m,并悬挂明显的警告牌或信号灯。炉身附近的电气设备,应安装防护罩或栏杆。炉前设备的电缆线,应有防机械损伤和防烧毁的措施。

18.6 整流设备应保持清洁,运转中的火花不应超过允许范围。电气设备的温度不应超过允许温度。

18.7 电气设备的金属外壳,应根据技术条件接地或接零。高构筑物应有防雷击措施。

18.8 上料系统设备的启动或停止关系到前后设备时,应按照工艺设备的要求安装联锁装置。联锁装置的设计,应符合下列要求:

——应从系统终端设备开始,逆物料输送方向依次启动;

——停车与启动顺序相反,先停供料设备,然后从供料设备系统的始端开始,顺物料输送方向依次停车;

——系统中某一设备发生故障时,它前面的所有设备应立即自动停车,而后面的设备应继续运转,直到料空为止,以防止带负荷启动。

其余的机电系统,也应按上述要求设计。

18.9 动力、照明、通讯等电气线路,不应敷设在氧气、煤气、蒸汽管道上。

18.10 厂(车间)内应设置:

——工作照明:凡是有操作人员工作和来往的地点及设备运转点,均应设置工作照明;

——事故照明:工作照明停止可能出现误操作和容易出事故的地点,应设置事故照明;

——检修照明:需要经常检修设备的地点,应设置检修照明。

行灯电压一般不应超过 36 V,在金属容器内或潮湿地点使用的行灯不应超过 12 V。

18.11 应定期检测绝缘物的绝缘性能和接地电阻,并做好记录,存入技术档案。

18.12 直流电机停机时,应切断交流电源。

18.13 检修电气设备,应至少 2 人一起作业。停电检修时,应严格执行挂牌制,悬挂“有人检修,严禁合闸”的警示牌。

18.14 炉前起重机、铸铁翻罐机和水渣双轨起重机等的司机室,应有良好的通风、防尘和空调设施。

18.15 起重作业应遵守 GB 6067 的规定。起重机械应标明起重吨位,应装设卷扬限制器、起重量控制器、行程限制器、缓冲装置和自动联锁装置以及启动、事故、超载的信号装置。起重工具不应拴挂在高炉场棚钢梁上。

起重机工作,不应斜拉歪吊;人员不应站在吊运的物体上,也不应在起重钩下逗留、通过。

起重机夜晚工作时,作业区应有良好的照明。

18.16 高炉升降机与高炉、热风炉之间,应安装带护栏的过桥,升降机导轨应有护板。

18.17 应加强起重机械的日常维护,起重前应仔细检查吊钩、吊绳是否合格。起重设备应严格执行操作牌制度。起重作业的指挥信号,应遵守 GB 5082 的规定。

18.18 用起重机吊运开底吊桶时,吊桶的开底应用机械控制。

18.19 乘人电梯应专人操作,不应超载,用完后应锁门。乘人电梯应有自锁装置,室内应有报警装置。其钢丝绳的安全系数为 8。

19 设备检修

19.1 一般规定

19.1.1 应建立严格的设备使用、维护、检修制度。设备应按计划(有条件的企业应推行点检定修制)检修,不应拖延。

设备管理部门的机、电技术人员,应对日常检修工作负责。

19.1.2 检修现场应设统一的指挥部,并明确各单位的安全职责。参加检修工作的单位,应在检修指挥部统一指导下,按划分的作业地区与范围工作。检修现场应配备专职安全员。

19.1.3 检修之前,应有专人对电、煤气、蒸汽、氧气、氮气等要害部位及安全设施进行确认,并办理有关检修、动火的审批手续。

19.1.4 检修中应按计划拆除安全装置,并有安全防护措施。检修完毕,安全装置应及时恢复。安全防护装置的变更,应经安全部门同意,并应做好记录归档。

19.1.5 大、中修使用的拼装台和拼装作业,应符合大、中修指挥部的要求,不应妨碍交通。拼装作业应有专人指挥与监护。

19.1.6 施工现场行驶的车辆,应有专人指挥,并尽可能设立单行线。大、中修施工区域内,火车运行速度不应超过 5 km/h,同时应设立警告牌和信号。

19.1.7 设备检修和更换,必须严格执行各项安全制度和专业安全技术操作规程。检修人员应熟悉相关的图纸、资料及操作工艺。检修前,应对检修人员进行安全教育,介绍现场工作环境和注意事项,做好施工现场安全交底。

19.1.8 检修设备时,应预先切断与设备相连的所有电路、风路、氧气管道、煤气管道、氮气管道、蒸汽管道、喷吹煤粉管道及液体管道,并严格执行设备操作牌制度。

19.1.9 木料、耐火砖和其他材料的贮存,应符合下列要求:

——贮存场地应平坦、干净,宜选择地势较高的场所,并应设防雨棚;

——储料场与仓库的选择,应能保证工程的正常进行和消防车辆的顺利通行;

——耐火砖应错缝码放,一般耐火砖垛高不应超过 1.8 m,大块或较重的耐火砖垛高不应超过 1.5 m;

——材料堆垛之间的通道,宽度不应小于 1.0 m;

——堆垛应防潮;粉状料应堆放在单独的房间里。

19.1.10 焊接或切割作业的场所,应通风良好。电、气焊割之前,应清除工作场所的易燃物。

19.1.11 高处作业,应设安全通道、梯子、支架、吊台或吊盘。吊绳直径按负荷确定,安全系数不应小于6。作业前应认真检查有关设施,作业不应超载。脚手架、斜道板、跳板和交通运输道路,应有防滑措施并经常清扫。高处作业时,应佩戴安全带。

19.1.12 楼板、吊台上的作业孔,应设置护栏和盖板。

19.1.13 高处作业时,不应利用煤气管道、氧气管道作起重设备的支架,携带的工具,应装在工具袋内,不应以抛掷方式递送工具和其他物件。

遇6级以上强风时,不应进行露天起重工作和高处作业。

19.1.14 在高处检修管道及电气线路,应使用乘人升降机,不应使用起重卷扬类设备带人作业。

19.1.15 运送大部件通过铁路道口,应事先征得铁路管理部门同意,而且使用单位还应设专人负责监护。

19.1.16 检修热风炉临时架设的脚手架,检修完毕应立即全部拆除。

19.1.17 在炉子、管道、贮气罐、磨机、除尘器或料仓等的内部检修,应严格检测空气的质量是否符合要求,以防煤气中毒和窒息。并应派专人核查进出人数,如果出入人数不相符,应立即查找、核实。

19.1.18 设备检修完毕,应先做单项试车,然后联动试车。试车时,操作工应到场,各阀门应调好行程极限,做好标记。

19.1.19 设备试车,应按规定程序进行。施工单位交出操作牌,由操作人员送电操作,专人指挥,共同试车。非试车人员,不应进入试车规定的现场。

19.2 炉体检修

19.2.1 大修时,炉体砌筑应按设计要求进行。

19.2.2 采用爆破法拆除炉墙砖衬、炉瘤和死铁层,应遵守GB 6722的有关规定。

19.2.3 应清除炉内残物。

19.2.4 拆除炉衬时,不应同时进行炉内扒料和炉顶浇水。入炉扒料之前,应测试炉内空气中一氧化碳的浓度是否符合作业的要求,并采取措施防止落物伤人。

19.3 炉顶设备检修

19.3.1 检修大钟、料斗应计划休风,应事先切断煤气,保持通风良好。在大钟下面检修时,炉内应设常明火,大钟应牢靠地放在穿入炉体的防护钢梁上,不应利用焊接或吊钩悬吊大钟。检修完毕,确认炉内人员全部撤离后,方可将大钟从防护梁上移开。

工作环境中一氧化碳浓度超过$50 \times 10^{-4}\%$时,工作人员应佩戴防护用具,还应连续检测CO含量。

检修大钟时,应控制高炉料面,并铺一定厚度的物料,风口全部堵严,检修部位应设通风装置。

19.3.2 休风进入炉内作业或不休风在炉顶检修时,应有煤气防护人员在现场监护。更换炉喉砖衬时,应卸下风管,堵严风口,还应遵守本规程19.4与19.5的有关规定。

19.3.3 串罐式、并罐式无料钟炉顶设备的检修,应遵守下列规定:

——进罐检修设备和更换炉顶布料溜槽等,应可靠切断煤气、氮气源,采用安全电压照明,检测 CO、O_2 的浓度,并制定可靠的安全技术措施,报生产技术负责人认可,认真实施;

——检修人员应事先与高炉及岗位操作人员取得联系,经同意并办理正常手续方可进行检修(如动火检修应申办《动火许可证》);

——检修人员应佩戴安全带和防毒面具;检修时,应用煤气报警和测试仪检测 CO 浓度是否在安全范围内;检修的全过程,罐外均应有专人监护。

19.4 热风炉检修

19.4.1 检修热风炉时,应用盲板或其他可靠的切断装置防止煤气从邻近煤气管道窜入,并严格执行操作牌制度;煤气防护人员应在现场监护。

19.4.2 进行热风炉内部检修、清理时,应遵守下列规定:

——煤气管道应用盲板隔绝,除烟道阀门外的所有阀门应关死,并切断阀门电源;

——炉内应通风良好,一氧化碳浓度应在 $24\times10^{-4}\%$ 以下,氧含量应在 18% ~21%(体积分数)之间,每 2 h 应分析一次气体成分;

——修补热风炉隔墙时,应用钢材支撑好隔棚,防止上部砖脱落。

19.4.3 热风管内部检修时,应打开人孔,严防煤气热风窜入;并应遵守本规程 19.2.1 条和 19.4.2 条的规定。

19.5 除尘器检修

19.5.1 检修除尘器时,应处理煤气并执行操作牌制度,至少由 2 人进行;应有煤气防护人员在现场监护。

19.5.2 应防止邻近管道的煤气窜入除尘器,并排尽除尘器内灰尘,保持通风良好,环境应符合本规程 19.4.2 条的要求。

19.5.3 固定好检修平台和吊盘。清灰作业应自上而下进行,不应掏洞。

19.5.4 检修清灰阀时,应用盲板堵死放灰口,应切断电源,并应有煤气防护人员在场监护。

19.5.5 清灰阀关不严时,应减风后处理,必要时休风。

19.6 摆动溜嘴检修

19.6.1 检修作业负责人应与岗位操作工取得联系,索取操作牌,悬挂停电牌,停电并经确认后方可进行检修。

19.6.2 检修中不应盲目乱割、乱卸;吊装溜嘴应有专人指挥,并明确规定指挥信号;指挥人员不应站在被吊物上指挥。

19.6.3 在摆动支座上作业,应佩戴安全带。

19.6.4 钢丝绳受力时,应检查卸扣受力方向是否正确。

19.7　铁水罐检修

19.7.1　检修铁水罐,应在专用场地或铁路专线一端进行,检修地点应有起重及翻罐机械。修罐时,电源线应采用软电缆。修罐地点以外 15 m 应设置围栏和标志。两罐间距离应不小于 2 m。重罐不应进入修罐场地和修罐专用线。

19.7.2　修罐坑(台)应设围栏。罐坑(台)与罐之间的空隙,应用坚固的垫板覆盖。罐坑内不应有积水。

19.7.3　待修罐的内部温度,不应超过 40℃。砖衬应从上往下拆除,可喷水以减少灰尘。

19.7.4　修罐时,罐内应通风良好,冬季应有防冻措施。距罐底 1.5 m 以上的罐内作业,应有台架及平台,采用钩梯上下罐。

19.7.5　罐砌好并烘干,方可交付使用。罐座应经常清扫。

附录三

AQ 2001—2004《炼钢安全规程》

ICS 77.080.20
H 40
备案号：14946—2005

中华人民共和国安全生产行业标准

AQ 2001—2004

炼钢安全规程

Safety regulations for steel-making

2004-12-01 发布　　2005-03-01 实施

国家安全生产监督管理局　发布

目　　次

前　言

本标准是依据国家有关法律法规的要求，在充分考虑炼钢生产工艺的特点（除存在通常的机械、电气、运输、起重等方面的危险因素外，还存在易燃易爆和有毒有害气体、高温热源、金属液体、炉渣、尘毒、放射源等方面的危险和有害因素）的基础上编制而成。

本标准对炼钢安全生产问题作出了规定。

本标准由国家安全生产监督管理局提出并归口。

本标准起草单位：武汉安全环保研究院、北京钢铁设计研究总院、首钢总公司。

本标准主要起草人：张喆君、李晓飞、宋华德、万成略、张六零、陈克欣、王红汉、冯伟、刘洪军、聂岸、周豪、邵建荣。

炼钢安全规程

1 范围

本标准规定了炼钢安全生产的技术要求。

本标准适用于炼钢厂的设计、设备制造、施工安装、生产和设备检修。

2 规范性引用文件

下列文件中的条款通过本标准的引用而成为本标准的条款。凡是注日期的引用文件,其随后所有的修改单(不包括勘误的内容)或修订版均不适用于本标准,然而,鼓励根据本标准达成协议的各方研究是否可使用这些文件的最新版本。凡是不注日期的引用文件,其最新版本适用于本标准。

GB 4053.1 固定式钢直梯安全技术条件
GB 4053.2 固定式钢斜梯安全技术条件
GB 4053.3 固定式工业防护栏杆安全技术条件
GB 4053.4 固定式工业钢平台
GB 4387 工业企业厂内铁路、道路运输安全规程
GB 4792 放射卫生防护基本标准
GB 5082 起重吊运指挥信号
GB 5786 道路交通标志和标线
GB 6067 起重机械安全规程
GB 6222 工业企业煤气安全规程
GB 6389 工业企业铁路道口安全标准
GB 6722 爆破安全规程
GB 7321 工业管路的基本识别色和识别符号
GB 9078 工业炉窑大气污染物排放标准
GB 14784 带式输送机安全规范
GB 16912 氧气及相关气体安全技术规程
GB 50030 氧气站设计规范
GB 50031 乙炔站设计规范
GB 50034 工业企业照明设计标准
GB 50235 工业金属管道施工及验收规范
GBJ 16 建筑设计防火规范
GBJ 22 厂矿道路设计规范

GBJ 87　工业企业噪声控制设计规范
GBZ 1　工业企业设计卫生标准
GBZ 2　工作场所有害因素职业接触限值
YBJ 52　钢铁企业总图运输设计规范
YB 9058　炼钢工艺设计技术规定
YB 9059　连铸工程设计规定

3　术语和定义

下列术语和定义适用于本标准。

3.1

竖炉　Shaft Furnace

炉盖上带有竖井,并利用电弧炉排出的高温废气在竖井内预热废钢的超高功率电弧炉。

3.2

PLUS2000 炉　PLUS2000 Furnace

设有废钢料篮旋转装置,并利用自身高温废气预热废钢的超高功率电弧炉。

3.3

CONSTEEL 炉　CONSTEEL Furnace

废钢通过传送带连续加入,并经自身高温废气预热废钢的超高功率电弧炉。

3.4

Korfarc 炉　Korfarc Furnace

炉壁装设多组氧枪、烧嘴和浸入式风口,利用化学能与后燃烧技术节约电能的超高功率电弧炉。

3.5

VD　Vacuum Degassing

一种钢液真空脱气装置,它将带钢液的钢包置于与真空泵连通的密闭的真空罐内,从钢包底部通入氩气搅拌钢液,使钢液在真空状态下发生脱气反应。

3.6

VOD　Vacuum Oxygen Decarburization

一种主要用来精炼不锈钢的真空吹氧脱碳精炼装置,它在 VD 的真空罐盖上增设氧枪,向真空罐内钢液面吹氧,在真空状态下对含铬钢液进行"脱碳保铬"精炼。

3.7

CAS-OB　Composition Adjustments by Scaled Argon Bubbling and Blowing Oxygen

一种在钢包内利用金属(铝)燃烧产生的氧化热加热钢液,或在浸入罩内加合金调整钢液成分的装置。

3.8

IR-UT　Injection Refinning-Up Temperature

一种在常压下对钢液既可进行喷粉脱硫精炼，又可吹氧加铝升温的装置，它是在浸入罩内增加一根插入钢液的喷粉枪，借以向钢液喷入脱硫剂。

3.9

RH　Ruhstahl hausen Process

一种真空脱气方法，它利用真空罐底部两条插入钢液的耐火管，其中一条通以氩气，导致两管内的钢液产生密度差，从而使钢液在钢包与真空罐之间上下循环流动，发生脱气反应。

3.10

RH-KTB　Kawatetse-Top Blown RH Vessel

系指在 RH 真空罐顶部插入一根氧枪，并向钢液吹氧脱碳，用以精炼超低碳钢与不锈钢的方法。

3.11

LF　Ladle Furnace

一种在常压下从钢包底部吹氩，并用电弧炉对钢液进行加热以精炼钢液和均匀钢液成分、温度的装置。

3.12

AOD　Argon Oxygen Decarburization

一种在转炉的钢液熔池侧面，按不同比例往钢液吹入氧气与氩气的脱碳精炼炉，主要用于冶炼不锈钢。

4　安全管理

4.1　新建、改建、扩建工程项目的安全设施，应与主体工程同时设计、同时施工、同时投入生产和使用。安全设施的投资应纳入建设项目概算。

4.2　建设工程的初步设计文件应有《职业安全健康篇》。安全设计应贯穿于各专业设计之中。

4.3　建设项目施工应按设计进行。变更安全设施，应经设计单位书面同意。

工程中的隐蔽部分，应经设计单位、建设单位、监理单位和施工单位共同检查合格，方可进行隐蔽。

施工完毕，施工单位应将竣工说明书及竣工图交付建设单位。

4.4　建设工程的安全设施竣工后，应经验收合格方可投入生产。

4.5　炼钢企业应建立健全安全管理制度，完善安全生产责任制。

厂长（经理）对本企业的安全生产负全面责任，各级主要负责人对本部门的安全生产负责。

各级机构对其职能范围的安全生产负责。

4.6 炼钢企业应依法设置安全生产管理机构或配备专(兼)职安全生产管理人员,负责管理本企业的安全生产工作。

4.7 炼钢企业应建立健全安全生产岗位责任制和岗位安全技术操作规程,严格执行值班制和交接班制。

4.8 炼钢企业应认真执行安全检查制度,对查出的问题应提出整改措施,并限期整改。

4.9 炼钢企业的厂长(经理)应具备相应安全生产知识和管理能力。

4.10 炼钢企业应定期对职工进行安全生产和劳动保护教育,普及安全知识和安全法规,加强业务技术培训。职工经考核合格方可上岗。

新工人进厂,应首先接受厂、车间、班组三级安全教育,经考试合格后由熟练工人带领工作,直到熟悉本工种操作技术并经考核合格,方可独立工作。

调换工种和脱岗三个月以上重新上岗的人员,应事先进行岗位安全培训,并经考核合格方可上岗。

外来参观或学习的人员,应接受必要的安全教育,并应由专人带领。

4.11 特种作业人员和要害岗位、重要设备与设施的作业人员,均应经过专门的安全教育和培训,并经考核合格、取得操作资格证,方可上岗。上述人员的培训、考核、发证及复审,应按国家有关规定执行。

4.12 采用新工艺、新技术、新设备,应制定相应的安全技术措施;对有关生产人员,应进行专门的安全技术培训,并经考核合格方可上岗。

4.13 炼钢企业应为职工提供符合国家标准或行业标准的劳动防护用品,职工应正确佩戴和使用劳动防护用品。

4.14 炼钢企业应建立对厂房、机电设备进行定期检查、维修和清扫制度。要害岗位及电气、机械等设备应实行操作牌制度。

4.15 安全装置和防护设施,不得擅自拆除。

4.16 炼钢企业应建立火灾、爆炸、触电和毒物逸散等重大事故的应急救援预案,并配备必要的器材与设施,定期演练。

4.17 炼钢企业发生伤亡或其他重大事故时,厂长(经理)或其代理人应立即到现场组织指挥抢救,并采取有效措施,防止事故扩大。

发生伤亡事故,应按国家有关规定报告和处理。

事故发生后,应及时调查分析,查清事故原因,并提出防止同类事故发生的措施。

5 厂(车间)位置的选择与布置

5.1 厂(车间)位置的选择

5.1.1 选择厂(车间)的位置,应注意工程地质条件和洪水、海潮、飓风、滑坡等灾害的危害,并按地震烈度等级标准设防。

厂址地坪应高出当地最高洪水水位0.5 m以上，地处海岸边的应高于最高潮水位1 m以上；如受条件限制无法达到，应采取有效的补救措施。

5.1.2 厂（车间）应位于居住区常年最小频率风向的上风侧和当地生活水源的下游，并应有适当的安全健康防护距离。

5.1.3 炼钢厂不应邻近居民区、风景旅游区、文物保护区、生活水源地和重要农业区；选择厂址时，应同时考虑炼钢厂“三废”排放、弃置及噪声、电网闪烁等公害所产生的影响，并采取必要的防护措施。

炼钢厂的弃渣场，应位于居住区和水源地安全健康防护距离以外的低洼地带，并应考虑爆炸、扬尘、有害元素扩散的安全距离；厂内钢渣处理设施，应布置在主厂房常年最小频率风向的上风侧。

5.1.4 落锤破碎和爆破废钢的设施，应设在流动人员稀少的厂区边缘安全区域；与其他建筑物之间的安全距离，3 t、5 t、7 t落锤应分别大于30 m、50 m、80 m，爆破应大于150 m，并应采取必要的安全措施。

5.1.5 供油站、煤气柜、乙炔站等火灾和爆炸危险性较大的及产生有毒有害气体的设施，应位于厂区和居住区常年最小频率风向的上风侧。

5.1.6 氧气站应位于空气洁净区域，其空分设备的吸风口应位于各种易燃、易爆性气源与尘源的常年最小频率风向的下风侧。

5.1.7 各车间及设施的位置应符合防火、防爆、防震、工业卫生、运输安全等有关规程（规范）的规定及安全技术要求。

5.2 厂（车间）的布置

5.2.1 炼钢主车间的布置，应根据各种物料的流向，保证其能顺畅运行，互不交叉、干扰，并尽可能缩短铁水、废钢及钢坯（锭）等大宗物流的运输距离；如有条件，主车间出坯跨应尽可能与轧钢车间毗邻或直连，以实现坯（锭）热送或直接轧制。

5.2.2 炼钢主车间与各辅助车间（设施），应布置在生产流程的顺行线上；铁水、钢水与液体渣，应设专线（或专用通道）运输，以减少其他物流干扰。

5.2.3 炼钢主车间，应按从原料至成品（坯、锭）的生产流程，以各工序分区作业为原则，合理布置各工艺装备及生产设施，确保各工序安全、顺行。

5.2.4 炼钢厂内，应按消防规定设置必要的消防设施和消防通道，设置消防设施的地点，应有明显的标志牌。

6 厂房及其内部建、构筑物

6.1 厂房

6.1.1 冶炼与浇注厂房内产生大量热量及有害气体、烟尘，设计应考虑良好的通风散热与采光条件；转炉、电炉、铁水贮运与预处理、精炼炉、钢水浇注等热源点上方，应有良好的通风道；热源点周围的建、构筑物应考虑高温影响，采取相应的隔热防护措施。

6.1.2 厂房结构应考虑风、雨、雪、灰等动(静)载荷及各种自然因素影响,主厂房屋面四周应设栏杆,并在适当位置设置清扫通道等;厂房应合理布置登上屋面的消防梯与检修梯。

6.1.3 转炉与电炉冶炼跨,应采用炉子高架式布置厂房;容量50 t以上的炼钢车间,主要跨间的厂房宜采用钢结构;炼钢主厂房的布置形式及各跨间参数的确定,应符合YB 9058的要求。

6.1.4 炼钢主厂房,地坪应设置宽度不小于1.5 m的人行安全走道,走道两侧应有明显的标志线;主厂房及其他中、重级工作类型桥式起重机的厂房,应设置双侧贯通的起重机安全走道,轻级工作起重机厂房,应设单侧贯通的安全走道,走道宽度应不小于0.8 m。

6.1.5 炼钢主厂房,应设置贯通各跨间,并与各跨间进出口及主工作平台相通的参观走廊,其宽度不小于1.5 m。

6.1.6 厂房内地坪应高于厂房外地坪0.3 m以上,厂房内地面运输车辆的轨道面应与地坪面一致。

6.1.7 桥式起重机司机室与摩电道,原则上应相对布置;若两者位于同一侧,则应有安全防护措施。

6.1.8 应根据设计规定的安全标志设置要求和实际生产情况,在厂房内生产作业区域和有关建筑物适当部位,设置符合标准规定的安全标志。

6.1.9 厂房、烟囱等高大建筑物及易燃、易爆等危险设施,应按国家标准安装避雷设施。

6.2 建、构筑物

6.2.1 各种建、构筑物的建设,应符合土建规范的各项规定;各种设备与建、构筑物之间,应留有满足生产、检修需要的安全距离;移动车辆与建、构筑物之间,应有0.8 m以上的安全距离。

6.2.2 易受高温辐射、液渣喷溅危害的建、构筑物,应有防护措施;所有高温作业场所,如炉前主工作平台、钢包冷热修区等,均应设置通风降温设施。

6.2.3 防火设施的设置,应遵守GBJ 16等消防法规、标准的规定;主控室、电气间、电缆隧道、可燃介质的液压站等易发生火灾的建、构筑物,应设自动火灾报警装置,车间应设置消防水系统与消防通道。

6.2.4 厂房内梯子应采用不大于45°的斜梯(特殊情况允许采用60°斜梯与直爬梯),梯子设置应符合GB 4053.1、GB 4053.2的规定。

转炉、电炉、精炼炉、连铸主平台,两侧应设梯子。

大、中型转炉,炉子跨宜设电梯。

6.2.5 操作位置高度超过1.5 m的作业区,应设固定式或移动式平台;固定式钢平台应符合GB 4053.4的规定,平台负荷应满足工艺设计要求。

高于1.5 m的平台，宽于0.25 m的平台缝隙，深于1 m的敞口沟、坑、池，其周边应设置符合GB 4053.3规定的安全栏杆（特殊情况例外），不能设置栏杆的，其上口应高出地坪0.3 m以上。

平台、走廊、梯子应防滑。

易受钢水与液渣喷溅的平台工作面，应采用铸铁板或钢板贴面混凝土块（耐火材料）铺设。

6.2.6 转炉、电炉、精炼炉的炉下区域，应采取防止积水的措施；炉下漏钢坑应按防水要求设计施工，其内表应砌相应防护材料保护，且干燥后方可使用；炉下钢水罐车、渣罐车运行区域，地面应保持干燥；炉下热泼渣区，周围应设防护结构，其地坪应防止积水；炉渣冲击与挖掘机铲渣地点，应在耐热混凝土基础上铺砌厚铸铁板或采取其他措施保护。

6.2.7 不允许渗水的坑、槽、沟，应按防水要求设计施工。

6.2.8 转炉和电炉主控室的布置，应注意在出现大喷事故时确保安全，并设置必要的防护设施；连铸主控室不应正对中间罐；转炉炉旁操作室应采取隔热防喷溅措施；电炉炉后出钢操作室，不应正对出钢方向开门，其窗户应采取防喷溅措施；所有控制室、电气室的门，均应向外开启；电炉与LF主控室，应按隔声要求设计；主控室应设置紧急出口。

6.2.9 炼钢炉、钢水与液渣运输线、钢水吊运通道与浇注区及其附近的地表与地下，不应设置水管（专用渗水管除外）、电缆等管线；如管线必须从上述区域经过，应采取可靠的保护措施。

6.2.10 易积水的坑、槽、沟，应有排水措施；所有与钢水、液渣接触的罐、槽、工具及其作业区域，不应有冰雪、积水，不应堆放潮湿物品和其他易燃、易爆物品。

6.2.11 车间电缆隧道应设火灾自动报警装置，并应根据需要设置自动灭火装置；长度超过7 m的电缆隧道，应设置通风气楼。

6.2.12 密闭的深坑、池、沟，应考虑设置换气设施，以利维护人员进入。

6.2.13 废钢处理设施应有可靠的安全防护措施，落锤破碎间（场）应设封闭型防护结构，废钢爆破应采用泄压式爆破坑。

6.2.14 车间紧急出入口、通道、走廊、楼梯等，应设应急照明，其设计应符合GB 50034的规定。

7 原材料

7.1 散状材料

7.1.1 应根据入炉散状材料的特性与安全要求，确定其贮存方法；入炉物料应保持干燥。

7.1.2 采用有轨运输时，轨道外侧距料堆应大于1.5 m。

7.1.3 具有爆炸和自燃危险的物料，如CaC_2粉剂、镁粉、煤粉、直接还原铁（DRI）等应贮存于密闭贮仓内，必要时用氮气保护；存放设施应按防爆要求设计，并禁火、禁水。

7.1.4 地下料仓的受料口,应设置格栅板。

7.2 废钢

7.2.1 可能存在放射性危害的废钢,不应进厂。进厂的社会废钢,应进行分选,拣出有色金属件、易燃易爆及有毒等物品;对密闭容器应进行切割处理;废武器和弹药应由相关专业部门严格鉴定,并进行妥善的处置。

7.2.2 废钢应按来源、形态、成分等分类、分堆存放;人工堆料时,地面以上料堆高度不应超过 1.5 m。

7.2.3 炼钢厂一般应设废钢配料间与废钢堆场,废钢配料作业直接在废钢堆场进行的,废钢堆场应部分带有房盖,以供雨、雪天配料。混有冰雪与积水的废钢,不应入炉。

7.2.4 废钢配料间与废钢堆场,应设置必要的纵向与横向贯通的人行安全走道。

7.2.5 废钢坑沿应高出地面 0.5 ~ 1.0 m,露天废钢坑应设集排水设施,地面废钢料堆应距运输轨道外侧 1.5 m 以上。

7.2.6 废钢配料间或废钢堆场进料火车线与横向废钢运输渡车线相交时,火车线入口应设允许进车的信号装置,当渡车在废钢区运行时,火车不应进入。

7.2.7 废钢装卸作业时,电磁盘或液压抓斗下不应有人,起重机的大车或小车启动、移动时,应发出蜂鸣或灯光警示信号,以警告地面人员与相邻起重机避让;起重机司机室应视野良好,能清楚观察废钢装卸作业点与相邻起重机作业情况。

7.3 铁水贮运和预处理设施

7.3.1 铁水运输应用专线,不应与其他交通工具混行。

7.3.2 向混铁炉兑铁水时,铁水罐口至混铁炉受铁口(槽),应保持一定距离;混铁炉不应超装,当铁水面距烧嘴达 0.4 m 时,不应兑入铁水;混铁炉出铁时,应发出声响信号;混铁炉在维修或炉顶有人、或受铁水罐车未停到位时,不应倾动;当冷却水漏入混铁炉时,应待水蒸发完毕方可倾炉。

7.3.3 混铁车倒罐站倒罐时,应确保混铁车与受铁坑内铁水罐车准确对位;混铁车出铁至要求的量并倾回零位后,铁水罐车方可开往吊包工位。

7.3.4 混铁炉与倒罐站作业区地坪及受铁坑内,不应有水。凡受铁水辐射热及喷溅影响的建、构筑物,均应采取防护措施。

7.3.5 起重机龙门钩挂重铁水罐时,应有专人检查是否挂牢,待核实后发出指令,吊车才能起吊;吊起的铁水罐在等待往转炉兑铁水期间,不应提前挂上倾翻铁水罐的小钩。

7.3.6 铁水预处理设施,应布置在地坪以上;若因条件限制采用坑式布置,则应采取防水、排水措施,保证坑内干燥。

7.3.7 往炼钢炉兑铁水时,铁水罐不应压在转炉炉口或电炉受铁槽上,人员应位于安全区域。

7.3.8 铁水预处理粉料发送罐的设计、制造与使用,应严格执行压力容器有关规范的规定。

7.3.9 采用 CaC_2 与镁粉作脱硫剂时,其贮粉仓应采用氮气保护;泄压时排出的粉尘应回收;该区域应防水、防火。

CaC_2 仓附近区域,应设乙炔检测和报警装置。

7.3.10 采用 Na_2CO_3 系作脱硫粉剂时,应做好设备的防护,其粉尘中的 Na_2CO_3,应回收利用。

7.3.11 CaC_2 与镁粉着火时,应采用干碾磨氮化物熔剂、石棉毡、干镁砂粉等灭火,不应使用水、四氯化碳、泡沫灭火器及河沙等灭火。

8 炼钢相关设备

8.1 铁水罐、钢水罐、中间罐、渣罐

8.1.1 铁水罐、钢水罐、中间罐的壳体上,应有排气孔。

8.1.2 罐体耳轴,应位于罐体合成重心以上 0.2 ~ 0.4 m 的对称中心,其安全系数应不小于 8,并以 1.25 倍负荷进行重负荷试验合格方可使用。

8.1.3 使用中的设备,耳轴部位应定期进行探伤检测。凡耳轴出现内裂纹、壳体焊缝开裂、明显变形、耳轴磨损大于直径的 10%、机械失灵、衬砖损坏超过规定,均应报修或报废。

8.1.4 铁水罐、钢水罐和中间罐修砌后,应保持干燥,并烘烤至要求温度方可使用。

8.1.5 用于铁水预处理的铁水罐与用于炉外精炼的钢水罐,应经常维护罐口;罐口严重结壳,应停止使用。

8.1.6 钢水罐需卧放地坪时,应放在专用的钢包支座上;热修包应设作业防护屏;两罐位之间净空间距,应不小于 2 m。

8.1.7 渣罐使用前应进行检查,其罐内不应有水或潮湿的物料。

8.1.8 钢水罐滑动水口,每次使用前应进行清理、检查,并调试合格。

8.1.9 铁水罐、钢水罐内的自由空间高度(液面至罐口),应满足工艺设计的要求。

8.1.10 铁水罐、钢水罐内的铁水、钢水有凝盖时,不应用其他铁水罐、钢水罐压凝盖,也不应人工使用管状物撞击凝盖。有未凝结残留物的铁水、钢水罐,不应卧放。

8.1.11 吊运装有铁水、钢水、液渣的罐,应与邻近设备或建、构筑物保持大于 1.5 m 的净空距离。

8.2 铁水罐、钢水罐、中间罐烘烤器及其他烧嘴

8.2.1 烘烤器应装备完善的介质参数检测仪表与熄火检测仪。

8.2.2 采用煤气燃料时,应设置煤气低压报警及与煤气低压信号联锁的快速切断阀等防回火设施;应设置供设备维修时使用的吹扫煤气装置,煤气吹扫干净方可修理设备。

8.2.3 采用氧气助燃时,氧气不应在燃烧器出口前与燃料混合,并应在操作控制上确保先点火后供氧(空气助燃时亦应先点火后供风)。

8.2.4 烘烤器区域应悬挂"禁止烟火"、"当心煤气中毒"等警示牌。

8.3 地面车辆

8.3.1 车间内的有轨车辆,轨道面应与车间地坪一致。

8.3.2 车辆运行时,应发出红色闪光与轰鸣等警示信号。

8.3.3 电动铁水罐车、钢水罐车、渣罐车的停靠处,应设两个限位开关。

8.3.4 铁水罐车、钢水罐车、渣罐车台面,应砌砖防护。应根据需要,在轨道端头设置事故滑轮。带有电子秤的钢水罐车,应对电子秤元件进行防护。

8.3.5 进出车间的废钢料篮车与渣罐车,其运行轨道与车间外道路相交的道口,应设置交通指挥信号;运行距离较长时,车辆运行过程中应有专人监视;其他地面有轨车辆的运行,也应贯彻目视监控的原则。

8.3.6 所有车辆,均应以设计载荷通过重车运行试验合格,方可投入使用。

8.4 起重设备

8.4.1 起重机械及工具,应遵守 GB 6067 的规定;炼钢厂用起重机械与工具,应有完整的技术证明文件和使用说明;桥式起重机等起重设备,应经有关主管部门检查验收合格,方可投入使用。

8.4.2 起重设备应经静、动负荷试验合格,方可使用,试验负荷等应按表 1 规定执行。桥式起重机等负荷试验,采用其额定负荷的 1.25 倍。

表 1 起重设备试验规定

名称	试验负荷		试验时间/min	试验周期/月
	静负荷	动负荷		
起重电葫芦	1.25PH	1.1PH	15	12
手摇卷扬机	1.25PH	1.1PH	15	12
链式起重机	1.25PH	1.1PH	15	12
滑式及复式滑车	1.25PH	1.1PH	15	12
千斤顶	1.25PH	1.1PH	15	12
钢丝绳及钢链	2PH	—	15	6
麻绳及棉纱绳	2PH	—	15	6

注:PH 为设备的额定负荷。

8.4.3 铁水罐、钢水罐龙门钩的横梁、耳轴销和吊钩、钢丝绳及其端头固定零件,应定期进行检查,发现问题及时处理,必要时吊钩本体应作超声波探伤检查。

8.4.4 吊运重罐铁水、钢水或液渣,应使用带有固定龙门钩的铸造起重机,铸造起重机额定能力应符合 YB 9058 的规定;电炉车间吊运废钢料篮的加料吊车,应采用双制动系统。

8.4.5 钢丝绳、链条等常用起重工具,其使用、维护与报废应遵守 GB 6067 的规定。

8.4.6 起重机应由经专门培训、考核合格的专职人员指挥,同一时刻只应一人指挥,指挥信号应遵守 GB 5082 的规定。

吊运重罐铁水、钢水、液渣，应确认挂钩挂牢，方可通知起重机司机起吊；起吊时，人员应站在安全位置，并尽量远离起吊地点。

8.4.7 起重机启动和移动时，应发出声响与灯光信号，吊物不应从人员头顶和重要设备上方越过；不应用吊物撞击其他物体或设备（脱模操作除外）；吊物上不应有人。

8.5 外部运输设备

8.5.1 车间内部铁路线应为平道，且不应低于车间外铁路线轨道标高，铁路线弯曲半径与建筑接近限界应遵守 YBJ 52 的规定；门洞边缘距铁路中心线应不小于 2.8 m。

8.5.2 尽头铁路线末端，应设车挡与车挡指示器。室内车挡后 6 m、露天车挡后 15 m 范围内，不应设置建筑物与设备。

铁路线轨道外侧 1.5 m 以内，不应堆放任何物品。

8.5.3 无关人员不应乘坐锭坯车、铁水罐车、钢水罐车、渣罐车或运渣车、废钢料篮车及其他料车；运输炽热物体的车辆，不应在煤气、氧气管道下方停留。

8.5.4 进出炼钢生产厂房的铁路出入口或道口，应根据 GB 6389 的要求设置声光信号报警装置。

8.5.5 应根据炼钢厂的特种车辆（如自抱罐汽车、料篮车、运坯车等）的特殊要求设计道路路面，并设立明显标志；特种车辆道路应尽可能与普通车辆道路分开。

8.5.6 炼钢厂内的道路，应按 GB 5786 的规定设立交通标志。

8.5.7 道路建筑限界应符合 GBJ 22 的规定，跨越道路上方的管线，距路面净高应不小于 5 m。

8.5.8 载运炽热物体应使用专用的柴油车，其油箱应采取隔热措施。

8.5.9 采用带式运输机运输，应遵守 GB 14784 的规定。

8.5.10 带式运输机的通廊应设走道，设单侧走道其宽度应不小于 1 m，设两侧走道其宽度应不小于 0.8 m，并应在两侧走道间适当设置过桥；倾斜通廊的倾角大于 6°时，走道应采取防滑措施；大于 12°时，走道应采用踏步。走道沿线应设置可随时停车的停车绳。

8.5.11 维修带式输送机，应事先通知控制室操作人员，将带式输送机的控制权转到就地操作箱。

8.6 其他设备

8.6.1 高温工作的水冷件，应提供事故用水。

8.6.2 易受高温或钢水、液渣喷溅影响的设备，应进行防护。

8.6.3 人员接近有可能导致人身伤害事故的设备外露运动部件，应设置防护罩。

8.6.4 涉及人身与设备安全或工艺要求的相关设备之间或单一设备内部的动作程序，应设置程序联锁，前一程序未完成，后一程序不能启动，无论手动还是自动操作都应遵守程序联锁，但单体试运转时可以切除联锁。

8.6.5 压力容器的设计、制造、验收与使用，应遵守压力容器有关规范的规定。

9 氧气转炉

9.1 设备与相关设施

9.1.1 150 t以下的转炉，最大出钢量应不超过公称容量的120%；200 t以上的转炉，按定量法操作。

9.1.2 转炉的炉容比应合理。

9.1.3 转炉氧枪与副枪升降装置，应配备钢绳张力测定、钢绳断裂防坠、事故驱动等安全装置；各枪位停靠点，应与转炉倾动、氧气开闭、冷却水流量和温度等联锁；当氧气压力小于规定值、冷却水流量低于规定值、出水温度超过规定值、进出水流量差大于规定值时，氧枪应自动升起，停止吹氧。转炉氧枪供水，应设置电动或气动快速切断阀。

9.1.4 氧气阀门站至氧枪软管接头的氧气管，应采用不锈钢管，并应在软管接头前设置长1.5 m以上的铜管。氧气软管应采用不锈钢体，氧枪软管接头应有防脱落装置。

9.1.5 转炉宜采用铸铁盘管水冷炉口；若采用钢板焊接水箱形式的水冷炉口，应加强经常性检查，以防止焊缝漏水酿成爆炸事故。

9.1.6 转炉传动机构应有足够的强度，应能承受正常操作最大合成力矩；不大于150 t的转炉，按全正力矩设计，靠自重回复零位；150t以上的转炉，可采用正负力矩，但必须确保两路供电；若采用直流电机，可考虑设置备用蓄电池组，以便断电时强制低速复位。

9.1.7 从转炉工作平台至上层平台之间，应设置转炉围护结构。炉前后应设活动挡火门，以保护操作人员安全。

9.1.8 烟道上的氧枪孔与加料口，应设可靠的氮封。转炉炉子跨炉口以上的各层平台，宜设煤气检测与报警装置；上述各层平台，人员不应长时间停留，以防煤气中毒；确需长时间停留，应与有关方面协调，并采取可靠的安全措施。

9.1.9 采用"未燃法"或"半燃法"烟气净化系统设计的转炉，应符合GB 6222的规定；转炉煤气回收系统的设备、风机房、煤气柜以及可能泄漏煤气的其他设备，应位于车间常年最小频率风向的上风侧。转炉煤气回收时，风机房属乙类生产厂房、二级危险场所，其设计应采取防火、防爆措施，配备消防设备、火警信号、通讯及通风设施；风机房正常通风换气每小时应不少于7次，事故通风换气每小时应不少于20次。

9.1.10 转炉煤气回收，应设一氧化碳和氧含量连续测定和自动控制系统；回收煤气的氧含量不应超过2%；煤气的回收与放散，应采用自动切换阀，若煤气不能回收而向大气排放，烟囱上部应设点火装置。

9.1.11 转炉煤气回收系统，应合理设置泄爆、放散、吹扫等设施。

9.1.12 转炉余热锅炉与汽化冷却装置的设计、安装、运行和维护，应遵守国家有关锅炉压力容器的规定。

9.2 生产操作

9.2.1 炉前、炉后平台不应堆放障碍物。转炉炉帽、炉壳、溜渣板和炉下挡渣板、基础墙上的粘渣,应经常清理,确保其厚度不超过0.1 m。

9.2.2 废钢配料,应防止带入爆炸物、有毒物或密闭容器。废钢料高不应超过料槽上口。转炉留渣操作时,应采取措施防止喷渣。

9.2.3 兑铁水用的起重机,吊运重罐铁水之前应验证制动器是否可靠;不应在兑铁水作业开始之前先挂上倾翻铁水罐的小钩;兑铁水时炉口不应上倾,人员应处于安全位置,以防铁水罐脱钩伤人。

9.2.4 新炉、停炉进行维修后开炉及停吹8 h后的转炉,开始生产前均应按新炉开炉的要求进行准备;应认真检验各系统设备与联锁装置、仪表、介质参数是否符合工作要求,出现异常应及时处理。若需烘炉,应严格执行烘炉操作规程。

9.2.5 炉下钢水罐车及渣车轨道区域(包括漏钢坑),不应有水和堆积物。转炉生产期间需到炉下区域作业时,应通知转炉控制室停止吹炼,并不得倾动转炉。无关人员不应在炉下通行或停留。

9.2.6 转炉吹氧期间发生以下情况,应及时提枪停吹:氧枪冷却水流量、氧压低于规定值,出水温度高于规定值,氧枪漏水,水冷炉口、烟罩和加料溜槽口等水冷件漏水,停电。

9.2.7 吹炼期间发现冷却水漏入炉内,应立即停吹,并切断漏水件的水源;转炉应停在原始位置不动,待确认漏入的冷却水完全蒸发,方可动炉。

9.2.8 转炉修炉停炉时,各传动系统应断电,氧气、煤气、氮气管道应堵盲板隔离,煤气、重油管道应用蒸汽(或氮气)吹扫;更换吹氧管时,应预先检查氧气管道,如有油污,应清洗并脱脂干净方可使用。

9.2.9 安装转炉小炉底时,接缝处泥料应铺垫均匀,炉底车顶紧力应足够,均匀挤出接缝处泥料;应认真检查接缝质量是否可靠,否则应予处理。

9.2.10 倾动转炉时,操作人员应检查确认各相关系统与设备无误,并遵守下列规定:

——测温取样倒炉时,不应快速摇炉;

——倾动机械出现故障时,不应强行摇炉。

9.2.11 倒炉测温取样和出钢时,人员应避免正对炉口;采用氧气烧出钢口时,手不应握在胶管接口处。

9.2.12 火源不应接近氧气阀门站。进入氧气阀门站不应穿钉鞋。油污或其他易燃物不应接触氧气阀及管道。

9.2.13 有窒息性气体的底吹阀门站,应加强检查,发现泄漏及时处理。进入阀门站应预先打开门窗与排风扇,确认安全后方可入内,维修设备时应始终打开门窗与排风扇。

10 电炉

10.1 设备与相关设施

10.1.1 电炉的最大出钢量,应不超过平均出钢量的120%。

10.1.2 30 t及其以上的电炉,均应采用高架式布置,并采用钢水罐车出钢。

10.1.3 电炉倾动机械应设零位锁定,电极升降应有上限位锁定;电炉炉盖升降与旋转、电极升降与旋转、炉子倾动等动作的机械之间,应设有可靠的安全联锁;电炉液压站,应在断电事故情况下仍能完成一次出钢动作。

10.1.4 根据GBJ 16的规定,额定容量大于或等于40 MV·A的电炉变压器室,应设置CO_2等气体自动灭火系统。

10.1.5 氧气阀门站至氧燃烧嘴和碳氧喷枪的氧气管线,应采用不锈钢制作,并应在软管接头前焊接长1.5 m以上的铜管;氧气阀门站应遵守本规程9.2.12的规定。

10.1.6 设在密闭室内的氮、氩炉底搅拌阀站,应加强维护,发现泄漏及时处理;并应配备排风设施,人员进入前应排风,确认安全后方可入内,维修设备时应始终开启门窗与排风设施。

10.1.7 采用煤气烧嘴时,应设置煤气低压报警及与之联锁的快速切断阀等防回火设施,还应设置煤气吹扫与放散设施。

10.1.8 水冷炉壁与炉盖的水冷板、Consteel炉连接小车水套、竖井水冷件等,应配置出水温度与进出水流量差检测、报警装置。出水温度超过规定值、进出水流量差报警时,应自动断电并升起电极停止冶炼,操作人员应迅速查明原因,排除故障,然后恢复供电。

10.1.9 竖炉、Plus2000炉、Consteel炉的废钢预热段废气出口,以及Korfarc炉炉盖弯管出口,应设置废气成分连续分析系统;废气中的氧与一氧化碳超过规定值,燃烧室中的点火烧嘴便应工作,并供入适量空气,使排出废气继续完全燃烧。

10.1.10 电炉直接排烟除尘系统的设计,应遵守GB 6222和GB 9078的规定,系统中应有泄爆措施。

10.1.11 竖炉的竖井移动与停留区域下方空间,不应设置阀站等有火灾危险的建筑物,不应有电缆架或易燃管线穿越,否则应采取可靠的防护措施。Plus2000炉废钢预热的预热料篮旋转区域下方空间,不应有任何易燃物;料篮旋转时,人员应处于安全位置。

10.1.12 Consteel炉废钢传送带,两侧应设置宽度不小于0.9 m的安全走道。传送带支架下方,不应有人员通行;若有道路通过,应采取可靠的防护措施。

10.1.13 电炉供电设施及其各部位的绝缘电阻,应符合有关电气规程、规范的规定;炉壳与电极、炉盖升降装置,应可靠接地。供电设施附近,不应有易造成短路的材料与物件。

10.1.14 炉后出钢操作室(或操作台)应设在较安全的位置,其正对出钢口的窗户应有防喷溅设施。操作室出入口应设在远离出钢口一侧。炉下钢水罐车运行控制应与电炉出钢倾动控制组合在一个操作台上,以便协调操作。电炉出钢倾动应与炉下钢水罐车的停靠位置及电子秤联锁,出钢水量达到规定值,电炉回倾到适当位置后,钢水罐车方可从出钢工位开出,以保证出钢作业安全。

10.1.15 偏心炉底出钢口活动维修平台，只有在电炉出钢完毕回复原始位置，方可开向工作位置。

10.1.16 炉前喷粉设施与电炉热喷补机的发送罐，其设计、制造、验收与使用，应符合压力容器规范的规定。

10.1.17 直流电弧炉水冷钢棒式底电极，应有温度检测，应采用喷淋冷却方式，避免采用有压排水方式。炉底冷却水管，应悬挂设置，不应采用落地管线，以防漏钢时酿成爆炸事故。

10.1.18 应在电炉炉下不同厚度的耐火材料中设置温度测量元件，当某特定测量点温度超过规定值时，应立即停止冶炼，修理炉底。

10.1.19 电炉炉顶维护平台应设安全门，人员进入时，安全门开启，电极电流断开，电炉不会倾动，炉盖不会旋转。

10.1.20 采用铁水热装工艺的电炉，应能正确控制兑铁水小车的停车位和铁水罐倾动的速度与位置，防止造成跑铁事故。

10.1.21 采用炉前热泼渣工艺的电炉，热泼渣区域周围的建、构筑物与地坪、上方的管线或电缆，应有可靠的防护措施，并应采取措施防止因作业区内积水酿成爆炸事故。

10.1.22 采用活动炉座的电炉，应由一台吊车吊运；因条件限制只能用两台吊车抬运时，应采取措施，保证作业安全。电炉的修炉区，应设置炉壳底座（或支架）、修炉坑或修炉平台。

10.1.23 电极连接站，应设置可靠的防护设施，以防红热电极灼伤人员或损坏周围设施。

10.2 生产操作

10.2.1 电炉开炉前应认真检查，确保各机械设备及联锁装置处于正常的待机状态，各种介质处于设计要求的参数范围，各水冷元件供排水无异常现象，供电系统与电控正常，工作平台整洁有序无杂物。

10.2.2 电极通电应建立联系确认制度，先发信号，然后送电；引弧应采用自动控制，防止短路送电。

10.2.3 竖炉第一料篮下部的废钢，单块重量应不大于400 kg；待加料的废钢料篮吊往电炉之前，不应挂小钩，废钢料篮下不应有人。

10.2.4 电炉吹氧喷碳粉作业，应加强监控。当泡沫渣升至规定高度时，应停止喷碳粉。水冷氧枪应设置极限位，以确保氧枪与钢液面的安全距离。

10.2.5 氧燃烧嘴开启时应先供燃料，点火后再供氧；关闭时应先停止供氧，再停止供燃料。

10.2.6 炉前热泼渣操作，应防止洒水过多，以避免积水产生事故。

10.2.7 电炉通电冶炼或出钢期间，人员应处于安全位置，不应登上炉顶维护平台，不应在短网下和炉下区域通行。

10.2.8 电炉冶炼期间发生冷却水漏入熔池时,应断电、升起电极,停止冶炼、炉底搅拌和吹氧,关闭烧嘴,并立即处理漏水的水冷件,不应动炉。直至漏入炉内的水蒸发完毕,方可恢复冶炼。

10.2.9 正常生产过程中,应经常清除炉前平台流渣口和出钢区周围构筑物上的黏结物。黏结物厚度应不超过0.1 m,以防坠落伤人。

10.2.10 电炉炉下区域、炉下出钢线与渣线地面,应保持干燥,不应有水或潮湿物。

10.2.11 电炉加料(包括铁水热装和吊铁水罐)、吊运炉底、吊运电极,应有专人指挥。吊物不应从人员和设备上方越过,人员应处于安全位置。

10.2.12 维修炉底出钢口的作业人员与电炉主控人员之间,应建立联系与确认制度。

11 炉外精炼

11.1 设备与相关设施

11.1.1 精炼炉的最大钢水量,应能满足不同炉外精炼对钢液面以上钢包自由空间的要求。

11.1.2 钢水炉外精炼装置,应有事故漏钢措施。VD、VOD等钢包真空精炼装置,其蒸汽喷射真空泵系统应有抑制钢液溢出钢包的真空度调节措施,并应设彩色工业电视,监视真空罐内钢液面的升降。

11.1.3 VOD、CAS-OB,RH-KTB等水冷氧枪升降机械,应有事故驱动等安全措施;氧气阀站至氧枪的氧气管道,应采用不锈钢管,且应在软管接头前设置长度超过1.5 m的铜管。

11.1.4 受钢液高温影响的水冷元件,应设可靠的断电供水设施,确保在断电期间保护设备免遭损坏;可能因冷却水泄漏酿成爆炸事故的水冷元件,如VOD、CAS-OB、IR-UT、RH-KTB中的水冷氧枪,应配备进出水流量差报警装置;报警信号发出后,氧枪应自动提升并停止供氧,停止精炼作业。

11.1.5 VOD与RH-KTB等真空吹氧脱碳精炼装置、蒸汽喷射真空泵的水封池应密闭,并设风机与排气管,排气管应高出厂房2~4 m。所在区域应设置"警惕煤气中毒"、"不准停留"等警示牌。

11.1.6 LF与RH电加热的供电设施,应遵循有关电气规程、规范,设备与线路的绝缘电阻应达到规定值,电极与炉盖提升机械应有可靠接地装置;若RH与RH-KTB采用石墨电阻棒加热真空罐,真空罐应有可靠接地装置。

11.1.7 RH装置的钢水罐或真空罐升降液压系统,应设手动换向阀装置。

11.1.8 真空精炼装置,用氮气破坏真空时,应设大气压平衡阀及恢复大气压信号。信号应与真空罐盖开启、RH吸嘴抽出钢液的动作联锁,当真空罐内外存在压差时,不应开启真空罐盖或抽出RH吸嘴;VOD与RH-KTB破坏真空系统,应有氮气稀释措施。

11.1.9 蒸汽喷射真空泵的喷射器,应包裹隔声层,废气排出口与蒸汽放散口应设消声器。

11.1.10 炉外精炼装置中的粉料发送罐、贮气罐、蒸汽分配器、汽水分离器、蓄势器等有压容器,其设计、制造、验收和使用,应符合国家有关压力的规定。

11.2 生产操作

11.2.1 精炼炉工作之前,应认真检查,确保设备处于良好待机状态、各介质参数符合要求。

11.2.2 应控制炼钢炉出钢量,防止炉外精炼时发生溢钢事故。

11.2.3 应做好精炼钢包上口的维护,防止包口黏结物过多。

11.2.4 氩气底吹搅拌装置应根据工艺要求调节搅拌强度,防止溢钢。

11.2.5 炉外精炼区域与钢水罐运行区域,地坪不得有水或潮湿物品。

11.2.6 精炼过程中发生漏水事故,应立即终止精炼,若冷却水漏入钢包,应立即切断漏水件的水源,钢包应静止不动,人员撤离危险区域,待钢液面上的水蒸发完毕方可动包。

11.2.7 精炼期间,人员不得在钢包周围行走和停留。

11.2.8 RH 或 RH-KTB 新的或修补后的插入管,应经烘烤干燥方可使用;VD、VOD、RH 或 RH-KTB 真空罐新砌耐火材料以及喷粉用喷枪,应予干燥。在 VD、VOD 真空罐内清渣或修理衬砖,应采取临时通风措施,以防缺氧。

11.2.9 LF 通电精炼时,人员不应在短网下通行,工作平台上的操作人员不应触摸钢包盖及以上设备,也不应触碰导电体。人工测温取样时应断电。RH、RH-KTB 采用石墨棒电阻加热真空罐期间,人员不应进入真空罐平台。

11.2.10 RH、RH-KTB 的插入管与 CAS-OB、IR-UT 的浸渍罩下方,不应有人员通行与停留;精炼期间,人员应处于安全位置。

11.2.11 AOD 的配气站,应加强检查,发现泄漏及时处理。人员进入配气站应预先开启门窗与通风设施,确认安全后方可入内,维修时应始终开启门窗与通风设施。

11.2.12 吊运满包钢水或红热电极,应有专人指挥;吊放钢包应检查确认挂钩、脱钩可靠,方可通知司机起吊。

11.2.13 潮湿材料不应加入精炼钢包;人工往精炼钢包投加合金与粉料时,应防止液渣飞溅或火焰外喷伤人。精炼炉周围不应堆放易燃物品。

11.2.14 喷粉管道发生堵塞时,应立即关闭下料阀,并在保持引喷气流的情况下,逐段敲击管道,以消除堵塞;若需拆检,应先将系统泄压。

11.2.15 喂丝线卷放置区,宜设置安全护栏;从线卷至喂丝机,凡线转向运动处,应设置必要的安全导向结构,确保喂丝工作时人员安全;向钢水喂丝时,线卷周围 5 m 以内不应有人。

12 钢水浇注

12.1 钢包准备

12.1.1 钢包浇注后,应进行检查,发现异常,应及时处理或按规定报修、报废。

12.1.2 新砌或维修后的钢包,应经烘烤干燥方可使用。

12.1.3 浇注后倒渣应注意安全,人员应处于安全位置,倒渣区地面不得有水或潮湿物品,其周围应设防护板。

12.1.4 热修包时,包底及包口黏结物应清理干净;更换氩气底塞砖与滑动水口滑板,应正确安装,并检查确认。

12.1.5 新装滑动水口或更换滑板后,应经试验确认动作可靠方可交付使用;采用气力弹簧的滑板机构,应定期校验,及时调整其作用力。

12.1.6 滑动水口引流砂应干燥。

12.2 模铸

12.2.1 新建、改建或扩建炼钢工程,必须采用部分模铸时,应采用小车铸系统,不应采用地面浇注或坑铸系统(不包括铸钢车间)。

12.2.2 铸锭平台的长度,除满足工艺要求外,还应留有一定的余量;其高度应低于有帽钢锭模的帽口和无帽钢锭模的模口,宽度应不小于 3 m。

12.2.3 铸锭车外边缘与钢水罐车外边缘的距离,应不小于 1 m。

12.2.4 靠车间外侧纵向布置的铸锭平台,应在平台外设安全平台,其宽度应不大于 0.9 m;两种平台之间有隔墙时,平台之间通道门的间距应不小于 36 m。

12.2.5 浇注时应遵守下列规定:

——浇注前应详细检查滑动水口及液压油路系统;往罐上安装油缸时,不应对着传动架调整活塞杆长度;遇有滑板压不动时,确认安全之后方可在铸台松动滑动水口顶丝;油缸、油带漏油,不应继续使用;机械封顶用的压盖和凹型窝内,不应有水;

——开浇和烧氧时应预防钢水喷溅,水口烧开后,应迅速关闭氧气;

——浇注钢锭时,钢水罐不应在中心注管或钢锭模上方下落;

——使用凉铸模浇注或进行软钢浇注时,应时刻提防钢水喷溅伤人;

——出现钢锭模或中注管漏钢时,不应浇水或用湿砖堵钢;

——正在浇注时,不应往钢水包内投料调温;

——指挥摆罐的手势应明确;大罐最低部位应高于漏斗砖 0.15 m;浇注中移罐时,操作者应走在钢水罐后面;

——不应在有红锭的钢锭模沿上站立、行走和进行其他操作;

——取样工具应干燥,人员站位应适当,样模钢水未凝固不应取样。

12.2.6 整模应遵守下列规定:

——应经常检查钢锭模、底盘、中心注管和保温帽,发现破损和裂纹,应按报废标准报废,或修复达标后使用;

——安放模子及其他物体时,应等起重机停稳、物体下落到离工作面不大于 0.3 m,方可上前校正物体位置和放下物体;

——钢锭模应冷却至200℃左右，方可处理；

——列模、列帽应放置整齐，并检查确认无脱缝现象。

12.3 连铸

12.3.1 确定铸机弯曲半径、拉速、冷却水等参数时，应确保铸坯凝固长度小于冶金长度。

12.3.2 大包回转台的支承臂、立柱、地脚螺栓设计，应进行强度计算，计算中应考虑满包负荷冲击系数（1.5～2）。

大包回转台旋转时，包括钢包的运动设备与固定构筑物的净距，应大于0.5 m。

大包回转台应配置安全制动与停电事故驱动装置。

12.3.3 连铸浇注区，应设事故钢水包、溢流槽、中间溢流罐。

12.3.4 对大包回转台传动机械、中间罐车传动机械、大包浇注平台，以及易受漏钢损伤的设备和构筑物，应采取防护措施。

12.3.5 结晶器、二次喷淋冷却装置，应配备事故供水系统；一旦正常供水中断，即发出警报，停止浇注，事故供水系统启动，并在规定的时间内保证铸机的安全；应定期检查事故供水系统的可靠性。

12.3.6 高压油泵发生故障或发生停电事故时，液压系统蓄势器应能维持拉矫机压下辊继续夹持钢坯30～40 min，并停止浇注，以保证人身和设备安全。

12.3.7 采用放射源控制结晶器液面时，放射源的装、卸、运输和存放，应使用专用工具，应建立严格的管理和检测制度；放射源只能在调试或浇注时打开，其他时间均应关闭；放射源启闭应有检查确认制度与标志，打开时人员应避开其辐射方向，其存放箱与存放地点应设置警告标志。

12.3.8 连铸主平台以下各层，不应设置油罐、气瓶等易燃、易爆品仓库或存放点，连铸平台上漏钢事故波及的区域，不应有水与潮湿物品。

12.3.9 浇注之前，应检查确认设备处于良好待机状态，各介质参数符合要求；应仔细检查结晶器，其内表面应干净并干燥，引锭杆头送入结晶器时，正面不应有人，应仔细填塞引锭头与结晶器壁的缝隙，按规定放置冷却废钢等物料。浇注准备工作完毕，拉矫机正面不应有人，以防引锭杆滑下伤人。

12.3.10 新结晶器和检修后的结晶器，应进行水压试验，合格的结晶器在安装前应暂时封堵进出水口。

使用中的结晶器及其上口有渗水现象，不应浇注。

12.3.11 钢包或中间罐滑动水口开启时，滑动水口正面不应有人，以防滑板窜钢伤人。

12.3.12 浇注中发生漏、溢钢事故，应关闭该铸流。

12.3.13 输出尾坯时（注水封顶操作），人员不应面对结晶器。

12.3.14 浇注时应遵守下列规定：

——二次冷却区不应有人；

——出现结晶器冷却水减少报警时,应立即停止浇注;

——浇注完毕,待结晶器内钢液面凝固,方可拉下铸坯;

——大包回转台(旋转台)回转过程中,旋转区域内不应有人。

12.3.15 引锭杆脱坯时,应有专人监护,确认坯已脱离方可离开。

12.3.16 采用煤气、乙炔和氧气切割铸坯时,应安装煤气、乙炔和氧气的快速切断阀;在氧气、乙炔和煤气阀站附近,不应吸烟和有明火,并应配备灭火器材。

12.3.17 切割机应专人操作。未经同意,非工作人员不应进入切割机控制室。切割机开动时,机上不应有人。

12.4 钢锭(坯)处理

12.4.1 钢锭(坯)堆放高度,应符合下列规定:

大于3 t的钢锭	不大于3.5 m
0.5~3 t的钢锭	不大于2.5 m
小于0.5 t的钢锭	不大于1.9 m
人工吊挂钢锭	不大于1.9 m
长度6 m及以上的连铸坯	不大于4 m
长度6~3 m的连铸坯	不大于3 m
长度3 m以下的连铸坯	不大于2.5 m

12.4.2 钢锭退火时应放置平稳,确认退火窑内无人方可推车。

12.4.3 修磨钢锭(坯)时,应戴好防护用具,严格按操作规程进行。

12.4.4 钢锭(坯)库内人行道宽度应不小于1 m;锭(坯)垛间距应不小于0.6 m;进入锭(坯)垛间应带小红旗,小红旗应高出钢锭(坯)垛。

13 动力供应与管线

13.1 供电与电气设备

13.1.1 炼钢厂供电应有两路独立的高压电源,当一路电源发生故障或检修时,另一路电源应能保证车间正常生产用电负荷。

13.1.2 计算机应设置不间断电源(UPS)。

13.1.3 产生大量蒸汽、腐蚀性气体、粉尘等的场所,应采用密闭电气设备;有爆炸危险气体或粉尘的工作场所,应采用防爆型电气设备。

13.1.4 转炉倾动设备应设有可靠的事故断电紧急开关;氧枪、副枪驱动,应设有事故电源(直流驱动采用蓄电池,交流驱动采用UPS电源),供事故断电时,将氧枪、副枪提出炉口。

13.1.5 设在车间内部的变压器室,应设置100%变压器油量的储油设施。

13.1.6 炼钢车间,应根据工艺设备布置,适当配置安全灯插座;行灯电压不应超过36 V;在潮湿地点和金属容器内使用的行灯,其电压不应超过12 V。

13.1.7 工作场所的照明，应遵守 GB 50034 的规定。

13.1.8 电炉和 LF 精炼炉，其变压器室外墙短网开孔和支撑变压器母线排的主变压器墙，应采取防电磁感应发热的措施。

13.1.9 电缆不应架设在热力与燃气管道上，应远离高温、火源与液渣喷溅区；必须通过或邻近这些区域时，应采取可靠的防护措施；电缆不得与其他管线共沟敷设。

13.1.10 车间变电所与有火灾、爆炸危险或产生大量有毒气体、粉尘的设施之间，应有足够的安全距离。

13.2 动力管线

13.2.1 车间内各类燃气管线，应架空敷设，并应在车间入口设总管切断阀；车间内架空燃气管道与其他架空管线的最小净距，应符合有关规定的要求。

13.2.2 油管道和氧气管道不应敷设在同一支架上，且不应敷设在煤气管道的同一侧。

13.2.3 氧气、乙炔、煤气、燃油管道及其支架上，不应架设动力电缆、电线，供自身专用者除外。

13.2.4 氧气、乙炔、煤气、燃油管道，应架设在非燃烧体支架上；当沿建筑物的外墙或屋顶敷设时，该建筑物应为无爆炸危险的一、二级耐火等级厂房。

13.2.5 氧气、乙炔、煤气、燃油管道，架空有困难时，可与其他非燃烧气体、液体管道共同敷设在用非燃烧体作盖板的不通行的地沟内；也可与使用目的相同的可燃气体管道同沟敷设，但沟内应填满砂，并不应与其他地沟相通。

氧气与燃油管道不应共沟敷设；油脂及易燃物不应漏入地沟内。

其他用途的管道横穿地沟时，其穿过地沟部分应套以密闭的套管，且套管伸出地沟两壁的长度各约 0.2m。

13.2.6 煤气、乙炔等可燃气体管线，应设吹扫用的蒸汽或氮气吹扫接头；吹扫管线应防止气体串通。

13.2.7 各类动力介质管线，均应按规定进行强度试验及气密性试验。

13.2.8 氧气、乙炔、煤气、燃油管道，应有良好的导除静电装置，管道接地电阻应不大于 10 Ω，每对法兰间总电阻应小于 0.03 Ω，所有法兰盘连接处应装设导电跨接线。

氧气管道每隔 90～100m 应进行防静电接地，进车间的分支法兰也应接地，接地电阻应不大于 10 Ω。

13.2.9 氧气、乙炔管道靠近热源敷设时，应采取隔热措施，使管壁温度不超过 70℃。

13.2.10 不同介质的管线，应涂以不同的颜色，并注明介质名称和输送方向；各种气体、液体管道的识别色，应符合 GB 7231 的规定。

13.2.11 阀门应设功能标志，并设专人管理，定期检查维修。

13.3 给排水

13.3.1 生产线消防给水，应采用环状管网供水；环状或双线给水管道，应保证更换管道和闸阀时不影响连续供水。

13.3.2 最低温度在 -5℃以下的地区,间断用水的部件应采取防冻措施。

13.3.3 供水系统应设两路独立电源供电,供水泵应设置备用水泵。

13.3.4 安全供水水塔(或高位水池),应设置水位显示和报警装置;应使塔内存水保持流动状态,并应定期放水清扫水塔。

13.3.5 采用喷嘴喷淋水的给水管,应装设管道过滤器,避免较大粒径悬浮物带入喷水管。

13.4 氧气

13.4.1 氧气管网的设计、作业和检修,应符合 GB 50030、GB 16912 的规定;从事氧气管道检修、维护和操作的人员,应通过有关安全技术培训,并经考核合格方可上岗。

13.4.2 炼钢车间管道中氧气最高流速:碳钢管不大于 15 m/s;不锈钢管不大于 25 m/s。

13.4.3 新敷设的氧气管道,应脱脂、除锈和钝化;氧气管道在检修和长期停用之后再次使用,应预先用无油压缩空气或氮气彻底吹扫。

13.4.4 氧气管道的阀门,应选用专用阀门;工作压力大于 0.1 MPa 时,不应选用闸阀。

13.4.5 氧气管道和氧气瓶冻结时,可采用热水或蒸汽解冻,不应采用火烤、锤击解冻。

13.5 乙炔

13.5.1 乙炔站应符合 GB 50031 的要求;其电气设备的选用、安装,应符合甲类生产车间厂房的要求。

13.5.2 乙炔工作压力为 0.02 ~0.15 MPa 时,管中最大流速不得超过 9 m/s。

13.5.3 乙炔管道的选用,应遵守下列规定:

——压力为 0.02 ~ 0.15 MPa 的中压管道,应采用无缝钢管,且管内径不大于 90 mm;

——内径大于 50 mm 的中压管道,不应使用盲板或死端头,也不应采用闸阀。

13.5.4 使用乙炔氧气点火枪应远离电气柜,点火枪附近不应有易燃、易爆物品。

13.5.5 车间内乙炔管道进口,应设中央回火防止器;每个使用管头应设岗位回火防止器。

室内管道,应每隔 25 m 接地一次。

13.6 燃油管道及煤气管道

13.6.1 燃油管道是否采取伴热和保温措施,应根据油品种类、黏度—温度特性曲线及当地气温情况来确定。

13.6.2 燃油管道施工完毕,应进行强度试验和严密性试验;一般采用液压试验,试验要求应符合 GB 50235 的规定。

13.6.3 煤气进入车间前的管道,应装设可靠的隔断装置。

在管道隔断装置前、管道的最高处及管道的末端,应设置放散管;放散管口应高出煤气管道、设备和走台 4 m,且应引出厂房外。

13.6.4 车间煤气管道的强度试验和严密性试验,应符合 GB 6222 的要求。

13.6.5 炼钢车间煤气间断用户，不宜使用高炉煤气或转炉煤气。

14 炉渣

14.1 采用抱罐汽车运输液体渣罐时，罐内液渣不应装满，应留0.3 m以上的空间，抱罐汽车司机室顶部与背面应加设防护装置；抱罐汽车运行线路宜设专线，避免与其他车辆混杂运行，并尽可能减少相交道口。

14.2 盛液渣的渣罐应加强检查，其内不应有水、积雪或其他潮湿物料。

14.3 中间渣场吊运液体渣罐，应采用铸造起重机。中间渣场采用渣罐热泼液渣工艺时，应防止热泼区地坪积水。

14.4 采用渣罐倾翻固体渣工艺的中间渣场，砸渣砣作业时人员不应靠近作业区，防止落物伤人。

14.5 采用钢渣水淬工艺时，应确保冲渣水量大于最小的水渣比；发现冲渣水量小于规定值时，应停止水淬，以防爆炸。

15 修炉

15.1 拆炉

15.1.1 转炉采用拆炉机拆炉期间，人员不应在炉下区域通行与停留。

15.1.2 电炉采用风镐拆炉时，作业人员应佩戴护目镜等防护装备，并注意站位安全，防止落砖伤人。

15.2 修炉作业施工区要求

15.2.1 施工区应有足够照明，危险区域应设立警示标志及临时围栏等。

15.2.2 有可能泄漏煤气、氧气、高压蒸汽、其他有害气体与烟尘的部位，应采取防护措施。

15.2.3 电炉修炉区，应设专用平台或搭建稳固的临时平台，使作业人员能安全方便地进出炉壳。

15.2.4 施工区域耐火砖砖垛高度应不超过1.9 m，重质耐火砖砖垛高度不超过1.5 m，垛间应留宽度大于1 m的人行通道。

15.2.5 施工区域至车间外部，应临时建立废砖清运、耐火材料输送的专用通道，以保证安全有序、物流畅通。

15.2.6 高处作业人员应佩戴安全带。

15.2.7 搭建修炉脚手架应经检查连接牢固，脚手架离工作面0.05～0.1 m，负荷不应超过279 kg/m^2，其上物料不应集中放置；倾斜跳板宽度应不小于1.5 m，坡度不大于30°，防滑条间距应小于0.3 m。

15.3 转炉修炉

15.3.1 应事先全面清除炉口、炉体、汽化冷却装置、烟道口烟罩、溜料口、氧枪孔和挡渣板等周围的残钢和残渣，然后进行拆炉。

15.3.2 修炉之前,应切断氧气,堵好盲板,移开氧枪,切断炉子倾动和氧枪横移电源;关闭汇总散状料仓并切断气源;炉口应支好安全保护棚,在作业的炉底车、修炉车两侧设置轨道铁,切断钢包车和渣车的电源。

15.3.3 应认真执行停电、挂牌制度;修炉时,砌炉地点周围不应有人。

15.3.4 在炉体内外作业,除执行停电挂牌制度外,还应将炉体倾动制动器锁定。

15.3.5 采用上修法时,活动烟道移开后,固定烟道下方应设置盲板。

15.3.6 采用复吹工艺时,检修前应将底部气源切断,并应采取隔离措施。

15.4 电炉修炉

15.4.1 电炉倾动机械应锁定,炉盖旋开并锁定,液压站关闭。

15.4.2 炉前碳氧喷枪应转至停放位并切断气源,炉底搅拌气源应切断,并采取隔离措施;氧燃烧嘴或炉壁氧枪的氧气应切断,并采取隔离措施。

15.4.3 吊运砖垛与物料,人员应避开;炉内砖垛高度应不超过 1 m。

15.4.4 操作者应站在炉壳外放置胎模,每节胎打满时应注意防止风锤崩出伤人。

15.5 其他

15.5.1 拆除化铁炉应自上而下进行,应站在作业点的上方操作;拆炉、砌炉所用的起重设备,应经常检查,确保安全可靠;并应有上下通讯联络措施。

15.5.2 修炉爆破应遵守 GB 6722 的规定。

附录四

AQ 2003—2004《轧钢安全规程》

ICS 77.080
H 40
备案号：14948—2005

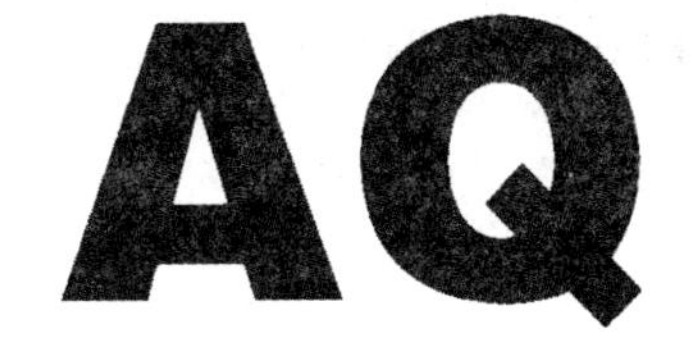

中华人民共和国安全生产行业标准

AQ 2003—2004

轧 钢 安 全 规 程

Safety regulations for steel rolling

2004-12-01 发布　　2005-03-01 实施

国家安全生产监督管理局　发布

目　　次

前　　言

本标准是依据国家有关法律法规的要求,在充分考虑轧钢生产工艺的特点(除存在通常的机械、电气、运输、起重等方面的危险因素外,还存在易燃易爆和有毒有害气体、高温热源、金属液体、尘毒、放射源等方面的危险和有害因素)的基础上编制而成。

本标准对轧钢安全生产问题作出了规定。

本标准由国家安全生产监督管理局提出并归口。

本标准起草单位:武汉安全环保研究院、中冶赛迪工程技术股份有限公司、宝钢集团公司。

本标准主要起草人:黄幼知、李晓飞、徐耀寰、万成略、穆东、周全宇、聂岸、康昕、甘捷、王瑾。

轧钢安全规程

1 范围

本标准规定了轧钢安全生产的技术要求。

本标准适用于轧钢厂的设计、设备制造、施工安装、生产和设备检修。

2 规范性引用文件

下列文件中的条款通过本标准的引用而成为本标准的条款。凡是注日期的引用文件,其随后所有的修改单(不包括勘误的内容)或修订版均不适用于本标准,然而,鼓励根据本标准达成协议的各方研究是否可使用这些文件的最新版本。凡是不注日期的引用文件,其最新版本适用于本标准。

GB 2893 安全色

GB 2894 安全标志

GB 4053.1 固定式钢直梯安全技术条件

GB 4053.2 固定式钢斜梯安全技术条件

GB 4053.3 固定式工业防护栏杆安全技术条件

GB 4053.4 固定式工业钢平台

GB 4387 工业企业厂内铁路、道路运输安全规程

GB 4962 氢气使用安全技术规程

GB 5082 起重吊运指挥信号

GB 6067 起重机械安全规程

GB 6389 工业企业铁路道口安全标准

GB 6222 工业企业煤气安全规程

GB 7231 工业管道的基本识别色和识别符号

GB 16912 氧气及相关气体安全技术规程

GB 50031 乙炔站设计规范

GB 50033 工业企业采光设计标准

GB 50034 工业企业照明设计标准

GB 50057 建筑物防雷设计规范

GB 50058 爆炸和火灾危险环境电力装置设计规范

GB 50187 工业企业总平面设计规范

GBJ 16 建筑设计防火规范

GBJ 87 工业企业噪声控制设计规范

GBJ 140　建筑灭火器配置规范

GBZ 2　工作场所有害因素职业接触限值

DL 408　电业安全工作规程

YBJ 52　钢铁企业总图运输设计规范

3　术语和定义

下列术语和定义适用于本标准。

3.1

轧钢企业　Rolling plant

从事钢材压力加工或深加工的企业。

3.2

工业炉窑　Furnace

轧钢企业中用于钢坯和钢材加热或保温的设备。

3.3

精整　Procession

对钢材(钢坯)进行表面修磨、改变尺寸、改变形状、调整表面状态或性能等的加工过程。

3.4

事故飞剪　Emergency flying shear

专门用于事故状态剪切钢材的设备。

4　安全管理

4.1　新建、改建、扩建工程项目的安全设施,应与主体工程同时设计、同时施工、同时投入生产和使用。安全设施的投资应纳入建设项目概算。

4.2　建设工程的初步设计文件应有《职业安全健康篇》。安全设计应贯穿于各专业设计之中。

4.3　建设项目施工应按设计进行。变更安全设施,应经设计单位书面同意。

工程中的隐蔽部分,应经设计单位、建设单位、监理单位和施工单位共同检查合格,方可进行隐蔽。

施工完毕,施工单位应将竣工说明书及竣工图交付建设单位。

4.4　建设工程的安全设施竣工后,应经验收合格方可投入生产。

4.5　轧钢企业应建立健全安全管理制度,完善安全生产责任制。

厂长(经理)对本企业的安全生产负全面责任,各级主要负责人对本部门的安全生产负责。

各级机构对其职能范围的安全生产负责。

4.6　轧钢企业应依法设置安全生产管理机构或配备专(兼)职安全生产管理人员,负责管理本企业的安全生产工作。

4.7 轧钢企业应建立健全安全生产岗位责任制和岗位安全技术操作规程，严格执行值班制和交接班制。

4.8 轧钢企业应认真执行安全检查制度，对查出的问题应提出整改措施，并限期整改。

4.9 轧钢企业的厂长（经理）应具备相应安全生产知识和管理能力。

4.10 轧钢企业应定期对职工进行安全生产和劳动保护教育，普及安全知识和安全法规，加强业务技术培训。职工经考核合格方可上岗。

新工人进厂，应首先接受厂、车间、班组三级安全教育，经考试合格后由熟练工人带领工作，直到熟悉本工种操作技术并经考核合格，方可独立工作。

调换工种和脱岗三个月以上重新上岗的人员，应事先进行岗位安全培训，并经考核合格方可上岗。

外来参观或学习的人员，应接受必要的安全教育，并应由专人带领。

4.11 特种作业人员和要害岗位、重要设备与设施的作业人员，均应经过专门的安全教育和培训，并经考核合格、取得操作资格证，方可上岗。上述人员的培训、考核、发证及复审，应按国家有关规定执行。

4.12 采用新工艺、新技术、新设备，应制定相应的安全技术措施，并经厂长（经理）批准；对有关生产人员，应进行专门的安全技术培训，并经考核合格方可上岗。

4.13 轧钢企业应为职工提供符合国家标准或行业标准的劳动防护用品，职工应正确佩戴和使用劳动防护用品。

4.14 轧钢企业应建立对厂房、机电设备进行定期检查、维修和清扫制度。要害岗位及电气、机械等设备，应实行操作牌制度。

4.15 安全装置和防护设施，不得擅自拆除。

4.16 轧钢企业应建立火灾、爆炸、触电和毒物逸散等重大事故的应急救援预案，并配备必要的器材与设施，定期演练。

4.17 轧钢企业发生伤亡或其他重大事故时，厂长（经理）或其代理人应立即到现场组织指挥抢救，并采取有效措施，防止事故扩大。

发生伤亡事故，应按国家有关规定报告和处理。

事故发生后，应及时调查分析，查清事故原因，并提出防止同类事故发生的措施。

5 厂区布置与厂房建筑

5.1 厂址选择应遵循 GB 50187 的规定。

5.2 厂（车间）应设在企业污染影响较大的生产区最小频率风向的下风侧。

5.3 厂房主要迎风面，宜与夏季主导风向成60°～90°角；应使热作业区和产生烟气或有害气体的作业区布置在下风位置；噪声较大或有害气体和粉尘危害较严重的工序，在工艺条件允许的情况下，应布置在独立的跨间或单独的房间内；高温作业的操作岗位，应布置在热源的上风侧。

5.4 工厂平面布置，应合理安排车流、人流，保证人员安全通行。通过人流、车流密度较大的铁路、道路平交道口，应根据 GB 4387 的有关规定，修建立交、人行天桥或地道。

5.5 散热量大或工作条件较差的跨间（包括加热炉跨、热轧跨、冷床跨、热处理炉跨、热钢坯跨、酸洗跨、镀层跨和涂层跨等），应采用有组织的自然通风，车间四周不宜修建坡屋。

5.6 厂房建筑和设备基础受高温辐射烘烤，轧件和机械的冲击负荷以及大量油、酸、碱腐蚀等破坏作用的，应采取相应的防护措施。

5.7 设置吊车的新建厂房，其柱顶或屋架下弦底面与吊车顶端的净空尺寸不应小于 0.22 m；应设吊车安全走道，双面走道宽度一般不小于 1.5 m，单面走道不小于 0.80 m；通过立柱处的走道，最小宽度（上柱内缘到吊车大桥端头外缘的净空尺寸）不应小于 0.55 m，如从上柱人孔穿孔，人孔宽度不应小于 0.4 m；吊车轨道标高应保证对最高设备吊装拆卸的安全高度，吊件下缘高度距最高设备高度净空间距不应小于 0.5 m；吊车操作室下缘，距安全通道平台、材料堆垛和车间设施的安全间距应不小于 2.0 m，距安全操作平台的安全间距不应小于 3.0 m。

5.8 在厂房结构上，应合理分布适当数量的加强桁架，以便更换吊车电机等设备时作承重结构使用；采取重型工作制吊车的厂房，两端应设有检修平台，并应按吊车台数设置司机专用走梯和蹬车平台。

5.9 车间设备应布置在吊钩极限范围之内，吊车经常作业的区段应适当留有富余的场地。

5.10 使用吊车换辊方式的车间，应有保证换辊安全作业所必需的场地和空间。

5.11 车间设计，应考虑吊运物行走的安全路线，吊运物不应跨越有人操作的固定岗位或经常有人停留的场所，并不应随意从主体设备上越过。车间内的计器室、操作台、电气室、液压站等，应布置在吊物碰不到的厂房两侧，若工艺需要布置在厂房中间，则应有易于识别的明显标志。

5.12 厂区布置和主要车间的工艺布置，应设有安全通道，以便在异常情况或紧急抢救情况下供人员和消防车、急救车使用。

5.13 厂区建筑物与铁路、道路之间的最小距离，应符合 YBJ 52 的规定。

5.14 厂区布置，应避免轧钢车间与铁路线交叉，或被铁路线包围。

6 危险场所与防火

6.1 危险场所

6.1.1 下列场所应属危险场所：

——根据 GBJ 16 确定为甲、乙类生产火灾危险性场所；

——根据 GB 50058 确定为 0 区、1 区和 2 区气体或蒸汽爆炸性混合物和 10 区、11 区粉尘或可燃纤维爆炸性混合物的爆炸危险场所；

——接触毒物,有窒息性气体或射线,在不正常或故障情况下会造成急性中毒或严重人身伤害的场所;
——高压、高频带电设备,或超过规定的磁场强度、电场强度标准,易于触电或可能造成严重伤害的场所;
——高速运动(超过 5 m/s)轧件的周围和发生故障时可能的射程区域;
——高温运动轧件周围或可能发生飞溅金属或氧化铁皮的区域;
——外露的高速运转或移动设备的周围;
——有毒物或易燃、易爆气体的设备或管道,可能积存有毒有害或可燃性气体的氧化铁皮沟、坑、下水道等场所;
——强酸碱容器周围。

6.1.2 危险场所、重大危险设备的管理和严重危险作业,应遵守下列规定:
——危险场所设备的操作,应严格实行工作牌制;
——电气设备的操作,应参照 DL 408 的规定,实行工作票制;
——重大危险场所、危险设备或设施,应设有危险标志牌或警告标志牌;
——在甲、乙类火灾危险场所和0区、1区、2区和10区、11区爆炸性危险场所,以及重大危险设备上,进行不属于正常生产操作的其他活动,如动火、检修、更改操作规程等,应事先申报安全、消防、保卫部门同意,并经有关领导批准,方可进行。

6.2 防火

6.2.1 主要生产场所的火灾危险性分类及建构筑物防火最小安全间距,应遵循 GBJ 16 的规定。

6.2.2 轧钢企业应根据国家有关法律、法规,配备消防设施、设备和人员,并与当地消防部门建立联系。

6.2.3 车间电气室、地下油库、地下液压站、地下润滑站、地下加压站等要害部门,其出入口应不少于两个(室内面积小于6 m^2 而无人值班的,可设一个),门应向外开。

6.2.4 电气室(包括计算机房)、主电缆隧道和电缆夹层,应设有火灾自动报警器、烟雾火警信号器、监视装置、灭火装置和防止小动物进入的措施;还应设防火墙和遇火能自动封闭的防火门,电缆穿线孔等应用防火材料进行封堵。新建、改建和扩建的轧钢企业,应设有集中监视和显示的火警信号中心。

6.2.5 油库、液压站和润滑站,应设有灭火装置和自动报警装置。

6.2.6 设有通风以及自动报警和灭火设施的场所,风机与消防设施之间,应设有安全联锁装置。

6.2.7 设置小型灭火装置的数量,应遵循 GBJ 140 的规定。

7 基本规定

7.1 经过辊道、冷床、移送机和运输机等设备的人行通道,应修建符合下列规定的人行天桥:

——桥宽不小于0.8 m,两侧设不低于1.05 m的防护栏杆；

——跨越输送灼热金属的天桥,应设有隔热桥板,两侧设不低于1.5 m的防护挡板；

——有可能发生飞溅金属屑、渣或氧化铁皮处的人行天桥,两侧应设置不低于2.0 m的防护挡板;有高速轧件上窜危险处的人行天桥,应设置金属网罩,其网眼应小于最小轧件的尺寸；

——跨越轧制线的人行天桥,其间距不宜超过40 m。

7.2 与生产无关的人员,不应进入生产操作场所。应划出非岗位操作人员行走的安全路线,其宽度一般不小于1.5 m。

7.3 新建、改建和扩建轧钢厂,应靠厂房一侧沿轧制生产线的方向,距离地面适当高度修建供参观和其他生产操作人员行走的安全通廊,其宽度不小于1 m,栏杆高度不低于1.05 m;较长的通廊,每隔20 m应设有交汇平台。

7.4 轧机、加热设备及其他距地面1 m以上需要经常操作、检测、检修或运输的设备,均应设置带上下扶梯的固定平台或安全通道,并设有不低于1.05 m的防护栏杆,栏杆下部应有不小于0.1 m的护脚板。重要的工作平台或安全通道,应至少设两个出入口。

7.5 设备裸露的转动或快速移动部分,应设有结构可靠的安全防护罩、防护栏杆或防护挡板。

7.6 轧钢厂区内的坑、沟、池、井,应设置安全盖板或安全护栏。

7.7 车间主要危险源或危险场所,应有禁止接近、禁止通行、禁火或其他警告标志;各种射线源、高压供电设施、易于泄漏煤气(或天然气)等可燃气体,以及其他严重危险的区域,应设有色灯或声响警告信号;吊车易于碰撞的设备、高处作业坠物区、易燃易爆场所以及其他事故多发地段,均应用易于辨认的安全色标明或设置醒目的警告标志牌。安全标志和安全色,应符合GB 2894和GB 2893的规定。

7.8 直梯、斜梯、防护栏杆和工作平台,应分别符合GB 4053.1、GB 4053.2、GB 4053.3和GB 4053.4的规定。

7.9 轧钢车间使用表压超过0.1 MPa的液体和气体的设备和管路,应安装压力表,必要时还应安装安全阀和逆止阀等安全装置。各种阀门应采用不同颜色和不同几何形状的标志,还应有表明开、闭状态的标志。

7.10 不同介质的管线,应按照GB 7231的规定涂上不同的颜色,并注明介质名称和流向。

7.11 液压站、阀台、蓄势器和液压管路,应有安全阀、减压阀、液压控制阀和截止阀,蓄势器与油路之间应有紧急闭锁装置。

7.12 液压系统和润滑系统的油箱,应设有液位上下限、压力上下限、油温上限和油泵过滤器堵塞的显示和警报装置,油箱和油泵之间应有安全联锁装置。

7.13 高频电气设备应符合高频和超高频电磁场电源的安全要求,高频设备应屏蔽,其电场强度不应超过10 V/m,磁场强度不应超过5 A/m。

7.14 酸洗和碱洗区域,应有防止人员灼伤的措施,并设置安全喷淋或洗涤设施。

7.15 采用放射性元素检测仪表的区域,应有明显的标志,并有必要的防护措施,并按有关规定定期检测。

8 加热

8.1 加热设备应设有可靠的隔热层,其外表面温度不得超过100℃。

8.2 工业炉窑应设有各种安全回路的仪表装置和自动警报系统,以及使用低压燃油、燃气的防爆装置。

8.3 加热设备应配置安全水源或设置高位水源。

8.4 均热炉揭盖机,应设有音响警报信号。

8.5 实行重级工作制的钳式吊车,应设有防碰撞装置,夹钳夹紧显示灯,操纵杆零位锁扣,挺杆升降安全装置和小车行驶缓冲装置。

8.6 均热炉出渣口附近的炉壁,应用挡板覆盖。

8.7 运渣小车应安装音响信号,速度不应超过5 km/h,外缘距通廊壁不应小于0.8 m。

8.8 平行布置的加热炉之间的净空间距除满足设备要求外,还应留有足够的人员安全通道和检修空间。

8.9 工业炉窑所有密闭性水冷系统,均应按规定试压合格方可使用;水压不应低于0.1 MPa,出口水温不应高于50℃。

8.10 端面出料的加热炉,应设有防止钢料冲击辊道的缓冲器。

8.11 连续热处理设备旁,应设有应急开关。带有活底的热处理炉,应设有开启门的闭锁装置和声响信号。

8.12 使用氢气的热处理炉,应遵守GB 4962的规定。

8.13 使用氮气设备,应设有粗氮、精氮含氧量极限显示和警报装置,并有紧急防爆的应急措施。

8.14 进入使用氢气、氮气的炉内,或贮气柜、球罐内检修,应采取可靠的置换清洗措施,并应有专人监护和采取便于炉内外人员联系的措施。

8.15 辊底式热处理炉,炉底辊传动装置应设有安全电源。

8.16 工业炉窑使用煤气,应遵守下列规定:

——使用煤气的生产区,其煤气危险区域的划分,应符合表1的规定。

表1

第一类	第二类	第三类
1)带煤气抽堵盲板、换流量孔板、处理开闭器; 2)煤气设备漏煤气处理; 3)煤气管道排水口、放水口; 4)烟道内部	1)烟道、渣道检修; 2)煤气阀等设备的修理; 3)停、送煤气处理; 4)加热炉、罩式炉、辊底式炉煤气开闭口; 5)开关叶型插板; 6)煤气仪表附近	1)加热炉、罩式炉、辊底式炉炉顶及其周围,加热设备计器室; 2)均热炉看火口、出渣口、渣道洞口; 3)加热炉、热处理炉烧嘴、煤气阀; 4)其他煤气设备附近; 5)煤气爆发试验

第一类区域，应戴上呼吸器方可工作；第二类区域，应有监护人员在场，并备好呼吸器方可工作；第三类区域，可以工作，但应有人定期巡视检查。

在有煤气危险的区域作业，应两人以上进行，并携带便携式一氧化碳报警仪；

——加热设备与风机之间应设安全联锁、逆止阀和泄爆装置，严防煤气倒灌爆炸事故；

——炉子点火、停炉、煤气设备检修和动火，应按规定事先用氮气或蒸汽吹净管道内残余煤气或空气，并经检测合格，方可进行；

——严格执行 GB 6222 的有关规定。

8.17 工业炉窑使用天然气或液化石油气，应遵守下列规定：

——应执行本规程 8.16 的有关规定；

——调压站和一次仪表室均属甲类有爆炸危险的建筑，其操作室应与调压站隔开，并设有两个向外开启的门。

8.18 贮油罐或重油池，应安装排气管和溢流管。输送重油的管路，应设有火灾时能很快切断重油输送的专用阀。

8.19 电热设备应有保证机电设备安全操作的联锁装置。水冷却电热设备的排水管，应有水温过高警报和供水中断时炉子自动切断电源的安全装置。

8.20 采用电感应加热的炉子，应有防止电磁场危害周围设备和人员的措施。

8.21 有炉辊的炉子，应尽量采用机械辅助更换炉辊。需要采用吊车或人工更换时，应采取必要的安全措施。

8.22 工业炉窑检修和清渣，应严格按照有关设备维护规程和操作规程进行，防止发生人员烫伤事故。

8.23 工业炉窑加热，应执行有关操作规程，防止炉温过高塌炉。

9 轧制

9.1 一般规定

9.1.1 操纵室和操纵台，应设在便于观察操纵设备而又安全的地点，并应进行坐势和视度检验，坐视标高取 1.2 m，站视标高取 1.5 m。

9.1.2 横跨轧机辊道的主操纵室，以及经常受热坯烘烤或有氧化铁皮飞溅的操纵室，应采用耐热材料和其他隔热措施，并采取防止氧化铁皮飞溅影响以及防雾的措施。

9.1.3 轧机的机架、轧辊和传动轴，应设有过载保护装置，以及防止其破坏时碎片飞散的措施。

9.1.4 轧机与前后辊道或升降台、推床、翻钢机等辅助设施之间，应设有安全联锁装置。自动、半自动程序控制的轧机，设备动作应具有安全联锁功能。

9.1.5 轧机的润滑和液压系统，应设置各种监测和保险装置。

9.1.6 轧辊应堆放在指定地点。除初轧辊外,宜使用辊架堆放。辊架的结构形式应与堆放的轧辊形式相匹配,堆放的高度应与堆放的轧辊形式和地点相匹配,以确保稳定堆放和便于调运。辊架间的安全通道宽度不小于0.6 m。

9.1.7 加工热辊时,应采取措施防止工人受热辐射。

9.1.8 用磨床加工轧辊,操作台应设置在砂轮旋转面以外,不应使用不带罩的砂轮进行磨削。带冷却液体的磨床,应设防止液体飞溅的装置。

9.1.9 应优先采用机械自动或半自动换辊方式。换辊应指定专人负责指挥,并拟定换辊作业计划和安全措施。

9.1.10 剪机与锯,应设专门的控制台来控制。喂送料、收集切头和切边,均应采用机械化作业或机械辅助作业。运行中的轧件,不应用棍撬动或用手脚接触和搬动。

9.1.11 热锯机应有防止锯屑飞溅的设施,在有人员通行的方向应设防护挡板。

9.1.12 各运动设备或部件之间,应有安全联锁控制。

9.1.13 剪切机及圆盘锯机换刀片或维修时,应切断电源,并进行安全定位。

9.1.14 有人通行的地沟,起点净空高度应不小于1.7 m,人行通道宽度不小于0.7 m。地沟应设有必要的入口与人孔。有铁皮落下的沟段,人行通道上部应设置防护挡板。进入地沟工作应两人以上,轧机生产时人员不应入内。

9.1.15 地沟的照明装置,固定式装置的电压不应高于36 V,开关应设在地沟入口;手持式的不应高于12 V。

9.1.16 一端闭塞或滞留易燃易爆气体、窒息性气体和其他有害气体的铁皮沟,应有通风措施。

9.1.17 在线检测,应优先采用自动检测系统。

9.1.18 检修或维护高频设备时,应切断高压电源。

9.2 初轧

9.2.1 初轧机应设有防止过载、误操作或出现意外情况的安全装置。

9.2.2 在初轧机和前后推床的侧面,应有防止氧化铁皮飞溅和钢渣爆炸危害的挡板、锁链或金属网。

9.2.3 火焰清理机应有煤气、氧气紧急切断阀,以及煤气火灾警报器、超敏度气体警报器。

9.3 型钢、线材轧制

9.3.1 弯曲的坯料,不应使用吊车喂入轧机。

9.3.2 轧机轧制时,不应用人工在线检查和调整导卫板、夹料机、摆动式升降台和翻钢机,不应横越摆动台和进到摆动台下面。

9.3.3 型钢专用加工作业线上各设备之间,应有安全联锁装置。

9.3.4 预精轧机、精轧机、定径机、减径机的机架以及高速线材轧机,应设金属防护罩。

9.3.5 采用活套轧制的轧机,应设保护人员安全的防护装置,并应考虑便于检修。

9.3.6 小型轧机尾部机架的输出辊道,应有不低于0.3 m的侧挡板。

9.3.7 卷线机操作台主令开关,应设在距卷线机5 m以外的安全地点。

9.3.8 轧线上的切头尾事故飞剪,应设安全护栏。

9.3.9 高速线材轧机的吐丝机,应设安全罩。

9.4 板、带轧制

9.4.1 轧机除鳞装置,应设置防止铁鳞飞溅危害的安全护板和水帘。

9.4.2 中厚板三辊轧机侧面,应安设可挪动的防护网。

9.4.3 热带连轧机与卷取机之间的输送辊道,两侧应设有不低于0.3 m的防护挡板。

9.4.4 带钢轧机应能在带钢张力作用下安全停车。

9.4.5 卷取机工作区周围,应设置安全防护网或板。地下式卷取机的上部,周围应设有防护栏杆,并有防止带钢冲出轧线的设施。冷轧卷取机还应设有安全罩。

9.4.6 采用吊车运输的钢卷或立式运输的钢卷,应进行周向打捆或采取其他固定钢卷外圈的措施。

9.4.7 板、带冷轧机,应有防止冷轧板、带断裂及头、尾、边飞裂伤人和损坏设备的设施。

9.5 钢管轧制

9.5.1 穿孔机、轧管机、定径机、均整机和减径机等主要设备与相应的辅助设备之间,应设有可靠的电气安全联锁。

9.5.2 穿孔机、轧管机、定径机和减径机等主要设备的轧辊更换,宜优先采用液压换辊方式。

9.5.3 更换顶头、顶杆和芯棒,宜采用机械化作业。

9.5.4 采用油类调制石墨润滑芯棒,应设有抽风排烟装置,同时应采取防滑、防电气短路的必要措施。

9.5.5 冷轧管机与冷拔管机,应有防止钢管断裂和管尾飞甩的措施。

9.5.6 张力减径机后的辊道应设置盖板,出口速度较高的还应在辊道末端设置防止钢管冲出事故的收集套。

9.6 钢丝生产

9.6.1 酸洗应遵守下列规定:

——酸洗装置应有酸雾密闭或净化设施,使车间环境达到GBZ 2的要求;

——酸、碱洗槽宜采取地上式布置,并高出地面0.6 m;

——酸洗车间应有冲洗设施;

——间歇式酸洗机组的磷化槽、热水槽、硼砂槽,宜设抽风设施;

——合金钢丝车间的(熔融)碱浸炉和淬火槽,应布置在单独的工作室内,或与其他设备隔开布置,并有通风设备。

9.6.2 拉丝应遵守下列规定:

——拉丝机应有盘条放线保护装置、乱线和断线自动停车装置、围栏开关、脚踏开关以及保护罩等安全设施；

——拉丝车间应设气窗，钢丝涂油间应有通风和防火设施。

9.6.3 热处理应遵守下列规定：

——在保证产品质量的前提下，钢丝热处理推荐采用无铅工艺；使用铅进行热处理的车间，其操作环境的铅含量应达到 GBZ 2 的要求；

——铅浴炉应加盖密封，或采用覆盖剂和抽风设备；铅浴炉的铅液采用水冷装置降温时，水冷装置应有可靠的措施防止水进入铅液；

——有铅浴炉的车间，应设冲洗设施；

——钢丝直接电加热炉，其操作电压超过 36 V 时，带电设备和地坪应绝缘，工人应有绝缘保护；

——预应力钢丝与钢绞线车间稳定化处理机组的感应加热炉，应有抽风设施；

——油回火（油淬火—回火）弹簧钢丝车间的油回火机组，在保证油回火钢丝品质的前提下，尽量选用非油类、无污染的水溶性淬火介质；在机组的奥氏体化炉入口，应设废气抽风装置；油淬火（介质）槽应有油烟抽风设施和防火设施；铅回火炉应加盖密封和采用覆盖剂密闭或设抽风装置。

9.6.4 热镀和电镀应遵守下列规定：

——电解酸洗槽、电解碱洗槽、有腐蚀性气体或大量蒸汽的槽，均应设抽风装置；采用含油脂擦拭层的热镀锌炉，应设排油烟设备；

——黄铜电镀，应选用热扩散工艺取代氰化电镀工艺。

9.6.5 制绳应遵守下列规定：

——管式捻股机，应有断线自动停车、工字轮锁紧、紧急事故停车和保护罩等安全设施；

——细钢丝绳回火炉应与其他设备隔开布置，并应有抽油烟设备和防火措施；

——麻芯和木轮等易燃品的加工间与仓库，宜布置在单独的建筑物内，或与其他建筑物隔开布置，并采取防火措施。

9.6.6 磨模应遵守下列规定：

——电解磨模机，应有局部抽风设备和防腐蚀措施；

——超声波清洗机宜单独布置，并应有吸声、隔声措施。

10 镀涂、清洗和精整

10.1 镀涂

10.1.1 镀层与涂层的溶剂室或配制室，以及涂层黏合剂配制间，均应符合下列规定：

——采用防爆型电气设备和照明装置；

——设备良好接地；

——不应使用钢制工具以及穿戴化纤衣物和带钉鞋；

——溶剂室或配制间周围10 m以内，不应有烟火；

——设有机械通风和除尘装置。

10.1.2 镀锌设备和接触锌液的工具以及投入镀锌液中的物料，应(预热)干燥。

10.1.3 锌锅内液面距上沿应不小于0.3 m。

10.1.4 锌锅周围不应积水，以防漏锌遇水爆炸。

10.1.5 锌锅的锌灰和锌渣的吹刷区，以及炼制锌铝合金，均应设有除尘或通风装置。

10.1.6 溶剂和黏合剂的反应釜或反应槽，应有防止铁器件混入的设施。

10.1.7 镀层与涂层的溶剂、黏合剂，宜集中统一配制，并应有安全防护设施。溶剂输送泵应置于容器液面之下；用小车输送时，应密闭溶剂罐。溶剂、树脂溶液、黏合剂，应贮存在密闭容器中。生产中剩余的溶剂和配制剂，应集中贮存。桶装堆垛与墙壁、屋顶、柱子之间，应留有防火检查和消防通道。

10.1.8 涂层磷化、钝化和涂胶干燥时，应防止热源与物料接触；加热器与烘道输送装置之间，应设有安全联锁、报警和自动切断电源的装置。

10.1.9 涂胶机及其辅助设备，应良好接地；易产生静电的部位，应有消除静电积聚的装置。

10.1.10 磷化、涂胶和复合机的胶辊辊筒之间，不应存有坚硬物和其他可燃物料。

10.1.11 塑料覆层以及复合板生产过程中产生的边角料和碎屑，应集中存放于通风良好的专用仓库，并应远离明火。

10.1.12 辊涂机设有涂层房的，涂层房应有通风和消防措施。

10.1.13 彩色涂层烘烤装置和相关设备，应有防爆措施。

10.1.14 采用高压水冲洗清洁辊面的，应有防止高压水伤人的措施。

10.1.15 采用人工加锌锭和人工清浮渣的，应有充足的工作场地。

10.2 清洗和精整

10.2.1 喷水冷却的冷床，应设有防止水蒸气散发和冷却水喷溅的防护和通风装置。

10.2.2 在作业线上人工修磨和检查轧件的区段，应采取相应的防护措施。

10.2.3 酸洗车间应单独布置，对有关设施和设备应采取防酸措施，并应保持良好通风。

10.2.4 酸洗车间应设置贮酸槽，采用酸泵向酸洗槽供酸，不应采用人工搬运酸罐加酸。

10.2.5 采用槽式酸碱工艺的，不应往碱液槽内放入潮湿钢件。酸碱洗液面距槽上沿，应不小于0.65 m。

10.2.6 采用槽式酸碱工艺的，钢件放入酸槽、碱槽时，以及钢件酸洗后浸入冷水池时，距槽、池5 m以内不应有人。

10.2.7 衬胶和喷漆加工间，应独立设置，并有完善的通风和消防设施。

10.2.8 收集废边和废切头等，应采用机械或用机械辅助。

10.2.9 采用人工进行成品包装,应制定严格的安全操作规程。

11 起重与运输

11.1 起重作业,应遵守 GB 6067 的有关规定。

11.2 吊车应装有能从地面辨别额定荷重的标识,不应超负荷作业。

11.3 两台及两台以上吊车联合进行吊装作业,应制定专门的、经主管领导审批的作业方案,并采取专门的防护措施。

11.4 吊车应设有下列安全装置:

——吊车之间防碰撞装置;

——大、小行车端头缓冲和防冲撞装置;

——过载保护装置;

——主、副卷扬限位、报警装置;

——登吊车信号装置及门联锁装置;

——露天作业的防风装置;

——电动警报器或大型电铃以及警报指示灯。

11.5 电磁盘吊应有防止突然断电的安全措施。

11.6 吊车的滑线应安装通电指示灯或采用其他标识带电的措施。滑线应布置在吊车司机室的另一侧;若布置在同一侧,应采取安全防护措施。

11.7 吊具应在其安全系数允许范围内使用。钢丝绳和链条的安全系数和钢丝绳的报废标准,应符合 GB 6067 的有关规定。

11.8 厂内运输,应遵守 GB 4387 的有关规定。

11.9 采用辊道运输,应考虑辊道可逆传动。单向转动的运输辊道,应能紧急制动和事故反转。

11.10 穿越跨间使用的电动小车或短距离输送用的电动台车,应采用安全可靠的供电方式,并应安装制动器、声响信号等安全装置。

11.11 与机动车辆通道相交的轨道区域,应有必要的安全措施。

12 电气安全与照明

12.1 电气安全

12.1.1 轧钢企业应严格执行国家有关电气安全的规定,并参照 DL 408 和所在地区安全用电规定。

12.1.2 轧钢企业内的建构筑物,应按 GB 50057 的规定设置防雷设施,并应定期检查,确保防雷设施完好。

12.1.3 爆炸和火灾危险环境的电气装置,应符合 GB 50058 的规定。

12.1.4 轧钢企业主要的爆炸、火灾危险场所,其电力装置的等级划分应符合 GB 50058

的规定。

12.1.5 带电作业,应执行有关带电作业的安全规定。

12.1.6 在全部停电或部分停电的电气设备上作业,应遵守下列规定:

——拉闸断电,并采取开关箱加锁等措施;

——验电、放电;

——各相短路接地;

——悬挂“禁止合闸,有人工作”的标示牌和装设遮栏。

12.1.7 电气设备的金属外壳、底座、传动装置、金属电线管、配电盘以及配电装置的金属构件、遮栏和电缆线的金属外包皮等,均应采用保护接地或接零。接零系统应有重复接地,对电气设备安全要求较高的场所,应在零线或设备接零处采用网络埋设的重复接地。

12.1.8 低压电气设备非带电的金属外壳和电动工具的接地电阻,不应大于 4 Ω。

12.1.9 不应带负荷操作隔离开关。

12.1.10 在带电线路、设备附近工作时,作业人员与带电部分的安全距离,应符合 DL 408 的规定。

12.2 照明

12.2.1 厂房的天然采光和人工照明,应能保证安全作业和人员行走的安全,遵循 GB 50033 和 GB 50034 的规定。

12.2.2 下列工作场所,应设置一般事故照明:

——主要通道及主要出入口;

——通道楼梯;

——操作室;

——计算机室;

——加热炉及热处理炉计器室、窥视孔;

——汽化冷却及锅炉设施;

——高频室;

——酸、碱洗槽;

——主电室;

——配电室;

——液压站;

——稀油站;

——油库;

——泵房;

——氢气站;

——氮气站;

——乙炔站;

——电缆隧道;

——煤气站。

12.2.3 作业场所的最低照度,应符合 GB 50034 的规定。

12.2.4 危险场所和其他特定场所,照明器材的选用应遵守下列规定:

——有爆炸和火灾危险的场所,应按其危险等级选用相应的照明器材;

——有酸碱腐蚀的场所,应选用耐酸碱的照明器材;

——潮湿地区,应采用防水型照明器材;

——含有大量烟尘但不属于爆炸和火灾危险的场所,应选用防尘型照明器材。

参考文献

[1] 国家质量监督检验检疫总局. GB/T 28001—2011:职业健康安全管理体系　要求[S]. 2011.

[2] 中华人民共和国安全生产行业标准:企业安全生产标准化基本规范[S].

[3] 中国认证人员国家注册委员会. 职业健康安全管理体系审核员培训统编教程[M]. 天津:天津社会科学院出版社, 2002.

[4] 中国认证人员与培训机构国家认可委员会. 职业健康安全专业基础[M]. 北京:中国计量出版社,2003.

[5] 21 世纪安全生产教育丛书编写组. 职业安全卫生管理体系指南[M]. 北京:中国劳动社会保障出版社, 2000.

[6] 刘宏. 职业安全管理[M]. 北京:化学工业出版社, 2004.

[7] 陈宝智. 安全原理[M]. 2 版. 北京:冶金工业出版社,2002.

[8] 冶金部安全技术信息网. 钢铁生产危险分析与安全设计[M]. 1997.

[9] 国家安全生产监督管理局. AQ 2001—2004:炼钢安全规程[S]. 2004.

[10] 国家安全生产监督管理局. AQ 2002—2004:炼铁安全规程[S]. 2004.

[11] 国家安全生产监督管理局. AQ 2003—2004:轧钢安全规程[S]. 2004.